上海交通大学研究生核心课程教材培育项目规划教材

人工智能
原理与应用教程

Tutorial on Principles and Applications of
Artificial Intelligence

贡 亮 刘成良 主编

U0351016

上海交通大学出版社
SHANGHAI JIAO TONG UNIVERSITY PRESS

内容提要

本书重点梳理人工智能基础理论知识体系,突出基础性、全面性、前沿性和实践性特点,以机器学习和优化方法基本原理为主线,结合典型工程应用循序渐进地为读者构建从"0"到"1"的知识体系,指引读者快速掌握应用系统开发和环境应用。针对传统人工智能教材缺乏数学原理与模型代码即刻印证的问题,本书给出人工智能基础理论深入浅出的描述,选用精简的案例呈现模型代码,带领读者轻松、快速掌握人工智能的核心思想。

本书每章最后配有一定量的课后作业,可以作为机电类本科生、研究生入门级教材和教学参考书,同时也可供工程技术人员和对人工智能感兴趣的读者参考。

图书在版编目(CIP)数据

人工智能原理与应用教程 / 贡亮,刘成良主编. --
上海: 上海交通大学出版社,2024.1
ISBN 978 - 7 - 313 - 29626 - 9

Ⅰ. ①人… Ⅱ. ①贡… ②刘… Ⅲ. ①人工智能—教材 Ⅳ. ①TP18

中国国家版本馆 CIP 数据核字(2023)第 251140 号

人工智能原理与应用教程
RENGONGZHINENG YUANLI YU YINGYONG JIAOCHENG

主 编:	贡 亮 刘成良			
出版发行:	上海交通大学出版社		地 址:	上海市番禺路 951 号
邮政编码:	200030		电 话:	021 - 64071208
印 制:	苏州市古得堡数码印刷有限公司		经 销:	全国新华书店
开 本:	710 mm×1000 mm 1/16		印 张:	30
字 数:	522 千字			
版 次:	2024 年 1 月第 1 版		印 次:	2024 年 1 月第 1 次印刷
书 号:	ISBN 978 - 7 - 313 - 29626 - 9			
定 价:	118.00 元			

前　言

　　人工智能作为具有颠覆性的新技术,对现代经济社会发展产生巨大影响。人工智能理论与技术体系博大精深,该领域专著卷帙浩繁,然而初学者如何快速掌握人工智能的分析方法却存在挑战。在上海交通大学研究生核心课程教材培育项目支持下,作者结合多年科研与教学经验,从基本原理与工程实践相结合的角度编写本教材,力求为读者奉献一套相对完备的知识框架。

　　本书由原理篇、模型与应用篇、案例篇3部分构成。原理篇含5章:第1章概述人工智能的源起、哲学思辨和工程化基础设施等;第2章重点阐述工程实际中解决问题的人工智能方法和机器学习建模技术;第3章描述面向人工智能的大数据特征,以及降维、表征等处理方法;第4章从优化理论的角度刻画深度神经网络误差反馈和权值调整的基本原理,同时概要介绍传统生物启发的优化算法,并对适用场景做了对比分析;第5章介绍人工智能系统的常用开发框架和部署方法,推介主流软硬件工具等。模型与应用篇含4章:第6章以机器视觉为对象,重点阐释深度学习方法遭遇的瓶颈及嬗变,展现多个具有里程碑意义的代表性算法;第7章以音频、振动等时序信号处理为对象,突出长短时记忆网络和多层变换器标志性算法的有效性;第8章结合数个中等复杂程度的工程学问题,对传统仿生智能算法做出回顾,旨在明确人工智能工具库内不只有数据驱动深度学习类的单一路径;第9章介绍知识图谱概念及其工程应用方法,呼应人工智能知识框架上知识获取、表达领域的重要组分。案例篇含2章:第10章选取图像处理、无人驾驶、推荐系统、物流调度等问题的经典案例,强化读者对工程问题采用人工智能方法进行解题的科研和学习范式的把握;第11章展望人工智能多个前沿理论与技术子领域的进展,给出相关技术发展趋势的分析和前瞻。

　　本书体例力求理论与工程对照。例如:原理篇中,误差反向传播算法采用4

层结构、极简数学符号刻画神经网络训练的内涵和本质;模型与应用篇中,在阐释典型人工智能模型概念后即给出简洁代码,带领读者轻松跨越知识到技术的鸿沟。

本书由贡亮、刘成良主编。贡亮、刘成良提出了全书编写主线与脉络,收集和整理了相关教学科研一手素材,遴选了原理篇的数理基础知识点,编写了模型与应用篇核心章节,完成了全书第 1~4 章、第 6~9 章及第 11 章的撰写。高毕术、罗鹤飞同学系本书副主编,两位同学近年来任上海交通大学硕士课程"人工智能原理与应用""复杂系统设计与实践"助教,在本书案例采撷、编校方面付出了辛勤的劳动,完成了第 5、10 章的撰写,以及课后习题设计。上海交通大学施光林老师提供了仿生智能算法工程案例,秦威老师对案例篇章节内容的选材和编辑进行了指导。本书部分案例选自多位研究生的优秀学位论文,原作者为编者提供了源码,并解答了疑问。上海交通大学机械与动力工程学院专业学位研究生教育中心工作人员收集和整理了人工智能教学领域的教学问题,为本教材的编写反馈了第一手读者信息,在此一并致谢。

本书可作为人工智能学科高年级本科生和低年级研究生的教材。非人工智能领域的工程技术人员可以通过本书自学入门。

限于篇幅,本书未对人工智能数理基础求整求全,读者可以根据参考文献、章节标题关键词等进行知识延拓。同时,由于时间仓促,书中内容难免有疏漏与不妥之处,敬请读者不吝指正。

目　录

原　理　篇

模型与应用篇

案 例 篇

附　　录

原 理 篇

第 1 章

▽

人工智能概述

自 1956 年达特茅斯会议提出"人工智能"的概念以来,人工智能(artificial intelligence,AI)的发展历经了数次的高峰与低谷。随着以 AI 绘画、ChatGPT、Sora 为代表的新一代人工智能产品的火爆出圈,人工智能或将再次迎来发展热潮。如今,人工智能技术已经渗透到各行各业,从最早的制造业使用机器人代替简单重复的人力劳动,再到当下无人驾驶、智慧农业、智慧医疗等新兴概念的不断涌出,人工智能深刻改变着人们的生产、生活方式。可以看到,在新一轮的科技革命中,人工智能始终处于重要、突出的战略地位。本章主要介绍人工智能的相关概念和发展现状,包括人工智能的三大学派、生态设施、软件和硬件基础设施,以及关键技术等内容。

1.1 人工智能的概念

1.1.1 什么是智能

自古以来,中外思想家就没有停止过对"智能"概念的讨论。在《荀子·正名篇》中有这样的理解:所以知之在人者谓之知,知有所合谓之智;所以能之在人者谓之能,能有所合谓之能。其中,"智"指进行认识活动的某些心理特点,"能"指进行实际活动的某些心理特点。美国心理学家霍华德·加德纳(Howard Gardner)提出著名的"多元智能理论":智能是多元的,每个人身上至少存在 7 项智能,即语言智能、数理逻辑智能、音乐智能、空间智能、身体运动智能、人际交往智能、自我认识智能。后来,加德纳又添加了第八项智能,即认识自然的智能。现在人们常用"智慧""智力""聪明"等词语描述智能。它们虽与智能同义,但概念上仍有所差别。

通常,"智能"被看作是智力与能力的总称。智力是实现智能的基础,能力是智能体完成某种活动所表现出的综合素质。简单而言,"智能"指在认知理解事物的前提下,有目的性地利用已积累的知识完成某一具体任务或目标。对机器而言,如围棋机器人 AlphaGo 在学完数百万围棋专家的棋谱后战胜了世界围棋冠军李世石,可以认为 AlphaGo 是智能的。

当然,上述有关机器是否智能的描述只是主观上的判断。既然如此,怎么从科学的角度阐述机器是否具备智能呢? 计算机科学之父阿兰·麦席森·图灵(Alan Mathison Turing)替我们回答了这一问题。图灵于 1950 年发表一篇划时代的文章《计算机器与智能》(*Computing Machinery and Intelligence*),并在文中首次提出著名的"图灵测试":将提问者与测试机器和受测试者相互隔开,测试机器和受测试者同时接受提问者的询问,并通过电传设备(如键盘、屏幕等)进行回复,如果这些回复中的 30% 不能够被提问者分清是来自测试机器还是受测试者,则可以认为测试机器具备智能。如今,"图灵测试"(图 1-1)依旧被视为检测机器是否智能的一项准则,但截至目前仍然没有机器能通过严格意义上的图灵测试。

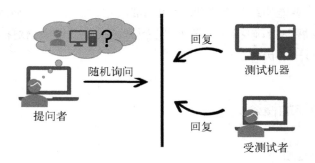

图 1-1 图 灵 测 试

机器智能与人类智能最大的区别在于两者的载体不同。机器智能的载体是物质,即机器是由一些金属或非金属材料组成的,而人类智能的载体是人体,即真正的血肉之躯。两者虽有区别,但都具有感知能力、记忆与思维能力、学习能力和行为能力这四个特征。

(1) 感知能力。感知能力一方面指人通过眼睛、鼻子、耳朵、皮肤等感觉器官获取色彩、气味、声音等外界物理信息的能力;另一方面指人受经验、知识等影响而对外界刺激做出相关反应的能力。例如,销售员仅凭双手就能掂量出猪肉的质量,驾驶员凭借多年的经验而产生的"车感""路感"等。相应地,机器主要是通过各类传感器(如视觉传感器、温度传感器、触觉传感器等)获取外界信息,进而具备感知能力。

（2）记忆与思维能力。记忆是人脑对经历事物的识记、保持、再现或再认，它是进行思维、想象等高级心理活动的基础。思维是通过思考对一些思维材料进行分析、概括、归纳、对比、判断、推理等的过程。机器的记忆主要是借助相关存储物质以及数据库等技术实现对信息的存储，机器的思维实质上是求解具体问题的能力，通过形式逻辑和数理逻辑的方法进行推理和决策，最终解决问题。

（3）学习能力。学习能力是指能够进行学习的各种能力和潜力的总和。对个体而言，学习能力包括容纳与储存知识及信息的种类和数量、行为活动模式种类的能力，以及新旧信息更替、泛化的能力等，具体表现在怎样学习，以及学习的效果如何等。机器学习则是通过构建相关学习模型和训练大量数据。

（4）行为能力。所谓行为就是人们通过动作、语言、情绪等表现形式对外界刺激做出的反应，如果将人看作是一个系统，那么感知能力就是这个系统的输入部分，记忆与思维能力和学习能力是这个系统的处理部分，而行为能力就是这个系统的输出部分。对于机器，它的行为能力通常指对外界反应做出的动作。

1.1.2 人工智能和智能

"人工智能"的概念起源于 1956 年的达特茅斯会议，由美国计算机科学家约翰·麦卡锡(John McCarthy)首次提出。当时围绕着"用机器来模仿人类学习以及其他方面的智能"的议题展开，并最终对会议内容起了个"人工智能"的名字，定义：人工智能就是要让机器的行为看起来就像是人所表现出的智能行为一样。于是，那一年也就成为人工智能元年。

到目前为止，关于人工智能的定义仍然缺乏统一的认识。美国著名人工智能专家斯图尔特·罗素(Stuart Russell)和彼得·诺维格(Peter Norvig)在著作《人工智能：一种现代化方法》中定义人工智能是"研究从环境中接收感知并执行操作的代理"。他们认为：通过图灵测试所需的所有技能也应该能让人工智能理性行事。麻省理工学院人工智能和计算机科学的教授帕特里克·温斯顿(Patrick Winston)将人工智能解释为：算法在限定条件下将思维、感知和行动结合在一起，通过不断循环的模型来呈现这种结合。我国王万良教授在《人工智能导论》中将人工智能阐述为：用人工的方法在机器(计算机)上实现的智能；或者说是人们使机器具有类似于人的智能。蔡自兴教授在《人工智能及其应用》一书中认为：人工智能是智能机器所执行的通常与人类智能有关的智能行为，如判断、推理、证明、识别、感知、理解、通信、设计、思考、规划、学习和问题求解等思维活动。简而言之,人工智能就是能够用计算机来模拟人的活动,用人工的方法在机器(计算机)上实现的智能。

人工智能是一种功能,而智能表现出的是一种能力。人们研究人工智能,是研究如何让计算机完成以往依靠人类智力才能完成的工作,并制造智能机器来代替人类从事一些精神或体力劳动,其目的是赋予机器以智能。因此,人工智能是实现智能的手段,而智能是人工智能追求的目标。

根据人工智能的发展水平,将人工智能分成三类:弱人工智能(artificial narrow intelligence,ANI)、强人工智能(artificial general intelligence,AGI)和超人工智能(artificial super intelligence,ASI)。① "弱人工智能"是指局限于解决某一专业领域问题的机器。这一类型的机器并不存在独立意识,它们仅是根据设计者自身的意识而设计,一旦脱离了特定领域,就无法实现相应的智能。比如,AlphaGo 只能用来下围棋,它无法像"深蓝"一样下国际象棋,反之"深蓝"也无法像 AlphaGo 一样学会下围棋。② "强人工智能"指有可能完成独立推理和解决问题的智能机器,相较于弱人工智能,强人工智能具有自我意识,可以独立思考并寻找出解决问题的最优策略。"强人工智能"又称为通用人工智能或者完全人工智能。目前,我们正处于弱人工智能的时代,尽管像 ChatGPT 之类的人工智能应用已展现出令人惊叹的智能,我们仍未完全实现比肩人类智能的通用智能。③ "超人工智能"是一种超越人类智能的人工智能系统,通俗来说就是比人类还聪明。牛津大学未来学家尼克·波斯特洛姆(Nick Bostrom)在《超级智能:路线图、危险性与应对策略》一书中,将超人工智能定义为:在科学创造力,智慧和社交能力等每一方面都比最强的人类大脑聪明很多的智能。由此可见,超人工智能的定义十分模糊,并没有清晰定义超人工智能究竟会是何种存在,我们也无法准确预测人工智能能否达到这一水平。

根据人工智能的发展阶段,将人工智能分成三种层次:计算智能、感知智能和认知智能。① 计算智能是指计算机依靠自身出色的快速计算和记忆存储的能力来完成人类所不能完成的强运算型任务,比如,IBM 的计算机"深蓝"战胜了当时的国际象棋冠军卡斯帕罗夫。② 感知智能是指计算机具备了人类拥有的视觉、听觉、触觉等感知能力,能够在非结构化的信息中寻找重要信息。比如,无人驾驶汽车通过各类传感器以及智能算法获得感知能力,具备实时提取复杂路况中关键信息的功能。③ 认知智能是感知智能的延续,要求人工智能像人一样理解与思考,即在感知智能获取信息后建立信息间的联系,并做出相应的反应。比如,无人驾驶汽车综合处理路况信息实现自主避障的功能。

1.2　人工智能的起源和发展

1.2.1　人工智能简史

人工智能从诞生至今已经有近 70 年的发展历史,在这期间共经历了 3 次高潮、2 次低谷。如今,人工智能再次焕发出新的生机与活力,引领着新一代的科技革命与产业变革。毫无疑问,人工智能正成为推动人类进入智能时代的决定性力量。

1) 诞生(20 世纪 50—60 年代)

(1) 1950 年,英国数学家阿兰·麦席森·图灵(Alan Mathison Turing)在 MIND 期刊上发表文章《计算机器与智能》(*Computing Machinery and Intelligence*),首次提出著名的"图灵测试",并且预言创造出具有真正智能的机器是有可能的。1956 年,该篇文章以《机器能够思维吗?》(*Can Machine Think?*)为题重新发表,被誉为人工智能科学的开山之作。

(2) 1954 年,美国人乔治·德沃尔(George Devol)和约瑟夫·F. 恩格尔贝格(Joseph F. Englberger)研发出世界上第一台可编程机器人"尤尼梅特"(Unimate)。该机器人在 1961 年投入通用汽车公司的汽车生产线上,接替工人完成危险的焊接工作。尽管当时"尤尼梅特"只能按照预定程序进行简单的重复动作,但它的出现正式拉开了工业机器人蓬勃发展的序幕。

(3) 1956 年,在由约翰·麦卡锡(John McCarthy)、马文·闵斯基(Marvin Minsky)、克劳德·香农(Claude Shannon)、艾伦·纽厄尔(Allen Newell)、赫伯特·西蒙(Herbert Simon)共用组织的达特茅斯会议上,众专家就"如何用机器模仿人的智能"展开讨论。尽管持续 2 个月的会议并没有得出一致的结论,但会议内容最终被归纳总结出"人工智能"这一概念,而 1956 年也被公认为人工智能元年。

2) 人工智能的黄金时代(20 世纪 60—70 年代)

(1) 1966—1972 年,美国斯坦福国际研究所(Stanford Research Institute)研发出首台采用人工智能学的移动机器人"沙克"(Shakey)。"沙克"能够自主感知、分析环境、规划行为并执行任务,拥有类似人的感觉,在电气工程和计算机科学项目中获得了电气电子工程师协会(Institute of Electrical and Electronics Engineers,IEEE)里程碑奖项。

（2）1966 年,美国计算机科学家约瑟夫·魏泽堡（Joseph Weizenbaum）和精神病学家肯尼斯·科尔比（Kenneth Colbv）开发了世界上第一台聊天机器人"伊莉莎"（Eliza）,旨在对患者进行心理治疗。"伊莉莎"通过分析输入的问题内容进行模式匹配以及文本替换,成功模仿了人类的对话,对促进对话系统的发展具有十分重大的作用。

（3）1967 年,日本早稻田大学的加藤实验室启动了 WABOT 项目,并于1972 年建造了世界上首个拟人机器人 Wabot‑1。它由肢体控制系统、视觉系统和会话系统组成,能够用手抓取物体以及用日语与人简单交流。Wabot‑1 的出现推动了仿人形机器人的发展。

3）人工智能的低谷（20 世纪 70—80 年代）

1974—1980 年,受制于当时的计算机内存大小以及计算速度,人工智能的发展首次陷入低谷。研究者们发现这个时候的人工智能只能完成一些非常简单的任务,无法解决实际的问题,这对研究者们造成很大的打击,以致后续各国政府和机构投资减少或终止。著名数学家詹姆斯·赖特希尔（Sir James Lighthill）就曾在 1973 年向英国政府提交了一份关于人工智能的研究报告,对当时的人工智能及其实际价值提出了质疑,指出了人工智能所谓的宏伟目标是无法实现的。

4）人工智能的繁荣期（1980—1987 年）

（1）1980 年,美国卡耐基梅隆大学的约翰·麦克德莫特（John McDermott）为数字设备公司开发了一款名为"专家配置器"（expert CONfiguren, XCON）的专家系统。该系统设置有 2 500 条规则,能够为用户自主制订计算机硬件配置方案,帮助公司每年节约 4 000 万美元的成本。XCON 的出现使得专家系统解决特定领域问题的能力被人们所惊叹,也将人工智能带入繁荣期。

（2）1982 年,日本制订了名为"第五代计算机系统研究计划"（the fifth generation computing system）的 10 年研究计划,并投资 1 000 亿日元。为抢占技术高地和发展先机,欧美国家开始纷纷效仿,掀起一股研究人工智能与计算机新技术的浪潮。

（3）1982 年,英国科学家约翰·霍普菲尔德（John Hopfield）发明了具有学习能力的联想神经网络,可以解决模型识别的相关问题,并且能给出一类组合问题的近似解,因此该神经网络也被称为霍普菲尔德网络。

（4）1984 年,美国微电子与计算机技术公司（Microelectronics and Computer Technology Corporation, MCC)发起大百科全书（Cyc）项目,试图建立一个巨大的数据库,用来存储人类所有的一般性知识,并仿照人的思维进行知识推理。直到今天该项目仍然在进行,而它也被称为"人工智能历史上最有争议的项目"之一。

5) 人工智能的冬天(1987—1993 年)

"AI 之冬"为 1974 年的经历第一次人工智能低谷的研究者们所创造,用于描述对人工智能研究的兴趣和资金投入都减少的时期。这时由于专家系统的复杂以及维护成本的提高导致原本幻想中美好的人工智能应用无法实现,人们对专家系统和人工智能提出质疑。20 世纪 80 年代晚期,硬件市场的萎缩以及理论研究的迷茫,人工智能再次迎来低谷。

6) 人工智能真正的春天(1993 年至今)

(1) 1997 年,美国 IBM 公司的计算机"深蓝"战胜国际象棋世界冠军卡斯帕罗夫,人工智能再次进入大众视野。"深蓝"拥有强大的计算能力,凭借暴力求解法赢得胜利,这让人们意识到计算机在某一方面已经可以达到与人类竞争的水平,开创了人工智能的新篇章。

(2) 2014 年,在英国皇家学会举行的"2014 图灵测试"大会上,由俄罗斯科学家弗拉基米尔·维西罗夫(Vladimir Veselov)带领团队开发的聊天机器人"尤金·古斯特曼"(Eugene Goostman)模仿 13 岁的男孩成功欺骗了在场的 33% 的人类测试者,称为首个通过图灵测试的程序。

(3) 2016 年,DeepMind 公司的围棋机器人 AlphaGo 对战世界围棋冠军李世石,并以 4:1 的总比分获胜。

(4) 2022 年,由美国 OpenAI 公司研发的聊天机器人 ChatGPT 凭借强大的语义和文本理解能力受到用户热捧,彻底改变了自然语言处理领域,同时也对人工智能的发展产生深远的影响。

1.2.2　三大学派的比较

在人工智能的发展过程中,由于不同的学术背景、不同的基本理论、不同的研究方法和不同的技术路线,人工智能研究产生了三大学派:符号主义、连接主义和行为主义。

1) 符号主义

符号主义(symbolism)也叫做逻辑主义(logicism),其主要观点是组成人类思维的基本单元是符号,计算机是一个物理符号系统,可以通过各种符号的运算来实现"智能"。主要科学方法是基于实验心理学与计算软件计算相结合的,以思维过程的功能模拟为重点的"黑箱"方法。符号主义的代表人物主要有艾伦·

纽厄尔(Allen Newell)、赫伯特·西蒙(Herbert A. Simon)以及尼尔斯·约翰·尼尔森(Nils John Nilsson)。其中,艾伦·纽厄尔是信息处理语言(information processing language,IPL)的发明者之一,他和赫伯特·西蒙以及另一位学者一起合作开发了最早的两个 AI 程序:逻辑理论家(logic theorist)和通用问题求解器(general problem solver)。尼尔斯·约翰·尼尔森是著名的 A* 搜索算法的发明者之一,他的研究以智力必需基于明确表示的知识为前提,在搜索、规划、知识表示和机器人方面做出了卓越贡献。

由于符号主义对人工智能的解释比较符合人们的认知,更容易为大家所接受,所以符号主义在很长一段时间内处于主导地位。但并不是每个人都认同这个想法。1980 年,美国哲学家约翰·塞尔(John Searle)提出著名的"中文屋实验"(图 1-2),认为仅仅依靠符号并不能叫做智能。中文屋实验可以简单理解为如果你询问手机上的智能语音助手的心情,它可能会回答自己今天心情很好,可这并不意味着它真的感觉很好,因为它无法感受,而只是根据你的问题在所有可作为回复的答案中进行匹配,然后选择最合适的答案反馈给你。中文屋实验很好地解释了符号的匹配并不能体现真正的智能。

图 1-2 中文屋实验

2) 连接主义

连接主义(connectionism)又叫做仿生学派(bionicsism),他们主张人类实现智能的基本单元是神经细胞,进行智能行为的基础是神经元的突触联结与突触传递机制。该学派学者认为人工智能源于仿生学,可通过神经网络和网络间的连接机制与学习算法来模拟人的智能。主要的代表人物有沃伦·麦克洛奇(W. McCulloch)和沃尔特·皮茨(W. Pitts)。连接主义的标志性事件是麦克洛奇和皮茨于 1943 年建立了第一个神经网络模型,简称 M-P 模型,这为以后人工神经网络的发展奠定了基础。后续诸如感知机模型(perceptron)、递归神经网络(recursive neural network)、深度神经网络(deep neural networks)的出现,更是将连接主义提升至前所未有的高度。如今,连接主义代表人物主要有 Yann LeCun、李飞飞、Geoffrey Hinton 等。

早期的连接主义认为可以完全实现人工智能,于是 1981 年哲学家普特南在他的《理性、真理与历史》一书中设计了著名的"缸中之脑实验"(图 1-3),对连接主义的观点进行批判。"缸中之脑实验"可以理解为一个人的大脑被取下放在了一个装满特制营养液的大缸中,始终保持着大脑的活性。为了让大脑仍然意识到自己还活着,将其神经末梢与计算机相连,大脑的一切输入都由计算机完成,于是给大脑造成了幻境。"缸中之脑实验"说明因为缸中的大脑与人体的大脑都一样通过与外界连接接收信号,若对输入的信号进行人为处理,那么缸中的大脑就不知道自己是在人体中还是在缸中,因此这也证明连接主义并不能完全实现智能。

图 1-3 缸中之脑实验

3) 行为主义

行为主义(actionism)又叫做进化主义(evolutionism),其主张人工智能来源于控制论,人的智能经过漫长的进化得来,而真正的人工智能也应是不断进化的,需要通过与外界的交互、对外界环境的适应才能表现出来。行为主义的代表人物是罗德尼·布鲁克斯(Rodney Brooks)。他设计出的六足行走机器人虽然不具备模拟人的思维或者其他意识活动的能力,但能够适应复杂的环境躲避各种障碍,并且对比之前的机器人其行为更像是昆虫。

对于行为主义,普特南同样设计出"完美伪装者和斯巴达人"实验用来反驳行为主义的观点。完美伪装者能够根据外界的需求完美表演相应的表情,但其内心却是平静的,而斯巴达人无论外界怎样刺激总是表现出平静的表情,但内心可能不平静。这一实验证明外在行为与内心并没有直接联系,也说明行为主义也并不能完全实现智能。

1.3 人工智能的生态设施

1.3.1 万物互联的智慧网络——物联网

物联网(internet of things,IoT)简单而言就是指"万物相连的互联网",具体是指通过红外感应器、激光扫描器、射频识别技术、全球定位系统等各类电子信息装置与技术,按照约定的协议对接入对象的各类信息进行实时采集与传输,实现人、物、机三者之间的互联互通与信息互享,从而完成对物品的识别、跟踪、监控等智能化管理。

物联网的应用场景广泛,如校园里的一卡通系统,学生可通过一卡通实现食堂打饭、门禁刷卡、课堂考勤等一系列活动。再比如,智慧农业里的数据监测系统,通过各种传感器实时采集农作物生长环境的温度、湿度、光照、二氧化碳含量、土壤酸碱度等信息,并传至云端方便种植者远程监控生产环节的各项数据,达到指导作业生产,方便管理的目的。

物联网能够实现万物的互联互通,离不开以下三种关键技术的支持:射频识别技术、传感器技术和嵌入式系统。

(1) 射频识别技术。射频识别技术(radio frequency identification,RFID)是一种自动识别技术,主要通过无线射频的方式实现非接触双向数据通信。一个完整的 RFID 系统主要由阅读器、电子标签和数据管理系统组成。其工作流程一般是阅读器接收到电子标签发射出的具有一定频率的无线波信号,或者是电子标签接收阅读器发射出的无线电波,通过电磁感应短暂获得能量发送信号,信号经过阅读器解码后传送至数据管理系统。通常,射频识别技术具有识别速度快、抗干扰能力强、安全性高、使用周期长等优点,被广泛应用于物流、交通、身份识别、防伪、信息管理等场景。

(2) 传感器技术。传感器技术(sensor technology)字面上看就是使用传感器的技术。传感器是指按照一定规律将感受到的信息(如温度、湿度、气味、压力等)转换成数字信号或者模拟信号并输出的检测装置。传感器一般由敏感元件、转换元件和信号调节转换电路组成,其中敏感元件是传感器的核心。常见的传感器按照被测物理量分,可分为温度传感器、速度传感器、加速度传感器、位移传感器、力传感器等。按照工作原理分,可分为压电传感器、霍尔传感器、电阻式传感器、电容式传感器、电感式传感器、光电式传感器等。

(3) 嵌入式系统。嵌入式系统是以应用为中心,以现代计算机技术为基础,能够根据用户需求(功能、可靠性、成本、体积、功耗、环境等)灵活裁剪软硬件模块的专用计算机系统。嵌入式系统由硬件和软件组成,一般用于工业控制、交通管理、信息家电、机器人等场景,具有专用性强、体积小、实时性好、可靠性高、功耗低等优点。常见的嵌入式操作系统包括 RTOS、Linux、Nucleus、Windows Embedded、QNX、Android Things、Contiki 等。

1.3.2　数字化的云端力量——云计算

云计算(cloud computing)是一种基于互联网的计算模式,指通过网络连接将巨大的数据计算程序划分成无数个小的计算程序,借助成千上万的计算机和服务器组成的云对这些小程序进行处理与分析,并将最终结果反馈给用户。"云"的概念最早被用来代表互联网,但当"云计算"出来后,"云"被普遍等同于"云计算",具体指基于云计算、云存储、云应用一类的服务。

云计算有三种模式,即公有云、私有云、混合云。简单来说,公有云是为大众所建,适合于游戏、视频、教育等领域。私有云为具体某个组织所独享,适合于金融、医疗、政务等行业。混合云是公有云与私有云的混合。例如,一个企业会设置两种云,将用户可访问的数据放在公有云上,而自身私密敏感的信息放在私有云上。

按照服务类型分,云计算共有三种服务模式:基础设施即服务(infrastructure as a service,IaaS)、平台即服务(platform as a service,PaaS)和软件即服务(software as a service,SaaS)。

(1) IaaS 是指将计算机基础设施(如服务器、存储、网络资源等)通过网络对外开放,用户按照实际资源的使用量或占有量进行付费的一种服务。如果将云计算服务比作去餐厅吃饭,那 IaaS 相当于只提供了电饭锅、煤气灶、微波炉等基本的餐具,要吃到美味佳肴,用户需要自己购买食材并且制作。

(2) PaaS 是指提供用户一个用于开发、运行和管理应用程序的云平台,用户可以用比本地部署更快速的方式创建应用程序。比如去餐厅吃饭,相当于餐厅将除烹饪之外的所有工作都准备好,用户要做的只是根据自己的喜好进行烹饪。

(3) SaaS 是指用户直接通过互联网的连接登录使用云端上的软件,用户无须下载和安装,只需完成相应付费获得服务即可,软件供应商负责开发与维护。如电子邮件、微软的 Office 365 等都属于 SaaS。

1.3.3 海量数据的处理分析——大数据

大数据(big data)简而言之就是指庞大、复杂的数据集。早在 2001 年,分析公司 Gartner 对大数据给出定义:大数据是指需要新处理模式才能具有更强的决策力、洞察力和流程优化能力来适应海量、高增长率和多样化的信息资产。2012 年,Gartner 更新了其对大数据的定义:大数据是指具备大数据量、高增长率和/或多样化的信息资产,这些信息资产需要新型的处理方式来强化决策制订、洞察和处理优化。这是目前对于大数据最权威的解释之一。从该定义可以总结出大数据具有数据量大(volume)、增长速度快(velocity)、种类形式多样(variety)的特点,即描述大数据的"3V"模型。后来 IBM 公司又添加了低价值密度(value)和真实性(veracity)两个特点,组成了大数据技术的"5V 特征"。

大数据本质仍是数据,对数据的处理过程具体可以分成大数据采集和预处理、大数据存储与管理、大数据处理和分析、大数据展现和应用四项关键技术。

(1) 大数据采集和预处理。大数据采集和预处理是大数据流程的第一步。大数据采集是指通过传感器数据、系统日志、移动互联网等方式收集获得不同类型的海量数据集。大数据预处理是指因为采集到的原始数据通常存在杂乱、不完整、重复等问题,需要对原始数据进行数据清洗、数据集成、数据转换和数据消减等操作,以提高大数据的质量,保证大数据分析的准确性。

(2) 大数据存储和管理。大数据存储是指将预处理好的数据进行整理、归档和共享的过程。目前比较常用的存储技术主要有分布式文件存储、NoSQL 数据库、NewSQL 数据库、云存储四种方式。大数据管理是指对不同类型的数据进行收集、整理、组织、存储、加工、传输、检索的各个过程。数据存储与管理是大数据中关键的一步,其好坏直接影响大数据系统的性能表现。

(3) 大数据处理和分析。大数据处理和分析是指利用分布式并行编程模型和计算框架,结合机器学习、深度学习、数据挖掘等算法对海量非结构化数据进行处理与分析,并将结果可视化展示,方便用户分析。常用的大数据处理和分析工具主要有 Hadoop、Talend、Apache Spark、Azure 等。

（4）大数据展现和应用。大数据展现也可称为大数据可视化，通常大数据的使用对象除了工程师和程序员外，还包括普通大众，因此如何把大数据之间的内在联系清晰、简单地表示出来，就需要使用到大数据可视化技术。大数据可视化一般是将大数据以图表、动画、用户界面等形式展现出来。如今，随着大数据技术的快速发展，大数据已经与各行各业相融合，被广泛应用在金融、医疗、政务、电商、交通等领域。

1.3.4　去中心化的信任机制——区块链

区块链（block chain）的概念最早可追溯至 1990 年初，由美国科学家斯图尔特·哈伯（Stuart Haber）和斯科特·斯托内塔（Scott Stornetta）首次提出，他们希望实现为数位文档添加时间戳身份的系统，即"区块链"的数字体系结构系统。区块链技术最著名的应用便是比特币，比特币的出现标志着区块链 1.0 时代到来。

狭义来讲，区块链是一种按照时间顺序将数据区块相连组合成一种链式数据结构，并以密码学方式保证不可篡改和不可伪造的分布式账本。广义来讲，区块链技术是利用块链式数据结构来验证与存储数据、利用分布式节点共识算法来生成和更新数据、利用密码学的方式保证数据传输和访问的安全、利用由自动化脚本代码组成的智能合约来编程和操作数据的一种全新的分布式基础架构与计算范式。

简单而言，区块链就像是全民参与记账的方式。如果将一个系统的数据库看作是一个账本，以往的方式是谁管理数据库就由谁来记账。比如，京东的数据库由京东管理，账本就由京东来记；淘宝的数据库由阿里巴巴管理，账本就由阿里巴巴来记。但是在区块链中，每个人都能参与记账。如果在某一刻账本内的数据发生变动，系统中的每个用户都可以前来记账，但系统只会将记账最好最快的那个人的内容放进账本，并将内容的变动发送至其他所有用户。

区块链技术在形成过程中主要形成了去中心化、开放性、独立性、安全性、匿名性这五个特征。去中心化是指区块链技术并不依赖于第三方管理机构，没有中心管制，因此去中心化是区块链最突出最本质的特征。开放性是指区块链技术是开源的。独立性是指区块链技术不依赖于第三方，是基于统一的规范和协议。安全性是指区块链内的数据是无法篡改的。匿名性是指区块链各节点的身份信息是不对外公开的，可以匿名进行信息传递。

1.4　人工智能的软硬件设施

1.4.1　人工智能的软件

近几年来,随着深度学习在人工智能领域的快速流行,相关研究理论和基础框架得到了巨大突破,涌现出一大批成熟便捷的深度学习开发框架。深度学习开发框架主要是为人工智能算法的模型设计、模型训练、模型验证等操作提供标准化接口、工具包和第三方库,缩短算法开发与部署的周期,优化算法内部的数据调用、计算资源分配等工作。目前,比较主流的开发框架主要有 Google 的 TensorFlow 与 Kears、Facebook 的 PyTorch 与 Caffe、Amazon 的 MXNet 等。我国的深度学习框架主要有百度的 PaddlePaddle、华为的 MindSpore 等。

1) TensorFlow

TensorFlow 是谷歌于 2015 年正式开源的计算框架,是目前最受欢迎的深度学习框架之一。TensorFlow 是用 C++ 编写的,同时也提供了 Python、Javascript、Go、R 等接口,适用于编写各类机器学习、深度学习等人工智能算法。

根据名称,TensorFlow 可分成两部分:Tensor(张量)和 Flow(流)。Tensor 用来表示 N 维数据,在 TensorFlow 中所有的数据均以张量的形式存储。Flow 表示张量的流动和计算。TensorFlow 是一个基于数据流编程(dataflow programming)的符号数学系统。图 1 - 4 为 TensorFlow 的数据流图。在数据流图中存在"节点"(nodes)和"线"(edges)构成的有向图,TensorFlow 的计算主要用有向图来描述。节点可以是张量或者某种操作,如简单的加减乘除、复杂的矩阵运算等。一个节点允许有零个或者多个输入或输出,叶子节点一般为常量或者变量,非叶子节点表示具体操作。线是有方向的,表示张量的流动方向,它连接着两个或多个节点,表示前后节点的输出或输入。

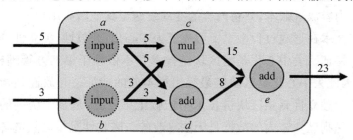

图 1 - 4　TensorFlow 的数据流图

2）PyTorch

PyTorch 是 Facebook 人工智能研究院于 2017 年在 Torch 的基础上推出的开源 Python 深度学习库，因为 PyTorch 是专门用于 Python 项目的，所以 PyTorch 与 Python 的第三方库一样简单易学，在学术界为更多的人使用。PyTorch 最大的亮点是方便使用 GPU 加速运算，这主要归功于它的底层大多是使用 C++和 CUDA 写的。CUDA 是英伟达提供的一种类似于 C++的语言，可以被编译在 GPU 上以并行的方式运行，所以在 PyToch 中将张量的运算从 CPU 调用至 GPU 上不需要额外的复杂操作，只需用简单的命令就可实现。图 1－5为调用 PyTorch 命令实现数据在 CPU 与 GPU 之间的迁移。

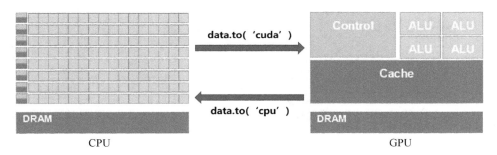

图 1－5　数据在 CPU 与 GPU 之间的迁移

3）Kears

Keras 是由谷歌工程师开发的、使用 Python 编写的开源高级神经网络接口，能够以 TensorFlow、CNTK 或者 Theano 作为后端运行，完成神经网络模型的训练、推理、评估、部署等功能。Keras 设计的初衷是便于使用者快速将自己的想法转化为实验结果。

目前，Kears 正慢慢地被谷歌并入 TensorFlow 中，但如果想完成简单快速的模型设计、使用卷积神经网络（convolutional neural network，CNN）和循环神经网络、希望在 CPU 与 GPU 之间无缝运行模型，可以继续使用 Keras。图 1－6 为 Keras 的各个模块。

4）PaddlePaddle

PaddlePaddle 俗称飞桨，由百度公司于 2016 首次推出，是我国首个自主研发的深度学习框架。它提供了类似于 TensorFlow 的静态图和 PyTorch 的动态图两种计算图模式，并且集成了多个深度学习核心训练和推理框架、基础模型库、端到端开发套件、丰富的工具组件，适用于工业级大规模深度学习应用场景。PaddlePaddle 提

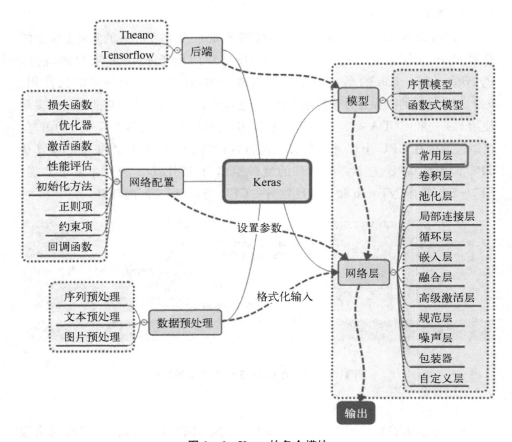

图 1-6　Keras 的各个模块

供了多种开发套件,主要包括 PaddleClas、PaddleDetection、PaddleSeg、PaddleOCR、PaddleGAN 等,可以用于完成图像分类、目标检测、目标跟踪、图像分割、文字识别、生成对抗网络等多个研究领域。此外,PaddlePaddle 还采用了一系列高效的算法和技术,包括自动微分、异步计算、模型压缩、模型优化等,能够提高计算效率和模型性能。图 1-7 展示了飞桨平台的各个组成部分。

5）MindSpore

MindSpore 是华为公司于 2019 年推出的一款开源 AI 计算框架,旨在为在各种场景下的 AI 应用提供高效、易用、全场景的解决方案。MindSpore 支持多种硬件设备,包括 CPU、GPU、Ascend 等,同时还提供了分布式训练和推理的能力,可以满足大规模 AI 计算的需求。图 1-8 为 MindSpore 的架构,可以看出 MindSpore 总体可以分为 MindSpore 前端表示层、MindSpore 计算图引擎和

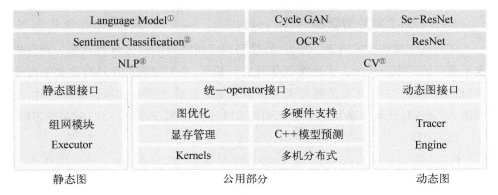

Language Model①
Cycle GAN
Se-ResNet
Sentiment Classification②
OCR④
ResNet
NLP③
CV⑤
静态图接口
组网模块
Executor
统一operator接口
图优化
多硬件支持
显存管理
C++模型预测
Kernels
多机分布式
动态图接口
Tracer
Engine
静态图
公用部分
动态图

图 1-7　飞桨平台的组成

MindSpore 深度学习统一训练推理框架
MindSpore前端表示层
Python API
模型训练/推理/导出
数据处理/增强
数据格式转换
MindSpore IR 统一计算图表达
GHLO
HLO
自动并行
自动微分
MindSpore计算图引擎 (支持Ascend/GPU/CPU)
GLLO
LLO
Pipeline并行
图执行
On-Device执行
分布式库 (通信/PS)
MindSpore后端运行时 (云/边/端)
CPU
GPU
Ascend 310
Ascend 910
Android/iOS

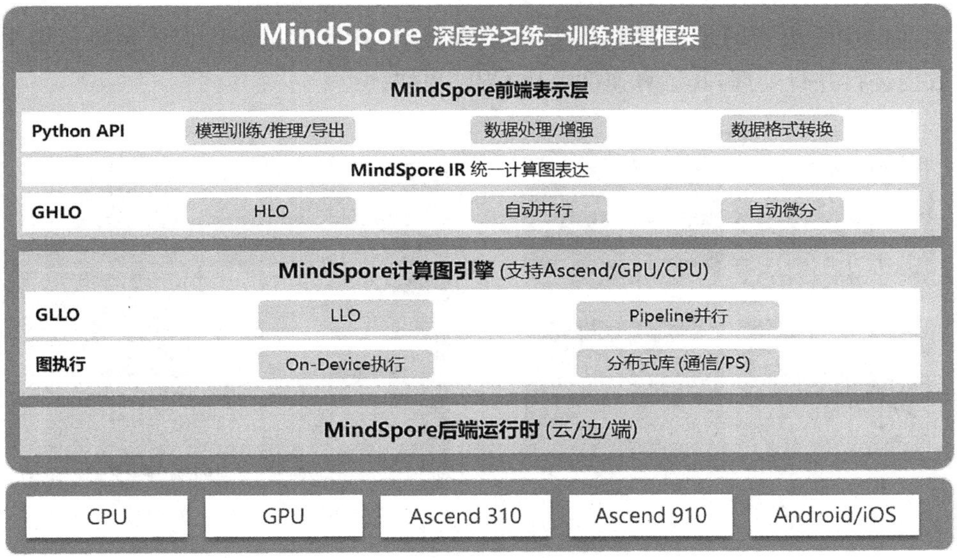

图 1-8　MindSpore 的架构

MindSpore 后端运行时三层，其中 MindSpore 前端表示层主要负责深度学习模型的构建和描述，MindSpore 计算图引擎主要负责深度学习模型的计算图生成和优化，MindSpore 后端运行时主要负责深度学习模型的运行和执行。

---

① 语言模型。
② 情感分类。
③ 自然语言处理，natural language processing。
④ 光学字符识别。
⑤ 计算机视觉。

1.4.2　人工智能的硬件

随着人工智能技术的进一步发展,模型训练所需要的巨大算力对相关硬件提出了更高的要求。作为人工智能产业的重要基石,人工智能芯片具有重要的产业价值和战略地位。人工智能芯片通常指对人工智能算法进行加速运算的芯片,也叫做 AI 加速器或者计算卡,根据技术架构可以分成 GPU、FPGA、ASIC 和类脑芯片。

1) GPU

GPU 是 graphics processing unit(图形处理器)的简称,是一种专门用于完成图形或图像运算的处理器。对比于 CPU,GPU 支持并行加速运算,同时编程方法更加灵活,所以被广泛用于人工智能算法的运算训练过程中。图 1-9 是 CPU 与 GPU 的结构对比,可以看出 CPU 中占绝大多数的是控制单元和存储单元,而 GPU 更多的是运算单元,因此不难得出 GPU 的结构更加适合对密集型数据进行并行处理,其运算速度要比 CPU 更快。

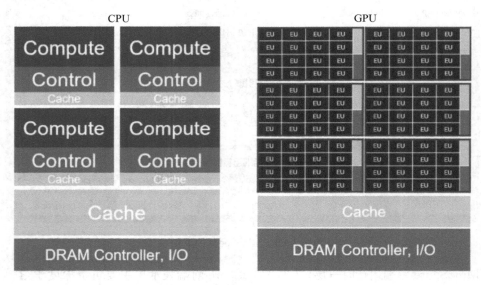

图 1-9　CPU 与 GPU 的结构对比

GPU 根据接入系统的方式不同,可以分为集成型 GPU(integrated GPU,iGPU)和离散型 GPU(discrete GPU,dGPU)两种,前者就是日常所说的集显,后者就是日常所说的独显。集成型 GPU 一般嵌入在 CPU 的旁边,功耗低,适合于一般的应用办公场景。离散型 GPU 是以独立板卡的形式出现,一般连接在 PCL 接口上,功耗要比集成型 GPU 大,并且价格更贵,主要用于大型游戏、图像处理、视频渲染、人工智能模型运算等需要算力的应用场景。表 1-1 给出了两种类型 GPU 的对比。

表 1-1　两种类型 GPU 的对比

对比项目	类　别	
	集成型 GPU	离散型 GPU
别称	集显,核显(核芯显卡,专指与 CPU 放一颗芯片中的集显)	独立显卡,独显,图形卡,视频卡,加速卡(做 AI 加速任务的独立板卡)
与 CPU 的关系	嵌入在 CPU 旁边	以独立板卡出现,通常被连接在 PCI 高速接口上
内存	与 CPU 共享系统内存	使用专用内存,即显存
价格	低(与 CPU 绑定)	高
功耗	低	高
典型代表	英特尔(iris Xe 96EU)、AMD(Radeon 680M)	英伟达(GeForce)、AMD(Radeon)、英特尔(Arc)
主要作用	满足大部分消费应用场景需求,可作为离散型 GPU 的一种补充	大型游戏、视频渲染、图形处理,加速人工智能任务

　　选择合适的 GPU 需要综合考虑计算需求、预算限制、硬件兼容性、驱动和支持、品牌和型号选择等因素。目前,GPU 厂商主要以国外的英伟达(NVIDIA)、AMD、英特尔为主,而我国的 GPU 厂商主要有景嘉微、沐曦集成电路、壁仞科技、燧原科技、地平线等。其中较受欢迎的是英伟达,因为在完成深度学习任务时,绝大多数开发者会使用到该公司推出的并行计算架构(compute unified device architecture,CUDA)。CUDA 使用 C 语言进行编写,主要功能是利用 GPU 的并行计算能力解决复杂的计算问题,提升计算速度,如今基于 CUDA 的 GPU 被广泛用于图像与视频处理、计算生物学和化学、流体力学模拟、CT 图像再现、地震分析以及光线追踪等领域。

　　2) FPGA

　　可编程逻辑门阵列(field programmable gate array,FPGA),是一种半定制电路,被广泛应用于专用集成电路领域。FPGA 的特点在于用户可以通过烧入 FPGA 配置文件来定义门电路以及存储器之间的连线,从而实现不同的逻辑功能。在深度学习领域,FPGA 可以用于加速模型推理和训练。与传统的 CPU 和 GPU 相比,FPGA 具有更低的功耗和更高的并行性,可以实现更快的计算速度和更高的计算效率。同时,FPGA 还可以在运行时根据需要进行动态定点化和量化,可以进一步提高计算效率和节约资源。目前 FPGA 的国外主要厂商有 Xlinx(赛灵思)、Lattice(莱迪斯)、Actel、Achronix 等。国内厂商主要有深圳紫光同创、上海安路科技、广东高云、西安智多晶、京微齐力、上海邈格芯、成都华微科技、上海复旦微电子等。

3) ASIC

集成电路(application-specific integrated circuit,ASIC),是一种专门用于特定目的而设计制造的集成电路。相比于通用的 CPU、GPU 或者半定制的 FPGA,ASIC 具有更小的体积、更低的功耗、更高的可靠性、更高的计算效率和更强的保密性等优点,这使得它被广泛应用在一些对计算效率和安全性要求较高的领域,如加密、通信、人工智能等。ASIC 的设计和制造过程需要高度专业化的技术和经验,需要根据具体的应用场景进行优化和设计,以确保 ASIC 能够满足特定的功能和性能指标。ASIC 成本较高,通常适用于需要高性能和高可靠性的特定应用场景。

用一个形象化的例子对比 FPGA 和 ASIC。比如,你想要买一个玩具车,摆在面前的有两种选择:一种是类比 FPGA,你可以购买乐高积木搭;另一种类比 ASIC 是寻找玩具加工厂进行专门定制。用乐高积木搭,你只需要确定好车的外形后选择相应的积木零件即可。而定制化需要你不仅设计出外形,还需考虑诸如安全性、材质等一系列问题。因此使用 FPGA 对整个项目的开发时间影响较小,但定制化的 ASIC 要比 FPGA 更加适合整个项目。

4) 类脑芯片

为了满足人工智能模型对硬件算力的巨大需求,芯片的发展可以分为两种方式。一种是像 GPU、FPGA、ASIC 一样继续使用传统的冯·诺依曼架构;另一种则是通过利用神经元结构设计的芯片来模拟人脑的工作方式,这种芯片称为类脑芯片。类脑芯片将微电子技术与各种神经形态器件相结合,突破了冯·诺依曼架构的瓶颈,实现了存储和计算的深度融合,从而提高了芯片的计算效率并降低了功耗。类脑芯片在人工智能、机器学习、图像识别、自然语言处理等领域具有广泛的应用前景,其具有高效、低功耗、高度并行等特点,可以大幅提升人工智能系统的性能和效率。一些大型科技公司和研究机构已经开始研制和应用类脑芯片,预计未来类脑芯片将成为人工智能技术发展的重要方向。

1.5　人工智能的关键技术

（1）机器学习。机器学习（machine learning）是一门人工智能的学科，主要目标是研究计算机模拟人的学习活动获取新的知识和技能，并根据知识和技能不断优化计算机程序的性能。机器学习按学习方式可以分为有监督学习、半监督学习和无监督学习。传统的机器学习方向主要包括贝叶斯学习、人工神经网络、随机森林、决策树等。

（2）深度学习。深度学习（deep learning）是机器学习的一种，它的概念源于人工神经网络。深度学习最具特色的结构是含有多个隐藏层的多层感知器。与机器学习一样，深度学习同样可以分成有监督、半监督和无监督。目前深度学习因为其能通过组合低层特征形成更加抽象的高层特征的能力而被广泛应用于图像处理领域。

（3）强化学习。强化学习（reinforcement learning）又称再励学习，是用于描述和解决智能体（agent）在与环境的交互过程中通过学习策略以达成回报最大化或实现特定目标的问题。强化学习与机器学习方法中的无监督学习不同，强化学习的目标是最大化奖励而非寻找隐藏的数据集结构（如聚类），因此强化学习是监督学习和无监督学习之外的第三种机器学习范式。

（4）机器视觉。机器视觉（machine vision）是一门用机器代替人眼做测量和判断的学科。一个常见的机器视觉系统主要由图像捕捉模块、光源系统、图像数字化模块、数字图像处理模块、智能判断决策模块和机械控制执行模块组成，涉及图像处理、模式识别、信号处理等多个领域。

（5）计算机视觉。计算机视觉（computational vision）是机器视觉的一个具体研究领域，具体指通过使用计算机和各类成像系统实现生物视觉对外界环境的感知，简单而言就是让计算机通过计算模仿人眼实现视觉感知。

（6）自然语言处理。自然语言处理是研究人与计算机之间通过自然语言进行交流的一门学科，是人工智能领域的重要研究方向。自然语言处理的主要研究内容有语音识别、机器翻译、文本生成、舆情分析、文本挖掘、信息检索等。

参考文献

［1］　林崇德,杨治良,黄希庭.心理学大辞典[M].上海：上海教育出版社,2003.

［2］ 杨治良.漫谈人类记忆的研究［J］.心理科学,2011,34(1)：249－250.

［3］ 杨清.简明心理学辞典［M］.长春：吉林人民出版社,1985.

［4］ MCCARTHY J，MINSKY M L，ROCHESTER N，et al. A proposal for the dartmouth summer research project on artificial intelligence［J］. The AI Magazine，2006，27(4)：12－14.

［5］ 王万良.人工智能导论［M］.第 5 版.北京：高等教育出版社,2022.

［6］ 蔡自兴.人工智能及其应用［M］.第 6 版.北京：清华大学出版社,2020.

［7］ BOSTROM N. Superintelligence：Paths，Dangers，Strategies［M］. Oxford：University Press，2014.

［8］ 孙涛,迟晓玲,王理斌,等.物联网在行业信息化中的应用研究［J］.科技与生活,2010(24)：2.

［9］ 李成渊.射频识别技术的应用与发展研究［J］.无线互联科技,2016(20)：146－148.

［10］ 赵军辉.射频识别技术与应用［M］.北京：机械工业出版社,2008.

［11］ 陈启军.嵌入式系统及其应用［M］.3 版.上海：同济大学出版社,2015.

［12］ 苏曙光,沈刚.嵌入式系统原理与设计［M］.武汉：华中科技大学出版社,2011.

［13］ 李联宁.大数据技术及应用教程［M］.第 2 版.北京：清华大学出版社,2023.

［14］ 赵英良.大学计算机基础［M］.北京：清华大学出版社,2017.

［15］ 林子雨.大数据技术原理与应用［M］.第 2 版.北京：人民邮电出版社,2017.

［16］ 蒋润祥,魏长江.区块链的应用进展与价值探讨［J］.甘肃金融,2016(2)：19－21.

课后作业

1. 请解释人工智能的定义和目标。

2. 请简要叙述人工智能与人类智能的区别。

3. "强人工智能"和"弱人工智能"两种观点的主要区别是什么？

4. 在以下学派中,哪一个与探索人工智能的方法和思想不匹配？　　　　（　　）

　　A. 符号主义学派　B. 连接主义学派　C. 进化计算学派　D. 行为主义学派

5. 请解释区块链技术的基本原理和应用领域。

6. 物联网的特征包括哪些？　　　　　　　　　　　　　　　　　　　（　　）

　　A. 全面感知　　　B. 广泛互联　　　C. 智能处理　　　D. 自动控制

7. OpenVINO是英特尔推出的一款全面的工具套件,它支持哪些算法框架？（　　）

　　A. Tensorflow　　B. PyTorch　　　C. Caffe　　　　D. Kaldi

8. GPU 的工作原理是什么？

第 2 章

▽

机 器 学 习

随着机器学习的发展,计算机通过大量数据的学习,逐渐展现出与人类相当的智能水平。如今,基于机器学习算法训练出的对话生成模型,如 ChatGPT 具备理解和表达人类语言的能力,使得与人进行自然流畅的对话成为可能。深度学习和强化学习作为模仿人脑神经结构和学习机制的方法,推动机器学习技术的飞速发展。深度学习的出现加速了图像识别、自然语言处理和语音识别等领域的进步,而强化学习在解决复杂决策问题和实现智能化系统方面发挥着关键作用。本章将从机器学习的概念出发,重点介绍机器学习的一般流程,并简要概述深度学习和强化学习这两个重要分支的基本原理及其应用。

2.1 机器学习概述

2.1.1 机器学习的概念

机器学习的研究最早可以追溯至 20 世纪 50 年代,由阿瑟·萨缪尔(Arthur Samuel)提出。当时萨缪尔研制出一个西洋跳棋程序,这个程序通过分析以往的大量棋局后分辨出当前棋局落子的“利”与“弊”,其原理类似于今天谷歌提出的围棋机器人 AlphaGo。后来在 1956 年的达特茅斯会议上,应约翰·麦卡锡的邀请萨缪尔介绍了该项工作,并将程序逐渐学会下棋的过程用“机器学习”一词概括,这正是“机器学习”概念的首次提出。到了 1959 年,该跳棋程序打败了萨缪尔本人,3 年后更是击败了全美排名第四的跳棋冠军,成为轰动一时的热点事件。1966 年,萨缪尔退休后继续在斯坦福大学担任研究教授,他将跳棋程序持续改进,直到 1970 年才被超越。正是由于萨缪尔在机器学习领域的杰出贡献,他也被后人称为“机器学习之父”。

机器学习自 20 世纪 50 年代被提出起就吸引了许多研究人员的关注和讨论。为了能够更好地阐述机器学习的概念,这里给出一些科学家对机器学习的定义：

（1）阿瑟·萨缪尔在1959年的论文"Some Studies in Machine Learning Using the Game of Checkers"中对机器学习作出这样的定义，即机器学习是让计算机在没有明确编程的情况下具备学习能力的研究领域。该定义指出机器学习应该具有自动化的特点，强调机器学习系统能够通过不断学习进行自我改进。

（2）"全球机器学习教父"汤姆·米切尔（Tom Mitchell）在1986年出版的*Machine Learning*一书中将机器学习描述为："一个程序被认为能从经验E中学习，解决任务T，达到性能度量值P，当且仅当，有了经验E后，经过P评判，该程序在处理T时的性能有所提升"。在这里，机器学习被看作是一种具体的任务和过程，注重机器学习的实际应用。

（3）著名科学家吴恩达（Andrew Ng）在2012年的一次演讲中定义机器学习为"让计算机从数据中学习模式的科学"，指出数据对于机器学习的重要性。

（4）2015年，迈克尔·乔丹（Michael Jordan）在发表的一篇题为"Machine Learning：Trends，Perspectives，and Prospects"的综述论文中提出"机器学习是从数据中提取知识并使计算机能够自主决策的一种方法"，认为机器学习的目标是从数据中获取知识和信息，并自动化地应用这些知识和信息进行决策。

（5）佩德罗·多明戈斯（Pedro Domingos）在2015年出版的名为*The Master Algorithm: How the Quest for the Ultimate Learning Machine Will Remake Our World*的书中对机器学习做出定义，即机器学习是关于构建能够自动改善的系统的科学，认为机器学习不仅是一种技术，更是一种科学。

总而言之，机器学习就是计算机对已有的数据或者经验进行学习理解，并用模型的形式对整个过程归纳描述，以实现预测未来的一种方法。机器学习在形式上相当于寻找一个合适的函数来描述任务，具体表现为近似于在数据对象中通过统计或推理的方法寻找一个适用特定输入和预期输出功能的函数。如图2-1所示，机器学习的过程可以这样理解，在已知图片是喜羊羊的基础上，利用该经验寻找某个具体的函数，使得该函数在输入图片后能推理出其中卡通人物的名字。当然，推理的结果有好有坏，并且不同的任务需使用不同的模型。

对比于深度学习和强化学习，机器学习是一个更为广泛的概念。机器学习是人工智能的一个分支，机器学习包含了深度学习、强化学习等技术。机器学习是一种通过训练模型从数据中学习，并使用模型进行预测的方法。深度学习是机器学习的一种特殊形式，主要是基于深度人工神经网络（deep artificial neural network）模型来处理更大规模数据，解决复杂的非线性问题，因此在图像识别、

$$f(\text{🐑}) = \text{“喜羊羊”}$$

机器学习过程

$$f_1(\text{🐑})=\text{“喜羊羊”} \quad f_2(\text{🐑})=\text{“慢羊羊”}$$

$$f_3(\text{🐑})=\text{“红太狼”} \quad f_4(\text{🐑})=\text{“沸羊羊”}$$

图 2 - 1 机器学习的具体表现

语音识别、自然语言处理等领域被广泛使用。强化学习是机器学习的另一种形式,它是通过试错过程来学习最优策略的一种方法。在强化学习中,智能体通过与环境互动来学习,它会尝试不同的行动,观察环境的反馈,并根据反馈来调整自己的行为。强化学习在游戏、机器人控制、自动驾驶等领域中得到了广泛应用。

2.1.2 机器学习的研究内容

机器学习是一门多领域交叉学科,主要涉及数学、计算机科学、人工智能、数据科学、统计学、信息论、控制论等领域。机器学习的研究内容主要包括算法设计、模型构建、数据预处理、特征选择、模型评估和优化五个方面,这五个方面也共同构成了整个机器学习过程。

(1)算法设计。在机器学习中,算法设计是非常重要的一环。算法的作用是根据数据建立模型并进行预测。算法的设计需要考虑到许多因素,如算法的计算复杂度、准确性、可解释性等。常见的机器学习算法包括决策树、支持向量机、逻辑回归、神经网络、朴素贝叶斯、K近邻等。不同的算法适用于不同的应用场景,比如决策树适用于分类问题,支持向量机适用于二分类和多分类问题,神经网络适用于图像识别和自然语言处理等。在算法设计中,需要根据实际问题选择最合适的算法,并根据数据的特点进行优化,以提高算法的预测准确性和效率。

(2)模型构建。模型构建是机器学习中的另一个重要研究内容。模型作为从训练数据中学习到的一种对目标域对象、问题的概括性描述,可以用来对未知数据进行预测、分类、聚类等任务。机器学习的模型可以分为线性模型、非线性模型、层级模型等多种类型。线性模型是指模型中的变量之间是线性关系,如线性回归、逻辑回归等。非线性模型是指模型中的变量之间是非线性关系,如决策树、支持向量机等。层级模型是指模型中包含多个线性模型或者非线性模型。

例如,神经网络采用的多层感知器模型,其中每一层都对输入进行变换和抽象,输出结果供下一层使用,最后得到最终的结果。

（3）数据预处理。数据预处理主要包括数据清洗、数据集成、数据变换、数据规约等多种方法。数据清洗是指对数据进行错误检测和修正,如去除重复值、填充缺失值、处理异常值等。数据集成是指将来自不同来源和格式的数据进行整合,以便进行统一的处理和分析。数据变换是指将原始数据进行转换和映射,以便更好地适应模型和算法的要求。数据规约是指将数据进行压缩和简化,以便处理和存储。

（4）特征选择。特征选择是指从原始数据中选择最相关和最有用的特征,以便更好地进行模型构建和数据分析。特征选择可以帮助减少模型复杂度、提高模型泛化能力、提高对特征和特征值之间的理解、降低计算成本等多个方面。常用的特征选择方法可以分成三类：过滤法（filter）、包裹法（wrapper）和嵌入法（embedded）。

（5）模型评估和优化。机器学习中的模型评估和优化是指对训练出来的模型进行性能评估和改进的过程。模型评估是指通过一系列指标来度量模型的预测性能,如准确率、召回率、精确率、F1 值等。模型优化则是指对模型进行改进以提高其性能。常见的方法包括参数调整、特征选择、模型融合等。在参数调整中,可以使用网格搜索等技术来寻找最佳参数组合；在特征选择中,可以通过相关性分析、递归特征消除等方法来选择最具有代表性的特征；在模型融合中,可以通过集成学习等方法来提高模型的稳定性和准确率。

2.1.3　机器学习的应用前景

随着理论研究的不断深入,机器学习技术已经成为人工智能领域中重要的一部分。QYResearch 发布的《2022—2028 全球及中国机器学习行业研究及十四五规划分析报告》显示,2021 年全球机器学习市场规模大约为 1 005 亿元,预计 2028 年将达到 9 140 亿元——这意味着未来的几年机器学习技术仍然处于高需求的状态。机器学习是通过特定的算法分析已有数据,识别出隐藏在数据中的可能性,并辅助使用者进行预测与决策。面对着海量数据,机器学习技术可以在无须人工干预的情况下快速处理与分析,实时提供决策与响应,同时机器学习还可以根据数据的变化与趋势,自动调整和优化模型算法,这样的特性使得机器学习技术可以被广泛应用于各种领域和行业。机器学习技术的应用前景十分广阔,包括但不限于以下领域:

（1）自然语言处理。机器学习是自然语言处理的一个重要工具,可以帮助机器更好地理解和处理自然语言。例如,在语音识别方面,机器学习可以通过学习大量的语言数据提取出人类语言的声音特征,从而识别人类语言的含义;在情感分析方面,机器学习可以通过文本中的语气词、情感词汇学习文本中的情感规律,自动判别文本的情感倾向;在语义分析方面,机器学习可以通过学习自然语言的语法和语义规则,自动识别句子中的主谓宾结构,并理解几者之间的关系。

（2）图像和视频处理。图像和视频处理是指对静态或者动态的数字图像进行处理、分析和理解,机器学习的出现提高了图像和视频处理的速度以及效果。例如,在图像分类方面,机器学习算法可以将图像分成不同的类别,实现人脸识别、车辆识别、物体识别等任务;在图像分割方面,机器学习可以根据图像内容将一张图像分成几个部分;在目标追踪方面,机器学习可以通过视频目标追踪算法,对指定的目标进行动态跟踪。

（3）推荐系统。机器学习在推荐系统中的主要作用是通过分析大量的用户行为和偏好数据,自动学习用户的兴趣和需求,并根据这些数据预测用户可能喜欢的内容或产品。例如,B 站通过机器学习算法分析用户的观看历史、搜索历史、评分等数据,为用户推荐个性化的视频;京东购物平台通过分析用户的历史购买记录、浏览行为、搜索关键词、地理位置、年龄、性别等数据,实时推荐给用户可能感兴趣的商品。

（4）异常检测。异常检测是指在给定数据中发现与正常样本不同的数据点或模式的过程,在传统的异常检测方法中,通常需要手动设置阈值或规则来判断一个数据点是否异常,而机器学习可以通过学习数据的特征和模式来判断一个数据点是否异常,相比传统方法更加准确和自动化。例如,在时间序列上,机器学习算法可以用来寻找时间上的异常点,金融领域用于检测股票价格、货币汇率等的异常波动;在生产过程中,机器学习算法可以通过分析生产过程中的数据,如温度、湿度、压力等,来预测产品的质量,并实时调整生产过程。

2.2 机器学习的常用术语

在学习机器学习的具体方法之前,我们需要掌握一些常用的机器学习术语。

（1）标签(label)。标签通常表现为简短的描述性词语,是对事物进行标记的一种符号。在机器学习中,标签通常用于监督学习中的分类或回归。① 在分类任务中,标签是一组离散值,表示数据所属的类别。例如,图像分类的标签可能是"猫""狗""鸟"等。② 在回归任务中,标签是一组连续值,表示数据的实际值。例如,在预测房价变化时,标签可能是房屋的实际销售价格。

（2）特征（feature）。特征指输入数据中的属性或变量,通常会把一个数据集表示为一组特征和相应的标签。特征可以是任何形式的数据,包括数字、文本、图像等。例如,区分苹果的种类,需要考虑的特征有颜色、形状、产地等;要分辨出一个人,可以从外貌、声音、走路姿势等方面来衡量。所谓的特征工程,实际上就是使用数学、统计学和领域知识从原始数据中提取有用特征。

（3）特征向量（feature vector）。特征向量简单来说就是特征的集合,通常使用一个向量表示,用来描述一个实例。由于每一个实例都有自己不同的特征,这些特征又有不同的值,多个值组合起来用一个向量表示就是特征向量。例如,一个苹果的颜色特征是红色,质量特征是 500 g,味道特征是甘甜,则描述该苹果的特征向量为（红色,500 g,甘甜）。

（4）特征空间（feature space）。如果分别以每个特征作为一个坐标轴,所有特征所在坐标轴组成一个用于描述不同样本的空间,称为特征空间。继续以苹果为例,苹果的颜色有红色、绿色,质量是一个连续值,味道可以是甘甜、苦涩、平淡等,如果将颜色、质量、味道分别作为坐标轴组成一个三维空间,那这个三维空间就是描述苹果的特征空间。

（5）样本（sample）。样本是指输入数据中的某条数据或者实例,一般每个样本都由一个或多个特征以及一个标签组成,即(x_i, y_i),其中 x_i 为第 i 个样本所有特征组成的特征向量,y_i 为第 i 个样本的标签。样本是机器学习模型训练的基础,通过处理大量的样本,机器学习模型可以从中学习特征及其与输出的关系,并通过这些经验来进行预测、分类、聚类等任务。

（6）模型（model）。模型是指一种数学或统计学方法,用于对数据进行学习、预测和分类。模型可以看作是对数据的简化和抽象,是从已有数据中学习到的一种函数关系,即定义了特征与标签之间的关系。在人工智能领域,模型与算法有所区别。简单来说,对于海量数据采用何种方式去学习,这个方式就称为算法。而通过算法最终学习到的结果,也就是后期用于预测的那一套规则就是模型。

（7）分类（classification）与回归（regression）。根据输出的类型,机器学习可分成分类和回归。分类是针对有限个可能的问题,预测出一个离散的、明确的变量;回归是针对无限个可能的问题,预测出一个连续的、逼近的变量。图 2-2(a)中医生判断患者是否健康,对于这一问题的预测值只有真或假两种情况,因此这一过程可以看作是分类;图 2-2(b)中医生对患者开出药方,其中药剂的用量以及服用次数并不能完全列举出来,只能根据患者情况寻找最优的方案,因此这一过程可以看作是回归。

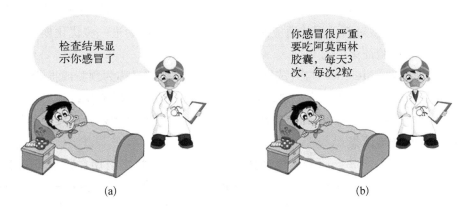

图 2-2　分 类 与 回 归

(a) 分类;(b) 回归

(8) 聚类(clustering)。聚类是将物理或抽象对象的集合分成由类似的对象组成的多个类的过程。所谓"物以类聚,人以群分"就是一个典型的聚类问题。聚类过程将数据集划分成若干互不相交的子集,而这里的子集就是"簇"。在聚类中,模型试图找到一些特定属性或特征,使得同一簇内的数据点更加相似,而不同簇之间的数据点差异更大。如图 2-3 所示,聚类将一组看似毫无关系的点分成了两个簇,进一步又分成了四个簇。

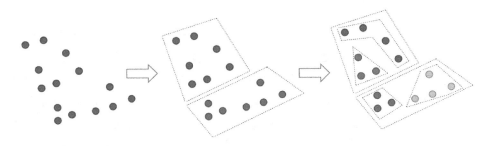

图 2-3　聚 类 的 效 果

(9) 训练(training)与训练集(training set)。训练过程又称为学习过程,是指利用样本来调整模型的参数,使其能够在新样本上预测出正确的输出。用于训练过程的样本的集合就叫做训练集。在神经网络中,训练一般就是确定网络中权重和偏置的值,使其能够实现特定的功能。

(10) 验证(validation)与验证集(validation set)。由于训练过程中模型参数调整的不同会导致最终模型预测效果有好有坏,这时就需要在每个训练轮次结束后验证当前模型的性能,这一过程就称为验证。验证的目的是评估模型的泛化能力,即模型对新数据的适应能力。用于验证过程,为进一步优化模型样本的集合就叫做验证集。

(11) 推理(inference)与测试集(testing set)。推理又称为预测或推断,是借助在训练中已确定参数的模型进行运算,利用输入的新数据预测结果。一般在进行模型推理前,需要对已确定参数的模型检验其性能,而用来测试模型的样本的集合就叫做测试集。

(12) 部署(deployment)。模型部署是指将最终的模型运用在特定环境中,利用新的数据进行推理的过程。对于一个项目而言,建立并训练好一个模型并不是项目的结束,需要将模型部署到实际应用中。根据需求,部署阶段可以像生成报告一样简单,也可以像实施可重复的数据科学过程一样复杂。在很多情况下,将由客户而不是数据分析员来执行部署步骤。

(13) 损失函数(loss function)。损失函数又叫做代价函数,是用来评估模型的预测值与真实值的不一致程度。损失函数是一个非负值函数,损失函数越小,模型的鲁棒性也就越好。常见的损失函数包括均方误差(mean squared error)、交叉熵(cross entropy)、0 - 1损失函数等。

2.3　机器学习的分类

机器学习可从不同的角度,根据不同的方式进行分类。例如,若按机器所学知识的表示方式分类,则机器学习可分为框架表示法、逻辑表示法、产生式表示法等;若按机器学习的应用领域分类,则机器学习可分为专家系统、规划和问题求解、数据挖掘、图像识别、自然语言处理、机器人和博弈等;若按学习事物的性质分类,机器学习可分为概念学习与过程学习;若按学习方法是否为符号表示来分类,则机器学习可分为符号学习与非符号学习,这一节讨论的学习方法都属于符号学习,关于非符号学习(即连接学习),将在深度学习与神经网络一章中进行讨论。上述这些分类方法有的不够严格、准确,有的不能适应机器学习发展的需要,因此目前用得不多。下面讨论三种当前常用的分类方法。

2.3.1　按学习方式分类

机器学习按照学习方式分类可以分成监督学习（supervised learning）、无监督学习（unsupervised learning）、半监督学习（semi-supervised learning）、强化学习（reinforcement learning）和迁移学习（transfer learning）。

1）监督学习

监督学习的基本思想是根据已有的标记样本（即已知输入和输出的数据）训练出一个最优模型，并使用该模型对未知数据进行预测。在监督学习中，训练样本是既有特征又有标签的，其核心就是能够找到特征与标签之间的关系，使得训练好的模型可以预测出新特征对应的标签。图 2-4 形象地描述了监督学习的过程，小朋友在老师的教导下已经学习到喜羊羊的特征，于是他在面对新的图片时，也能根据相关特征准确推断出这是"喜羊羊"。

(a)　　　　　　　　　　　　(b)

图 2-4　监 督 学 习

（a）根据已有的数据进行学习；（b）根据学习到的知识进行应用

通常，监督学习又可以细分成两类问题：一个是分类问题；一个是回归问题。

分类问题的主要步骤是将样本的标签分成不同的类别，使得同一类别内的样本具有相似的特征，不同类别的样本具有差异明显的特征，训练好的模型就是要根据输入样本的特征预测出相应的类别标签。分类问题的典型案例就是图像分类，比如训练样本是带有标签的动物图片，其中小狗图片的标签是"dog"，小猫图片的标签是"cat"，使用监督学习的方法来训练模型，使得模型在输入新的图片时能准确推理出标签是"dog"还是"cat"。

回归问题的主要步骤是已知训练样本的特征与标签，建立特征与标签之间的映射(函数)关系,通过映射关系预测新的输入特征对应的输出标签。与分类问题的最大区别是,回归问题的标签是连续值,而分类问题的标签是离散值。回归问题的典型案例就是曲线的拟合,例如若已知点集 $\{(x_i, y_i) \mid i \in [1, N]$ 且 $i \in \mathbb{R}\}$,回归问题需要用这些点去拟合出曲线 $y = ax^2 + bx + c$,模型训练就是寻找 a、b、c 三个参数的值使得 $ax_i^2 + bx_i + c$ 与 y_i 尽可能接近,最终在输入新的 x_j 时预测出对应的 y_j。

在监督学习中,解决分类问题常见的算法有朴素贝叶斯(naive bayes)、决策树(decision tees)、支持向量机(support vector machines)、逻辑回归(logistic regression)等。解决回归问题常见的算法有回归树(regression tree)、线性回归(linear regression)等。像神经网络(neural networks)、K 邻近(K-nearest neighbor)、AdaBoost 之类的算法既可以解决分类问题,也可以解决回归问题。

2)无监督学习

与监督学习相对应,无监督学习的特点是模型训练过程中样本是没有标签的,因此无监督学习的目标是通过对这些无标签样本的学习来揭示数据间的规律、结构和模式。图 2-5 清晰解释了无监督学习的过程,即先在无标签的样本中进行集中归纳,再将归纳的知识进行应用。

图 2-5 无监督学习

(a) 在无标签的数据中进行归纳;(b) 根据归纳的知识进行应用

无监督学习的出现,弥补了监督学习需要人工标注的问题。无监督学习常见的算法主要可以分成聚类(clustering)和降维(dimensionality reduction)。

聚类算法按照数据的内在相似性将数据集划分为多个类别,使类别内的数据相似度较大而类别间的数据相似度较小,如 K-Means 算法(K 均值聚类)、EM 算法(期望最大化算法)、DBSCAN 算法(具有噪声的基于密度的聚类)、Mean Shift 算法(均值偏移聚类)、BIRCH 算法(利用层次方法的平衡迭代规约和聚类)等。

降维算法是指将高维数据转换为低维数据,即指减少训练数据中输入变量规模的技术。当然,降维算法也可分成有监督和无监督,常见的无监督降维算法有主成分分析法(principal component analysis,PCA)、独立成分分析(independent component correlation algorithm,ICA)、核主成分分析(kernel principal component analysis,KPCA)、局部线性嵌入(locally linear embedding,LLE)、非负矩阵分解(nonnegative matrix factorization,NMF)、稀疏编码(sparse coding)、因子分析(factor analysis)、t-SNE 等。

3) 半监督学习

半监督学习介于监督学习和无监督学习之间,在半监督学习中,数据集中只有少量数据带有标签,而其余的大量数据则没有标签。半监督学习的主要思想是利用无标签的数据来扩充有标签的数据,从而提高模型的预测性能。半监督学习基于这样的基本规律:数据的分布必然不是完全随机的,通过一些有标签数据的局部特征,以及更多没标签数据的整体分布,就可以得到可以接受甚至是非常好的分类结果。因此,半监督可以通过结合有标签数据和无标签数据提高模型的泛化能力。图 2-6 给出了半监督学习的过程,即先使用少量带有标签的数据进行训练,再对无标签的数据进行归纳,最终得到泛化性能好的模型。从不同的学习场景看,半监督学习可分为四大类:半监督分类(semi-supervised classification)、半监督回归(semi-supervised regression)、半监督聚类(semi-supervised clustering)和半监督降维(semi-supervised dimensionality reduction)。

图 2-6 半监督学习

(a) 少量标签数据进行学习;(b) 无标签数据

4）强化学习

强化学习，又称再励学习、增强学习，是指机器通过与环境的交互来获取奖励信号，并根据奖励信号来调整自己的行为，以获得最大化奖励。图2-7解释

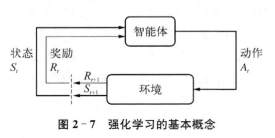

图 2-7 强化学习的基本概念

了强化学习的基本概念，其中智能体（agent）是机器人的智能主体部分，即我们要操控的对象；环境（environment）指机器人所处的环境，是客观存在的状态；状态（state）指在当前时刻下智能体所处的状态；奖励（reward）指智能体在执行某个动作后获得的奖赏；动作（action）指要执行的动作。

举个简单的例子，如图2-8所示，如果将大象比作智能机器，训练员比作智能机器所处的环境，那么每当大象根据训练员的指示做出行动时，训练员会根据大象的行为给出相应的奖励，而大象也会根据训练员给的奖励调整自己的动作，以获得更多的奖励。即智能机器感知环境产生行为，环境针对智能机器的行为给出奖励，智能机器根据反馈的奖励对行为做出调整，以获得更好的奖励。通过这种反馈式学习，智能机器就有了很强的自我进化的能力。

图 2-8 强 化 学 习

（a）动作后的奖励让大象更努力；（b）更难的动作后，奖励更丰富

强化学习的算法可以分成两类：Model-Based 与 Model-Free。这里的"Model"表示环境的模型，两者最重大的区别在于是否有对环境建模。Model-Based 算法是指在已知环境模型的情况下，使用动态规划等方法计算出最优策

略。通常需要对环境进行建模,这里的环境模型是指能够预测状态转移概率以及奖励的函数。常见的 Model-Based 算法包括 Value Iteration、Policy Iteration等。Model-Free 算法是指在不知道环境模型的情况下,直接从经验中学习最优策略,而不需要对环境进行建模。Model-Free 算法可以分为基于价值和基于概率两种类型,常见的算法包括 Q-learning、SARSA、Actor-Critic 等。

5)迁移学习

迁移学习是指将一个任务中学到的知识或经验转移到另一个任务中。通过迁移学习,可以利用原任务上习得的丰富的知识来提升目标任务上的学习效果,从而减少学习数据量、提高学习效率和泛化能力。图 2-9 很好地解释了迁移学习。小男孩通过学习掌握了骑自行车的技能,只要将这个经验稍加调整,即学会电动车的启动、加减速等,就可以很快速地掌握骑电动车。通常,迁移学习被应用在深度学习中,例如多研究机构都发布了基于超大数据集的预训练模型,对于使用者来说只需对这个已经训练好的模型进行微调,就能够适应新的任务。

图 2-9 迁 移 学 习

(a)原有经验;(b)经验的迁移

迁移学习中经常会提到"域"的概念,其中域(domain)由数据特征和特征分布组成,是学习的主体;源域(source domain)指已有知识的域,通常样本有大量的标签;目标域(target domain)指要进行学习的域,通常样本无标签或者有少量标签。迁移学习可以根据不同的分类标准进行分类,以下是一些常见分类方式:

(1)基于样本的迁移学习(instance based transfer learning)。当源域与目标域具有相似的样本,并且这些样本对于两个域的任务都有用时,在源域中找到这些与目标域相似的样本,并对其权重进行调整,使得相似度高的样本权重高,相似度低的样本权重小。然后将调整后的新样本与目标域中的样本进行匹配,并用于训练,得到适合于目标域的模型。例如,图 2-10 的源域与目标域中猫的样本是相似的,因此可以基于这些相似的样本进行迁移学习。

源域　　　　　　　　　　　　　　　目标域

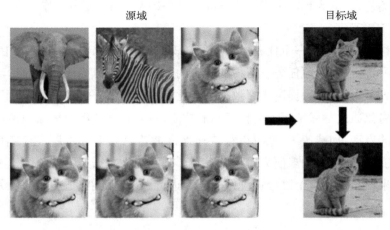

图 2-10　基于样本的迁移学习

（2）基于特征的迁移学习（feature based transfer learning）。当源域和目标域含有一些共同的交叉特征时,可以通过特征变换,将源域和目标域的特征变换

源域　　→　　目标域

图 2-11　基于特征的迁移学习

到同一空间,使得该空间中源域数据与目标域数据具有相同的数据分布,然后进行传统的机器学习。例如,图 2-11 的目标域与源域中的样本都是猫科动物,它们具有共同的特征,因此可以根据这些特征进行迁移学习。

（3）基于模型的迁移学习（model based transfer learning）。假设源域和目标域共享模型参数,可以将以前在源域中经过大量数据训练好的模型应用到目标域上进行预测。例如,图 2-12 中源域与目标域的模型都是判断图片中猫的品种,因此可以对源域中训练好的模型进行微调,迁移到目标域中。

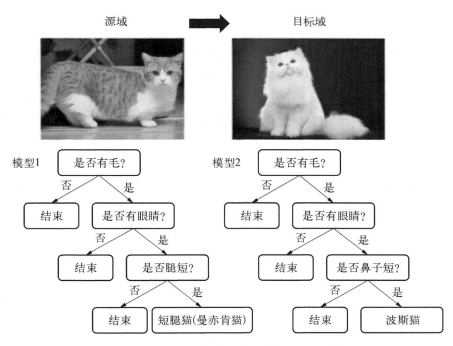

图 2 - 12　基于模型的迁移学习

（4）基于关系的迁移学习（relation based transfer learning）。当两个域相似时，它们之间会共享某种相似的关系，可以将源域中学习到的逻辑网络关系应用到目标域上进行迁移。例如，图 2 - 13 将生物病毒的传播规律迁移至计算机病毒的传播规律。

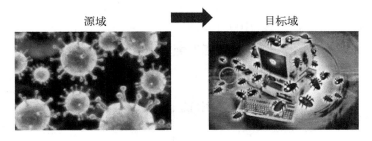

图 2 - 13　基于关系的迁移学习

2.3.2　按任务类型分类

机器学习按照任务类型可以分成分类任务、回归任务，以及结构化学习（structured

learning)任务。分类任务与回归任务在上一节已经说过,这里主要介绍结构化学习任务。

与传统的机器学习任务不同,结构化学习的输入或者输出的数据是有结构的,如序列(sequence)、列表(list)、树(tree)或边框(bounding box)等。传统的机器学习输入或输出都是向量,而在结构化学习中,它的输入是一种形式,输出是另一种形式。例如,在语音识别中,输入是序列形式的语音序号,输出是序列形式的文字;在中文分词中,输入是序列形式的句子,输出是切分树;在目标检测中,输入是图像,输出则是边框。

结构化学习的目标是在训练过程中寻找到一个函数 $F(x, y)$,可以用它来

图 2-14　目标检测中的结构化学习

评价目前输入与输出的匹配程度。在预测的过程中,对于指定的输入,使 $F(x, y)$ 最大的 y 即为预测结果。比如,在图 2-14 的目标检测中,对于函数 $F(x, y)$,其中输入的 x 是一张图像,输出的 y 则是包围图中汽车的边框,而函数 $F(x, y)$ 就是评价这个边框与图像中的汽车有多匹配。通过穷举所有的边框,这里展示了四个例子,最终选择能更好地包围汽车的边框即匹配程度高的作为 y 输出。再比如在检索过程中,对于函数 $F(x, y)$,输入的 x 是关键

字,输出的 y 则是包含所有结果的列表,而函数 $F(x, y)$ 就是评价关键字与输出列表的匹配程度。训练过程就是通过列举所有的列表,比如,图 2-15 中输入"Obama"关键字,得到列表 d10011、d98776 等,使得函数 $F(x, y)$ 能够知道当输入某个关键字时输出哪个列表是最匹配的。

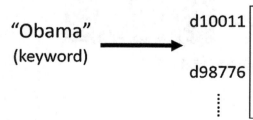

图 2-15　检索中的结构化学习

2.3.3 按模型类型分类

按模型分,机器学习模型可以分成线性模型(linear model)和非线性模型
(nonlinear model)。线性模型与非线性模型最大的区别在于:线性模型的输入
与输出呈线性关系;而非线性模型的输入与输出之间是非线性关系。

1) 线性模型

对于线性模型中的"线性"一词,具体可以用线性代数的概念来解释。若某
一函数 $f(x)$ 满足:

$$\begin{cases} f(ax) = af(x) \\ f(x+y) = f(x) + f(y) \end{cases} \tag{2-1}$$

即满足齐次性和可叠加性,那么这个函数是线性的。

通常,线性模型尝试构建一个线性方程来解释输入与输出之间的关系,这种
方程的形式为

$$F(\boldsymbol{X}, \boldsymbol{W}) = \boldsymbol{W}^\mathrm{T} \boldsymbol{X} + b \tag{2-2}$$

式中, $\boldsymbol{X}$ 为特征向量, $\boldsymbol{W}$ 为权值向量, $\boldsymbol{W}^\mathrm{T}$ 为 $\boldsymbol{W}$ 的转置向量, b 为偏置常量。

将 $\boldsymbol{X}^\mathrm{T} = (x_1, x_2, x_3, x_4, \cdots)$ 和 $\boldsymbol{W}^\mathrm{T} = (w_1, w_2, w_3, w_4, \cdots)$ 代入得

$$\begin{aligned} F(\boldsymbol{X}, \boldsymbol{W}) &= \boldsymbol{W}^\mathrm{T} \boldsymbol{X} + b \\ &= (w_1, w_2, w_3, w_4, \cdots) \begin{pmatrix} x_1 \\ x_2 \\ x_3 \\ x_4 \\ \vdots \end{pmatrix} + b \\ &= w_1 x_1 + w_2 x_2 + w_3 x_3 + w_4 x_4 + \cdots + b \end{aligned} \tag{2-3}$$

下面用一个线性分类器详细介绍线性模型的训练过程。如图 2 - 16 所示,
选取汽车的车身长度 x_1 和车身宽度 x_2 作为特征。那么对于每辆汽车,可以用特
征向量 (x_1, x_2) 来描述。若以车身长度 x_1 作为坐标系横轴,车身宽度 x_2 作为坐
标系纵轴,则组成的二维坐标系可以描述成汽车样本的特征空间,其中平面上的
每一个特征点都代表了一辆汽车的特征。特征点 (x_1, y_1) 与特征点 (x_2, y_2) 之
间的距离 d 可以写成:

$$d = \sqrt{(x_1 - y_1)^2 + (x_2 - y_2)^2} \tag{2-4}$$

表示汽车之间的相似程度。

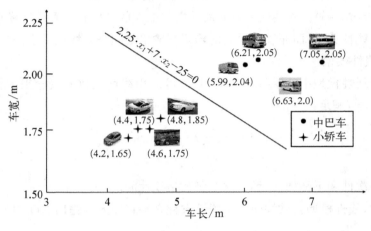

图 2-16 汽车的特征空间

由图 2-16 可知：

$$d_1 = \sqrt{(4.2 - 4.4)^2 + (1.65 - 1.75)^2} \approx 0.223 \tag{2-5}$$

$$d_2 = \sqrt{(4.4 - 6.63)^2 + (1.75 - 2.0)^2} \approx 2.244 \tag{2-6}$$

由于 d_1 比 d_2 小得多，可以看到 d_1 相对应的两个特征点更具有相似性，而 d_2 相对应的两个特征点相似性较差。

分类器是一种可以根据输入特征向量确定其类别标签的函数或算法。它通过在特征空间中建立一个决策边界来将不同类别的数据分开。在图 2-17 的特征空间中，我们可以画出很多条直线用来分开小轿车和中巴车对应的特征点，如这一条直线：

$$2.25x_1 + 7x_2 - 25 = 0 \tag{2-7}$$

具体来说，制作并得到一个线性分类器要经历以下步骤：

（1）制作标签。为每一个汽车样本添加一个类别标签。在这里我们把类别是小轿车的样本标签设置为 +1，类别是中巴车的样本标签设置为 -1。选取多个样本，得到如表 2-1 所示的训练集。

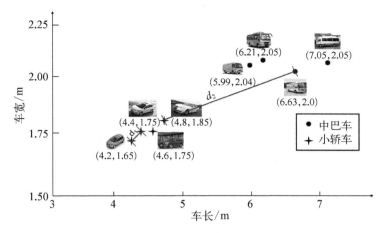

图 2-17　用分类器划分小轿车与中巴车

表 2-1　不同汽车的特征和标签

序号	车长/m	车宽/m	类别	标签	序号	车长/m	车宽/m	类别	标签
1	4.2	1.65	小轿车	−1	11	5.99	2.05	中巴	1
2	4.5	1.70	小轿车	−1	12	7.05	2.04	中巴	1
3	4.7	1.75	小轿车	−1	13	6.21	2.04	中巴	1
4	4.8	1.72	小轿车	−1	14	6.63	2.05	中巴	1
…	…	…	…	…	…	…	…	…	…

（2）建立模型。在这里由于特征空间是二维的,所以建立线性分类器的模型为

$$f(x_1, x_2) = a_1 x_1 + a_2 x_2 + b \qquad (2-8)$$

（3）训练模型。首先,初始化分类器参数,即随机赋予参数 a_1、a_2、b 具体的值。然后,选取一个训练数据放进分类器中训练。在这里,模型训练的过程就是求参数 a_1、a_2、b 的过程。如果这个训练数据被误分类,即 $y(a_1 x_1 + a_2 x_2 + b) \leqslant 0$,则需要更新参数。参数更新法则如下:

$$a_1 + \eta y x_1 \Rightarrow a_1 \qquad (2-9)$$

$$a_2 + \eta y x_2 \Rightarrow a_2 \qquad\qquad (2-10)$$

$$b + \eta y \Rightarrow b \qquad\qquad (2-11)$$

式中，η 为学习率，y 为数据集中的标签。

重复上述步骤，直到训练数据中没有误分类数据为止。图 2-18 给出了分类器的训练过程。

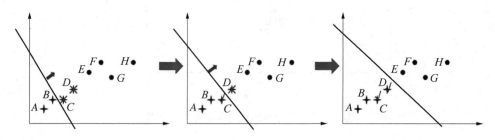

图 2-18　分类器的训练过程

在第三步中，提到了学习率的概念。学习率是控制模型参数更新速度的一个超参数，用于调整机器学习算法中每次迭代时权重更新的步长或速度。学习率通常为一个介于 0 和 1 之间的小数。如果学习率太低，算法可能需要更多的迭代才能达到最佳解决方案；如果学习率太高，算法可能会过度调整权重并导致性能下降。因此，选择适当的学习率是机器学习中非常重要的问题之一。

这里使用 $y(a_1 x_1 + a_2 x_2 + b)$ 来判断分类器是否分错，即衡量分类器模型预测的好坏，所以称 $y(a_1 x_1 + a_2 x_2 + b)$ 为这道分类问题的损失函数。当然，这样的说法并不规范，进一步求解损失函数的过程如下：

（1）定义损失函数。

$$\text{loss}(i) = \begin{cases} -y_i(a_1 x_{1i} + a_2 x_{2i} + b), & -y_i(a_1 x_{1i} + a_2 x_{2i} + b) \geqslant 0 \\ 0, & -y_i(a_1 x_{1i} + a_2 x_{2i} + b) < 0 \end{cases}$$

$$(2-12)$$

（2）求得每个数据的损失值。

$$\text{loss}(i) = \max[0, -y_i(a_1 x_{1i} + a_2 x_{2i} + b)] \qquad (2-13)$$

（3）求得总损失值。

$$L(a_1, a_2, b) = \sum_{i=1}^{N} \max[0, -y_i(a_1 x_{1i} + a_2 x_{2i} + b)] \qquad (2-14)$$

图 2-19 为各训练阶段分类器在误分数据的损失函数值。

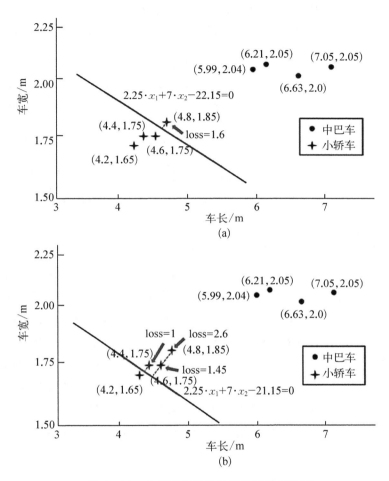

图 2-19　分类器在误分数据的损失函数值

（a）损失函数＝1.6；（b）损失函数＝1＋2.6＋1.45＝5.05

机器学习训练过程的本质就是寻找最小损失的过程,在定义了损失函数后,
优化器就派上了用场。优化器是一种算法,用于调整模型参数以最小化损失函
数。它可以根据反向传播算法计算的梯度来更新模型的权重,使得模型能够更
好地拟合训练数据。这就是第三步中的参数更新法则。假设要学习训练的模型
参数为 W,损失函数为 $L(W)$,则代价函数关于模型参数的偏导数即相关梯度为
$\Delta L(W)$,学习率为 η,使用梯度下降法更新参数为

$$W_{t+1}=W_t-\eta\Delta L(W_t)\qquad(2-15)$$

式中，W_t 为 t 时刻的模型参数。

对应不同的应用和场景可以选择不同的优化器算法，目前主要的优化器算法分为梯度下降法、动态优化法和自适应学习率优化算法，如表 2-2 所示。

表 2-2　优化器算法

梯度下降法	动态优化法	自适应学习率优化算法
标准梯度下降法(GD)① 批量梯度下降法(BGD)② 随机梯度下降法(SGD)③	动量随机梯度下降法 (SGD+momentum) 牛顿加速梯度(NAG)算法④	AdaGrad 算法 RMSProp 算法 AdaDelta 算法 Adam 算法

2) 非线性模型

线性模型主要应用在线性可分的问题上，但面对非线性特征，线性模型就无法建模了。对于某些线性不可分的情况，一般的做法是使用非线性映射算法将低维输入空间线性不可分的样本转化到高维特征空间使其线性可分，从而使得高维特征空间采用线性算法对样本的非线性特征进行线性分析成为可能。

（1）核模型(kernel model)。核模型是一类基于核函数的机器学习模型，常用于非线性分类和回归任务中。如图 2-20 所示，核模型是通过将数据映射到高维空间中，使得在原始空间中线性不可分的问题，在高维空间中变得线性可分，而这种映射可以通过核函数来实现。可以说，核函数是核模型的关键组成部分，它用于计算高维空间中样本之间的相似度或者内积，以便在高维空间中进行线性分类或回归等任务。

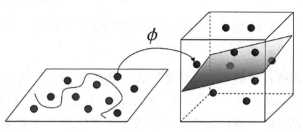

图 2-20　核函数的作用

① 英文全称为 gradient descent。
② 英文全称为 batch gradient descent。
③ 英文全称为 stochastic gradient descent。
④ 英文全称为 nesterov accelerated gradient。

核函数的数学原理是假设 X 是输入空间，H 是特征空间，存在一个映射 ϕ 使得 X 中的任意点 x 都能够计算得到 H 空间中的点 h，即

$$h = \phi(x) \tag{2-16}$$

若 x、z 是 X 空间中的点，有

$$K(x, z) = \phi(x)\phi(z) \tag{2-17}$$

对任意的 x、z 都成立，则称 K 为核函数，而 ϕ 为映射函数，式中，$\phi(x)\phi(z)$ 为 $\phi(x)$ 与 $\phi(z)$ 的内积。

一般来说，核函数必需是连续的、对称的，并且最优先地应该具有正（半）定 Gram 矩阵。常见的核函数有线性核函数、多项式核函数、径向基核函数、Sigmoid 核函数、复合核函数、傅立叶级数核、B 样条核函数、张量积核函数等。

举个例子，假设 $A = (1, 3)^{\mathrm{T}}$、$B = (2, 4)^{\mathrm{T}}$，构造一个映射 $\phi(\cdot) = (x_1^2, \sqrt{2}\,x_1 x_2, x_2^2)^{\mathrm{T}}$，则

$$\phi(A) = (1, 3\sqrt{2}, 9)^{\mathrm{T}} \tag{2-18}$$

$$\phi(B) = (4, 8\sqrt{2}, 16)^{\mathrm{T}} \tag{2-19}$$

因此通过映射 $\phi(\cdot)$ 将点 A、B 从二维平面升维到三维空间。然后计算：

$$\begin{aligned} \phi(A)^{\mathrm{T}}\phi(B) &= 1 \times 4 + 3\sqrt{2} \times 8\sqrt{2} + 9 \times 16 \\ &= 4 + 48 + 144 \\ &= 196 \end{aligned} \tag{2-20}$$

上述运算是在映射后的高维空间下做内积，如果在低维空间使用核函数 $k(x, y) = (x^{\mathrm{T}}y)^2$ 计算

$$\begin{aligned} k(A, B) &= (A^{\mathrm{T}}B)^2 \\ &= (1 \times 2 + 3 \times 4)^2 \\ &= 14^2 \\ &= 196 \end{aligned} \tag{2-21}$$

则低维空间和高维空间通过核函数联系在一起。

（2）层级模型（hierarchical model）。层级模型是一种基于层级结构的统计模型，常用于分析多层结构数据。层级模型由多个层次组成，每一个层次都是在前一个层次输出的基础上进行计算和学习的。典型的层级模型包括神经网络模

型、层次贝叶斯模型、隐马尔可夫模型等。

图 2-21 是一个典型的层级模型。第一层的表达式为

$$\begin{cases} \text{ReLU}(W_{11}x+b_{11})=h_1 \\ \text{ReLU}(W_{12}x+b_{12})=h_2 \\ \text{ReLU}(W_{13}x+b_{13})=h_3 \end{cases} \qquad (2-22)$$

式中，$\begin{cases} W_{11}=-1 \\ W_{12}=-1, \\ W_{13}=-1 \end{cases}$ $\begin{cases} b_{11}=2 \\ b_{12}=3 。 \\ b_{13}=4 \end{cases}$

第二层的表达式为

$$y=W_{21}h_1+W_{22}h_2+W_{23}h_3+b_{21} \qquad (2-23)$$

式中，$\begin{cases} W_{21}=10 \\ W_{22}=2 \\ W_{23}=3 \end{cases}$ ，$b_{21}=7$。

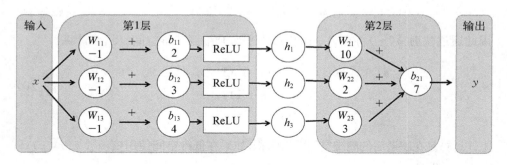

图 2-21 典型的层级模型

2.4 机器学习项目的基本流程

一个经典的机器学习项目主要由以下步骤组成：

（1）明确问题。在开始一个机器学习项目前，第一步要做的就是认真剖析问题，弄清这是监督学习还是无监督学习，是回归任务还是分类任务。

（2）数据收集和预处理。首先需要收集数据，其次对数据进行预处理。数据预处理主要包括数据清洗、数据采样、数据集拆分、特征选择、特征降维、特征

编码、规范化等。

（3）模型选择和训练。选择适合任务的机器学习算法，并使用训练数据对模型进行训练。在训练过程中，需要调节模型的超参数、正则化参数等，以达到最优的预测效果。

（4）模型评估和优化。使用测试数据对训练好的模型进行评估，并分析模型的性能和误差。如果模型的性能不理想，需要重新调整模型参数或选择其他算法进行训练。

（5）预测和应用。使用训练好的模型对新数据进行预测，并将预测结果应用到实际的业务场景中。在应用过程中，需要对模型进行不断的优化和更新，以满足不断变化的业务需求。

接下来，将以鸢尾花问题来详细介绍每个步骤的细节。

2.4.1 明确问题

如图 2-22 所示，鸢尾花问题的具体内容为：使用机器学习方法来构建一个模型，使得该模型能够根据鸢尾花的花萼长度、花萼宽度、花瓣长度、花瓣宽度四个特征，将鸢尾花分成三种不同的品种。

	花萼长度	花萼宽度	花瓣长度	花瓣宽度			品种(标签)
特	5.1	3.3	1.7	0.5		结	0(山鸢尾)
征	5.0	2.3	3.3	1.0		果	1(变色鸢尾)
	6.4	2.8	5.6	2.2			2(韦吉尼亚鸢尾)

 机器学习模型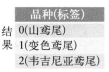

图 2-22 鸢尾花问题

从鸢尾花问题的描述可知，首先该问题的目标是区分鸢尾花的品种，所以该问题属于分类问题。其次，从给出的数据样本看，除了包含有鸢尾花的特征外，已有的样本都含有标签，所以这个问题又属于监督学习的范畴。综合看，此处的鸢尾花问题属于监督学习中的分类问题。

2.4.2 数据收集和预处理

图 2-23 为鸢尾花问题提供的部分数据集。这些是直接在互联网上找到的数据，但是在实际情况下，这些数据都是需要我们采集并制作成数据集的。通常，可以通过传感器数据、系统日志、移动互联网等方式收集得到不同类型的海量数据集。

人工智能原理与应用教程

50

```
5.1,3.5,1.4,0.2,Iris-setosa
4.9,3.0,1.4,0.2,Iris-setosa
4.7,3.2,1.3,0.2,Iris-setosa
4.6,3.1,1.5,0.2,Iris-setosa
5.0,3.6,1.4,0.2,Iris-setosa
5.4,3.9,1.7,0.4,Iris-setosa
4.6,3.4,1.4,0.3,Iris-setosa
5.0,3.4,1.5,0.2,Iris-setosa
4.4,2.9,1.4,0.2,Iris-setosa
4.9,3.1,1.5,0.1,Iris-setosa
5.4,3.7,1.5,0.2,Iris-setosa
```

图 2-23 鸢尾花问题提供的部分数据集

鸢尾花数据集共有 150 行数据,每一行数据由 4 个特征值和 1 个标签组成。4 个特征值分别为花萼长度、花萼宽度、花瓣长度、花瓣宽度。标签共有 3 类,分别是 Iris Setosa、Iris Versicolour、Iris Virginica。

观察数据集,数据集中的特征值并不存在缺失值。以下是使用 Python 的 Pandas 库对鸢尾花数据集进行统计分析的代码,分析结果如表 2-3 所示。可以看到,花萼长度、花萼宽度、花瓣长度、花瓣宽度这 4 个特征的尺度变化范围不是很大,不存在异常值,所以这里不需要对特征进行清洗操作。

```python
import pandas as pd
from sklearn.datasets import load_iris

# 导入鸢尾花数据集
iris = load_iris()

# 创建 DataFrame 对象,使用鸢尾花数据集的特征作为列名
data = pd.DataFrame(data = iris['data'], columns = iris['feature_names'])

# 对数据进行统计分析,生成描述性统计信息
description = data.describe()

# 从描述性统计信息中选择特定的统计量进行提取
# 包括计数、均值、标准差、最小值、25％分位数、中位数、75％分位数和最大值
feature_stats = description.loc[['count','mean','std','min','25％','50％','75％',
'max']]

# 打印特征的统计信息
print(feature_stats)
```

(统计数据量：150)

表 2-3　鸢尾花数据描述性统计

名　称	指　标						
	平均值/cm	标准差/cm	最小值/cm	1/4 中位数/cm	1/2 中位数/cm	3/4 中位数/cm	最大值/cm
花萼长度	5.84	0.83	4.3	5.1	5.80	6.4	7.9
花萼宽度	3.06	0.44	2.0	2.8	3.00	3.3	4.4
花瓣长度	3.76	1.77	1.0	1.6	4.35	5.1	6.9
花瓣宽度	1.20	0.76	0.1	0.3	1.30	1.8	2.5

表 2-4 是根据鸢尾花数据计算得出的相关性矩阵。相关性矩阵的元素也称为相关系数，相关系数越大，表示两个属性越相关。相关系数为正，表示正相关（即"你"越大"我"也越大）；相关系数为负，表示负相关（即"你"越大"我"越小）。若以图表的形式观察鸢尾花各特征之间的相关性，则如图 2-24 所示。从图 2-24 可知，选取任意两种特征作为分类指标，可以看到三个品种的鸢尾花数据点的聚散程度不同，其中花萼和花瓣的特征基本可以将鸢尾花分成三个不同的品种。代码实现如下。

```python
# 导入必要的库
import matplotlib.pyplot as plt
import seaborn as sns
from pylab import mpl

# 选择标签
target = iris.target
# 计算相关性矩阵
correlation_matrix = data.corr()
# 打印相关性矩阵
print('相关性矩阵\n', correlation_matrix)

mpl.rcParams["font.sans-serif"] = ["SimHei"]
mpl.rcParams.update({'font.size': 20})
# 创建图表对象和子图对象
fig, axs = plt.subplots(nrows=4, ncols=4, figsize=(16, 16))
data.columns = ['花萼长度(cm)', '花萼宽度(cm)', '花瓣长度(cm)', '花瓣宽度(cm)']
# 遍历特征列进行图表绘制
for i in range(len(data.columns)):
```

```
for j in range(len(data.columns)):
    if i == j:
        # 绘制直方图
        sns.histplot(x = data.columns[i], data = data, hue = target, ax =
axs[i, j])
        axs[i, j].set_xlabel(data.columns[i])
        axs[i, j].set_ylabel('数量(个)')
    else:
        # 绘制散点图
        sns.scatterplot(x = data.columns[i], y = data.columns[j], hue =
target, data = data, ax = axs[i, j])
        axs[i, j].set_xlabel(data.columns[i])
        axs[i, j].set_ylabel(data.columns[j])
        axs[i, j].legend_.remove()
# 调整图表外观
sns.despine(left = True, bottom = True)
plt.tight_layout()
# 显示图表
plt.show()
```

表 2 - 4   鸢尾花数据计算得出的相关性矩阵

花萼长度/cm	花萼宽度/cm	花瓣长度/cm	花瓣宽度/cm
1.000 000	−0.117 570	0.871 754	0.817 941
−0.117 570	1.000 000	−0.428 440	−0.366 126
0.871 754	−0.428 440	1.000 000	0.962 865
0.817 941	−0.428 440	0.962 865	1.000 000

做好特征处理后,由于数据集中的标签是文字信息,为了更好地完成机器学习任务,还需对数据集进行编码操作,这里我们将三个类别标签分别替换成 0、1、2,并将编码好的数据集随机打乱,其中 75% 的样本作为训练集,剩下 25% 的样本作为测试集。训练集与测试集的分配比例可以是随意的,但使用 25% 的数据作为测试集是很好的经验法则。

2.4.3 模型选择和训练

划分完训练集和测试集之后,就需要选择合适的模型进行训练了。适合本

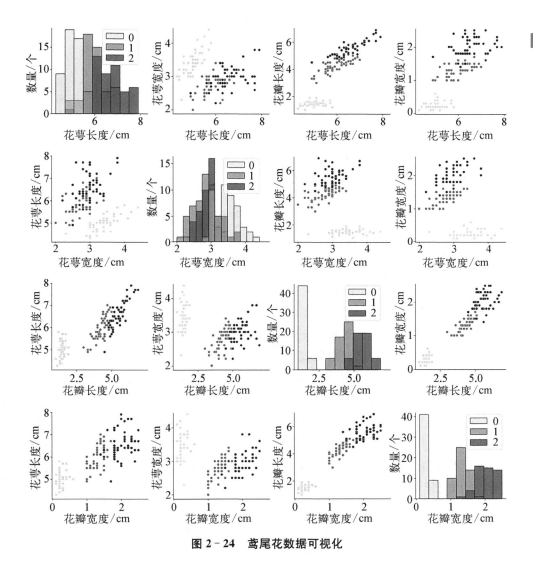

图 2 - 24　鸢尾花数据可视化

问题的模型主要有 K-Means 聚类、支持向量机（support vector machines，SVM）、决策树、K 近邻（K-nearest neighbor classification，KNN）、朴素贝叶斯等，这里选择支持向量机作为解决问题的模型。

　　支持向量机主要基于线性划分，它的基本思想是在特征空间中找到一个最优的超平面，将不同类别的样本点分开，并使得该超平面到两侧最近样本点的间隔（margin）最大化，这些最近样本点称为支持向量，如图 2 - 25 所示。

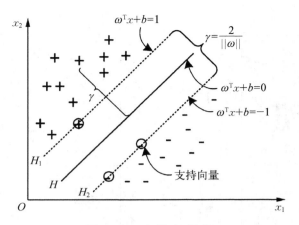

图 2 - 25　支 持 向 量 机

支持向量机中的超参数主要有两个：

（1）惩罚系数 C。用于调整错误分类点的惩罚力度。C 越大，分类器对误分类的容忍度越低，可能导致过度拟合。C 趋于 0 时，分类器关注的不再是分类是否正确，而是要求间隔越大越好，可能会导致欠拟合。

（2）核函数 kernel。核函数的作用是当在低维空间中，不能对样本线性可分时，将低维空间中的点映射到高维空间中，使它们成为线性可分的，再使用线性划分的原理来判断分类边界。常用的核函数有线性核、多项式核、高斯径向基函数核、Sigmoid 核等。

按照经验，设置惩罚系数初值为 0.5，采用高斯径向基函数核。选用高斯径向基函数核时，还需设置核函数的带宽参数 gamma。较小的 gamma 值会导致决策边界变得平滑，而较大的 gamma 值会导致决策边界更加详细地适合训练数据，所以这里 gamma 初值设为 50。

设置好超参数后，就可以使用数据集对模型进行训练了。具体的训练过程较为复杂，一般在 Python 中通过调用第三方库交由机器完成，这里就不再赘述。

SVM 实现鸢尾花分类的代码如下。

```
import numpy as np
import matplotlib.pyplot as plt
from sklearn import datasets
from sklearn.model_selection import train_test_split
from sklearn.svm import SVC
from sklearn.metrics import accuracy_score
import matplotlib as mpl
```

```
# 加载数据集
iris = datasets.load_iris()
X = iris.data[:, :2]  # 只使用前两个特征
y = iris.target

# 划分训练集和测试集
X_train, X_test, y_train, y_test = train_test_split(X, y, test_size = 0.25, random_
state = 0)

# 定义支持向量机模型
svm = SVC(kernel = 'rbf', gamma = 30, decision_function_shape = 'ovo', C = 1)
# 训练 SVM 模型
svm.fit(X_train, y_train)
# 预测训练集和测试集并计算准确率
y_pred1 = svm.predict(X_train)
accuracy1 = accuracy_score(y_train, y_pred1)
print('Accuracy of TrainSet:', accuracy1)
y_pred2 = svm.predict(X_test)
accuracy2 = accuracy_score(y_test, y_pred2)
print('Accuracy of Test:', accuracy2)

# 画出分类结果
x1_min, x1_max = X_train[:, 0].min(), X_train[:, 0].max()
x2_min, x2_max = X_train[:, 1].min(), X_train[:, 1].max()
x1, x2 = np.mgrid[x1_min:x1_max:200j, x2_min:x2_max:200j]
grid_test = np.stack((x1.flat, x2.flat), axis = 1)
grid_hat = svm.predict(grid_test)
grid_hat = grid_hat.reshape(x1.shape)
cm_light = mpl.colors.ListedColormap(['#A0FFA0', '#FFA0A0', '#A0A0FF'])
cm_dark = mpl.colors.ListedColormap(['g', 'r', 'b'])

# 绘制分类区域
plt.pcolormesh(x1, x2, grid_hat, cmap = cm_light)
# 绘制训练集样本点
plt.scatter(X_train[:, 0], X_train[:, 1], c = np.squeeze(y_train), edgecolor = 'k',
s = 50, cmap = cm_dark)
# 绘制测试集样本点
plt.scatter(X_test[:, 0], X_test[:, 1], s = 120, facecolors = 'none', zorder = 10)
# 设置坐标轴标签和范围
plt.xlabel('Sepal length', fontsize = 13)
plt.ylabel('Sepal width', fontsize = 13)
plt.xlim(x1_min, x1_max)
plt.ylim(x2_min, x2_max)
# 设置图表标题
plt.title('SVM feature', fontsize = 15)
# 显示图表
plt.show()
```

2.4.4 模型评估和优化

以下讨论超参数 gamma 对模型分类效果的影响。

（1）当 $C=0.5$、gamma 为 0.1 时。SVM 在训练集上表现出的分类准确率为 0.83；对测试集的分类准确率为 0.82；分类效果如图 2－26 所示。

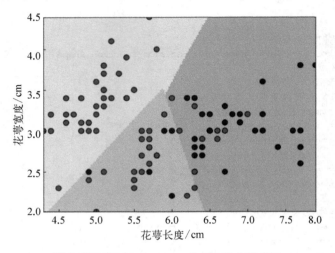

图 2－26　$C=0.5$、gamma 为 0.1 的分类效果

（2）当 $C=0.7$、gamma 为 10 时。SVM 在训练集上表现出的分类准确率为 0.86；对测试集的分类准确率为 0.71；分类效果如图 2－27 所示。

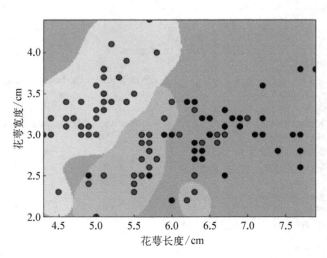

图 2－27　$C=0.7$、gamma 为 10 的分类效果

（3）当 $C=0.8$、gamma 为 30 时。SVM 在训练集上表现出的分类准确率为 0.89；对测试集的分类准确率为 0.62；分类效果如图 2-28 所示。

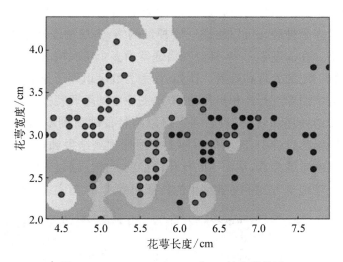

图 2-28 $C=0.8$、gamma 为 30 的分类效果

通过对模型评估不断优化超参数，最终训练得到 SVM 模型，其惩罚系数为 0.5，采用高斯径向基函数核，核函数的带宽参数 gamma 为 0.1。

2.5 深度学习概述

2.5.1 深度学习的概念

深度学习是一种基于人工神经网络的机器学习方法，是机器学习领域的重要研究方向。深度学习通过多层次的非线性变换，逐步将原始数据的"低层"特征表示转化为"高层"特征表示，从而实现对数据的高效处理。换句话说，深度学习模型通过层层抽象和组合，从数据中提取出更加抽象和高级的特征，最终实现对数据的准确分类、预测或生成。这种特征学习的过程类似于人类视觉系统中对物体的多层次抽象和识别过程，能够帮助深度学习模型更好地理解和处理复杂的真实世界数据。

深度学习主要基于神经网络模型，其模拟了生物神经系统中的信息传递和处理过程。神经网络模型由多个神经元（或称为节点）组成，每个神经元接收多个输入信号，并通过激活函数将这些信号进行加权和处理，最终输出一个结果。

举个例子,如果你想要训练一个神经网络来对手写数字进行分类(图2-29),首先需要将手写数字的图像输入神经网络中。神经网络由多个神经元组成,每个神经元接收多个输入信号,并通过激活函数将这些信号进行加权和处理,最终输出一个结果。多个神经元可以组成一层神经网络,多层神经网络可以组成一个深度神经网络。在深度学习中,神经网络通常由多个层次构成,每一层次都会对输入数据进行一定的处理和转换。比如,在手写数字识别任务中,第一层可以对输入的手写数字图像进行卷积操作,提取出图像中的重要特征;第二层可以对特征进行进一步的处理和转换;最后一层可以将特征映射到不同的数字类别上。在训练神经网络的过程中,深度学习模型会根据预测结果和真实标签之间的误差来更新神经网络的参数,从而不断优化模型的性能。通过不断的迭代训练,神经网络可以自动地学习到手写数字中的特征和模式,从而实现准确的分类。

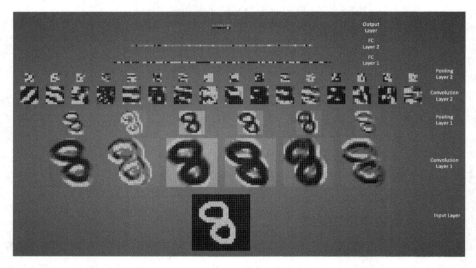

图 2 - 29　基于深度学习的手写数字分类

相较于传统的机器学习方法,深度学习具有许多优势。其中最显著的是深度学习能够自动地从原始数据中学习到特征表示,无须人工设计特征。这种自动学习特征的方式简化了训练流程,避免了人为特征选择的局限,并且能够学习到人工特征难以捕捉的特征与概括。深度学习模型具有更强的表达能力,能够处理非线性和复杂模式的数据,如图像、语音、自然语言等。此外,深度学习可以在大规模数据上进行端到端的训练,能够充分利用大量训练数据实现高精度的预测和决策。

深度学习按照神经网络结构,可以分为前馈神经网络(feedforward neural networks)、递归神经网络(recurrent neural networks)、卷积神经网络(convolutional neural networks)、生成对抗网络(generative adversarial networks)、自编码器(autoencoder)等不同类型。前馈神经网络是最简单的神经网络结构之一,它的信息流只能沿着一个方向传递,从输入层到输出层。前馈神经网络通常用于解决分类、回归等问题。递归神经网络是一种具有循环连接的神经网络,在处理序列数据时非常有效。它能够捕捉序列中的上下文信息,因此递归神经网络通常用于解决自然语言处理、语音识别等问题。卷积神经网络是一种专门用于处理图像、视频等二维数据的神经网络,它可以自动地学习到图像中的特征,从而实现图像分类、目标检测等任务。生成对抗网络是一种由生成器和判别器组成的对抗式神经网络,生成器用于生成假数据,判别器用于区分真数据和假数据。生成对抗网络可以用于生成图像、视频、文本等数据。生成对抗网络是一种由生成器和判别器组成的对抗式神经网络,生成器用于生成假数据,判别器用于区分真数据和假数据。生成对抗网络可以用于生成图像、视频、文本等数据。

2.5.2 深度学习的起源和发展

深度学习的发展历程中,经历了多个阶段和曲折的道路。感知机的诞生虽然为神经网络奠定了基础,但是由于其只能处理线性可分问题,因此限制了其在实际应用中的发展。在此之后,神经网络经历了一段低谷时期,直到 20 世纪90 年代末期,由于计算机运算能力的提高和数据量的增加,神经网络才再次受到重视。深度学习的萌芽可以追溯到 20 世纪 80 年代,但是由于存在梯度消失、过拟合等问题,深度神经网络的训练一直困难重重。20 世纪 80 年代,人工神经网络(artificial neural network,ANN)面临的瓶颈主要来自计算资源和数据量的限制。当时,计算机的处理能力十分有限,训练神经网络需要大量的计算资源和时间,同时数据集的规模也相对较小,导致神经网络的训练难度增加,泛化能力受到了限制。尽管人工神经网络的研究陷入了前所未有的低谷,但仍有为数不多的学者致力于 ANN 的研究。

1982 年,美国加州理工学院的物理学家 John J. Hopfield 博士提出了一种新型神经网络结构,称为 Hopfield 网络。这个网络结构基于神经元之间的相互作用,能够模拟生物神经网络的一些特性。Hopfield 网络将一个优化问题转化为一个能够被网络寻找稳定状态的问题,然后通过网络的运算来求解问题的最优解。这种方法比传统优化方法更加灵活和高效,特别是对于那些复杂的非线性问题,Hopfield 网络可以在较短时间内找到问题的最优解。然而,由于该算法容易陷入局部最小值的缺陷,并未在当时引起很大的轰动。

1986 年,David E. Rumelhart 和 James L. McClelland 等人撰写的一本关于并行分布式处理的书籍 *Parallel Distributed Processing* 正式出版。该书详细介绍了一种称为反向传播(back propagation,BP)算法的方法,并指出该方法可以高效地实现多层神经网络的训练,实现了 Minsky 关于多层网络的设想。BP 算法主要通过将网络的输出和实际结果之间的误差反向传播,来调整每个神经元之间的连接权重,从而实现神经网络的训练。BP 算法的提出使得神经网络的训练变得更加高效和准确,同时也使得神经网络的应用范围得到了进一步扩展。*Parallel Distributed Processing* 对神经网络的发展产生了深远的影响。

深度学习的真正突破源于 2006 年,当时加拿大人工智能专家 Geoffrey Hinton 发表了一篇题为 *Reducing the Dimensionality of Data with Neural Networks* 的论文,提出了一种称为“层次预训练”(pre-training)的技巧。该技巧结合了 Imperial College London 数据库和 David E. Rumelhart 的反向传播算法,主要思想是在深度神经网络中逐层训练,每一层网络都被预先训练成具有一定的特征提取能力,然后再将这些层级联起来进行微调。层次预训练技巧可以在较少的数据和计算资源下,训练更深、更宽的神经网络,从而提高深度神经网络的性能和泛化能力。此外,这种方法还解决了深度神经网络训练中的梯度消失和梯度爆炸问题,使得深度网络的训练变得更加稳定。层次预训练的提出突破了神经网络发展的瓶颈,使得神经网络“深”而“薄”的结构成为可能,加速了深度学习的发展和应用。

2012 年的 ImageNet 图像识别大赛是深度学习领域的另一个重要里程碑。在这场比赛中,由 Geoffrey Hinton 领导的团队使用了深度学习模型 AlexNet,成功地将错误率从之前的 30% 降低到了 17% 以下,取得了比其他模型更好的成绩,使得深度学习开始引起广泛的注意。AlexNet 采用了多个创新技术,包括 ReLU 激活函数、Dropout 正则化、数据增强等,从根本上解决了梯度消失问题,并且使用 GPU 进行计算加速。这些技术的引入大大提高了深度学习模型的性能和训练速度,使得深度学习在图像识别等领域的应用成为可能。

深度学习技术在 2012 年 ImageNet 比赛的重大突破,吸引了学术界和工业界对深度学习领域的极大关注,推动了深度学习的发展和普及。自那时以来,深度学习已成为人工智能领域的重要分支之一,取得了许多重要的应用和研究成果。如今,深度学习仍然是人工智能领域的一个重要研究方向,其发展也在不断地推进。研究人员不断探索各种新型的深度学习模型结构,如 Transformer、BERT、GPT 等,这些模型在自然语言处理、语音识别、计算机视觉等领域取得了显著的成果。同时,自监督学习、集成学习、模型解释性等新兴技术也得到了广泛的应用和研究。这些进展和趋势为深度学习的未来发展提供了广阔的空间和机遇,也为人工智能的发展带来了更多的可能性。

2.5.3　深度学习在各领域的应用

深度学习技术作为一种基于神经网络的机器学习方法,已经在众多领域得到了广泛的应用。随着深度学习技术的不断发展和完善,其在计算机视觉、自然语言处理、语音识别、自动驾驶、游戏等领域的应用也在不断扩展,这些领域都是深度学习应用的热点。

(1) 计算机视觉。深度学习被广泛应用于计算机视觉领域。在图像分类任务中,卷积神经网络(convolutional neural network,CNN)是最常用的深度学习模型之一,可以自动地从原始图像中提取特征,并通过多层卷积和池化操作实现图像分类。经典的卷积神经网络模型包括 LeNet-5、AlexNet、GoogLeNet 和 ResNet 等。在目标检测中,Faster R-CNN、YOLO、SSD 等模型是一些经典模型,它们采用深度学习的方法来快速地检测图像中的目标。其中,YOLO 模型将目标检测问题转化为一个回归问题,并直接在图像上预测目标的位置和类别,能够实现实时性检测。图像分割也是深度学习的一个重要应用方向,可以细分为语义分割和实例分割。语义分割是对图像进行像素级别的分类,以实现对图像的语义理解和分析。实例分割则是在语义分割的基础上,进一步将图像中的每个实例(例如每个人、每辆车)分割出来,并为其分配一个唯一的标志符。此外,深度学习还可以用于图像生成任务和图像修复任务。GANs、VAEs 等模型都是经典的图像生成模型,可以用来生成各种类型的图像。而 CNN、Autoencoder 和 GAN 等模型也在图像修复中得到了广泛应用。

(2) 自然语言处理。语言模型是自然语言处理中的一个重要组成部分,能够通过深度学习技术实现。深度学习中的循环神经网络(recurrent neural network,RNN)、长短时记忆网络(long short term memory,LSTM)、门控循环单元(gated recurrent unit,GRU)等模型被广泛应用于语言模型中,通过学习语言的统计规律,可以预测下一个词的出现概率,实现自然语言生成任务。机器翻译是自然语言处理中的重要任务,深度学习的出现使得机器可以利用大规模的语料库自动学习句子的表示和翻译规律,从而实现更加准确、灵活的翻译。

Google 的神经机器翻译系统和 Facebook 的翻译模型都是基于深度学习的机器翻译系统。问答系统是一种自然语言处理系统，能够回答用户提出的问题。通过使用深度学习技术，问答系统可以使用注意力机制和记忆网络（memory networks）等模型来实现更加准确和智能的答案生成。这些技术已经被广泛应用于 IBM 的 Watson 系统和 Apple 的 Siri 等问答系统中。文本生成是指让计算机自动产生一些文本内容，如自动摘要、对话系统等。使用深度学习中的生成对抗网络（generative adversarial networks，GANs）和变分自编码器（variational autoencoders，VAEs）等模型可以实现更加高质量和多样化的文本生成。例如，OpenAI 的 GPT-3 模型和 Google 的 T5 模型等都是出色的文本生成模型。

（3）语音识别。深度学习在语音识别中广泛应用，它可以帮助机器识别和理解语音，提高语音识别精度和准确性。在深度学习中，通常需要将语音数据转换成一组特征向量，以便神经网络可以学习到语音信号中的抽象特征，常见的语音特征包括梅尔频率倒谱系数（mel frequerey cepstral coefficient，MFCC）、滤波器组合特征（filter bank，FBANK）、频率包络特征（F0）等。语音识别中的深度学习还包括语音词性判断和语言理解，其中语音词性判断通过深度学习训练词性判断器，对语音片段进行词性归类，判断其是否是音素、词语、句子等不同语音单位，这在后续的语音识别和理解中非常重要。而语言理解则是对识别出的文字序列进行理解，解析其语义意义，使用深层神经网络对上下文进行建模，实现词义推测、依存关系解析、实体关系提取等，以获得语音输入的语义表示，并进一步推导出语音语义理解。

（4）自动驾驶。深度学习在自动驾驶领域有广泛的应用，能够实现多项任务。其中，车道线检测利用卷积神经网络等模型来识别车道并进行车道保持；行人检测则借助目标检测模型（如 YOLO、Faster R-CNN 等）实现对周围行人的识别，并采取相应的行驶策略。自动驾驶决策需要根据感知数据和环境信息做出相应的决策，可通过强化学习等方法实现。为实时监控驾驶员的状态以提高驾驶安全性，深度学习可应用于对驾驶员状态监测，如面部表情识别、疲劳驾驶检测等。除此之外，深度学习技术还可实现车辆目标跟踪，帮助车辆跟踪和避让其他车辆或障碍物，深度学习中的目标跟踪算法可实现此任务。交通标志识别则可帮助车辆识别路面上的交通标志并做出相应的反应，图像分类算法是实现此任务的常见方法。交通拥堵预测则可帮助车辆提前规划最优行驶路线，时间序列预测算法是实现此任务的常用工具。总的来说，深度学习技术在自动驾驶领域的应用非常广泛，能够帮助车辆实现更加精准和智能的驾驶，提高行车安全性和舒适性。

（5）游戏。在游戏领域，深度学习可以应用于游戏开发、游戏智能化、游戏评估等多个方面。例如，深度学习可以用于游戏开发中的图像处理和音频处理，以实现游戏中的图像识别和语音识别等功能，帮助游戏开发者更好地处理游戏中的各种音频和图像数据。深度学习还可以用于游戏智能化，通过深度强化学习等方法，训练游戏中的智能体，使其能够在不同的游戏环境和玩家策略下自主学习和适应，从而使游戏更加智能化，具有挑战性和趣味性。另外，深度学习可以用于游戏评估，游戏开发者可以利用深度学习来分析玩家的行为和游戏数据，以便更好地评估游戏的质量和玩家体验。例如，分析玩家的游戏过程和游戏数据，以确定游戏中存在的问题并改进游戏。深度学习还可以用于游戏推荐系统，通过分析玩家的游戏行为和游戏偏好，为其推荐相应的游戏。深度学习在游戏领域的应用，可以提高游戏的开发效率、游戏的智能化程度、游戏的质量和玩家体验。

2.6 强化学习概述

2.6.1 强化学习的概念

强化学习又称再励学习、评价学习或增强学习，是机器学习领域的一个重要分支，它致力于通过与环境的交互来学习最佳的决策，以获得最大化的预期利益。比如，下棋时通过几次尝试得出经验，走位置 1 比走位置 2 赢棋的可能大，这就是强化学习。再比如，一个机器人在面临多个命令选择时，根据以前与环境交互得到的经验来作出决策。在强化学习中，智能体不断尝试各种行动，以获得环境的反馈和奖励，并逐步优化自己的性能。强化学习涉及一个积极作决策的智能体和它所处的环境之间的交互，智能体的动作允许影响环境的未来状态，进而影响智能体以后可利用的选项和机会。尽管环境是不确定的，但是智能体试着寻找并实现目标。简言之，强化学习就是通过试出来的经验不断提高自己的性能。

强化学习的灵感来源于心理学中的行为主义理论，即有机体如何在环境给予的奖励或惩罚的刺激下，逐步形成对刺激的预期，从而产生能获得最大利益的习惯性行为。强化学习的历史可以追溯到 20 世纪 50—60 年代的心理学和控制理论研究，其中最早的强化学习理论之一是由美国心理学家 B. F. Skinner 在

1950 年代提出的操作条件作用理论,该理论探讨了动物如何通过试错学习来形成行为习惯,指出行为是由环境中的刺激和反馈所控制和塑造的。该理论认为,如果一个行为被奖励或惩罚,那么就会增加或减少出现的频率。这种理论也被称为"刺激-反应-奖励"理论。在计算机科学领域,强化学习的研究始于 20 世纪 80 年代。当时,计算机科学家开始将强化学习应用于解决一些经典的问题,如游戏玩家的行为规划、机器人控制和资源管理等。其中,Richard Sutton 和 Andrew Barto 在他们的著作《强化学习:简介》中系统地阐述了强化学习的基本概念和方法,为强化学习领域的研究和应用提供了基础,也是学习强化学习的重要内容。在这个时期,研究人员开发了一些基于价值函数和策略搜索的强化学习算法,如 Q-learning、SARSA 和 Actor-Critic 等。这些算法的主要思想是通过不断尝试来学习最优的行为策略。随着深度学习和神经网络的兴起,强化学习在 21 世纪初得到了进一步发展。研究人员开始探索如何将深度神经网络与强化学习相结合,以处理更加复杂的任务和高维度状态空间。这导致了一些基于深度神经网络的强化学习算法的出现,如 Deep Q-Networks(DQN)和 Deep Deterministic Policy Gradient(DDPG)等。这些算法具有更好的学习能力和泛化能力,可以有效处理大规模的实际问题。

强化学习是一种在线、无导师的机器学习方法,旨在设计算法将外界环境转化为最大化奖励量的动作。与直接告诉主体要采取哪个动作不同,主体通过观察哪个动作得到最多奖励来发现最优动作。主体的动作不仅影响立即得到的奖励,还影响接下来的动作和最终的奖励。学习者必需尝试各种动作,并逐渐趋近于表现最好的动作以达到目标。这个过程中,探索与利用之间的平衡是一个挑战。探索多了,有可能找到差的动作;探索少了,有可能错过好的动作。因此,强化学习需要在探索与利用之间寻找平衡,以达到最优的学习效果。

强化学习是一种通过与环境交互学习最优行动策略的机器学习方法,可以应用于许多场景。在游戏智能中,强化学习可以用来训练游戏智能体(如机器人、智能角色等),以便它们能够在游戏中获得最高的得分或者完成任务。例如,一些研究人员使用强化学习来训练一个能够玩超级马里奥的 AI 系统。他们使用了深度 Q 学习算法,让 AI 系统学习如何在超级马里奥中获取最高得分。最终,AI 系统能够在超级马里奥中获得比人类玩家更高的得分。在机器人控制中,强化学习主要是通过训练机器人智能体学习最优的行动策略,使机器人能够在不同的任务环境中实现自主控制。这种控制方式可以用于各种机器人,包括无人机、移动机器人、工业机器人等。例如,机器人足球是一种机器人控制的竞技项目,由两支机器人队伍通过控制机器人足球来进行比赛。强化学习可以用来训练机器人足球智能体,使其能够自主地协作、运球、射门等。在自动驾驶中,强化学习可以帮助自动驾驶车辆学习如何自主地避开障碍物、跟随路径、遵守交通规则等,从而实现更安全、更高效的自动驾驶。例如,谷歌的自动驾驶系统Waymo 使用强化学习技术,以帮助车辆学习如何避开障碍物,以及如何安全地行驶。此外,Tesla 也使用了强化学习技术,以帮助车辆学习如何适应不同的道路环境,以及如何安全行驶。

2.6.2　强化学习的基本模型

图 2-30 给出了强化学习的模型,在具体讲述强化学习的原理之前,我们必需搞清楚其中的五个核心概念:智能体、动作、状态、环境和奖赏。

智能体(agent)是强化学习系统的中心组成部分,它负责决策和执行动作,并通过学习从环境反馈的奖励信号中改进

图 2-30　强化学习模型

其决策策略。智能体通常具有感知能力、学习能力和执行能力。感知能力使得智能体能够感知和理解环境中的状态,学习能力使得智能体能够从经验中学习,执行能力使得智能体能够采取行动以实现任务目标。例如,AlphaGo 是一个基于强化学习的围棋程序,它通过学习从经验中改进其决策策略。在每个时间步骤中,AlphaGo 感知当前的棋盘状态,并根据其学习到的策略选择一个动作(即下一步棋),然后执行该动作并观察环境反馈的奖励信号(如是否赢得比赛)。通过从经验中学习,AlphaGo 能够改善其策略并在围棋比赛中表现出优秀的性能。

动作(action)是智能体在环境中执行的操作。在强化学习中,智能体需要选择一个动作以实现任务目标,并从环境中获得奖励信号。动作可以是离散的(如固定的选择)或连续的(如在一个范围内选择一个值),具体取决于环境和问题的复杂性。例如,在自主驾驶汽车的强化学习中,动作可以是方向盘的角度或者油门的力度。智能体需要选择一个动作以控制汽车的行驶方向和速度,并根据反馈的奖励信号(如是否到达目的地或者避免与其他车辆碰撞)改进其决策策略。

状态(state)是环境中的一个观察值,它描述了环境的特定方面。在强化学习中,智能体需要感知和理解环境中的状态以做出决策。状态可以是离散的(如游戏中的棋盘状态)或连续的(如传感器读数)。例如,在机器人导航的强化学习中,状态可以是机器人的位置、方向和速度,这些信息可以通过激光雷达、摄像头

和其他传感器获得。智能体需要根据这些状态信息选择一个动作以实现导航任务,并通过奖励信号改善其决策策略。

环境(environment)是智能体和任务之间的交互界面,它包括智能体感知和执行动作的状态空间、动作空间以及状态转移函数。强化学习中的环境可以是确定性的或随机的,并且可以是离散的或连续的。例如,在游戏中,环境可以是游戏的规则和状态转移函数,智能体需要根据游戏规则选择一个动作,然后执行该动作以更新游戏状态,并获得相应的奖励信号。在自主驾驶汽车的强化学习中,环境可以是车辆周围的道路、其他车辆和交通标志,智能体需要根据这些信息选择一个动作以控制汽车的行驶方向和速度,并通过奖励信号改善其决策策略。

奖赏(reward)是智能体从环境中获得的信号,它表示智能体在执行特定动作后的表现好坏。奖赏可以是正面的(如到达目的地)或负面的(如与其他车辆碰撞),并且可以是稀疏的(如只在任务结束时提供奖励)或密集的(如每个时间步提供奖励)。例如,在 AlphaGo 中,奖励可以是赢得比赛或者输掉比赛,这取决于决策的效果。智能体需要根据奖励信号改善其决策策略,以在围棋比赛中表现出优秀的性能。奖励信号的取值可以是以下形式中的一种:

(1) 二值〔-1,0〕,其中-1 表示失败,0 表示成功。

(2) 介于[-1,1]区间的多个离散值,分段表示失败或成功的程度。

(3) 介于[-1,1]区间的实数连续值,能够更加细致地刻画成功和失败的程度。

图 2-30 的强化学习模型可以这样理解。智能体是强化学习的学习者,它通过不断地尝试不同的动作,与环境进行交互,并根据环境的反馈来调整自己的策略,以找到最佳的行为方式。在这个过程中,智能体需要考虑当前的状态,即环境的状态,以及采取的动作,以及获得的奖赏。在图 2-31 的例子中,水杯和地面是智能体的环境,打翻水杯是一个不正确的动作,而擦地则是一个正确的动作。当智能体采取打翻水杯的动作时,环境会给予负奖励的反馈,即一个惩罚,这告诉智能体这个动作是不正确的。因此,智能体需要尝试不同的动作来找到正确的行为方式,即擦地。当智能体采取擦地的动作时,环境会给予正奖励的反馈,即一个奖励,这告诉智能体这个动作是正确的。因此,智能体将从这些奖励和惩罚中学习,以找到一个最佳的函数,即在特定环境下最大化奖励的行为方式。在这个过程中,智能体需要寻找探索与利用之间的平衡,以在尝试新动作的同时,利用已知的有效行为方式。最终,智能体会逐渐趋近于表现最好的动作,

以达到最大化奖励的目标。这个过程可能需要多次尝试和调整,但随着时间的推移,智能体会逐渐学习并提高自己的表现水平。

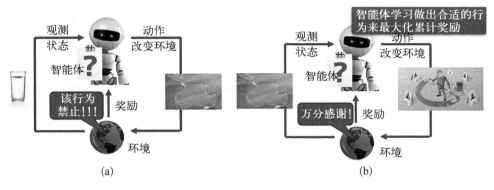

图 2 - 31　机器人进行强化学习

(a) 动作错误;(b) 动作正确

　　强化系统有四个主要的子要素,包括策略(policy)、奖赏函数(reward function)、值函数(value function)和环境模型(model)。图 2 - 32 展示了四要素之间的包含关系。其中,策略是指代理在给定状态下应该采取的行动。简单地说,一个策略就是从环境感知的状态到在这些状态中可采用动作的一个映射。对应在心理学中称为刺激-反应的规则或联系的一个集合。在强化学习中,策略可以是确定性的或随机的,它们决定了代理在环境中的行动。值函数是指代理在给定

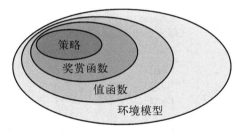

图 2 - 32　强化学习的四要素

状态下应该采取的最佳行动的价值。值函数可以是状态值函数或动作值函数。状态值函数给出在给定状态下采取行动的长期奖励,动作值函数给出在给定状态和采取特定行动时的长期奖励。

2.6.3　强化学习的分类

　　许多强化学习都基于一种假设,即智能体与环境的交互可用一个马尔可夫决策过程来刻画。马尔可夫决策过程(markov decision process,MDP)是强化学习中常用的一种模型,它是一种基于马尔可夫过程的决策模型。在 MDP 中,智能体在一个由状态、动作、奖励和转移概率组成的环境中进行决策,目标是获

得最大的累积奖励(cumulative reward)。

马尔可夫决策过程可定义为 4 元组 $<S, A, P, R>$。其中 S 为环境状态集合；A 为 Agent 执行的动作集合；$P: S \times A \times S \rightarrow [0, 1]$ 为状态转换概率函数，记为 $P(s' \mid s, a)$；$R: S \times A \rightarrow R$ 为奖赏函数(R 为实数集)，记为 $r(s, a)$。假设系统在某任意时刻 t 的状态为 s，则其 Agent 在时刻 t 执行动作 a 后使状态转变到下一状态 s' 的概率 $P(s' \mid s, a)$，以及获得的顺时奖赏值 $r(s, a)$ 都仅仅依赖于当前状态 s 和选择的动作 a，而与历史状态和历史动作无关，即"将来"与"现在"有关，而与过去无关。

MDP 中的关键是马尔可夫性质，即当前状态的未来状态只与当前状态和当前状态下采取的动作有关，而与过去的状态无关。这个性质使得智能体可以通过观察当前状态来推断未来的状态，而不需要考虑过去的状态。

强化学习算法在面临搜索和利用两难问题时需要平衡长期和短期的性能改善。搜索新动作可以帮助寻找最优策略，但可能会牺牲短期性能，而利用现有的知识可以提高短期性能，但可能会导致收敛到次优解。

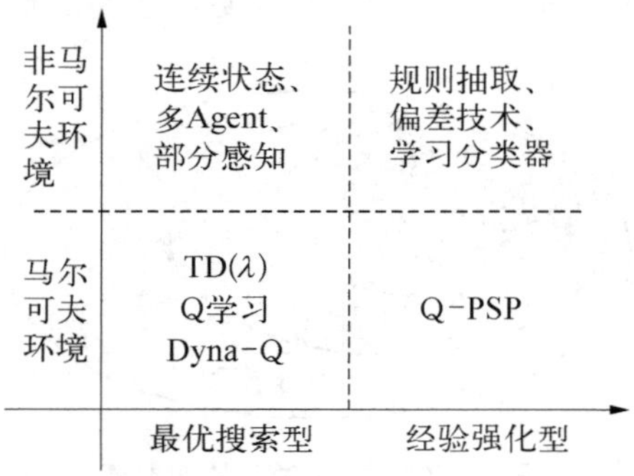

图 2-33 强化学习的分类

如图 2-33 所示，根据环境的特性，强化学习算法可以分为马尔可夫环境和非马尔可夫环境两种。马尔可夫环境具有马尔可夫性质，即当前状态的未来状态只依赖于当前状态，而不依赖于过去的状态。非马尔可夫环境则不具有马尔可夫性质，即当前状态的未来状态可能依赖于过去的状态，这使得强化学习问题更加困难。最优搜索型和经验强化型算法是两种不同的强化学习方法。最优搜索型算法主要关注获得最优策略，而经验强化型算法则更关注改善策略的性能。

2.6.4　强化学习的方法

1) 动态规划法

动态规划(dynamic programming，DP)法是解决马尔科夫决策过程的最优控制问题的一种基本方法。它的核心思想是利用最优子结构性质，将大问题分解成小问题，然后通过递归求解小问题来得到整体最优解。动态规划法主要用于解决值函数和策略的优化问题。DP 法包括两种基本方法：值迭代（value iteration）和策略迭代（policy iteration）。值迭代算法是在保证算法收敛的情况下，缩短策略估计的过程，每次迭代只扫描（sweep）每个状态一次。策略迭代算法包含了一个策略估计的过程，而策略估计则需要扫描所有的状态若干次，其中巨大的计算量直接影响了策略迭代算法的效率。具体来说，动态规划法通常包括以下两个步骤：

（1）状态值函数的迭代计算。此步骤的目的是计算状态值函数的值。状态值函数是描述在当前策略下，从每个状态出发所能获得的期望回报的函数。状态值函数的迭代计算通常使用值迭代或策略迭代方法。状态值函数更新公式如下：

$$V^\pi(s) = R[s, \pi(s)] + \gamma \sum_{s' \in S} \{T[s, \pi(s), s']V^\pi(s')\} \tag{2-24}$$

（2）最优策略的提取。在得到最优状态值函数之后，可以根据贝尔曼最优方程提取最优策略，见式（2-25）。对于每个状态，选取使得贝尔曼最优方程取最大值的动作作为最优动作。在值迭代中，最优策略可以直接从最终的值函数中得到；在策略迭代中，最优策略可以通过不断更新策略得到。

$$V^*(s) = \max_{a \in A} \left[R(s, a) + \gamma \sum_{s' \in S} T(s, a, s')V^*(s') \right] \tag{2-25}$$

2）蒙特卡罗方法

蒙特卡罗（monte carlo，MC）方法是一种基于采样的强化学习方法，是与模型无关（model free）的，它通过从智能体与环境的交互中采样一系列轨迹来估计值函数和策略。蒙特卡罗方法用于情节式任务（episode task），不需要知道环境状态转移概率函数 T 和奖赏函数 R，只需要智能体与环境从模拟交互过程中获得的状态、动作、奖赏的样本数据序列，由此找出最优策略。

在蒙特卡罗方法中，我们首先采样一系列轨迹，每个轨迹包含代理在环境中与之交互的一系列状态、行动和奖励。然后，根据采样得到的轨迹，可以计算出每个状态或状态-行动对的平均回报值，作为值函数的估计值。同时，也可以通过计算每个状态或状态-行动对在所有轨迹中被访问的频率来估计策略。蒙特卡罗方法状态值函数更新规则如下：

$$V(s_t) = V(s_{t+1}) + \alpha[R_t - V(s_t)] \tag{2-26}$$

式中，R_t 为 t 时刻的奖赏值，α 为步长参数。

3）时间差分方法

时间差分（temporal-difference，TD）方法是一种与模型无关的算法，它结合了蒙特卡罗思想和动态规划思想，能够直接从智能体的经验中学习，并且不需要等到最终结果产生之后再修改历史经验，而是在学习过程中逐步修改。因此，TD方法比蒙特卡罗方法更加高效，并且能够处理连续的决策任务。

与蒙特卡罗方法不同，TD方法不需要等待一个完整的回合结束。它可以在每个时间步上更新值函数，并使用当前值函数来改进策略。具体来说，TD方法通过计算当前状态的值函数和下一状态的值函数的差异（即时间差分误差），来更新当前状态的值函数。这个过程类似于动态规划中的值迭代方法，但它只使用了一次转移，并且没有等待所有后续状态的回报。

TD方法的优点在于，它能够高效地从经验中学习，并且不需要等待整个回合结束。此外，TD方法也可以用于处理连续的决策任务，并且能够自适应地调整学习率。但是，与蒙特卡罗方法一样，TD方法也可能会受到样本噪声和函数逼近误差的影响。

2.6.5　强化学习的应用案例

1）Alphago Zero——强化学习在游戏中的应用

AlphaGo Zero是一款由谷歌DeepMind团队开发的围棋AI程序。它在2017年10月19日的《自然》杂志上发表的论文中首次亮相，引起了全球的关注。AlphaGo Zero的故事可以追溯到2015年，当时谷歌DeepMind团队开发了一款名为AlphaGo的围棋AI程序，它通过深度学习和强化学习的技术，在2016年3月成功击败了韩国职业围棋选手李世石。然而，AlphaGo的训练需要使用大量的人类专家棋谱作为输入，这意味着它仍然需要人类的知识和经验。于是，DeepMind团队开始思考如何让程序不再依赖人类的知识预设，从头开始学习。在2017年初，他们开始研究一种称为"强化学习自我对弈"的新方法，这种方法让程序在自己和自己的对弈中进行学习，从而不断提升自己的棋艺。经过不断的训练，AlphaGo Zero在短短的40天内就取得了惊人的成果，成功击败了AlphaGo。

AlphaGo Zero不需要依赖人类的棋谱，通过自我对弈来提高自身的棋艺。它主要采用了两个模型：一个是蒙特卡罗树搜索（monte carlo tree search，MCTS）树结构；另一个是神经网络。MCTS是一种在棋类问题中常用的搜索算法，它通过选择、扩展、仿真、回溯四个步骤来持续优化树内的策略，从而帮助选择状态下的动作,非常适合状态数、动作数海量的强化学习问题。AlphaGo Zero的行棋主要由 MCTS 指导完成,但是在 MCTS 搜索的过程中,可能会遇到一些不在树中的状态需要进行仿真和局面评估,因此需要一个简单的策略来辅助 MCTS 评估和改进策略,这个策略改进部分由神经网络完成。AlphaGo Zero 的神经网络输入当前的棋局状态,输出两部分:第一部分输出各个可能的落子动作对应的获胜概率 p,在当前棋局状态下每个动作的胜率,第二部分输出获胜或失败的评估 $[-1, 1]$。这个评估输出表示当前局面相对于某个固定的胜负阈值的胜率,越接近 1 表示越有利,越接近 -1 表示越不利。图 2-34 展示了 MCTS 与神经网络的关系。AlphaGo Zero 巧妙地使用 MCTS 搜索树和神经网络,通过 MCTS 搜索树优化神经网络参数,反过来又通过优化的神经网络指导 MCTS 搜索。两者一主一辅,解决了这类状态完全可见、信息充分的棋类问题。

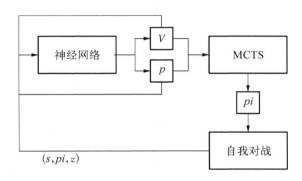

图 2-34　MCTS 与神经网络的关系

AlphaGo Zero 的输入是当前的棋局状态。由于围棋是 19×19 共计 361 个点组成的棋局,每个点的状态有两种:

(1) 如果当前是黑方行棋,则当前有黑棋的点取值 1,有白棋或者没有棋子的点取值 0。

(2) 如果当前是白方行棋,则当前有白棋的点取值 1,有黑棋或者没有棋子的点取值 0。

AlphaGo Zero 训练过程主要分为自我对战学习阶段和训练神经网络阶段,如图 2-35 所示。自我对战学习阶段主要是 AlphaGo Zero 自我对弈产生大量棋局样本的过程,由于 AlphaGo Zero 并不使用围棋大师的棋局来学习,因此需要自我对弈得到训练数据用于后续神经网络的训练。如在自我对战学习阶段,每一步的落子是由 MCTS 搜索来完成的。在每一次迭代过程中,在每个棋局当

前状态 s 下,每一次移动使用 1 600 次 MCTS 搜索模拟。最终 MCTS 给出最优的落子策略 π,这个策略 π 和神经网络的输出 p 是不一样的。当每一局对战结束后,我们可以得到最终的胜负奖励 z、1 或者 -1。这样我们可以得到非常多的样本 (s,π,z),这些数据可以训练神经网络。在训练神经网络阶段,使用自我对战学习阶段得到的样本集合 (s,π,z) 训练神经网络的模型参数。训练的目的是对于每个输入 s,神经网络输出的 p 与我们训练样本中的 π、z 差距尽可能少。

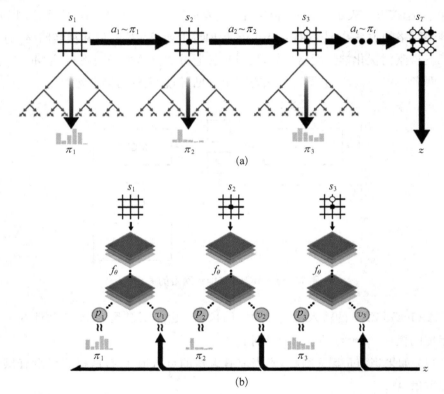

图 2 - 35 AlphaGo Zero 训练过程

(a) 自我对战学习;(b) 神经网络训练

当神经网络训练完毕后,就进行了评估阶段,这个阶段主要用于确认神经网络的参数是否得到了优化,这个过程中,自我对战的双方各自使用自己的神经网络指导 MCTS 搜索,并对战若干局,检验 AlphaGo Zero 在新神经网络参数下棋力是否得到了提高。除了神经网络的参数不同之外,这个过程和自我对战学习阶段过程是类似的。

AlphaGo Zero 的核心思想是 MCTS 算法生成的对弈可以作为神经网络的训练数据。随着 MCTS 的不断执行,下法概率及胜率会趋于稳定,而深度神经网络的输出也是下法概率和胜率,而两者之差即为损失。随着训练的不断进行,网络对于胜率的下法概率的估算将越来越准确。这意味着,即便某个下法 Alphago Zero 没有模拟过,但是通过神经网络依然可以达到蒙特卡罗的模拟效果。也就是说,虽然没下过这手棋,但凭借在神经网络中训练出的"棋感",算法可以估算出这么走的胜率。

2) 美团"猜你喜欢"——强化学习在智能推荐中的应用

"猜你喜欢"是美团流量最大的推荐展位之一,位于首页最下方,产品形态为信息流,承担了帮助用户完成意图转化、发现兴趣、并向美团点评各个业务方导流的责任。在"猜你喜欢"展位中,用户可以通过翻页来实现与推荐系统的多轮交互,此过程中推荐系统能够感知用户的实时行为,从而更加理解用户,在接下来的交互中提供更好的体验。"猜你喜欢"用户-翻页次数的分布是一个长尾的分布,图 2-36 是把用户数取了对数。可知多轮交互确实天然存在于推荐场景中。

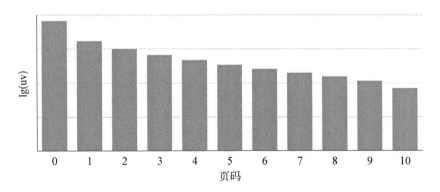

图 2-36　"猜你喜欢"展位用户翻页情况统计

如图 2-37 所示,在这样的多轮交互中,把推荐系统看作智能体,用户看作环境,推荐系统与用户的多轮交互过程可以建模为 MDP:

(1) State。Agent 对 Environment 的观测,即用户的意图和所处场景。

(2) Action。以 List-Wise 粒度对推荐列表做调整,考虑长期收益对当前决策的影响。

(3) Reward。根据用户反馈给予 Agent 相应的奖励,为业务目标直接负责。

(4) P(s, a)。Agent 在当前 State s 下采取 Action a 的状态转移概率。

(5) 优化目标。即使 Agent 在多轮交互中获得的收益最大化,公式如下:

$$Q^*(s, a) = \max_{\pi} \mathbb{E}\left\{\sum_{k=0}^{\infty} \gamma^k r_{t+k} \mid s_t = s, a_t = a\right\}, \forall s \in S, \forall a \in A, \forall t \geqslant 0$$

$$(2-27)$$

Agent

Environment

观测交互状态S_t

执行投放策略A

接收用户反馈S_{t+1}, R

推荐系统

用户决策

图 2-37　"猜你喜欢"MDP 建模

具体而言,交互过程中的 MDP 建模如下:

(1) 状态建模。状态来自 Agent 对 Environment 的观察,在推荐场景下即用户的意图和所处场景,算法设计了如图 2-38 所示的网络结构来提取状态的表达。网络主要分为两个部分:把用户实时行为序列的 Item Embedding 作为输入,使用一维 CNN 学习用户实时意图的表达;推荐场景其实仍然相当依赖传

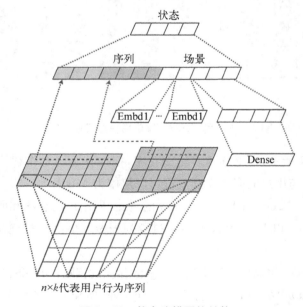

状态

序列　　场景

Embd1 ··· Embd1

Dense

$n×k$代表用户行为序列

图 2-38　状态建模网络结构

统特征工程,因此使用 Dense 和 Embedding 特征表达用户所处的时间、地点、场景,以及更长时间周期内用户行为习惯的挖掘。

(2) 动作建模。"猜你喜欢"目前使用的排序模型由两个同构的 Wide&Deep 模型组成,分别以点击和支付作为目标训练,最后把两个模型的输出作融合。融合方法如图 2-39 所示。

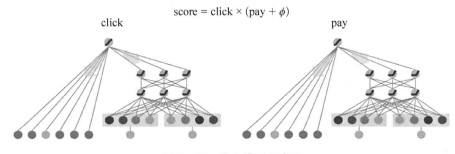

图 2-39 排序模型示意图

(3) 奖励建模。"猜你喜欢"展位的优化核心指标是点击率和下单率,在每个实验分桶中,分母是基本相同的,因此业务目标可以看成优化点击次数和下单次数,奖励建模如下:

$$r = \omega_c \times \sum I_{\text{click}} + \omega_p \times \sum I_{\text{pay}} + \text{penalty1} + \text{penalty2} \qquad (2-28)$$

其中,两个惩罚项:

① 惩罚没有发生任何转化(点击/下单)行为的中间交互页面(penalty1),从而让模型学习用户意图转化的最短路。

② 惩罚没有发生任何转化且用户离开的页面(penalty2),从而保护用户体验。

在不断改进 MDP 建模的过程中先后尝试了 Q-Learning、DQN 和 DDPG 模型,也面临着强化学习中普遍存在更新不够稳定、训练过程容易不收敛、学习效率较低(这里指样本利用效率低,因此需要海量样本)的问题。具体到推荐场景中,由于 List-Wise 维度的样本比 Point-Wise 少得多,以及需要真实的动作和反馈作为训练样本,因此只能用实验组的小流量做实时训练。这样一来训练数据量相对就比较少,每天仅有几十万,迭代效率较低。为此对网络结构做了一些改进,包括引入具体的 Advantage 函数、State 权值共享、On-Policy 策略的优化,结合线上 A/B Test 框架做了数十倍的数据增强,以及对预训练的支持。接下来以 DDPG 为基石,介绍模型改进的工作。

深度确定性策略梯度(deep deterministic policy gradient，DDPG)是将深度学习神经网络融合进确定性策略梯度(deterministic policy gradient，DPG)的策略学习方法。DPG 每一步的行为通过最优策略概率获得确定的值。如图 2 - 40 所示，基本的 DDPG 是 Actor-Critic 架构。线上使用 Actor 网络，预测当前 State 下最好的动作 a，并通过 Ornstein-Uhlenbeck 过程对预测的 Action 加一个随机噪声得到 a'，从而达到在最优策略附近探索的目的。将 a' 作用于线上，并从用户(Environment)获得相应的收益。

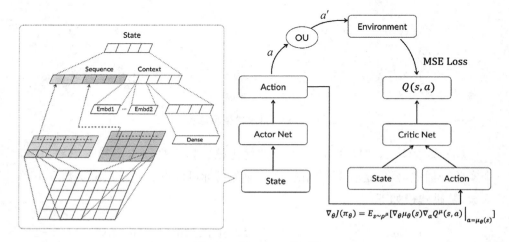

图 2 - 40　DDPG 模 型

在训练过程中，Critic 学习估计当前状态 s 下采取动作 a 获得的收益 Q，使用 MSE 作为 Loss 函数：

$$L = \mathbb{E}\{[r + \gamma \max_{a'} Q(s', a') - Q(s, a)]^2\} \qquad (2-29)$$

对参数求导：

$$\frac{\partial L(\omega)}{\partial \omega} = \mathbb{E}\left\{[r + \gamma \max_{a'} Q(s', a') - Q(s, a)] \frac{\partial Q(s, a, \omega)}{\partial \omega}\right\} \qquad (2-30)$$

Actor 使用 Critic 反向传播的策略梯度，使用梯度上升的方法最大化 Q 估计，从而不断优化策略：

$$\nabla_\theta J(\pi_\theta) = E_{s \sim \rho^\mu}\left[\nabla_\theta \mu_\theta(s) \nabla_a Q^\mu(s, a)\big|_{a=\mu_\theta(s)}\right] \qquad (2-31)$$

在确定性策略梯度的公式中，θ 是策略的参数，Agent 将使用策略 $\mu_\theta(s)$ 在状态 s 生成动作 a，ρ^μ 表示该策略下的状态转移概率。在整个学习过程中，并不需要真的估计策略的价值，只需要根据 Critic 返回的策略梯度最大化 Q 估计。Critic 不断优化自己对 $Q(s,a)$ 的估计，Actor 通过 Critic 的判断的梯度，求解更好的策略函数。如此往复，直到 Actor 收敛到最优策略的同时，Critic 收敛到最准确的 $Q(s,a)$ 估计。

Critic 估计的 $Q(s,a)$ 函数由两个部分组成：只与状态相关的 $V(s)$，与状态、动作都相关的 Advantage 函数 $A(s,a)$，所以有 $Q(s,a)=V(s)+A(s,a)$，这样能够缓解 Critic 对 Q 过高估计的问题。

在 DDPG 的改造工作中，使用 Advantage 函数获得更稳定的训练过程和策略梯度。State 权值共享和 On-Policy 方法使模型参数减少 75%。Advantage 函数和 State 权值共享结合，允许使用基线策略样本做数据增强，使每天的训练样本从 10 万量级扩展到百万量级，同时充分的预训练保证策略上线后能迅速收敛。经过这些努力，强化学习线上实验取得了稳定的正向效果，在下单率效果持平的情况下，周效果点击率相对提升 0.5%，平均停留时长相对提升 0.3%，浏览深度相对提升 0.3%。图 2-41 表明，强化实习的效果是稳定的，由于"猜你喜欢"的排序模型已经是业界领先的流式 DNN 模型，可以认为这个提升是较为显著的。

图 2-41　点击率分天实验效果

参考文献

［1］　SAMUEL A L. Some studies in machine learning using the game of checkers[J]. IBM Journal of Research and Development，2000，44(1-2)：206-226.

［2］ MITCHELL T M，CARBONELL J G，MICHALSKI R S. Machine Learning：A Guide to Current Research［M］. Boston，MA：Springer，1986.

［3］ JORDAN M I，MITCHELL T M. Machine learning：trends，perspectives，and prospects［J］. Science，2015，349(6245)：255－260.

［4］ DOMINGOS P. The Master Algorithm：How the Quest for the Ultimate Learning Machine Will Remake Our World［M］. New York：Basic Books，2015.

［5］ MINSKY M. A Framework For Representing Knowledge［M］. Berlin，Boston：De Gruyter，2019.

［6］ MCCARTHY J. Recursive functions of symbolic expressions and their computation by machine［J］. Communications of the ACM，1960，3(4)：184－195.

［7］ 张仰森.计算机科学与技术学科人工智能原理复习与考试指导［M］.北京：高等教育出版社,2004.

［8］ RUSSANO E，AVELINO E F. Elements of Machine Learning［M］. United States：Arcler Press，2019.

［9］ MITCHELL T M. Version Spaces：A Candidate Elimination Approach to Rule Learning，Cambridge，MA，1977［C］. San Fransisco：Morgan Kaufmann，1977.

［10］ MONTAGUE Pr. Reinforcement learning：an introduction［J］. Trends in Cognitive Sciences，1999，3(9)：360－360.

［11］ PAN S J，YANG Q. A survey on transfer learning［J］. IEEE Transactions on Knowledge and Data Engineering，2010，22(10)：1345－1359.

［12］ HOPFIELD J J. Neural networks and physical systems with emergent collective computational abilities［J］. Proceedings of the National Academy of Sciences，1982，79(8)：2554－2558.

［13］ HINTON G E，SALAKHUTDINOV R R. Reducing the dimensionality of data with neural networks［J］. Science，2006，313(5786)：504－507.

［14］ SILVER D，SCHRITTWIESER J，SIMONYAN K，et al. Mastering the game of go without human knowledge［J］. Nature，2017，550(7676)：354－359.

课后作业

1. 简单介绍下机器学习的概念。
2. 深度学习与强化学习的区别有哪些？　　　　　　　　　　　　　（　　）
   A. 深度学习的训练样本是有标签的,而强化学习没有
   B. 深度学习的学习过程是静态的,而强化学习是动态的

C. 深度学习解决的更多是感知问题,强化学习解决的主要是决策问题

D. 深度学习存在有监督学习和无监督学习之分,强化学习无此分类

3. 简要介绍强化学习的基本流程。

4. 下面哪些属于强化学习?　　　　　　　　　　　　　　　　　　　（　　）

A. 用户经常阅读军事类和经济类的文章,算法就把与用户读过的文章相类似的文章推荐给你。

B. 算法先少量给用户推荐各类文章,用户会选择其感兴趣的文章阅读,这就是对这类文章的一种奖励,算法会根据奖励情况构建用户可能会喜欢的文章的"知识图"。

C. 用户每读一篇文章,就给这篇新闻贴上分类标签,例如这篇新闻是军事新闻,下一篇新闻是经济新闻等;算法通过这些分类标签进行学习,获得分类模型;再有新的文章过来的时候,算法通过分类模型就可以给新的文章自动贴上标签了。

D. 两个变量之间的关系,一个变量的数量变化由另一个变量的数量变化所唯一确定,则这两个变量之间的关系称为强化学习。

5. 深度学习区别于一般机器学习的不同之处是什么?

6. 机器学习分类技术的主要算法包括哪些?　　　　　　　　　　　　（　　）

A. 描述性统计　　　B. 聚类分析　　　　C. 关联分析　　　　D. 分类与预测

7. 请简要说说一个完整的机器学习项目的流程。

第 3 章

▽

数 据 与 特 征

机器学习是一种基于数据驱动的模型训练方法,数据的质量直接决定了机器学习的能力上限。对于不同的机器学习问题,选择合适的数据和特征进行模型训练至关重要。在图像分类问题中,需要提取和处理图像数据的颜色、纹理等特征,以提高分类的准确性;在自然语言处理问题中,可以使用词向量等特征来表示文本数据,并进行文本预处理;在推荐系统问题中,可以利用用户行为数据和商品信息等特征来训练模型。然而,错误、缺失或不完整的数据会导致模型学习到错误的信息,从而降低其推理能力。同样地,不合理的特征选择或不准确的特征提取也会导致模型无法捕捉到数据的重要信息。因此,在训练机器学习模型之前,需要对数据和特征进行仔细选择和处理,以提高预测的准确性。本章主要介绍了数据和特征的概念,重点探讨了常见的数据结构以及特征处理方法。通过阅读本章,读者将更好地理解数据和特征的重要性,并学习如何有效地处理它们。

3.1 数据与特征概述

3.1.1 什么是数据与特征

在机器学习中,数据和特征是训练机器学习模型的基础。数据指的是用于训练和测试机器学习模型的样本集合。这些样本可以是任何形式的数据格式,如数字、文本、图像等。通常数据被组织成数据集,其中包含许多个数据样本。每个数据样本都包含相应的标签和一个或多个特征。标签是想要预测的变量,而特征则是用于预测标签的输入变量。具体来说,特征被用来描述数据样本的属性或特点。特征可以是连续值或者离散值。通常数值型变量(如体重、身高、收入等)用连续值表示,而类别变量(如性别、颜色、国家等)、序数变量(如评分、产品等级等)、计数变量(如点击次数、访问次数等)等用离散值表示。特征的选择对于机器学习模型的性能至关重要。好的特征能够提供足够的信息来准确预测标签,同时可以降低模型的复杂度和训练时间。

　　看一个例子,图 3-1 是 Kaggle 上的泰坦尼克号数据集(部分),每一行代表一个乘客的数据,每行数据都有一些特征,如船票等级(Pclass)、姓名(Name)、性别(Sex)、年龄(Age)、票价(Fare)等。其中,船票等级是按 1、2、3 分为一等座、二等座和三等座,为典型的离散值;票价是根据实际价格用连续值表示出来;性别是以字符串 male(男性)和 female(女性)进行区别,所以在实际处理过程中还需要对该列特征进行编码,最简单的方法是用 0 和 1 分别表示 male 和 female。该数据集共有超过 1 500 个数据,每个数据由 24 个特征组成,部分特征存在缺失值。我们使用该数据集的目的是从每一个数据及其特征中总结影响乘客生存概率的规律。如果将数据集应用到某个具体模型中进行训练,就可以得到一个预测乘客生存概率的模型。然而,直接使用该数据集训练出的模型可能无法准确预测乘客是否生还,需要对一些特征值缺失的数据进行清洗处理,以便让模型能够更好地学习和预测。为了消除不同特征之间的量纲影响,需要对其进行归一化处理。例如,将年龄数据归一化到 0 到 1 的范围内,可以确保模型不会偏向于那些数值较大的特征。此外,由于数据集中不同特征对乘客生存概率的影响程度各不相同,需要对其进行降维处理,以减少模型的复杂度和训练时间,同时提高模型的泛化能力。这些数据处理步骤是机器学习中非常重要的一步,可以帮助我们从原始数据中提取出最有用的信息,以便训练出精确可靠的模型。

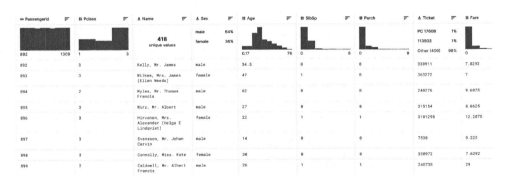

图 3-1　泰坦尼克号数据集(部分)

3.1.2　特征工程的流程

　　如果想要预测模型的性能达到最优,仅仅选择合适算法是不够的,还需要尽可能地从原始数据中提取更多的信息。特征工程的任务就是获取更好的训练数据,从而提高预测模型的性能。简单而言,特征工程(feature engineering)是指为了构建和训练机器学习模型而从原始数据中提取和转换特征的过程。在通常情况下,原始数据包含大量的信息和噪声,数据科学家需要对原始数据进行处理,以便提取出最有用的特征,并且通过转换和组合这些特征来生成新的特征。特征工程可以包括以下几个步骤:

(1)数据清洗。数据清洗是指对数据集中的异常、缺失、重复或不一致等问题进行处理,以提高数据质量和可靠性的过程。在实际应用中,由于数据来源的不同和采集方式的多样性,数据可能存在各种问题,如缺失值、异常值、重复值、格式错误、不一致等。这些问题如果不加处理,可能会影响到模型的性能和结果的准确性,因此需要进行数据清洗。

(2)特征选择。由于数据集往往包含大量的特征,并且不是所有特征都对目标变量有显著的影响,有些特征甚至可能会干扰模型的学习过程,因此需要从原始数据中选择最重要的特征,以避免模型过拟合或欠拟合,发生维度灾难。这可以通过统计学方法、特征重要性评估、主成分分析等方法实现。

(3)特征提取。特征提取是指从原始数据中提取出与预测目标相关的特征的过程。在机器学习中,数据通常以原始形式出现,如文本、图像、音频等,这些数据需要经过特征提取才能被机器学习算法处理和分析,可以通过对数据进行文本分词、卷积操作、频率包分析等。

(4)特征转换。在特征转换阶段,由于原始特征可能存在不同尺度、不同分布、非线性关系等问题,需要对原始特征进行一定的变换,以使其更符合模型的假设或者更容易被模型学习。通常特征转换的方法包括标准化、归一化、对数变换、多项式扩展等。

(5)特征组合。特征组合是指将不同的特征按照一定的规则组合起来,形成新的特征表示,以更好地描述数据的特点和性质,进而提高模型的预测性能和泛化能力。特征组合通常是在特征提取的基础上进行的,可以通过将不同的特征进行加权、拼接、乘积等运算,从而得到更具有区分性和表达力的特征表示。

举一个例子,假设要建立一个机器学习模型来预测房价。数据集包含了房屋的各种特征,如面积、卧室数量、浴室数量、地理位置等。但是发现,有些特征可能对模型并不有用,甚至可能会干扰模型。因此,需要对这些特征进行处理,这个过程就叫做特征工程。首先,需要对数据集进行探索性数据分析(exploratory data analysis,EDA),以了解数据的分布和特征之间的关系。比如,我们可以绘制各个特征之间的散点图、箱线图、直方图等,观察数据的分布和异常值。我们还可以用相关系数矩阵来观察各个特征之间的相关性。这些分析可以帮助我们选择哪些特征是有用的,哪些是无用的,哪些需要转换或组合。接下来,我们可能会对某些特征进行转换或归一化。比如,我们可以对面积特征进行对数变换,以将其转化为更接近于正态分布的形式。我们还可以对一些特征进行归一化,以将它们的值缩放到相似的范围内,这样可以避免某些特征对模型的影响过大。此外,我们可能会通过组合特征来创建新的特征。例如,我们可以通过将卧室数量和浴室数量相加来创建一个新的特征,表示房屋的总卧室和浴室数量。这样可以帮助模型更好地捕捉房屋大小的影响。最后,我们还需要处理缺失值和异常值。对于缺失值,我们可以用均值、中位数或其他合适的值来进行填充。对于异常值,我们可以将其删除或用其他值进行替换。

吴恩达曾说过:"特征工程不仅操作困难、耗时,而且需要专业领域知识。应用机器学习基本上就是特征工程。"在 Kaggle、KDD 的比赛及工业应用中,许多成功的案例都是在特征工程环节做出了出色的工作,而并非复杂的模型和算法。手动特征工程是一种传统的方法,主要利用领域知识构建特征,但是这种方法繁琐、费时、易出错,而且每次都需要针对特定问题重写相关代码。相比之下,自动化特征工程是一种相对较新的技术,能够缩减时间成本、构建更优秀的预测模型、生成更有意义的特征,还能防止数据泄漏。近年来,随着研究的不断推进,涌现出许多的自动化特征工程方法,不仅降低了任务的计算资源消耗,而且省去了人工添加特征,其中比较有影响力的方法有深度特征合成(deep feature synthesis)和学习特征工程(learning feature engineering),这两类方法都是从学习的角度去考虑特征工程的自动化。

3.2　常见数据结构

3.2.1　数组

数组(array)是一种线性表数据结构。它用一组连续的内存空间来存储一组具有相同类型的数据。数组中的元素可以是整数、浮点数、布尔值、字符串等各种类型,并且在内存中按照先后顺序连续存放。元素可以通过一个或多个索引来访问和操作,索引通常是一个非负整数,用于确定元素在数组中的位置。数组的长度是指数组中元素的数量,可以在创建数组时指定或动态改变。图 3 - 2 是典型的一维数组,该数组长度为 9,索引为 0 至 8。

图 3-2 数　　组

1）数组的创建和初始化

在 Python 中,可以使用 NumPy 库来创建和操作数组。以下是一些常用的创建和初始化数组的方法。

```
import numpy as np

a = np.array([1, 2, 3])   # 创建一维数组
b = np.array([[1, 2, 3], [4, 5, 6]])   # 创建二维数组
c = np.zeros((3, 4))   # 创建一个 3 行 4 列的全 0 数组
d = np.ones((2, 3, 4))   # 创建一个 2×3×4 的全 1 数组
e = np.arange(10)   # 创建一个包含 0 到 9 的一维数组
f = np.arange(1, 10, 2)   # 创建一个包含 1 到 9 的步长为 2 的一维数组
g = np.random.rand(2, 3)   # 创建一个 2×3 的随机数组,元素取值范围为[0, 1)
h = np.random.randn(2, 3)   # 创建一个 2×3 的标准正态分布随机数组
i = np.random.randint(0, 10, (3, 4))   # 创建一个 3×4 的随机整数数组,元素取值
范围为[0, 10)
```

2）数组的索引和切片

数组中的元素可以使用数组的索引和切片来访问和操作。以下是一些常用的索引和切片操作。

```
# 一维数组的索引和切片

x = np.array([1, 2, 3, 4, 5])
print(x[0])   # 输出第一个元素
print(x[-1])   # 输出最后一个元素
print(x[1:4])   # 输出第二到第四个元素


# 多维数组的索引和切片
a = np.array([[1, 2, 3], [4, 5, 6], [7, 8, 9]])
print(a[0, 1])   # 输出第一行第二列元素
print(a[:, 1])   # 输出第二列元素
print(a[1:, :2])   # 输出第二行到最后一行,第一列到第二列的元素
```

3) 数组的运算和操作

以下是数组的加减乘除运算。

```
a = np.array([1, 2, 3])
b = np.array([4, 5, 6])
c = a + b  # 数组相加
d = a - b  # 数组相减
e = a * b  # 数组相乘
f = a / b  # 数组相除
```

以下是数组的矩阵乘法和转置操作。

```
a = np.array([[1, 2], [3, 4]])
b = np.array([[5, 6], [7, 8]])
c = np.dot(a, b)   # 矩阵乘法
d = np.transpose(a)   # 转置操作
```

在机器学习中,广播(broadcasting)和堆叠(stacking)是常用的数组操作,用于对不同形状的数组进行计算和合并。

广播是指在进行元素级别的运算时,将形状不同的数组自动扩展到相同的形状,以便进行计算。例如,可以将一个一维数组与一个二维数组相加,使得一维数组自动扩展成与二维数组相同的形状,然后进行运算。

```
a = np.array([1, 2, 3])
b = np.array([[4, 5, 6], [7, 8, 9]])
c = a + b  # 广播操作,将a扩展成[[1, 2, 3], [1, 2, 3]]
```

堆叠是指将多个数组按照指定的轴方向进行拼接成新的数组。以下是一些常用的堆叠操作。

```
a = np.array([[1, 2], [3, 4]])
b = np.array([[5, 6], [7, 8]])
c = np.vstack((a, b))   # 按照行方向堆叠,即垂直方向
d = np.hstack((a, b))   # 按照列方向堆叠,即水平方向
```

3.2.2 张量

张量(tensor)是深度学习领域十分重要的概念,当前所有的深度学习系统

都使用张量作为基本数据结构,如 Google 的 TensorFlow 就是以张量命名的。张量的核心在于,它是一个数据容器,它包含的数据几乎总是数值数据。张量是对向量和矩阵的一种高维拓展,张量的维度(dimension)通常叫做轴(axis)。深度学习中所有数据张量的第一个轴(0 轴)称为样本轴(samples axis,或称为样本维度)。如图 3-3 所示为各数据张量的具体表现形式。

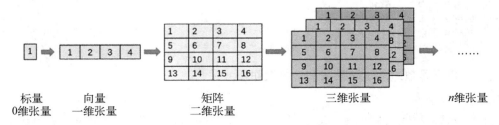

图 3-3　不同维数的数据张量

在 Python 中可以使用许多库来创建和操作张量,其中 PyTorch 是常用的张量创建第三方库,以下给出使用 PyTorch 创建张量的示例代码。

```python
import torch

# 创建一个 2×3 的浮点型张量
a = torch.tensor([[1.0, 2.0, 3.0], [4.0, 5.0, 6.0]])

# 创建一个 3×2 的整型张量
b = torch.tensor([[1, 2], [3, 4], [5, 6]])
```

在现实生活中,我们会碰到各种各样的数据张量,主要有如下几类:

(1) 向量数据集　二维张量,形状为(samples,features)。如图 3-4 所示,假设人口统计数据集包括每个人的年龄、邮编、收入这三个特征,那么可以称这个数据集组成二维张量。如果数据集包括 100 000 人,张量的存储形状可以表示为(100 000,3)。

年龄	邮编	收入	
24	225800	130 000.00	sample 1
32	215000	180 000.00	
42	200000	320 000.00	⋮
60	404100	70 000.00	sample 100000

图 3-4　二维张量

（2）时间序列数据集：三维张量，形状为（samples，timesteps，features）。举个例子，如果以股票的当前价格、前一分钟的最高价格、前一分钟的最低价格为特征，记录 250 天，每天 390 min 的数据，其组成的数据集可称为三维张量，存储形状可以表示为（250，390，3）。如图 3 - 5 所示为时间序列数据集的形式。

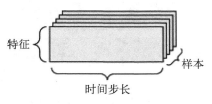

图 3 - 5　三 维 张 量

（3）图像数据集：四维张量，形状为（samples，height，width，channels）。如图 3 - 6 所示，通常一张图像拥有 3 个维度，分别为高度（height）、宽度（width）和颜色通道（channels）。对于多张图像，如 128 张彩色图像（彩色图像的通道数为 3，灰色图像的通道数为 1），高宽都为 256，其组成的数据集为四维张量，存储形状可以表示为（128，256，256，3）。

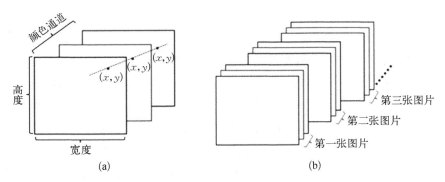

（a）

（b）

图 3 - 6　四 维 张 量

（a）图像；（b）多张图像

（4）视频数据集：五维张量，形状为（samples，frames，height，width，channels）。通常，视频可以看作一系列彩色图像，而每一张彩色图像称为视频的帧。如图 3 - 7 所示，3 个帧数为 32、尺寸为 144×256 的视频片段，其数据可以组成五维张量，存储形状可以表示为（3，32，144，256，3）。

3.2.3　队列

队列（queue）是一种先进先出（first in first out，FIFO）的数据结构，它可以用于存储一系列具有相同特征的元素，例如任务、消息、事件等。在队列中，数据元素按照进入队列的顺序依次排列，最先进入队列的元素最先被处理，最后进入队列的元素最后被处理。队列的主要操作包括入队（enqueue）和出队（dequeue），它

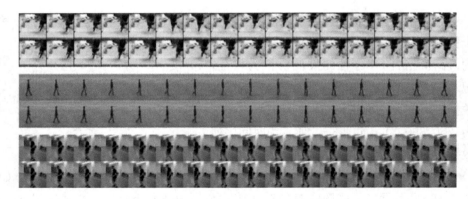

图 3 - 7　五维张量

们分别用于将元素添加到队列的尾部和从队列的头部移除元素。除此之外,队列还支持读取队首元素(peek)、获取队列大小(size)和判断队列是否为空(isEmpty)等基本操作。

队列的实现方式有多种,其中常见的方式是使用数组来存储元素,需要用两个指针分别指向队列的头部和尾部,入队操作将元素添加到队尾,出队操作将元素移除队头,并将头部指针向后移动。图 3 - 8 展示了使用数组实现队列的过程。假设初始时数组长度为 5,队列中入队元素为 a、b、c、d,此时队列的尾部指针指向第五个元素。当 a、b 出队时,队列的头部指针移至 c 处,并移出 a、b 两元素。接着,元素 e 入队,此时数组末尾元素被占用,因此尾部指针指向数组头部第一个元素。当 f、g 入队时,虽然数组的末尾元素已被占用,但数组未满,此时称为假溢出,在循环队列中采用从头入队的方式。最后,当元素 h 入队时,数组已经满了,此时需要将数组的长度扩大一倍。

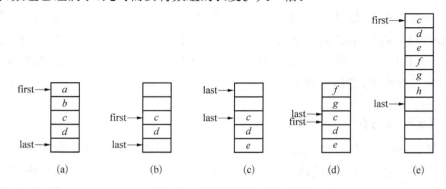

图 3 - 8　数组实现队列的过程

(a) a、b、c、d 入列;(b) a、b 出列;(c) e 入列;(d) f、g 入队;(e) h 入队

以下是用 Python 编写的 Queue 类,初始化时需要指定队列的容量。enqueue()方法用于元素入队,将元素添加到队尾,并更新队尾指针和队列大小。如果队列已满,则需要扩容。dequeue()方法用于元素出队,将队首元素移除,并更新队首指针和队列大小。peek()方法用于读取队首元素。getSize()方法用于获取队列大小,返回队列中元素的个数。isEmpty()方法用于判断队列是否为空,如果队列为空,则返回 True,否则返回 False。resize()方法用于扩容数组。在扩容时,将数组容量乘以 2,并将元素按照循环队列的方式重新排列。

```python
class Queue:
    def __init__(self, capacity):
        self.capacity = capacity  # 队列容量
        self.front = 0  # 头部指针,指向队首元素
        self.rear = 0  # 尾部指针,指向下一个可插入的位置
        self.size = 0  # 队列大小
        self.data = [None] * self.capacity  # 队列数据存储数组

    def enqueue(self, item):
        # 队列已满,需要扩容
        if self.size == self.capacity:
            self.resize()
        self.data[self.rear] = item  # 将新元素插入队尾
        self.rear = (self.rear + 1) % self.capacity  # 更新尾部指针
        self.size += 1  # 队列大小加 1

    def dequeue(self):
        # 队列为空,无法出队
        if self.size == 0:
            raise Exception("Queue is empty")
        item = self.data[self.front]  # 获取队首元素
        self.data[self.front] = None  # 将队首元素置为 None
        self.front = (self.front + 1) % self.capacity  # 更新头部指针
        self.size -= 1  # 队列大小减 1
        return item  # 返回出队的元素

    def peek(self):
        # 队列为空,无法读取队首元素
        if self.size == 0:
            raise Exception("Queue is empty")
        return self.data[self.front]  # 返回队首元素

    def getSize(self):
        return self.size  # 获取队列大小
```

```
def isEmpty(self):
    return self.size == 0   # 判断队列是否为空

def resize(self):
    new_capacity = self.capacity * 2   # 扩大数组容量为原来的两倍
    new_data = [None] * new_capacity   # 创建新的数据存储数组
    for i in range(self.size):
        new_data[i] = self.data[(self.front + i) % self.capacity]   # 将
队列元素按顺序存储到新数组中
    self.data = new_data   # 更新数据存储数组
    self.capacity = new_capacity   # 更新队列容量
    self.front = 0   # 更新头部指针
    self.rear = self.size   # 更新尾部指针为队列大小(即下一个可插入的位置)
```

3.2.4 树结构

树(tree)是一种非线性数据结构,直观地看,它是数据元素(也称为节点)按分支关系组织起来的结构。将其颠倒,形状如同自然界中的树而取名"树"。树结构中有一个称为根节点的特殊节点,它没有父节点,而其他节点都有且仅有一个父节点。除了根节点外,每个节点都可以有若干个子节点。树有许多种类型,其中常见的类型是二叉树,它的每个节点最多有两个子节点。二叉树有许多变种,如平衡二叉树、搜索二叉树等。除了二叉树之外,还有多叉树、红黑树、字典树等各种类型的树结构。

图 3-9 为典型的二叉树。该二叉树共有 5 层,其中最上面的节点 23 称为根节点。23 的下面也连接有多个节点,因而称 23 是 13 和 54 的父节点,13、54 是 23 的子节点。由于 13 和 54 拥有共同的父节点 23,所以 13 和 54 互为兄弟节点。对于节点 10、30、28、77,均没有任何子节点,所以这类节点也称为叶子节点。

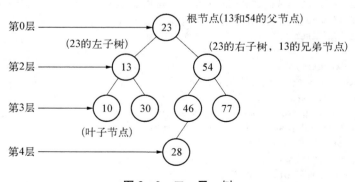

图 3-9 二 叉 树

　　下面使用 Python 编写的二叉树 BinaryTree 类。首先定义了节点 TreeNode 类,用来记录该节点的数值以及其左右两个子节点。insert()方法用于插入节点,首先判断该二叉树是否有根节点,不是则用该节点创建,否则从根节点开始遍历当前树的各个节点,如果要插入的元素小于当前节点的值,则将其插到当前节点的左子树中;如果要插入的元素大于当前节点的值,则将其插到当前节点的右子树中。search ()方法用于查找节点。

```python
class TreeNode:
    def __init__(self, val):
        self.val = val    # 节点的值
        self.left = None   # 左子节点
        self.right = None   # 右子节点


class BinaryTree:
    def __init__(self):
        self.root = None   # 根节点

    def insert(self, val):
        if not self.root:   # 如果树为空,将新节点作为根节点
            self.root = TreeNode(val)
        else:
            curr = self.root   # 从根节点开始遍历
            while True:
                if val < curr.val:   # 如果新值小于当前节点的值
                    if not curr.left:   # 如果当前节点的左子节点为空,将新节点
插入为左子节点
                        curr.left = TreeNode(val)
                        break
                    else:
                        curr = curr.left   # 否则继续遍历左子树
                else:   # 如果新值大于等于当前节点的值
                    if not curr.right:   # 如果当前节点的右子节点为空,将新节
点插入为右子节点
                        curr.right = TreeNode(val)
                        break
                    else:
                        curr = curr.right   # 否则继续遍历右子树

    def search(self, val):
        curr = self.root   # 从根节点开始遍历
        while curr:
            if curr.val == val:   # 如果当前节点的值等于目标值,返回 True
```

```
                return True
            elif val < curr.val:  # 如果目标值小于当前节点的值,继续遍历左子树
                curr = curr.left
            else:  # 如果目标值大于当前节点的值,继续遍历右子树
                curr = curr.right
        return False  # 遍历完整棵树都未找到目标值,返回 False
```

3.2.5 图结构

图(graph)是一种复杂的非线性结构,它由顶点(图中的某个节点)和边组成。在图中,顶点表示数据样本或计算单元,边表示节点之间的连接关系。按照边有无方向,图可以分为有向图或者无向图;按照边是否带有权重分,图可以分为有权图和无权图。

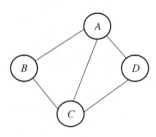

图 3 - 10 无 向 图

图 3 - 10 是一个无向图,由于是无方向的,连接顶点 A 与 D 的边可以表示无序队列 (A, D),也可以写成 (D, A)。顶点集合 $V = \{A, B, C, D\}$;边集合 $E = \{(A, B), (A, D), (A, C), (B, C), (C, D)\}$。

以下是用 Python 实现无向图的代码。首先定义了一个 Node 类,表示图中的节点。每个节点包含值 val 和相邻节点列表 adjacent_nodes。其中 add_edge()方法用于将一个节点连接到当前节点的相邻节点列表中。其次定义了一个 graph 类,表示无向图。每个图包含节点列表 nodes 和边列表 edges。其中 add_node()方法用于向图中添加一个新节点;add_edge() 方法用于向图中添加一条边;find_node()方法,用于查找指定值的节点。

```
class Node:
    def __init__(self, val):
        self.val = val  # 节点的值
        self.adjacent_nodes = []  # 相邻节点列表

    def add_edge(self, node):
        self.adjacent_nodes.append(node)  # 将传入的节点添加到当前节点的相邻
节点列表中
        node.adjacent_nodes.append(self)  # 将节点添加到传入节点的相邻节点列
表中,构成双向边

class Graph:
```

```
def __ init __(self):
    self.nodes = []    # 节点列表
    self.edges = []    # 边列表

def add_node(self, val):
    node = Node(val)    # 创建新节点
    self.nodes.append(node)    # 将新节点添加到图中的节点列表中

def add_edge(self, val1, val2):
    node1 = self.find_node(val1)    # 根据值在节点列表中查找对应的节点
    node2 = self.find_node(val2)
    if node1 and node2：    # 如果找到了两个节点
        node1.add_edge(node2)    # 在两个节点之间添加边
        self.edges.append((node1, node2))    # 将边添加到图中的边列表中

def find_node(self, val):
    for node in self.nodes：    # 遍历节点列表
        if node.val == val：    # 如果节点的值等于目标值
            return node    # 返回该节点
    return None    # 遍历完整个节点列表都未找到目标值,返回 None
```

3.3　数据与特征处理

3.3.1　数据清洗

数据清洗是指在数据分析或建模之前,对数据集进行处理和转换以消除数据中的错误、重复、不完整或无关数据的过程。数据清洗是数据预处理的一个重要部分,在实际操作中通常会占据分析过程 50%～80% 的时间。它可以帮助确保数据准确无误,其结果质量直接关系到模型效果和最终结论。

1) 缺失值清洗

缺失值是常见的数据问题,主要指在数据采集、存储或传输过程中,由于各种原因导致部分数据缺失的情况,如数据采集设备故障、数据输入错误、数据传输中断等。处理缺失值时首先应该确定缺失值的范围,计算每个特征的缺失率,并按照缺失率以及特征重要性分别指定相应的解决策略,如图 3-11 所示。

虽然图 3-11 明确了不同情况下的应对策略,但在实际应用过程中很难对某一具体特征的重要性进行判断。比如,当预测房价时,房子的面积和卧室数量通常高度相关,因此很难确定哪一个特征更重要。再比如,当预测股票价格时,

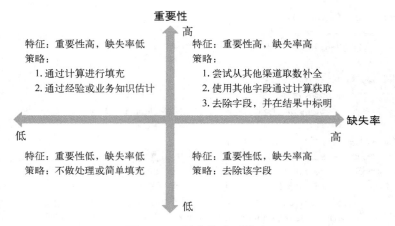

图 3 - 11　缺失值应对策略

股票的过去表现可能与价格之间存在复杂的非线性关系,因此也很难确定哪些因素对于价格的预测更为重要。

　　缺失值清洗操作除了直接去除不需要的特征外,对于数值占比较少但重要性高的特征,常采用计算方式进行填充。对于数值型特征,可以使用该特征的均值或中位数进行填充。这种方法简单易行,但可能会影响数据分布的形状。对于离散型特征,可以使用该特征的众数进行填充。这种方法适用于特征取值较少的情况,但同样也可能会影响数据分布的形状。插值法是一种基于数学模型的填充方法,可以根据已有数据点的取值来推断缺失数据点的取值。常用的插值方法包括线性插值、多项式插值、样条插值等。预测模型填充是一种基于机器学习的填充方法,可以根据已有数据点的取值和其他特征的取值来训练一个预测模型,然后使用该模型来预测缺失值。常用的预测模型包括线性回归、决策树、随机森林、神经网络等。

　　以下是使用 Python 的 Pandas 数据分析库对数据集进行缺失值删除和填充的操作。

```
import pandas as pd

# 读取数据
data = pd.read_csv('data.csv')

# 删除包含缺失值的行
data = data.dropna()
```

```
# 使用均值填充数值型特征的缺失值
data.fillna(data.mean(), inplace = True)

# 使用众数填充离散型特征的缺失值
data.fillna(data.mode(), inplace = True)

# 使用插值法填充缺失值
data.interpolate(inplace = True)
```

2) 格式内容清洗

当处理来自人工收集或用户填写的数据时，由于不同人的习惯和标准不同，因此数据的格式和内容可能存在很多问题。如日期、时间、货币、电话号码、邮政编码等格式的不一致或者错将身份证号写成手机号等。对于该类情况，需要采取一些特殊的方法来处理这些问题，以确保数据的准确性和一致性。

以下是使用 Python 的 datetime 时间库和正则表达式对数据中日期和时间格式不一致进行的格式转换操作。提供有三种包含不一致日期时间格式的数据，为每个时间格式定义正则表达式，通过正则表达式匹配将所有格式用 datetime. strptime() 方法统一转换成字符串格式，默认值为 1999 - 00 - 00 00:00:00。

```
import re
from datetime import datetime

# 示例数据,包含不一致的日期时间格式
data = ['2021 - 05 - 05 12:30:00','2021/05/05 1:30 PM','2021 - 05 - 05T14:30:00Z']
# 为每个日期时间格式定义正则表达式
regex_patterns = [
    r'\d{4} - \d{2} - \d{2} \d{2}:\d{2}:\d{2}',
    r'\d{4}/\d{2}/\d{2} \d{1,2}:\d{2} (AM|PM)',
    r'\d{4} - \d{2} - \d{2}T\d{2}:\d{2}:\d{2}Z']

# 为每个正则表达式定义日期时间格式
datetime_formats = [
    '%Y - %m - %d %H:%M:%S',
    '%Y/%m/%d %I:%M %p',
    '%Y - %m - %dT%H:%M:%SZ']

# 遍历每一个日期时间字符串,并将其转换为日期时间对象
for i, d in enumerate(data):
    # 查找与日期时间字符串匹配的正则表达式模式
```

```
    pattern_index = next((index for index, pattern in enumerate(regex_patterns)
if re.match(pattern, d)), None)
    if pattern_index is not None:
        datetime_obj = datetime.strptime(d, datetime_formats[pattern_index])
        print(f"转换后的日期时间 {i+1}: {datetime_obj}")
```

3）关联性验证

关联性验证是指在数据处理中，通过验证数据之间的关联性来确保数据的准确性和完整性。这种方法通常用于处理多个数据源的数据，其中每个数据源包含一个或多个字段，这些字段都具有相同的含义，但是可能存在不同的数据格式或数据质量。例如，假设有两个数据源，分别包含员工的姓名、工号和薪资信息。在这两个数据源中，姓名和工号字段都具有相同的含义，但是数据格式可能不同，如一个数据源可能使用全名，另一个数据源可能使用姓氏和名字的分开字段。在这种情况下，可以通过比较两个数据源的姓名和工号字段来验证它们之间的关联性，以确保数据的准确性和完整性。

3.3.2 特征编码

模型输入的特征通常为数值型特征，对于非数值型特征就需要通过特征编码进行转换，如性别、颜色、品牌等。

1）独热编码

独热编码又叫做 One-Hot 编码，是将离散的非数值型特征转换为二进制向量。即在 One-Hot 编码中，每个离散特征变量的每个可能取值都被分配一个唯一的整数编码，然后将其表示为一个由 0 和 1 组成的向量，其中只有一个元素为 1，该元素的位置对应于该特征变量取值的编码。例如，某一球类运动有足球、篮球、羽毛球和乒乓球可选，然而字符串并不能直接作为模型输入，可以通过独热编码分别数字化为 $[0,0,0,1]$、$[0,0,1,0]$、$[0,1,0,0]$、$[1,0,0,0]$。独热编码能够很好地将离散特征扩展到欧式空间，适合于分类变量。但是，随着特征数量的增加，独热编码会造成向量过于稀疏，并且会导致维度灾难。以下是用 Python 的 scikit-learn 库实现的 One-Hot 编码。

```
from sklearn.preprocessing import OneHotEncoder
import numpy as np

# 假设有一个包含三个类别的数据集
```

```
X = np.array([['A','B'], ['C','A'], ['B','C'], ['A','B']])

# 创建 One-Hot 编码器对象
encoder = OneHotEncoder()

# 训练编码器
encoder.fit(X)

# 进行编码
encoded_X = encoder.transform(X).toarray()

print(encoded_X)
```

2）序号编码

序号编码是将不同类别的特征值转换为连续整数的方法，如衣服的尺码 S、M、L 通过序号编码分别表示为 0、1、2。由于序号编码会将不同的类别映射到不同的整数，因此无形中会对特征引入次序关系，这是序号编码的一个缺点。在某些机器学习算法中，这种次序关系可能会产生误导性的影响，因此在使用序号编码时需要注意。以下是用 Python 实现的序号编码。

```
items = ['apple','banana','orange','grape']
for i, item in enumerate(items, start = 1):
    print(f"{i}.{item}")
```

3）标签编码

标签编码是使用字典的方式，将每个类别标签与不断增加的整数相关联。例如，一个包含颜色属性的数据集，其中颜色属性的取值为红色、绿色和蓝色。使用标签编码，我们可以将颜色属性映射为整数值 1、2 和 3，其中红色被映射为 1，绿色被映射为 2，蓝色被映射为 3。然而，标签编码会引入一些无意义的大小关系，如将颜色属性映射为 1、2 和 3 会让算法错误地认为蓝色是绿色的 2 倍。由于标签编码的整数值并没有实际意义，因此算法可能会误认为不同取值之间的距离是均匀的。以下是用 Python 的 scikit-learn 库实现的标签编码。

```
from sklearn.preprocessing import LabelEncoder

# 创建一个颜色属性的列表
colors = ['red','green','blue','red','green','green']
```

```
# 创建一个 LabelEncoder 对象
le = LabelEncoder()
# 将颜色属性编码为整数值
color_labels = le.fit_transform(colors)

# 打印编码结果
print(color_labels)
```

4）频数编码

频数编码将每个特征值映射为该值在训练集中出现的频数，即该特征值在训练集中出现的次数。例如，对于一个二元分类问题中的性别特征，如果在训练集中性别为男的样本出现了 100 次，性别为女的样本出现了 200 次，则对应的频数编码为 0.33 和 0.67。频数编码的优点是能够保留特征的分布信息，同时不会像序号编码一样引入次序关系。另外，频数编码也可以通过对频数进行归一化来获得概率编码，即将频数除以总样本数得到每个特征值的出现概率。但是，频数编码也有一些缺点。首先，对于在训练集中仅出现过一次的特征值，频数编码会将其编码为 0，因此可能会丢失一些信息。其次，频数编码的编码值不具有可比性，因为它们取决于样本数量。因此，在某些机器学习算法中，可能需要将频数编码转换为其他编码形式，如 One-Hot 编码或者数值型编码。以下是使用 pandas 库中的 value_counts()方法和 map()方法实现的频数编码。

```
import pandas as pd

# 读取数据集
data = pd.read_csv('data.csv')

# 对 gender 特征进行频数编码
gender_counts = data['gender'].value_counts(normalize = True)
data['gender_freq'] = data['gender'].map(gender_counts)
```

3.3.3　数据降维

数据降维是指将高维数据映射到低维空间的过程。在现实生活中，许多数据集通常具有大量的特征，如文本数据中的单词、图像数据中的像素等，这些高维数据可能会导致计算复杂度的急剧增加，使得数据分析和机器学习变得非常困难。图 3-12 是经典的 MNIST 手写体数据集，其维度为 64。因此，数据降维是数据处理的重要步骤之一。

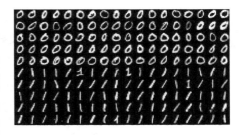

　　高维空间中数据样本密度变得非常
稀疏,导致许多数据分析和机器学习算法
失效或效果大幅下降,这是由于高维数据
点之间的距离变得非常远,使得无法准确
地刻画数据之间的相似性和差异性。同
时,高维空间中数据的体积呈指数级增

图 3 - 12　MNIST 手写数字数据集(部分)

长,需要大量的数据才能覆盖整个特征空间,这就是常说的维度灾难(curse of
dimensionality)。数据降维的目的正是在尽可能保留原始数据信息的同时,减
少数据的维度,去除冗余信息和噪声,从而更好地描述数据。

　　数据降维方法具体可以分为线性降维和非线性降维,而非线性降维又分为
基于核函数和基于特征值的方法。

　　1) 主成分分析

　　主成分分析(principal component analysis,PCA)是一种常用的数据降维
方法,它试图找到一组能够最大程度地表达数据变量间相互关系的新变量,使得
这些新变量之间相互独立,同时尽可能保留数据中的变异性。这些新变量称为
主成分,它们是原始变量的线性组合。

　　以下是 PCA 算法的具体流程(算法 3 - 1)。在 PCA 中,通过计算数据的协
方差矩阵来找到这些主成分。协方差矩阵描述了数据变量之间的相关性。通过
对协方差矩阵进行特征值分解,得到特征向量和特征值。特征向量描述了主成
分的方向,而特征值则描述了主成分的重要性。选择前 d' 个最大的特征值对
应的特征向量作为主成分,将数据投影到这些主成分上,就可以得到降维至
d' 维后的数据。

算法 3 - 1:PCA

输入:样本集 $D = \{x_1, x_2, \cdots, x_m\}$;
　　　低维空间维数 d'。

过程:

① 对所有样本进行中心化:$x_i \leftarrow x_i - \frac{1}{m} \sum_{i=1}^{m} x_i$;

② 计算样本的协方差矩阵 $\boldsymbol{XX}^{\mathrm{T}}$;

③ 对协方差矩阵 $\boldsymbol{XX}^{\mathrm{T}}$ 做特征分析;

④ 取最大的 d' 个特征值所对应的特征向量 $w_1, w_2, \cdots, w_{d'}$。

输出:投影矩阵 $\boldsymbol{W} = (w_1, w_2, \cdots, w_{d'})$。

如图 3-13 所示为 PCA 算法将数据从二维降至一维,图 3-13(a)为原始数据,图 3-13(b)中二维坐标点均被投影至虚线轴上,形成新的一维坐标点。

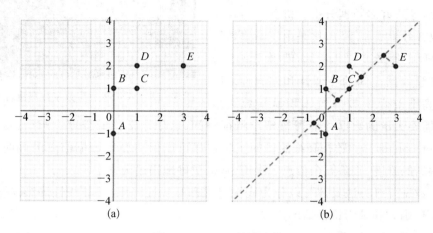

图 3-13 PCA 算法降维

(a) 降维前;(b) 降维后

2) 线性判别分析

线性判别分析(linear discriminant analysis,LDA)是一种经典的监督学习的数据降维方法,也叫做 Fisher 线性判别。它的目标是将数据投影到一个低维空间,使得不同类别的数据点在该空间中有更好的可分性。如图 3-14 所示,假设有两类数据分别为红色和蓝色。LDA 的目标是找到一条一维的直线(也称为投影轴),使得在该直线上投影后,同一类别的数据点尽可能靠近,不同类别的数

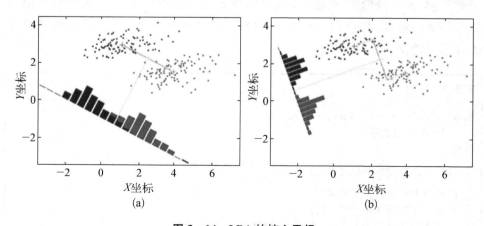

图 3-14 LDA 的核心思想

(a) 第一种降维方式;(b) 第二种降维方式

据点尽可能分开。可以看出图 3 - 14(a)中投影点在边界处出现数据混杂，图 3 - 14(b)类别之间的距离明显，因此图 3 - 14(b)降维效果更好。

与 PCA 不同，LDA 是一种有监督的降维方法，它需要已知每个数据点所属的类别。算法 3 - 2 为 LDA 的伪代码。在执行 LDA 之前，需要计算每个类别的均值向量和类间散度矩阵、类内散度矩阵。然后使用这些统计量来计算特征向量和特征值，这些特征向量将数据投影到新的低维空间。

算法 3 - 2：LDA

输入：样本集 $X \in R^{M \times D}$；
　　　低维空间维数 K。
过程：
① 计算样本集 X 中每个类别样本的均值向量；
② 通过均值向量，计算类间散度矩阵 $\boldsymbol{S}_B$ 和类内散度矩阵 $\boldsymbol{S}_W$；
③ 对 $\boldsymbol{S}_W^{-1}\boldsymbol{S}_B\boldsymbol{W} = \lambda\boldsymbol{W}$ 进行特征值求解，求出 $\boldsymbol{S}_W^{-1}\boldsymbol{S}_B\boldsymbol{W}$ 的特征向量和特征值；
④ 对特征向量按照特征值的大小降序排列，并选择前 K 个特征向量组成投影矩阵 $\boldsymbol{W}$；
⑤ 过 D×K 维的特征值矩阵将样本点投影到新的子空间中，$Y = X \times W$。
输出：低维样本集 $Y \in R^{M \times K}$。

3）独立成分分析

独立成分分析（independent component analysis，ICA）起源于"鸡尾酒会模型"。在嘈杂的鸡尾酒会上，许多人在同时交谈，可能还有背景音乐，但人耳却能准确而清晰地听到对方的话语。这种可以从混合声音中选择自己感兴趣的声音而忽略其他声音的现象称为"鸡尾酒会效应"。ICA 是一种常用的盲源分离技术，它可以将多个混合信号分离出来，得到它们独立的成分信号（算法 3 - 3）。在 ICA 中，假设混合信号是由多个独立的成分信号线性组合而成的，其目标是通过对混合信号进行分析，找到这些成分信号。

算法 3 - 3：ICA

输入：n 人 n 个麦克风采集到的 m 个语音数据。
过程：
① 将原始数据按列组成 n 行 m 列矩阵 $\boldsymbol{X}$；
② 将 $\boldsymbol{X}$ 的每一行（代表一个特征）零均值化，即减去这一行的均值；
③ 对数据进行白化预处理；
④ 设置参数学习率 α 的数值；
⑤ 在第 i 时刻求解 $\boldsymbol{W}$，其中初始 $\boldsymbol{W}$ 可赋值为每行之和为 1 的随机矩阵；

续　表

⑥ 根据上一步求得的 $\boldsymbol{W}$ 和公式 $s_{n\times1}^{(i)} = \boldsymbol{W}_{n\times n} \cdot x_{n\times1}^{(i)}$ 解得第 i 时刻的源信号 $s_{n\times1}^{(i)}$；
⑦ 重复第④和⑤步直到所有时刻的源信号 $s_{n\times1}^{(i)}$ 求解完毕；
⑧ 将各时刻得到的声源信号组合得到最终的结果 $\boldsymbol{S}_{n\times m} = \begin{bmatrix} s^{(1)} & s^{(2)} & \cdots & s^{(m)} \end{bmatrix}$。
输出：源信号成分 $\boldsymbol{S}_{n\times m} = \begin{bmatrix} s^{(1)} & s^{(2)} & \cdots & s^{(m)} \end{bmatrix}$。

4) 核主成分分析

核主成分分析（kernel principal component analysis，KPCA）是一种非线性数据处理方法，它是在主成分分析（principal component analysis，PCA）的基础上进行的扩展。与 PCA 不同，KPCA 使用核函数将数据从原始空间映射到高维特征空间，然后在该特征空间中执行 PCA，从而实现非线性数据的处理。如图 3-15 所示，图 3-15(a)是 PCA 对坐标轴的线性变换，即变换后的新基还是一条直线。图 3-15(b)是 KPCA 对坐标轴做的非线性变换，数据所映射的新基就不再是一条直线了，而是一条曲线或者曲面。

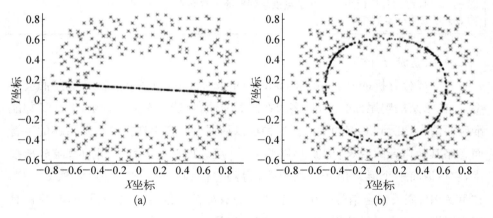

图 3-15　PCA 与 KPCA 的对比
(a) PCA 变换；(b) KPCA 变换

KPCA 实现非线性数据处理的关键在于使用核函数。设 $\mathcal{H}$ 为特征空间（希尔伯特空间），如果存在一个从 $\mathcal{X}$ 到 $\mathcal{H}$ 的映射 $\Phi(x): \mathcal{X} \to \mathcal{H}$，使得对所有的 x，$z \in \mathcal{X}$，函数 $K(x, z)$ 满足条件：$K(x, z) = \Phi(x) \cdot \Phi(z)$，则称 $K(x, z)$ 为核函数，$\Phi(x)$ 为映射函数，式中 $\Phi(x) \cdot \Phi(z)$ 为 $\Phi(x)$ 和 $\Phi(z)$ 的内积。图 3-16(a)中为原数据，图 3-16(b)为映射到三维的数据，可以看到同样是降至一维，先通过核函数映射至三维，再投影到一维，数据就容易分开。这就是核函数在 PCA

降维中的应用,其本质是将数据从原始空间映射到高维特征空间中,从而使得原本线性不可分的数据在高维空间中变得线性可分。

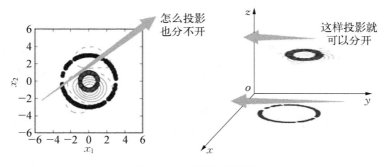

图 3-16　核函数的作用

5）等度量映射

传统的机器学习方法通常假设数据点之间的距离和映射函数是定义在欧式空间中的。然而,在实际情况中,这些数据点可能分布在一个更为复杂的非欧式空间中。这种情况下,传统欧式空间的度量方法难以准确地描述数据之间的关系。流形学习是一种新的机器学习方法,它假设所处理的数据点分布在嵌入于外维欧式空间的一个潜在的流形体上。也就是说,这些数据点可以构成一个潜在的流形体,而这个流形体的嵌入是由一个低维的非欧式空间到高维的欧式空间的映射函数所定义的。图 3-17 为一个数据嵌入在流形体的例子。

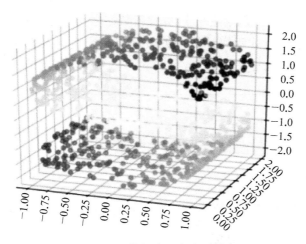

图 3-17　数据嵌入在流形体中

图 3-18(a)中,①为两个点的欧式距离,②为两个点的测地线距离。然而测地线距离难以测量,因此采用另一种路径近似代表测地线距离。图 3-18(b)中,构建一个连通图,其中每个点只与距离这个点最近的 k 个点直接连接,与其他的点不直接连接。这样可以构建邻接矩阵,进而求出图中任意两个点的最短路径,代替测地线距离。图 3-18(c)中,①线代表两个点之间的测地线距离,②线代表图中两点的最短路径,两者距离相近,因此使用后者替代前者。

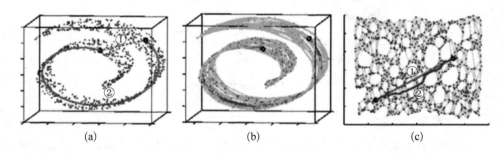

(a)   (b)   (c)

图 3-18　流形学习的思想

(a) 欧式距离与测地线距离;(b) 连通图;(c) 最短路径

等度量映射(isometric feature mapping,ISOMAP)法是一种流形学习算法,旨在将高维数据映射到低维空间中,并保持数据之间的几何关系,如算法 3-4 所示。具体来说,等度量映射法首先通过计算数据点之间的欧式距离构建一个邻接图。其次,通过计算任意两个点之间的最短路径长度来估计数据点之间的测地线距离。然后,通过多维缩放(multidimensionol scalling,MDS)方法将数据映射到一个低维空间中,并保持数据之间的几何关系。最后,通过对映射后的数据进行欧式距离计算来近似反映原始数据点之间的测地线距离。图 3-19 为 ISOMAP 的降维效果。

算法 3-4:ISOMAP

输入:样本集 $D \in R^{N \times N}$;近邻参数 k;低维空间维数 d'。

过程:

① 对每个样本点对,计算它的 k 近邻;

② 将 x_i 与它的 k 近邻的距离设置为欧氏距离,与其他点的距离设置为无穷大;

③ 调用最短路径算法计算任意两样本点之间的距离 $\mathrm{dist}(x_i, x_j)$,获得距离矩阵;

④ 调用 MDS 算法获得样本集在低维空间中的矩阵 $\mathbf{Z}$。

输出:样本集 D 在低维空间的投影 $\mathbf{Z}$。

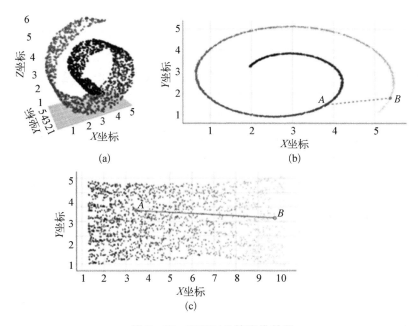

图 3-19 ISOMAP 的降维效果
(a) 原始数据;(b) MDS 降维效果;(c) ISOMAP 降维效果

6) 局部线性嵌入法

局部线性嵌入(locally linear embedding,LLE)是一种面向非线性信号的特征降维方法,其目的是在保持原始数据特性不变的同时,将高维信号映射到低维空间中,实现特征的二阶提取,如算法 3-5 所示。LLE 算法认为每一个数据点都可以由其近邻点的线性加权组合构造得到。LEE 的主要步骤分为三步,如图 3-20 所示。首先,寻找每个样本点的 k 个近邻点,构建一个邻域图,以捕捉样本点之间的局部关系。然后,通过最小化每个样本点在其 k 个近邻点之间的线性重构误差,计算出每个样本点的局部重建权矩阵。这个矩阵描述了每个样本点在其邻居中的线性组合方式。最后,通过对局部重建权矩阵进行特征值分解,计算出样本点在低维空间中的表示。在该表示中,每个样本点被映射到一个低维空间中的坐标,以便在该空间中进行进一步的分析和可视化。图 3-21 为对瑞士卷数据集进行 LLE 降维。

算法 3-5:LEE

输入:样本集 $D = \{x_1, x_2, \cdots, x_m\} \in R^{n \times m}$($n$ 个样本,m 个特征);

近邻参数 k;

低维空间维数 d'。

续　表

过程：

① 按欧式距离作为度量，计算与 x_i 最近的 k 个最近邻 $\{x_{i1}, x_{i2}, \cdots, x_{ik}\}$；

② 求出局部协方差矩阵 $\mathbf{Z}_i = (x_i - x_j)(x_i - x_j)^{\mathrm{T}} \in \mathbf{R}^{k \times k}$，并求出权重系数向量：

$$W_i = \frac{z_i^{-1} l_k}{l_k^{-\mathrm{T}} Z_i^{-1} l_k};$$

③ 由权重系数向量 W_i 组成权重系数矩阵 W 计算矩阵 $\mathbf{M} = (\mathbf{I} - \mathbf{W})(\mathbf{I} - \mathbf{W})^{\mathrm{T}}$；

④ 计算矩阵 $\mathbf{M}$ 的前 $d+1$ 个特征值（从小到大排列）；

⑤ 计算这 $d+1$ 个特征值对应的特征向量 $\{y_1, y_2, \cdots, y_{d+1}\}$；

⑥ 第一个特征值近乎为 0，舍去第一个特征值，由第二个特征向量到第 $d+1$ 个特征向量所
张成的矩阵即为输出低维样本集矩阵 $\mathbf{Y} = \{y_2, \cdots, y_{d+1}\} \in \mathbf{R}^{n \times d}$。

输出： 低维样本集矩阵 $\mathbf{Y}$。

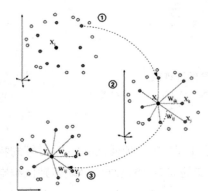

① 寻找每个样本点的 k 个近邻点

② 由每个样本点的近邻点计算出该样本点的
局部重建权矩阵

③ 由该样本点的局部重建权值矩阵和其近邻
点计算出该样本点的输出值

图 3-20　LLE 算法主要步骤

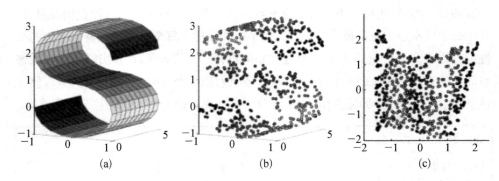

(a)　　　　　　　　　(b)　　　　　　　　　(c)

图 3-21　LLE 降 维

(a) 原始数据；(b) 数据重建；(c) 数据映射

参考文献

[1] DHIMAN G, OLIVA D, KAUR A, et al. BEPO: A novel binary emperor penguin optimizer for automatic feature selection[J]. Knowledge-Based Systems, 2021(211): 106 - 560.

[2] KHURANA U, TURAGA D, SAMULOWITZ H, et al. Cognito: automated feature engineering for supervised learning, barcelona, spain, 2016 [C]. New York: IEEE, 2016.

[3] KHURANA U, SAMULOWITZ H, TURAGA D. Feature engineering for predictive modeling using reinforcement learning, new orleans, 2018 [C]. Palo Alto: Assoc Advancement Artificial Intelligence, 2018.

课后作业

1. 下面有关特征工程的说法哪项是错误的。　　　　　　　　　　（　　）

　A. 特征工程只需要对数据进行统计分析就行,不用了解任务对应的具体应用的领域知识

　B. 特征工程包含特征提取和特征选择两个步骤

　C. 特征工程的目的是从原始数据中提取具有代表性的数据特征,方便计算机进一步分析处理

　D. 特征工程需要综合考虑预期使用的模型进行数据特征的设计

2. 请简要描述队列的定义。

3. 树型结构和图结构都属于哪种结构。　　　　　　　　　　　　（　　）

　A. 线性结构　　　B. 非线性结构　　C. 动态结构　　　D. 静态结构

4. 数据清洗的目的是什么?

5. 关于 One-Hot 编码,下列描述不正确的是哪项?　　　　　　　（　　）

　A. 经过 One-Hot 编码后的特征之间距离相同,没有次序关系

　B. One-Hot 编码将 k 个取值的离散型特征转化为 $k-1$ 个二元特征

　C. One-Hot 编码后的特征存在多重共线性的问题

　D. One-Hot 编码对回归,分类模型性能有显著提升

6. 数据降维主要目的包括哪些?　　　　　　　　　　　　　　　（　　）

A. 压缩数据以减少存储量

B. 去除噪声影响

C. 从数据中提取特征以便进行分类

D. 将数据投影到低维可视空间，以便于看清数据的分布

E. 降低数据密度

7. 主成分分析的原理是什么？

8. 用 Python 编写线性判别的降维。

第 4 章

▽

神经网络模型与训练

神经网络模型的优越性能在很大程度上得益于能够通过多层神经元之间的连接来实现信息的传递和处理。然而,这种复杂的网络结构也导致了模型训练过程的困难,因此训练神经网络有时被戏称为"炼丹"。作为一名合格的"炼丹师",不仅需要选择合适的炼丹材料(数据)和炼丹炉(模型),还需要熟练掌握炼丹技术(优化算法等),以确保能够炼制出品质上乘的丹药。其中,反向传播算法作为神经网络的经典优化算法,通过反向传播误差信号来更新神经网络中的权重和偏置,从而提高模型的预测准确率。除此之外,Adam、RMSProp 等优化算法同样可以加快网络的收敛速度和提高训练效果。本章简要介绍神经网络和优化器的概念性知识,重点对误差逆传播算法的原理及公式推导做详细说明。

4.1 神经网络概述

4.1.1 神经网络的概念

人工神经网络模型最早是建立在美国科学家沃伦·麦卡洛克(Warren S. McCulloch)和沃尔特·皮茨(Walter Pitts)的工作上的,他们于 1943 年提出一种叫做"似脑机器"(mindlike machine)的思想,这种机器可由基于生物神经元特性的互连模型来制造,这就是神经网络的概念。麦卡洛克和皮茨认为,通过模仿生物神经系统中的神经元和它们之间的连接,可以构建能够思考、学习、记忆等的机器。他们的理论为后续神经网络的研究奠定了基础。后来到了 20 世纪 50—60 年代,随着计算机科学和机器学习的发展,人工神经网络得到了进一步的提升,特别是诺贝尔奖得主大卫·休伯尔(David Hubel)和托斯坦·威尔伦(Torsten Wiesel)的论文"Receptive Fields, Binocular Interaction and Functional Architecture in the Cat's Visual Cortex",为神经网络在视觉领域的应用提供了重要根据。20 世纪 80 年代,Sigmoid 激活函数、反向传播学习算法和其他技巧的提出,神经网络再次取得了很大进步,并开始广泛应用于各个领域,从信号处理到语言理解、到图像分析等。近年来,随着 GPU 的高计算能力和大型数据集的出现,深层神经网络在强化学习、机器翻译、图像识别和语音识别等方面取得了重大突破与巨大成功,使人工神经网络成为人工智能研究和应用的核心技术。

通常所说的神经网络可以指向两种,一种是生物神经网络,另一种是人工神经网络,如图 4-1 所示。其中,生物神经网络是一种通常由生物大脑神经元、细胞和突触等组成的网络,用于产生生物的意识、帮助生物进行思考和行动的复杂系统。这些网络通过神经元之间的电信号传递和突触之间的化学反应来进行信息处理和传递,以实现特定的生理和心理功能,如感知、记忆、决策和行动等。不同于生物神经网络,人工神经网络是一种算法数学模型,可以简称为神经网络(neural network,NN)或连接模型(connection model)。它模仿动物神经网络的行为特征,进行分布式并行信息处理。与生物神经网络不同,人工神经网络可以在计算机上实现,并通过大量的训练和调整来提高其准确性和性能。神经网络是由大量简单的节点相互连接而成的复杂网络,具有高度的非线性,可以进行复杂的逻辑操作和实现非线性关系。神经网络依靠系统的复杂程度,通过调整内部大量节点之间相互连接的关系,从而达到处理信息的目的。在神经网络中,每个节点都接收来自其他节点的输入,并通过一定的计算方式来生成输出,这个过程可以被看作是一种信息的传递和加工过程。在深度学习中,神经网络是一

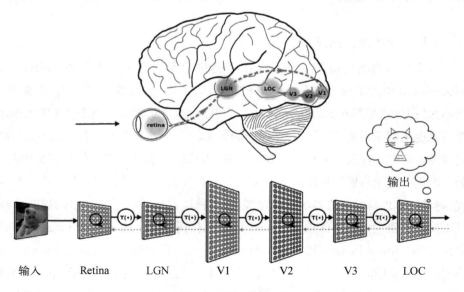

图 4-1 神 经 网 络

种非常重要的建模工具,可以用于图像识别、语音识别、自然语言处理、预测和控制等方面。深度学习中常说的神经网络通常指的是人工神经网络。

神经网络按照网络结构分类,可以分为前馈神经网络(feedforward neural network,FNN)、循环神经网络(recurrent neural network,RNN)、卷积神经网络(convolutional neural network,CNN)等。其中,前馈神经网络信息只能实现从输入层到输出层的单向流动,没有反馈连接。循环神经网络可以处理具有时间依赖性的序列数据。卷积神经网络具有局部连接和共享权值的特点,适用于图像和视频等二维数据的处理。

4.1.2　神经网络的演化过程

神经网络的演化过程可以大致分为三个阶段:从单层神经元到多层感知器,再到深度神经网络,如图 4 - 2 所示。最早的神经网络由一个单层神经元组成,也称为感知器。感知器接收一组输入信号,然后将这些输入信号进行加权组合,并通过阈值函数进行二分类输出。感知器可以用于解决线性可分问题,但是不能处理非线性问题。为了解决非线性问题,人们引入了多层感知器(multilayer perception,MLP)。MLP 有多个隐藏层,每个隐藏层包含多个神经元,每个神经元都将输入进行加权组合,并通过激活函数进行非线性变换,得到新的特征表示,并传递到下一层。MLP 通过反向传播算法来调整神经网络的权重和偏置,以使神经网络能够更准确地预测输出结果。然而,MLP 的深度受限,很难处理非常复杂的问题,为此人们提出了 DNN,也称为深度学习。DNN 有很多层,每一层都有多个神经元,每个神经元都将输入进行加权组合,并通过激活函数进行非线性变换,得到新的特征表示,并传递到下一层。DNN 通过反向传播算法来调整神经网络的权重和偏置,以使神经网络能够更准确地预测输出结果。

图 4 - 2　神经网络的演化过程

1) 单层神经元

单层神经元(perceptron)是最简单的神经网络模型之一,也称为感知器。它是受到生物神经元启发而设计的一种人工神经元。

生物神经元是构成神经系统的基本单元,它们接收来自其他神经元的输入电信号,并将这些信号加权和通过激活函数产生输出信号,最终将输出信号传递给下一个神经元或者肌肉、腺体等效应器。如图 4-3(a)所示,生物神经元包括细胞体、树突、轴突和突触等组成部分。树突是神经元的输入部分,它们接收来自其他神经元的信号,并将这些信号转化为电信号传递到细胞体。细胞体是神经元的处理中心,它将来自树突的电信号进行加权和计算并产生输出信号。输出信号通过轴突传递到下一个神经元或者肌肉、腺体等效应器。

与生物神经元类似,单层神经元也包括输入部分、加权和计算、激活函数和输出部分,如图 4-3(b)所示。输入部分对应于树突,它接收来自其他神经元或者外部环境的输入信号。加权和计算对应于细胞体,它将输入信号乘以对应的权重系数,并加上偏置项,然后将它们加权和计算得到一个值。激活函数对应于神经元的阈值,它对加权和计算的结果进行非线性变换,产生一个输出信号。输出部分对应于轴突,它将输出信号传递给下一个神经元或者其他处理单元。单层神经元的数学模型如下:

$$y = \sigma(\text{net}) = \sigma\left[\sum_{i=1}^{n}(W_i x_i) + b\right] \tag{4-1}$$

式中,x_i 为输入,W_i 为权重,b 为偏置,σ 为激活函数,y 为输出,net 为输入的信号。

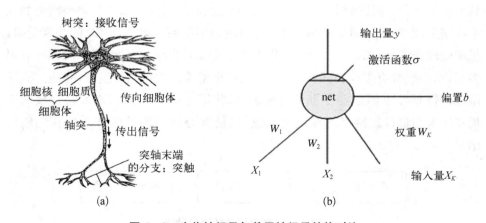

图 4-3 生物神经元与单层神经元结构对比
(a) 生物神经元;(b) 单层神经元

在单层神经元中,输入可以是任何实数或二进制值,每个输入会乘以一个权重系数,然后再加上一个偏置,最后通过激活函数进行非线性变换,输出一个二进制值。激活函数通常采用的是阈值函数,即当加权和大于某个阈值时输出 1,否则输出 0。

单层神经元 Python 实现代码如下。其中，**weights** 为神经元的权重向量，*lr* 为学习率。在 predict 函数中，利用 np.dot 函数计算输入向量和权重向量的点积，再加上偏置项，得到神经元的输入值。然后，利用阶跃函数（这里用的是简单的阈值函数）计算神经元的输出。在 train 函数中，通过对训练数据进行迭代更新权重向量，从而使得神经元的输出能够逼近所需的输出。

```python
import numpy as np

class Perceptron:
    # 初始化函数,输入参数包括输入向量的大小和学习率。
    def __init__(self, input_size, lr = 0.1):
        self.weights = np.zeros(input_size + 1)   # 初始化权重向量为零向量
        self.lr = lr   # 学习率

    # 预测函数,输入参数为输入向量,返回值为神经元的输出。
    def predict(self, inputs):
        summation = np.dot(inputs, self.weights[1:]) + self.weights[0]   # 计算输入与权重的点积加上偏置
        if summation > 0:   # 如果加权和大于零
            activation = 1   # 激活输出为 1
        else:
            activation = 0   # 否则激活输出为 0
        return activation

    # 训练函数,输入参数包括训练数据、标签和迭代次数,通过反向传播算法更新神经元的权重。
    def train(self, training_inputs, labels, epochs):
        for epoch in range(epochs):   # 迭代指定的次数
            for inputs, label in zip(training_inputs, labels):   # 遍历训练数据和标签
                prediction = self.predict(inputs)   # 预测输出
                self.weights[1:] += self.lr * (label - prediction) * inputs
                # 根据误差和学习率更新权重
                self.weights[0] += self.lr * (label - prediction)   # 根据误差和学习率更新偏置
```

2）多层感知机

多层感知机是一种基于前馈神经网络结构的人工神经网络。它由多个神经元层组成，每层神经元与上一层神经元全连接，每个神经元都有一个非线性的激活函数。多层感知机能够处理复杂的非线性问题，是深度学习的基础。

多层感知机早期结构如图 4 - 4(a)所示，由两层神经元构成。左边是输入

层,神经元的个数就是输入数据的个数;右边是输出层,神经元的个数就是输出数据的个数。输出层对输入层数据进行加权求和,而这个"权"便是输出神经元与输入神经元之间的权重。由于简单的两层网络无法实现对带有常数项的函数的拟合,于是出现了图 4-4(b)所示的添加了偏置项的两层 ANN 网络。但是含偏置项的两层 ANN 网络完全无法拟合"异或"逻辑,同时无法拟合复杂的函数,如 $f(x,y)=x^2+\ln(y)-1$。 因此,神经网络的概念进入"寒冬"期,甚至有一个广为流传的梗,即 *The biggest issue with this paper is that it relies on neural networks*(这篇论文最大的问题就是它使用了神经网络)。后来,随着 Sigmoid 等激活函数的出现,人们发现用非线性函数代替突跃函数作为神经元的激活函数,使得机器学习网络可以任意逼近任何非线性函数。没有激活函数的每层都相当于矩阵相乘,尽管是多层叠加后,实际上还是矩阵相乘罢了,输出都是输入的线性组合。但是,单凭输出层的激活函数处理信息并不够,于是引入隐藏层。隐藏层的意义就是把输入数据的特征抽象到另一个维度空间,以展现其更抽象化的特征,这些特征能更好地进行线性划分。隐藏层的层数和每层神经元的个数都是超参数。因此,激活函数和隐藏层的增加给了 ANN 网络巨大的提升,不仅可以完美拟合和、或、异或、与非四个逻辑运算,同时也可以非常完美地拟合任何非线性函数。

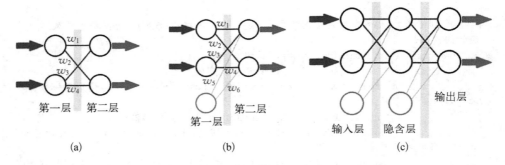

图 4-4 多层感知机的演化

(a) 两层 ANN;(b) 含偏置项的两层 ANN 网络;(c) 含隐藏层的 ANN 网络

如今的多层感知机通常由输入层、隐藏层和输出层三部分组成。其中,输入层接收输入信号,隐藏层处理输入信号并提取特征,输出层将处理后的信号映射到输出空间。每个神经元都有一个非线性的激活函数,用于引入非线性变换,增强模型的表达能力。

多层感知机 Python 实现代码如下。在这里,定义了一个包含 2 个隐藏层、每层有 64 个神经元的多层感知机。其中第一层为输入层,输入维度为 2,第二层和第三层为隐藏层,使用 ReLU 作为激活函数,最后一层为输出层,使用 Sigmoid 作为激活函数,输出为二分类结果。

```python
import numpy as npinp

ut_dim = 2  # 输入维度
hidden_dim1 = 64   # 第一隐藏层维度
hidden_dim2 = 64   # 第二隐藏层维度
output_dim = 1   # 输出维度

# 初始化权重和偏置
W1 = np.random.randn(input_dim, hidden_dim1)   # 输入层到第一隐藏层的权重矩阵
b1 = np.zeros((1, hidden_dim1))   # 第一隐藏层的偏置
W2 = np.random.randn(hidden_dim1, hidden_dim2)   # 第一隐藏层到第二隐藏层的权重矩阵
b2 = np.zeros((1, hidden_dim2))   # 第二隐藏层的偏置
W3 = np.random.randn(hidden_dim2, output_dim)   # 第二隐藏层到输出层的权重矩阵
b3 = np.zeros((1, output_dim))   # 输出层的偏置

# 定义激活函数
def sigmoid(x):
    return 1 / (1 + np.exp(-x))

def relu(x):
    return np.maximum(0, x)

# 正向传播
def forward(X):
    # 输入层
    z1 = np.dot(X, W1) + b1   # 第一隐藏层的输入加权和
    a1 = relu(z1)   # 第一隐藏层的激活输出
    # 第一隐藏层
    z2 = np.dot(a1, W2) + b2   # 第二隐藏层的输入加权和
    a2 = relu(z2)   # 第二隐藏层的激活输出
    # 第二隐藏层
    z3 = np.dot(a2, W3) + b3   # 输出层的输入加权和
    y_pred = sigmoid(z3)   # 输出层的激活输出
    return y_pred
```

3) 深度神经网络

浅层学习模型,如感知机和简单的前馈神经网络,只包含一层或两层隐藏层,在样本和计算单元均有限的情况下,针对复杂分类问题其泛化能力受限,难

以表示复杂函数。这个问题一直困扰着当时的学者,直到 2006 年,加拿大多伦多大学教授、机器学习领域的泰斗 Geoffrey Hinton 提出一种基于无监督预训练的深度神经网络方法,称为深度信念网络(deep belief network,DBN),通过引入多层隐藏层来扩展神经网络的深度和宽度,提高了神经网络的表达能力和泛化能力,正式将"浅层学习"引导至了"深度学习"。

深度神经网络是一种含多个隐藏层的神经网络,每个隐藏层都包含多个神经元。与传统的浅层神经网络相比,深度神经网络具有更强的表达能力和更好的泛化能力,能够处理更加复杂的任务,如图 4-5 所示。深度神经网络的每一层都通过一些非线性的激活函数将输入信号进行变换,然后将变换后的信号传递给下一层进行处理。深度神经网络通常采用反向传播算法进行训练,通过最小化损失函数来更新网络参数。反向传播算法通过链式法则计算每个参数对损失函数的梯度,然后使用梯度下降算法来更新参数,从而实现神经网络的训练。

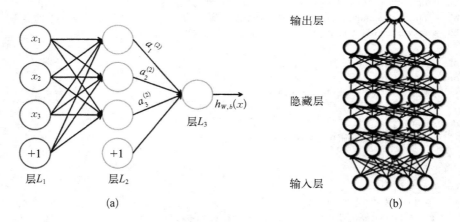

图 4-5 浅层神经网络与深度神经网络的对比

(a) 浅层神经网络;(b) 深度神经网络

深度神经网络 Python 实现代码如下。在这里定义了一个包含 3 个卷积层和 3 个全连接层的模型,其中,卷积层使用 ReLU 作为激活函数,全连接层使用 ReLU 和 Dropout 作为激活函数和正则化方法,最后一层为输出层。

```
import torch
import torch.nn as nn

# 定义深度神经网络模型
```

```
class DeepNet(nn.Module):
    def __init__(self):
        super(DeepNet, self).__init__()
        # 第一个卷积层,输入通道数为 3,输出通道数为 32,卷积核大小为 3×3
        self.conv1 = nn.Conv2d(3, 32, kernel_size = 3)
        # 第二个卷积层,输入通道数为 32,输出通道数为 64,卷积核大小为 3×3
        self.conv2 = nn.Conv2d(32, 64, kernel_size = 3)
        # 第三个卷积层,输入通道数为 64,输出通道数为 128,卷积核大小为 3×3
        self.conv3 = nn.Conv2d(64, 128, kernel_size = 3)
        # 第一个全连接层,输入特征数为 128×4×4,输出特征数为 512
        self.fc1 = nn.Linear(128×4×4, 512)
        # 第二个全连接层,输入特征数为 512,输出特征数为 256
        self.fc2 = nn.Linear(512, 256)
        # 第三个全连接层,输入特征数为 256,输出特征数为 10
        self.fc3 = nn.Linear(256, 10)
        # 最大池化层,池化核大小为 2×2
        self.pool = nn.MaxPool2d(kernel_size = 2)
        # 随机失活层,丢弃率为 0.5
        self.dropout = nn.Dropout(p = 0.5)
        # ReLU 激活函数
        self.relu = nn.ReLU()

    def forward(self, x):
        x = self.relu(self.conv1(x))    # 第一卷积层后接 ReLU 激活函数
        x = self.pool(x)    # 最大池化
        x = self.relu(self.conv2(x))    # 第二卷积层后接 ReLU 激活函数
        x = self.pool(x)    # 最大池化
        x = self.relu(self.conv3(x))    # 第三卷积层后接 ReLU 激活函数
        x = self.pool(x)    # 最大池化
        x = x.view(-1, 128 * 4 * 4)    # 将特征展平为一维向量
        x = self.relu(self.fc1(x))    # 第一个全连接层后接 ReLU 激活函数
        x = self.dropout(x)    # 随机失活
        x = self.relu(self.fc2(x))    # 第二个全连接层后接 ReLU 激活函数
        x = self.dropout(x)    # 随机失活
        x = self.fc3(x)    # 第三个全连接层
        return x

# 创建深度神经网络模型
model = DeepNet()

# 生成 10 个随机图片作为示例输入数据
X = torch.randn(10, 3, 32, 32)

# 计算前 10 个样本的预测结果
y_pred = model(X)
print(y_pred)
```

4.1.3 神经网络的原理

如图 4-2 所示,神经网络由大量的节点(或称神经元)相互连接构成。每个节点代表一种特定的输出函数,称为激活函数(activation function)。每两个节点间的连接都代表一个对于通过该连接信号的加权值,称之为权重(weight)。神经网络的目的是通过学习和调整权重的值,从输入数据中提取出有用的特征并对其进行分类或预测等任务。

在人工神经网络中,神经元处理单元可表示不同的对象,如特征、字母、概念等。神经元间的连接权值反映了单元间的连接强度,信息的表示和处理体现在网络处理单元的连接关系中。根据不同的功能,神经元处理单元可分成三类:输入单元、输出单元和隐单元。输入单元用于接收输入数据,直接将输入结果传送到隐单元或输出单元。输出单元用于收取隐单元的输出信号并将最终结果输出。输入单元和输出单元的相似点在于两者的激活函数均没有权重。对比之下,隐单元是包含有权重的激活函数,用于接收输入单元和其他隐单元的输出并在运算后将结果传送给输出单元或其他隐单元。隐单元在训练过程中根据误差向后传播算法更新学习权重。如图 4-6 所示,输入层(input layer)、输出层(ouput layer)、隐藏层(hidden layer)实际就是由输入单元、输出单元和隐单元组成的。

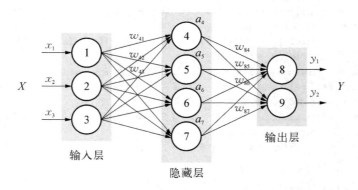

图 4-6 神经网络结构

神经网络的计算流程可以分为两个主要阶段:正向传播(forward propagation)和反向传播(back propagation)。在正向传播阶段,输入数据被传递到输入层,然后在隐藏层和输出层中进行处理和转换。每个神经元都与其他神经元相连,并且每个连接都有一个权重,权重控制了信息在网络中传递的强度和方向。每个神经元接收到的输入信号是由前一层的神经元输出和连接权重的乘积之和,然后将该信号输入到一个激活函数中,产生一个新的输出信号。在输出层,神经网络的输出被计算出来,然后与预期输出进行比较,如果存在误差,则进入反向传播阶段。在反向传播阶段,网络的误差信号被传递回网络中的每个节点,并且根据误差信号调整连接权重。这个过程称为梯度下降,它通过反复调整连接权重来最小化误差,并提高网络的准确性和性能。

4.2　误差逆传播算法

误差逆传播(error backpropagation,BP)算法是一种用于训练神经网络的反向传播算法。BP 算法的目标是通过调整网络中的权重值,使得网络的输出尽可能地接近期望的输出,从而实现对于输入数据的准确预测。BP 算法不仅可以应用于多层前馈神经网络,还可以应用于其他类型的神经网络,如训练循环神经网络。通常所说的"BP 网络"一般是指用 BP 算法训练的多层前馈神经网络。

BP 算法的基本思想是通过反向传播误差来更新网络中的权重值,一般可以分为正向传播(forward propagation)和反向传播(back propagation),如图 4 - 7 所示。

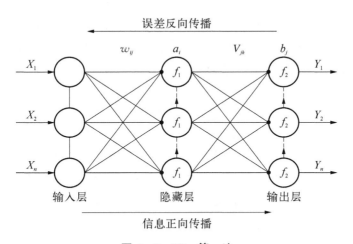

图 4 - 7　BP　算　法

(1) 正向传播。正向传播是计算网络输出的过程,我们根据输入的样本 X,以及给定的初始化权重值 W 和偏置项的值 b,逐层向前计算各个隐藏单元及输出单元的激活值,直到计算出整体网络的输出值。同时也计算输出值与实际值的损失,用来评估网络的表现。如果损失值不在给定的范围内则进行反向传播的过程;否则停止 W、b 的更新。

（2）反向传播。反向传播是根据损失来优化网络权重参数（包括权重和偏差值）的过程。我们首先需要计算每个权重和偏置项对损失函数的梯度,即偏导数。在这个过程中,需要使用链式法则来计算每个参数的梯度。在计算出每个权重和偏置项的梯度后,使用这些梯度来更新每个权重和偏置项的参数,以便将网络的输出结果逐渐优化到最优状态。通过这种方式,反向传播算法能够将误差信号从输出层传递到输入层,并将误差分摊给各层的所有单元,从而获得各层单元的误差信号,以此来修正各单元的权值。

4.2.1 链式法则

在学习 BP 算法之前,必需先掌握链式法则的相关概念,这是后续推导 BP 算法的基础。所谓链式法则,其实就是微积分中的求导法则,用于求一个复合函数的导数,是在微积分的求导运算中一种常用的方法。复合函数的导数将是构成复合这有限个函数在相应点的导数的乘积,就像锁链一样一环套一环,故称链式法则。

（1）一元函数求导的链式法则。若 I、J 是直线上的开区间,函数 $f(x)$ 在 I 上有定义（$x \in I$）,在 a 处可微,函数 $g(y)$ 在 J 上有定义 $[J \supset f(I)]$,在 $f(a)$ 处可微,则复合函数 $g[f(x)]$ 在 a 处可微。若记 $u=g(y)$,$y=f(x)$,而 f 在 I 上可微,g 在 J 上可微,则在 I 上任意点 x 有

$$\frac{\mathrm{d}u}{\mathrm{d}x}=\frac{\mathrm{d}u}{\mathrm{d}y} \cdot \frac{\mathrm{d}y}{\mathrm{d}x} \tag{4-2}$$

（2）多元函数求导的链式法则。若多元函数 $u=g(y_1, y_2, \cdots, y_m)$ 在点 $b=(b_1, b_2, \cdots, b_m)$ 处可微,每个函数 $f_i(x_1, x_2, \cdots, x_n)$ 在点 $(a_1, a_2, \cdots, a_n)$ 处都可微,多元函数 $b_i=f_i(a_1, a_2, \cdots, a_n)(i=1, 2, \cdots, m)$,则函数 $u=g[f_1(x_1, x_2, \cdots, x_n), f_2(x_1, x_2, \cdots, x_n), \cdots, f_m(x_1, x_2, \cdots, x_n)]$ 也在 $(a_1, a_2, \cdots, a_n)$ 处可微,且

$$\begin{aligned}\frac{\partial u}{\partial x_j}&=\sum_{i=1}^{m} \frac{\partial g}{\partial y_i} \cdot \frac{\partial y_i}{\partial x_j}\\&=\sum_{i=1}^{m} \frac{\partial g}{\partial y_i} \cdot \frac{\partial f_i}{\partial x_j}(j=1, 2, \cdots, n)\end{aligned} \tag{4-3}$$

4.2.2　误差逆传播算法的公式推导

一个典型的多层前馈神经网络结构如图 4-8 所示。其中 x^n 为神经网络的输入值，θ 为神经网络的参数，一般包括权重参数 w 和偏置参数 b，y^n 为神经网络的推理值，$\hat{y}^n$ 为已知的真值，C^n 为损失函数，即表示推理值和真值之间的偏离程度。由 2.3 节可知网络训练的目标为最小化推理值和真值之间的损失函数。

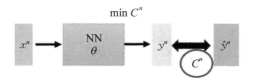

图 4-8　多层前馈神经网络

BP 算法是通过梯度下降法更新网络参数 θ 从而解决上述最小化问题，在 BP 网络中，网络参数为权重参数 w 和偏置参数 b，η 为人为设置的学习率，根据 3.3 节可知两类参数的更新公式为

$$w_i = w_i - \eta \frac{\partial C^n}{\partial w_i} \tag{4-4}$$

$$b_i = b_i - \eta \frac{\partial C^n}{\partial b_i} \tag{4-5}$$

因此，求解权重的梯度 $\frac{\partial C^n}{\partial w_i}$ 和 $\frac{\partial C^n}{\partial b_i}$ 就是 BP 算法的核心。

以求解 $\frac{\partial C^n}{\partial w_i}$ 为例子，先看隐藏层 h_1 处的 BP 公式推导，该网络结构如图 4-9 所示。

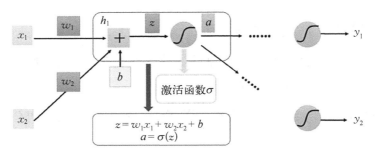

图 4-9　隐藏层的结构

根据图 4-9 可以知道隐藏层 h_1 只有一个神经元,它的输入 z 为网络的输入值 x_1、x_2 分别乘以各自权重 w_1、w_2 再加上偏置 b 的结果,即

$$z = w_1 x_1 + w_2 x_2 + b \qquad (4-6)$$

神经元的输出 a 为输入 z 经过激活层加入非线性因素后的输出,即

$$a = \sigma(z) \qquad (4-7)$$

式中,σ 为激活函数。

那么,根据链式法则可知:$\dfrac{\partial C^n}{\partial w_i} = \dfrac{\partial z}{\partial w_i} \dfrac{\partial C^n}{\partial z}$,即求解 $\dfrac{\partial C^n}{\partial w_i}$。首先需要分别计算所有的 $\dfrac{\partial z}{\partial w_i}$(正向传播)和所有的 $\dfrac{\partial C^n}{\partial z}$(反向传播),然后再将两者相乘,具体过程如下:

(1) 计算所有的 $\dfrac{\partial z}{\partial w_i}$(正向传播)。

对于隐藏层 h_1 处的神经元,计算它所有的 $\dfrac{\partial z}{\partial w_i}$,即

$$\frac{\partial z}{\partial w_1} = x_1 \qquad (4-8)$$

$$\frac{\partial z}{\partial w_2} = x_2 \qquad (4-9)$$

通过观察可以发现此处的 $\dfrac{\partial z}{\partial w_i}$ 与 x_1 和 x_2 有关。推广到一般,是与神经元的权重 w_i 相关的输入值有关。

(2) 计算所有的 $\dfrac{\partial C^n}{\partial z}$(反向传播)。

对隐藏层 h_1 进行反向传播,我们首先在其后补充一个隐藏层 h_2、h_1 层和 h_2 层的连接方式如图 4-10 所示。

根据链式法则继续对 $\dfrac{\partial C^n}{\partial z}$ 分解:$\dfrac{\partial C^n}{\partial z} = \dfrac{\partial a}{\partial z} \dfrac{\partial C^n}{\partial a}$。因此需要再分别计算 $\dfrac{\partial a}{\partial z}$ 和 $\dfrac{\partial C^n}{\partial a}$。

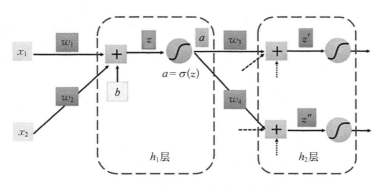

图 4－10　隐藏层 h_1 后添加一个隐藏层

当计算 $\dfrac{\partial a}{\partial z}$ 时，可以看到 a 为 z 经过激活层后的输出，即 $a=\sigma(z)$，而 σ 为激活函数，则明显可得

$$\frac{\partial a}{\partial z}=\sigma'(z) \tag{4－10}$$

式中，$\sigma'(z)$ 是常数。

当计算 $\dfrac{\partial C^n}{\partial a}$ 时，继续使用链式法则，即 $\dfrac{\partial C^n}{\partial a}=\dfrac{\partial z'}{\partial a}\dfrac{\partial C^n}{\partial z'}+\dfrac{\partial z''}{\partial a}\dfrac{\partial C^n}{\partial z''}$。因为 $\dfrac{\partial z'}{\partial a}=w_3$，$\dfrac{\partial z''}{\partial a}=w_4$，所以

$$\frac{\partial C^n}{\partial a}=\frac{\partial z'}{\partial a}\frac{\partial C^n}{\partial z'}+\frac{\partial z''}{\partial a}\frac{\partial C^n}{\partial z''}=w_3\frac{\partial C^n}{\partial z'}+w_4\frac{\partial C^n}{\partial z''} \tag{4－11}$$

将 $\dfrac{\partial a}{\partial z}$ 和 $\dfrac{\partial C^n}{\partial a}$ 进行结合，可以得到隐藏层 h_1 处：

$$\frac{\partial C^n}{\partial z}=\sigma'(z)\left(w_3\frac{\partial C^n}{\partial z'}+w_4\frac{\partial C^n}{\partial z''}\right) \tag{4－12}$$

对于上述 $\sigma'(z)$ 是个常数，可以举例说明。例如，激活函数选择 sigmoid 函数，则 $\sigma(z)=\text{sigmoid}(z)=\dfrac{1}{1+\text{e}^{-z}}$。对其求导可以得到：$\sigma'(z)=\sigma(z)[1-\sigma(z)]$。因为 z 是神经网络在正向传播时求出的，在反向传播时已知，所以 $\sigma'(z)$ 是常数。

观察 $\dfrac{\partial C^n}{\partial z} = \sigma'(z)\left(w_3\dfrac{\partial C^n}{\partial z'} + w_4\dfrac{\partial C^n}{\partial z''}\right)$ 可以发现，$\dfrac{\partial C^n}{\partial z}$ 与 $\dfrac{\partial C^n}{\partial z'}$ 和 $\dfrac{\partial C^n}{\partial z''}$ 相似，根据图 4-11 的结构类推多层网络，可以得到：求解前一层的 $\dfrac{\partial C^n}{\partial z}$ 需要先求出后一层的 $\dfrac{\partial C^n}{\partial z'}$ 和 $\dfrac{\partial C^n}{\partial z''}$，依次类推，最终为输出层反向求得输入层的 $\dfrac{\partial C^n}{\partial z}$。

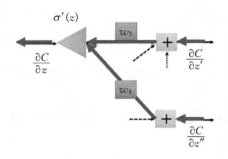

图 4-11　反向传播结构

4.2.3　误差逆传播算法的计算示例

例如，对于一个四层的神经网络，如图 4-12 所示。在这个网络中，规定损失函数 C^n 为

$$C^n = \frac{1}{2}(y_n - \hat{y}_n)^2 \tag{4-13}$$

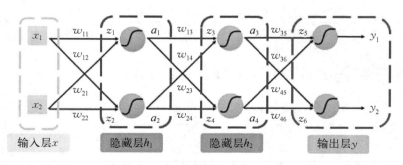

图 4-12　四层的神经网络

因此，

$$\frac{\partial C^n}{\partial y_n} = y_n - \hat{y}_n \tag{4-14}$$

规定学习率为 η，参数 w_{ij} 的更新公式为

$$w_{ij} = w_{ij} - \eta \frac{\partial C^n}{\partial w_{ij}} = w_{ij} - \eta \frac{\partial z_j}{\partial w_{ij}} \frac{\partial C^n}{\partial z_j} \qquad (4-15)$$

(1) 计算所有的 $\dfrac{\partial z}{\partial w_i}$（正向传播）。

根据输入 x 计算每一层的结果，并计算正向传播项 $\dfrac{\partial z_j}{\partial w_{ij}}$。

$$\frac{\partial z_j}{\partial w_{ij}} = \begin{cases} x_i, & \text{当 } w_{ij} \text{ 为输入层和隐藏层之间的权重} \\ a_i, & \text{当 } w_{ij} \text{ 为隐藏层之间或隐藏层与输出层之间的权重} \end{cases} \qquad (4-16)$$

步骤(1)的 Python 实现代码如下：在前向传播中，首先计算隐藏层 h_1 的加权输入 z_{h1}，并将其传递给 sigmoid 激活函数，以获得隐藏层 h_1 的输出 a_{h1}。然后计算隐藏层 h_2 的加权输入 z_{h2}，并将其传递给 sigmoid 激活函数，以获得隐藏层 h_2 的输出 a_{h2}。最后计算输出层 y 的加权输入 z_y，并将其传递给 sigmoid 激活函数，以获得输出层 y 的输出 $\hat{y}$。

```python
import numpy as np

class NeuralNetwork:
    def __init__(self):
        self.weights = [np.random.randn(2, 2), np.random.randn(2, 2), np.random.randn(2, 2)]
        self.biases = [np.random.randn(2, 1), np.random.randn(2, 1), np.random.randn(2, 1)]

    def forward(self, x):
        # 计算图 4-12 中输入量从输入层 x 开始正向传播过程中的每一层变量
        # 计算隐藏层 h1
        z_h1 = np.dot(self.weights[0], x) + self.biases[0]
        a_h1 = self.sigmoid(z_h1)
        # 计算隐藏层 h2
        z_h2 = np.dot(self.weights[1], a_h1) + self.biases[1]
        a_h2 = self.sigmoid(z_h2)
        # 计算输出层 y
        z_y = np.dot(self.weights[2], a_h2) + self.biases[2]
        y_hat = self.sigmoid(z_y)
        return y_hat

    def sigmoid(self, x):
        return 1 / (1 + np.exp(-x))
```

（2）计算所有的 $\dfrac{\partial C^n}{\partial z}$（反向传播）。

首先，计算输出层 y 的 $\dfrac{\partial C^n}{\partial z_j}$。

$$\frac{\partial C^n}{\partial z_5}=\frac{\partial y_1}{\partial z_5}\frac{\partial C^n}{\partial y_1}=\sigma'(z_5)(y_1-\hat{y}_1) \tag{4-17}$$

$$\frac{\partial C^n}{\partial z_6}=\frac{\partial y_2}{\partial z_6}\frac{\partial C^n}{\partial y_2}=\sigma'(z_6)(y_2-\hat{y}_2) \tag{4-18}$$

然后，计算隐藏层 h_2 的 $\dfrac{\partial C^n}{\partial z_j}$：

$$\frac{\partial C^n}{\partial z_3}=\frac{\partial a_3}{\partial z_3}\frac{\partial C^n}{\partial a_3}=\sigma'(z_3)\left(w_{35}\frac{\partial C^n}{\partial z_5}+w_{36}\frac{\partial C^n}{\partial z_6}\right) \tag{4-19}$$

$$\frac{\partial C^n}{\partial z_4}=\frac{\partial a_4}{\partial z_4}\frac{\partial C^n}{\partial a_4}=\sigma'(z_4)\left(w_{45}\frac{\partial C^n}{\partial z_5}+w_{46}\frac{\partial C^n}{\partial z_6}\right) \tag{4-20}$$

最后，计算隐藏层 h_1 的 $\dfrac{\partial C^n}{\partial z_j}$：

$$\frac{\partial C^n}{\partial z_1}=\frac{\partial a_1}{\partial z_1}\frac{\partial C^n}{\partial a_1}=\sigma'(z_1)\left(w_{13}\frac{\partial C^n}{\partial z_3}+w_{14}\frac{\partial C^n}{\partial z_4}\right) \tag{4-21}$$

$$\frac{\partial C^n}{\partial z_2}=\frac{\partial a_2}{\partial z_2}\frac{\partial C^n}{\partial a_2}=\sigma'(z_2)\left(w_{23}\frac{\partial C^n}{\partial z_3}+w_{24}\frac{\partial C^n}{\partial z_4}\right) \tag{4-22}$$

（3）计算相邻层之间的梯度 $\dfrac{\partial C^n}{\partial w_{ij}}$。

首先，计算输出层 y 与隐藏层 h_2 之间的权重梯度 $\dfrac{\partial C^n}{\partial w_{ij}}$：

$$\frac{\partial C^n}{\partial w_{35}}=\frac{\partial z_5}{\partial w_{35}}\frac{\partial C^n}{\partial z_5}=a_3\sigma'(z_5)(y_1-\hat{y}_1) \tag{4-23}$$

$$\frac{\partial C^n}{\partial w_{36}}=\frac{\partial z_6}{\partial w_{36}}\frac{\partial C^n}{\partial z_6}=a_3\sigma'(z_6)(y_2-\hat{y}_2) \tag{4-24}$$

$$\frac{\partial C^n}{\partial w_{45}}=\frac{\partial z_5}{\partial w_{45}}\frac{\partial C^n}{\partial z_5}=a_4\sigma'(z_5)(y_1-\hat{y}_1) \tag{4-25}$$

$$\frac{\partial C^n}{\partial w_{46}}=\frac{\partial z_6}{\partial w_{46}}\frac{\partial C^n}{\partial z_6}=a_4\sigma'(z_6)(y_2-\hat{y}_2) \tag{4-26}$$

其次，计算隐藏层 h_2 与隐藏层 h_1 之间的权重梯度 $\dfrac{\partial C^n}{\partial w_{ij}}$：

$$\frac{\partial C^n}{\partial w_{13}} = \frac{\partial z_3}{\partial w_{13}} \frac{\partial C^n}{\partial z_3} = a_1 \sigma'(z_3) \left(w_{35} \frac{\partial C^n}{\partial z_5} + w_{36} \frac{\partial C^n}{\partial z_6} \right) \tag{4-27}$$

$$\frac{\partial C^n}{\partial w_{14}} = \frac{\partial z_4}{\partial w_{14}} \frac{\partial C^n}{\partial z_4} = a_1 \sigma'(z_4) \left(w_{45} \frac{\partial C^n}{\partial z_5} + w_{46} \frac{\partial C^n}{\partial z_6} \right) \tag{4-28}$$

$$\frac{\partial C^n}{\partial w_{23}} = \frac{\partial z_3}{\partial w_{23}} \frac{\partial C^n}{\partial z_3} = a_2 \sigma'(z_3) \left(w_{35} \frac{\partial C^n}{\partial z_5} + w_{36} \frac{\partial C^n}{\partial z_6} \right) \tag{4-29}$$

$$\frac{\partial C^n}{\partial w_{24}} = \frac{\partial z_4}{\partial w_{24}} \frac{\partial C^n}{\partial z_4} = a_2 \sigma'(z_4) \left(w_{45} \frac{\partial C^n}{\partial z_5} + w_{46} \frac{\partial C^n}{\partial z_6} \right) \tag{4-30}$$

最后，计算隐藏层 h_1 与输入层 x 之间的权重梯度 $\dfrac{\partial C^n}{\partial w_{ij}}$：

$$\frac{\partial C^n}{\partial w_{11}} = \frac{\partial z_1}{\partial w_{11}} \frac{\partial C^n}{\partial z_1} = x_1 \sigma'(z_1) \left(w_{13} \frac{\partial C^n}{\partial z_3} + w_{14} \frac{\partial C^n}{\partial z_4} \right) \tag{4-31}$$

$$\frac{\partial C^n}{\partial w_{12}} = \frac{\partial z_2}{\partial w_{12}} \frac{\partial C^n}{\partial z_2} = x_1 \sigma'(z_2) \left(w_{23} \frac{\partial C^n}{\partial z_3} + w_{24} \frac{\partial C^n}{\partial z_4} \right) \tag{4-32}$$

$$\frac{\partial C^n}{\partial w_{21}} = \frac{\partial z_1}{\partial w_{21}} \frac{\partial C^n}{\partial z_1} = x_2 \sigma'(z_1) \left(w_{13} \frac{\partial C^n}{\partial z_3} + w_{14} \frac{\partial C^n}{\partial z_4} \right) \tag{4-33}$$

$$\frac{\partial C^n}{\partial w_{22}} = \frac{\partial z_2}{\partial w_{22}} \frac{\partial C^n}{\partial z_2} = x_2 \sigma'(z_2) \left(w_{23} \frac{\partial C^n}{\partial z_3} + w_{24} \frac{\partial C^n}{\partial z_4} \right) \tag{4-34}$$

步骤(2)和步骤(3)的 Python 实现代码如下。在反向传播中，首先计算输出层 y、隐藏层 h_2、隐藏层 h_1 的误差，再根据上述公式计算权重和偏置项的梯度。

```python
def backward(self, x, y, learning_rate):
    m = x.shape[1]
    # 计算输出层的误差
    delta_y = (y_hat - y) * self.sigmoid_derivative(z_y)
    # 计算隐藏层 h2 的误差
    delta_h2 = np.dot(self.weights[2].T, delta_y) * self.sigmoid_derivative
(z_h2)
    # 计算隐藏层 h1 的误差
    delta_h1 = np.dot(self.weights[1].T, delta_h2) * self.sigmoid_derivative
(z_h1)
    # 计算权重和偏置项的梯度
```

```
dW_y = np.dot(delta_y, a_h2.T) / m
db_y = np.sum(delta_y, axis = 1, keepdims = True) / m


dW_h2 = np.dot(delta_h2, a_h1.T) / m
db_h2 = np.sum(delta_h2, axis = 1, keepdims = True) / m
dW_h1 = np.dot(delta_h1, x.T) / m
db_h1 = np.sum(delta_h1, axis = 1, keepdims = True) / m

def sigmoid_prime(self, x):
    return self.sigmoid(x) * (1 - self.sigmoid(x))
```

（4）根据公式 $w_{ij} = w_{ij} - \eta \dfrac{\partial C^n}{\partial w_{ij}}$ 更新权重 w_{ij}。

（5）重复上述的流程，损失函数 C^n 值不断减小。

4.2.4　误差逆传播算法的一般计算过程

如图 4-13 为神经网络层与层之间的一般结构。

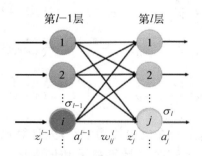

图 4-13　神经网络层与层之间的一般结构

需要计算第 $l-1$ 层第 i 个神经元指向第 l 层第 j 个神经元的参数 w_{ij}^l 梯度：

$$\frac{\partial C^n}{\partial w_{ij}^l} = \frac{\partial z_j^l}{\partial w_{ij}^l} \frac{\partial C^n}{\partial z_j^l} \qquad (4-35)$$

首先，进行正向传播，计算：

$$\frac{\partial z_j^l}{\partial w_{ij}^l} = a_i^{l-1} \qquad (4-36)$$

然后，进行反向传播，计算：

$$\frac{\partial C^n}{\partial z_j^l} = \frac{\partial a_j^l}{\partial z_j^l} \frac{\partial C^n}{\partial a_j^l} = \sigma_l'(z_j^l) \sum_k w_k^{l+1} \frac{\partial C^n}{\partial z_k^{l+1}} \qquad (4-37)$$

最后，将正向传播和反向传播的项代入梯度公式得

$$\frac{\partial C^n}{\partial w_{ij}^l} = \frac{\partial z_j^l}{\partial w_{ij}^l} \frac{\partial C^n}{\partial z_j^l} = a_i^{l-1} \sigma_l'(z_j^l) \sum_k w_k^{l+1} \frac{\partial C^n}{\partial z_k^{l+1}} \qquad (4-38)$$

其中，$\dfrac{\partial C^n}{\partial w_{ij}^l}$、$\dfrac{\partial C^n}{\partial z_j^l}$ 和 $\dfrac{\partial C^n}{\partial a_j^l}$ 三项的更新公式为

$$\frac{\partial C^n}{\partial a_j^l} = \sum_k w_k^{l+1} \frac{\partial C^n}{\partial z_k^{l+1}} \qquad (4-39)$$

$$\frac{\partial C^n}{\partial z_j^l} = \sigma_l'(z_j^l) \frac{\partial C^n}{\partial a_j^l} \qquad (4-40)$$

$$\frac{\partial C^n}{\partial w_{ij}^l} = a_i^{l-1} \frac{\partial C^n}{\partial z_j^l} \qquad (4-41)$$

4.3　加速网络训练的优化器

大多数机器学习算法都需要进行优化,即通过改变输入变量 x 来最小化或最大化某个函数 $f(x)$。 通常所说的优化算法都是指最小化过程,因此最大化过程可以通过最小化 $-f(x)$ 来实现。

优化器是一种特殊的优化算法,其目的是用于训练神经网络并更新其参数。在神经网络中,我们需要经常计算损失函数的导数,即梯度。梯度可以告诉我们如何调整参数才能使损失函数最小化。例如,我们可以使用梯度下降算法来沿着梯度的反方向更新参数,以最小化损失函数。然而,当梯度为零时,我们无法确定优化的方向,这时称为临界点或驻点。如果这个点是局部最小值,说明在这个点损失函数比周围的点更小,因此不能通过移动一个步长来减少损失函数。同样地,对于局部最大值也是一样的。

在神经网络中,函数通常具有多个输入变量,因此需要使用偏导数的概念。偏导数 $\frac{\partial}{\partial x_i} f(x)$ 衡量点 x 处只有 x_i 增加时,$f(x)$如何变化。梯度是相对于向量求导,f 的导数是包含所有偏导数的向量,记为 $\nabla_x f(x)$。 在 u(单位向量)方向的方向导数是函数 f 在 u 上的斜率,方向导数是函数 $f(x+\alpha u)$ 关于 α 的导数(在 $\alpha = 0$ 时取得)。根据链式法则,当 $\alpha = 0$ 时,$\frac{\partial}{\partial \alpha} f(x+\alpha u) = u^\top \nabla_x f(x)$。 因此,为了最小化 f,需要找到使 f 下降最快的方向。计算方向导数:

$$\min_{u,\ u^\top u=1} u^\top \nabla_x f(x) = \min_{u,\ u^\top u=1} \| u \|_2 \| \nabla_x f(x) \|_2 \cos \theta \qquad (4-42)$$

式中,θ 为 u 与梯度的夹角。当 $\| u \|_2 = 1$ 时,忽略与 u 无关的项,就可以得到 $\min_u \cos \theta$,因此,在 u 与梯度方向相反时取得最小值。梯度向量指向上坡,负梯

度向量指向下坡,我们在负梯度方向上移动可以减少 $f(x)$。这称为梯度下降法或最速下降法。

神经网络优化器是一种更高级别的优化算法,它可以自适应地调整学习率、动量和其他超参数,以加速训练过程并避免局部最小值。常见的神经网络优化器包括随机梯度下降(stochastic gradient descent,SGD)、Adam、Adagrad、RMSprop 等。

4.3.1 梯度下降算法

梯度下降算法(gradient descent)认为梯度的相反方向指向较低的区域,所以它在梯度的相反方向迭代。其参数更新的公式如下:

$$\theta = \theta - \nabla_\theta l(\theta) \tag{4-43}$$

式中,θ 为一些需要优化的参数(如神经网络中神经元与神经元之间连接的权重、线性回归特征的系数等),在训练神经网络模型时通常存在大量这样的 θ 参数;∇_θ 为梯度,反映了 θ 在损失空间中下降速度快慢;$l(\theta)$ 为学习率,控制着参数更新的幅度,过大可能导致训练过程不稳定甚至振荡,过小则训练速度显著下降。通常需要通过手工或者自适应调节,确保损失函数收敛到最优。

图 4-14 为梯度下降法的可视化,假设只有两个参数需要优化,由图中的 x 和 y 表示。曲面表示损失函数。模型不断训练的过程就是要找到在曲面最低点的 (x,y) 组合。这个问题对我们来说是显而易见的,因为我们可以看到整个曲面,但优化器(梯度下降法)却不能,它一次只能沿着梯度走一步,探索周围环境,就像在黑暗中仅靠手电筒走路一样,它只按照当前梯度来更新参数,很容易走入局部最优解或鞍点。所以需要对梯度进行一些额外的处理,使其更快、更好地找到全局最佳方案。

梯度下降法的 Python 实现代码如下。在这里,X 是输入特征矩阵,每一行代表一个样本,每一列代表一个特征。y 是对应的目标值。learning_rate 是学习率,控制参数更新的步长。num_iterations 是迭代次数。在每次迭代中,首先计算当前参数下的预测值 y_pred,然后计算预测值与真实值之间的误差 error,接着计算梯度 gradient,即误差关于参数的偏导数。最后,根据学习率和梯度更新参数 theta。在更新参数之后,计算损失函数的值,并将其添加到 cost_history 列表中。最后,函数返回最终的参数 theta 和损失函数的历史值 cost_history。

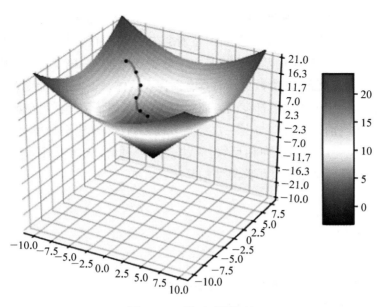

图 4 - 14　梯 度 下 降 法

```
def gradient_descent(X, y, learning_rate = 0.01, num_iterations = 1000):
    num_samples, num_features = X.shape
    theta = np.zeros(num_features)   # 初始化参数向量
    cost_history = []   # 保存损失函数的历史值

    for _ in range(num_iterations):
        # 计算当前参数下的预测值
        y_pred = np.dot(X, theta)
        # 计算误差
        error = y_pred - y
        # 计算梯度
        gradient = np.dot(X.T, error) / num_samples
        # 更新参数
        theta - = learning_rate * gradient
        # 计算损失函数
        cost = np.sum(error * * 2) / (2 * num_samples)
        cost_history.append(cost)

    return theta, cost_history
```

4.3.2　动量梯度下降算法

动量梯度下降算法(momentum gradient descent)是一种优化神经网络模型中

参数的算法。它是基于梯度下降算法的,但是与梯度下降相比,动量梯度下降算法具有更快的收敛速度和更好的稳定性,特别是在存在高曲率、小但一致的梯度时。

动量梯度下降算法的基本思想是在参数更新时加入一个动量项,用以模拟物理学中的动量概念,使参数更新时具有惯性。具体来说,动量梯度下降算法在每次迭代时,除了考虑当前梯度的方向和大小,还考虑了上一次更新的方向和大小。这样,当当前梯度方向与上一次更新方向一致时,算法会加速更新;当当前梯度方向与上一次更新方向相反时,算法会减缓更新,从而更好地探索搜索空间,并避免振荡。动量梯度下降算法的算法公式如下:

$$\theta = \theta - \nabla_\theta^M l(\theta) \qquad (4-44)$$

式中,∇_θ^M 为动量梯度项:

$$\nabla_\theta^M = \delta \nabla_\theta^{M'} + (1-\delta) \nabla_\theta \qquad (4-45)$$

式中,$\nabla_\theta^{M'}$ 为之前的动量梯度项,δ 为衰减率。

考虑两个极端情况来更好地理解这个衰减率 δ 参数:

(1) 如果衰减率为 0,那么它与原版梯度下降算法完全相同。

(2) 如果衰减率是 1,那么它就会完全保留之前的动量梯度,前后不断地摇摆,优化的过程中并不会想要这样的结果。所以通常衰减率选择为 0.8~0.9,它就像一个有一点摩擦的表面,所以它最终会减慢并停止。

图 4-15 为梯度下降法有无动量的对比,可以看出当前后梯度方向一致时,带动量的梯度下降能够加速学习;前后梯度方向不一致时,带动量的梯度下降能够抑制振荡。

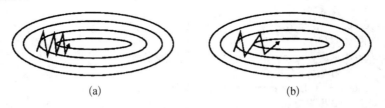

(a)   (b)

图 4-15　梯度下降法有无动量的对比

(a) 前后梯度方向一致;(b) 前后梯度方向不一致

动量梯度下降算法的 Python 实现代码如下。momentum_gradient_descent 函数实现了动量梯度下降算法。除了输入的特征矩阵 **X** 和目标值 y 之外,还可以指定学习率 learning_rate、迭代次数 num_iterations 和动量因子 momentum。动量梯度下降算法使用动量公式更新速度 velocity,即将当前速度乘以动量因子并加上学习率乘以梯度。

```
import numpy as np

def momentum_gradient_descent(X, y, learning_rate = 0.01, num_iterations = 1000,
momentum = 0.9):
    num_samples, num_features = X.shape
    theta = np.zeros(num_features)   # 初始化参数向量
    velocity = np.zeros(num_features)   # 初始化速度向量
    cost_history = []   # 保存损失函数的历史值

    for _ in range(num_iterations):
        # 计算当前参数下的预测值
        y_pred = np.dot(X, theta)
        # 计算误差
        error = y_pred - y
        # 计算梯度
        gradient = np.dot(X.T, error) / num_samples
        # 更新速度
        velocity = momentum * velocity + learning_rate * gradient
        # 更新参数
        theta -= velocity
        # 计算损失函数
        cost = np.sum(error ** 2) / (2 * num_samples)
        cost_history.append(cost)

    return theta, cost_history
```

4.3.3　AdaGrad 算法

AdaGrad(adaptive gradient)算法是一种自适应学习率算法,它可以为每个参数设置不同的学习率,并根据历史梯度信息自适应地调整学习率。AdaGrad算法最初是由 Duchi 等人在 2011 年提出的,其主要思想是根据历史梯度信息自适应地调整每个参数的学习率,从而适应不同参数的特性,提高算法的收敛速度和稳定性。参数更新公式如下:

$$\theta = \theta - \nabla_\theta^{\text{Ada}} l(\theta) \tag{4-46}$$

式中,$\nabla_\theta^{\text{Ada}}$ 为

$$\nabla_\theta^{\text{Ada}} = \frac{\nabla_\theta}{\sqrt[2]{\sum (\nabla_{\theta'})^2 + \nabla_\theta^2}} \tag{4-47}$$

在机器学习优化中,一些特征是非常稀疏的。稀疏特征的平均梯度通常很小,所以这些特征的训练速度要慢得多。解决这个问题的一种方法是为每个特征设置不同的学习率,但这很快就会变得混乱。AdaGrad 解决这个问题的思路是:你已经更新的特征越多,你将来更新的就越少,这样就有机会让其他特征(如稀疏特征)赶上来。用可视化的术语来说,更新这个特征的程度即在这个维度中移动了多少,这个概念由梯度平方的累积和 $\sum (\nabla_{\theta'})^2$ 表达。

由于上述特性,AdaGrad 算法可以有效避开鞍点。如图 4-16 所示,白色球是 AdaGrad 算法,青色球是常规的梯度下降。AdaGrad 将采取直线路径,而梯度下降(或相关的动量)采取的方法是"让'我'先滑下陡峭的斜坡,然后才可能担心较慢的方向"。有时候,梯度下降可能停留在鞍点,那里两个方向的梯度都是 0。

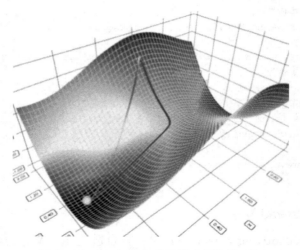

图 4-16 AdaGrad 与常规梯度下降的对比

AdaGrad 算法的 Python 实现代码如下:在计算梯度 gradient 后,计算梯度平方和的累积 gradient_sum,即将当前梯度的平方加到之前累积的梯度平方和上。接下来,计算学习率调整项 adjusted_learning_rate,通过将学习率除以梯度平方和的平方根,并加上一个很小的正数以避免除以零。使用调整后的学习率乘以梯度来更新参数 theta。

```
def adagrad(X, y, learning_rate = 0.01, num_iterations = 1000, epsilon = 1e - 8):
    num_samples, num_features = X.shape
```

```
theta = np.zeros(num_features)   # 初始化参数向量
gradient_sum = np.zeros(num_features)   # 初始化梯度平方和累积向量
cost_history = []   # 保存损失函数的历史值


for _ in range(num_iterations):
    # 计算当前参数下的预测值
    y_pred = np.dot(X, theta)
    # 计算误差
    error = y_pred - y
    # 计算梯度
    gradient = np.dot(X.T, error) / num_samples
    # 计算梯度平方和的累积
    gradient_sum += gradient ** 2
    # 计算学习率调整项
    adjusted_learning_rate = learning_rate / (np.sqrt(gradient_sum) + epsilon)
    # 更新参数
    theta -= adjusted_learning_rate * gradient
    # 计算损失函数
    cost = np.sum(error ** 2) / (2 * num_samples)
    cost_history.append(cost)

return theta, cost_history
```

4.3.4　RMSProp 算法

RMSProp（root mean square propagation）是一种优化算法，它是对 AdaGrad 算法的改进。与 AdaGrad 算法不同，RMSProp 算法使用指数加权移动平均来计算梯度平方的移动平均值，从而减少历史梯度对当前梯度的影响。这样可以使学习率更加平稳，提高模型的收敛速度和泛化性能。其更新公式如下：

$$\theta = \theta - \nabla_{\theta}^{\text{RMS}} l(\theta) \tag{4-48}$$

式中，δ 为衰减率，$\nabla_{\theta}^{\text{RMS}}$ 为

$$\nabla_{\theta}^{\text{RMS}} = \frac{\nabla_{\theta}}{\sqrt[2]{\delta \sum (\nabla_{\theta'})^2 + (1-\delta) \nabla_{\theta}^2}} \tag{4-49}$$

在 RMSProp 算法中，梯度的平方和实际上是梯度平方的衰减和。衰减率表明的只是最近的梯度平方有意义，而很久以前的梯度基本上会被遗忘。由于 AdaGrad 单调递减的特性，其只是去关注过去一段时间窗口的下降梯度，而不

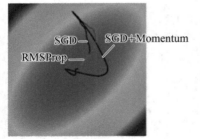

图 4 - 17   RMSProp 的累计值衰减

是累积全部的历史梯度。而 RMSProp 在累积梯度的同时持续衰减累积值。这样就避免了二阶动量持续累积、导致训练过程提前结束的问题,如图 4 - 17 所示。

值得注意的是,"衰减率"这个术语有点用词不当。与在 Momentum 算法中看到的衰减率不同,除了衰减之外,这里的衰减率还有一个缩放效应:它以一个因子 $(1-\delta)$ 向下缩放整个项。换句话说,如果衰减率设置为 0.99,除了衰减之外,梯度的平方和将是 $\sqrt[2]{1-0.99}=0.1$,因此对于相同的衰减率率,RMSProp 算法比 Momentum 算法的学习率大 10 倍。

RMSProp 算法的 Python 实现代码如下。RMSProp 算法通过将上一次的梯度平方和乘以衰减率,并加上当前梯度的平方乘以(1—衰减率)来计算梯度平方和的衰减累积 gradient_sum。同样地,计算学习率调整项 adjusted_learning_rate,并使用调整后的学习率乘以梯度来更新参数 theta。

```python
def rmsprop(X, y, learning_rate = 0.01, decay_rate = 0.9, epsilon = 1e - 8, num_
iterations = 1000):
    num_samples, num_features = X.shape
    theta = np.zeros(num_features)   # 初始化参数向量
    gradient_sum = np.zeros(num_features)   # 初始化梯度平方和累积向量
    cost_history = []   # 保存损失函数的历史值

    for _ in range(num_iterations):
        # 计算当前参数下的预测值
        y_pred = np.dot(X, theta)
        # 计算误差
        error = y_pred - y
        # 计算梯度
        gradient = np.dot(X.T, error) / num_samples
        # 计算梯度平方和的衰减累积
        gradient_sum = decay_rate * gradient_sum + (1 - decay_rate) *
(gradient ** 2)
        # 计算学习率调整项
        adjusted_learning_rate = learning_rate / (np.sqrt(gradient_sum) +
epsilon)
        # 更新参数
        theta - = adjusted_learning_rate * gradient
```

```
# 计算损失函数
cost = np.sum(error ** 2) / (2 * num_samples)
cost_history.append(cost)

return theta, cost_history
```

4.3.5 Adam 算法

Adam（adaptive moment estimation）算法同时兼顾了动量和 RMSProp 的优点，在实践中效果很好，因此在最近几年，它是深度学习问题的常用选择。其参数更新的公式为

$$\theta = \theta - \nabla_\theta^{\text{Adam}} l(\theta) \tag{4-50}$$

其中，$\nabla_\theta^{\text{Adam}}$ 为

$$\nabla_\theta^{\text{Adam}} = \frac{\nabla_\theta}{\sqrt[2]{\beta_2 \sum (\beta_1 \nabla_{\theta'} + (1-\beta_1) \nabla_\theta)^2 + (1-\beta_2) \nabla_\theta^2}} \tag{4-51}$$

$\nabla_\theta^{\text{Adam}}$ 即具有 β_1 的一阶矩梯度之和（动量之和）项，又具有了 β_2 的二阶矩梯度平方和项。

Adam 算法的优点在于它既考虑了梯度的一阶信息（即梯度平均值），也考虑了梯度的二阶信息（即梯度平方的移动平均值）。这使得它可以更好地处理不同参数的更新需求，从而提高模型的训练效率和泛化性能。此外，Adam 算法还具有自适应性，可以根据当前的梯度情况来动态地调整学习率，从而更好地适应不同的优化问题。

Adam 算法的 Python 实现代码如下。在计算完梯度后，更新一阶矩向量 m 和二阶矩向量 v，分别通过将上一次的一阶矩向量乘以 β_1（beta1）并加上当前梯度乘以 $(1-\beta_1)$，以及将上一次的二阶矩向量乘以 β_2（beta2）并加上当前梯度的平方乘以 $(1-\beta_2)$ 来计算。将一阶矩估计 m_hat 除以 $(1-\beta_1$ 的 t 次方）来矫正偏差，将二阶矩估计 v_hat 除以 $(1-\beta_2$ 的 t 次方）来矫正偏差。使用矫正后的一阶矩向量估计和二阶矩向量估计来更新参数 theta。

```
def adam(X, y, learning_rate = 0.001, beta1 = 0.9, beta2 = 0.999, epsilon = 1e-8,
num_iterations = 1000):
    num_samples, num_features = X.shape
    theta = np.zeros(num_features)  # 初始化参数向量
    m = np.zeros(num_features)  # 初始化一阶矩向量
    v = np.zeros(num_features)  # 初始化二阶矩向量
```

```
t = 0  # 初始化迭代次数
cost_history = []  # 保存损失函数的历史值

for _ in range(num_iterations):
    t += 1
    # 计算当前参数下的预测值
    y_pred = np.dot(X, theta)
    # 计算误差
    error = y_pred - y
    # 计算梯度
    gradient = np.dot(X.T, error) / num_samples
    # 更新一阶矩向量和二阶矩向量
    m = beta1 * m + (1 - beta1) * gradient
    v = beta2 * v + (1 - beta2) * (gradient ** 2)
    # 矫正一阶矩估计和二阶矩估计的偏差
    m_hat = m / (1 - beta1 ** t)
    v_hat = v / (1 - beta2 ** t)
    # 更新参数
    theta -= learning_rate * m_hat / (np.sqrt(v_hat) + epsilon)
    # 计算损失函数
    cost = np.sum(error ** 2) / (2 * num_samples)
    cost_history.append(cost)

return theta, cost_history
```

参考文献

［1］ MCCULLOCH W S, PITTS W. A logical calculus of the ideas immanent in nervous activity[J]. Bulletin of mathematical biology, 1990, 52(1): 99-115.

［2］ HUBEL D H, WIESEL T N. Receptive fields, binocular interaction and functional architecture in the cat's visual cortex[J]. The Journal of physiology, 1962, 160(1): 106-154.

［3］ ROSENBLATT F. The perceptron: a probabilistic model for information storage and organization in the brain[J]. Psychological Review, 1958, 65(6): 386-408.

［4］ RUMELHART D E, HINTON G E, WILLIAMS R J. Learning representations by back-propagating errors[J]. Nature, 1986, 323(6088): 533-536.

［5］ HINTON G E, SALAKHUTDINOV R R. Reducing the dimensionality of data with neural networks[J]. Science, 2006, 313(5786): 504-507.

课后作业

1. 请简要描述下神经网络的特征。

2. 下面哪个是神经网络的基本组成部分？ （ ）

    A. 激活函数   B. 神经元   C. 偏置项   D. 权重

3. 下列关于神经网络说法正确的是哪项？ （ ）

    A. 每层神经元只与下一层神经元之间完全互连

    B. 神经元之间不存在同层连接

    C. 神经元之间不存在跨层连接

    D. 隐藏层和输出层的神经元都是具有激活函数的功能神经元，只需包含一个隐藏层便可以称为多层神经网络

4. 附件 pytorch_regression.py 代码为对 $y = ax^2 + b$ 离散数据的拟合，阅读并理解回归神经网络模型和相关函数，在阅读了代码后完成以下问题。

    （1）net 神经网络有几个隐藏层，每个隐藏层的神经元个数为多少？

    （2）net 神经网络使用的激活函数是什么激活函数？

    （3）在神经网络训练过程中使用的优化器是什么优化器？使用的损失函数是什么损失函数？

    （4）optimizer.zero_grad()、loss.backward()、optimizer.step()，这三个函数在训练模型的过程中起什么作用？

5. 在误差逆传播算法中，隐藏层节点的误差信息应当怎么计算？ （ ）

    A. 根据自身的期望输出和实际输出的差值计算

    B. 根据所有输出层神经元的误差的均值计算

    C. 根据自身下游神经元的误差进行加权计算

    D. 根据自身下游神经元的误差的均值计算

6. 在误差逆传播算法中，输出层神经元权重的调整机制和感知机的学习规则相比，有什么不同？ （ ）

    A. 考虑到线性不可分问题，学习规则更为复杂

    B. 一模一样，等价于多个感知机

    C. 遵循相同的原理，激励函数可能有所不同

    D. 所有输出层神经元的权重需要同步调整

7. 下列选项中关于随机梯度下降法的说法，正确的是？ （ ）

A. 随机梯度下降法最终收敛的点不一定是全局最优

B. 随机梯度下降法最终收敛的点一定是全局最优

C. 无论随机梯度下降法存不存在最终收敛的点，一定可以找到最优解

D. 无论随机梯度下降法存不存在最终收敛的点，一定不能找到最优解

8. 下列关于梯度消失说法正确的是？　　　　　　　　　　　　　　　　（　　　）

A. 激活函数选择不当会引起梯度消失

B. 梯度一旦消失，表示模型已经训练好了，取得了最优效果

C. 梯度消失不好，梯度爆炸才好

D. 梯度消失是因为没有进行函数的计算

第 5 章

▽

人工智能系统的架构、
开发工具与部署方法

　　当提及人工智能系统时,我们会联想到一系列集成了先进人工智能技术的
计算机应用系统,如苹果公司的语音助手 Siri、OpenAI 公司的对话式人工智能
系统 ChatGPT,以及百度公司的人工智能助手小度等。目前,AI 系统依赖冯·
诺依曼架构,与实现人脑智能仍然存在差距。美国心理学家戴维·韦克斯勒对
智能的定义是智能是一种综合能力,被用于验证机器是否具备人类智能的图灵
测试其局限之一也正是忽略了人类智能的其他方面。并且,受制于算力的限制,
人工智能尚未突破香农、冯·诺依曼、摩尔瓶颈,因此人工智能系统的发展仍然
有一段较长的路要走,加州大学伯克利分校的 14 位学者也在"A Berkeley View
of Systems Challenges for AI"报告中指出下一代人工智能系统的发展离不开体
系结构、软件和算法的协同创新。本章主要讲述人工智能系统的架构、开发工
具,以及部署方式。

5.1　人工智能系统的架构

5.1.1　人工智能系统的组成

　　由于人工智能系统应用场景的多样性,目前尚未形成一个通用的标准化架
构。不过,2018 年,中国电子技术标准化研究院出版《人工智能标准化白皮书》,
并且基于"角色—活动—功能"的层级分类体系提出了一种人工智能系统参考框
架,如图 5-1 所示。该框架将人工智能系统的各部分总结成基础设施提供者、
信息提供者、信息处理者和系统协调者四个角色,从"智能信息链"和"IT 价值
链"两个维度阐述人工智能系统的工作流程。

　　1) 基础设施提供者

　　为提高人工智能系统的运行效率,基础设施提供者需为其提供算力支持,实

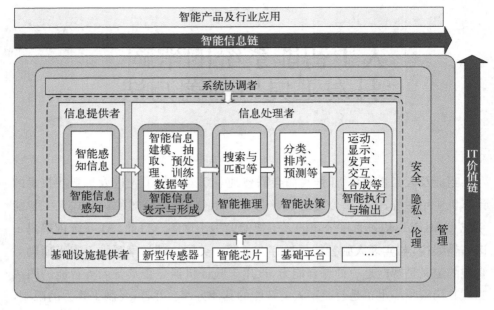

图 5 - 1　人工智能系统参考框架图

现与外部世界的交互,并通过基础平台实现支撑。算力是人工智能三大要素之一,由各类智能芯片(如 CPU、GPU、ASIC、FPGA、类脑芯片等)等硬件系统开发商提供;传感器制造商提供具有高灵敏度、高分辨率、低功耗的新型传感器(如生物传感器、化学传感器、磁性传感器等),用于采集各种环境信息和数据,为人工智能系统提供更加准确和全面的输入和反馈;基础平台提供商主要提供云存储、云计算、GPU 加速、分布式计算框架等服务,节省用户开发系统的时间和成本。

2) 信息提供者

在人工智能系统中,信息提供者是智能信息的来源。数据提供商通过人工智能技术实现对环境、行为、事件等信息的自动感知和理解,获取智能感知信息,包括原始数据资源和数据集。原始数据资源涉及各种传感器、监控设备、无线网络、文本、图片、音频、视频等多种形式的数据,而数据集是基于原始数据资源构建的经过处理和加工的数据集合。

3) 信息处理者

信息处理者是指在人工智能领域提供技术和服务的组织或个人。他们的主要任务包括进行智能信息表示和形成、智能推理、智能决策以及智能执行和输出。通常,算法工程师和技术服务提供商是典型的智能信息处理者,他们利用计算框架、模型和通用技术来支持这些任务,如机器学习模型、深度学习框架、人工智能算法等。

智能信息表示和形成涉及如何将现实世界中的信息用计算机可以处理的方式进行表示和存储,以及如何从这些信息中提取出有用的知识和理解,通常包含智能信息建模、抽取、预处理和训练数据等步骤,旨在对智能信息进行符号化和形式化。

智能信息推理是指利用计算机技术和人工智能算法模拟人类推理方式,对已有的智能信息进行推理和分析,从而生成新的知识或策略的过程。其典型的功能是搜索与匹配,可以用于许多应用领域,如智能搜索、自然语言处理、机器翻译、推荐系统、智能对话、智能游戏等。

智能信息决策是基于推理后的知识进行分析、处理和评估,从而做出最优的决策的过程,通常包括分类、排序、预测等步骤。智能信息决策的目标是通过人工智能技术优化决策过程,提高决策效率和准确性。

智能执行与输出作为智能信息输出的环节,是将决策转化为具体操作并将执行结果输出给用户,包括运动、显示、发声、交互、合成等内容。

4) 系统协调者

在人工智能系统中,系统协调者主要作用是协调和管理多个子系统之间的交互和通信,以实现整个系统的高效运行。系统协调者提供人工智能系统必需满足的整体要求,包括政策、法律、资源和业务需求,以及为确保系统符合这些需求而进行的监控和审计活动。系统协调者的功能之一是配置和管理人工智能参考框架中的其他角色来执行一个或多个功能,并维持人工智能系统的运行。例如,在自然语言处理系统中,系统协调者可以配置和管理语言模型、词向量表征和分词器等组件,以使整个系统能够实现自然语言的理解和生成。

5) 安全、隐私、伦理

人工智能的安全、隐私以及伦理问题是当前亟待解决的重要议题。人工智能安全主要关注如何保证人工智能系统的安全性和可靠性,防止其被攻击、滥用、篡改或破坏。人工智能隐私主要关注如何保护人工智能系统所涉及的数据隐私,防止数据泄露、滥用或非法访问。人工智能伦理主要关注如何确保人工智能系统的行为符合道德和社会价值观,避免人工智能系统的行为对人类造成不利影响。这 3 类问题覆盖基础设施提供者、信息提供者、信息处理者、系统协调者这 4 个主要角色,同时处于管理角色的覆盖范围内,与全部角色和活动都建立了相关联系。为保护人工智能安全、隐私以及伦理,需要在技术、法律、伦理等多个方面积极探索和解决相关问题,以推动人工智能技术的健康、可持续发展。

6) 管理

人工智能系统的管理包括数据管理、模型管理、运行监控、安全性管理、性能管理、风险管理、合规性管理和成本管理等方面,其目标在于确保系统高效、安全并符合要求地运行。

7) 智能产品及行业应用

智能产品及行业应用指人工智能系统的产品和应用,是对人工智能整体解决方案的封装,将智能信息决策产品化、实现落地应用,其应用领域主要包括智能制造、智能交通、智能家居、智能医疗、智能安防等。

5.1.2 人工智能系统的应用案例

1) 美团智能对话平台

美团智能对话平台(AI for Contact Center,AICC)是美团推出的一款基于语音识别、自然语言理解、多轮对话、知识图谱等人工智能技术的服务平台,为美团业务提供智能客服、智能营销、智能外呼、智能外卖配送等完整的解决方案。美团智能对话平台的核心技术是自然语言处理和机器学习。通过对大量的语料进行学习,平台可以识别用户输入的自然语言并做出相应的回应。同时,平台还可以根据用户的历史信息和行为,对用户进行个性化的服务和推荐。图 5-2 是美团智能对话平台的架构,在 IaaS 层,通过调度器动态地管理 CPU、GPU、网络、存储等资源,实现高效的资源利用和灵活的资源配置。在 PaaS 层,提供多模态交互引擎、洞察分析引擎、通信能力平台、自然语音理解平台、语音技术平台、数据 & 知识平台,并提供相应的内置化工具和服务,帮助用户快速开发、测试和部署应用程序,降低开发成本和技术门槛,提高应用的可靠性和可扩展性。在 SaaS 层,热线电话机器人、摩西文本机器人、智能外呼机器人等帮助企业提高客户服务效率和客户满意度。

2) 微博智能推荐系统

微博智能推荐系统是微博平台采用的一种推荐算法系统,其目的是为用户推荐感兴趣的内容,提高用户满意度和平台活跃度。微博智能推荐系统主要基于用户行为、兴趣偏好、社交关系等多种数据进行分析和处理。具体来说,当用户浏览微博时,系统会根据用户的历史浏览记录、点赞、评论等行为,以及用户的

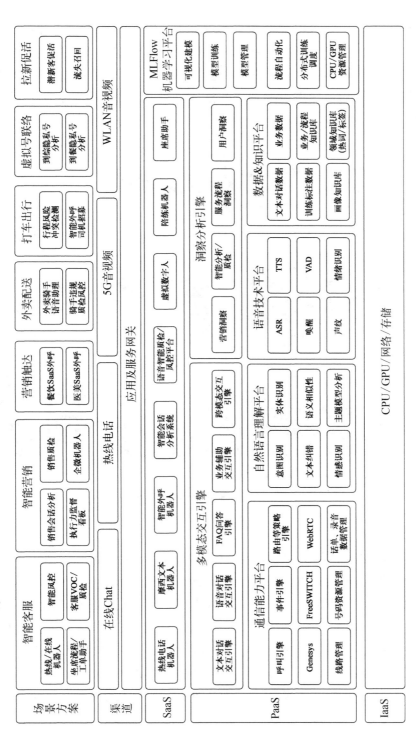

图 5 – 2　美团智能对话平台的架构

个人资料、关注列表、社交互动等信息，来判断用户的兴趣偏好，并推荐相关内容给用户。图5-3是微博智能推荐系统3.0的架构示意图。与2.0版本不同的是，该推荐系统是以算法的角度进行构建，继承了2.0版本的特点，可用于完成正文页推荐、趋势用户推荐、趋势内容推荐、各个场景下的用户推荐、粉丝经济的粉条、账号推荐等业务。

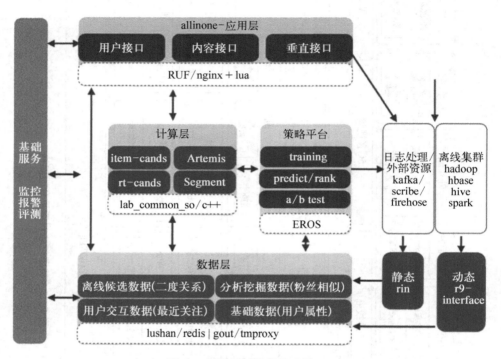

图5-3 微博智能推荐系统3.0

3) 京东智慧物流系统

京东智慧物流系统是大数据、人工智能和物流的结合，图5-4是京东智慧物流系统的架构图，通过电商平台的业务场景，将物流数据、用户数据、交通数据、地图数据等多种数据进行整合和分析，实现对物流全流程的智能化管理和优化。其中青龙系统是京东自主研发的一套高效、快速、安全的电商运营系统，可以帮助电商企业实现全方位的运营管理，包括商品管理、订单管理、物流管理、客户管理等等。通过与机器学习、云计算、大数据、物联网等技术的结合，青龙系统6.0的主题开始转向智慧物流，具备了智能地址分配、智能路径规划、自动配载优化等功能。

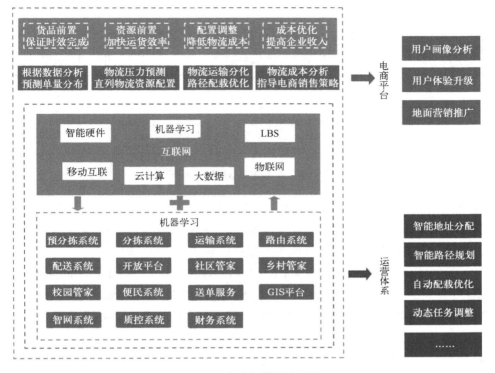

图 5 - 4　京东智慧物流系统

5.1.3　人工智能系统的发展与展望

随着 ChatGPT、Claude、Bard、文心一言等基于大语言模型（large language model，LLM）的聊天机器人的快速发展，一时间大语言模型成为 AI 产学界的热门技术，也为实现通用人工智能开辟了新的思路。未来可能的趋势是，大模型将作为大多数人工智能系统的基本构建模块。然而，由于大模型的黑箱性质，人们对其安全性产生怀疑，并且其不断增强的性能有可能取代人工智能系统的其他模块，这也给架构设计带来了更多的挑战和考虑。Lu 等人对人工智能系统的架构演变进行了总结，并提出如图 5 - 5 所示的三个阶段。

（1）现阶段的架构。现阶段人工智能系统的架构通常包括人工智能模型和非人工智能模块，两者在人工智能系统中相互配合，实现整个系统的功能。人工智能模型通常基于深度学习或其他机器学习方法，用于从输入数据中提取特征并进行推理和预测。而非人工智能模块则负责处理人工智能模型无法处理的任

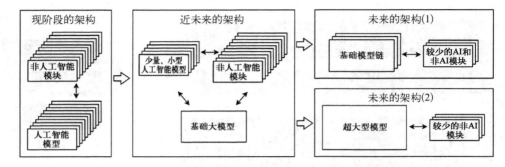

图 5 - 5 人工智能系统的架构演变

务,例如数据预处理、数据存储、计算资源管理等。此外,还包括人机交互接口、数据可视化工具、应用程序接口(application programming interface,API)等。这些模块通常由软件开发人员或系统管理员负责开发和维护。

(2)近未来的架构。近未来的架构很有可能是以一个基础大模型作为连接器,配合少量的小型人工智能模型和非人工智能模块完成系统任务。这种架构的优点在于,基础大模型可以从大量的数据中学习到通用的特征,并且可以快速地适应不同的任务和场景。小型人工智能模型可以针对特定的任务进行优化,提高系统的性能和精度。非人工智能模块则可以处理一些与人工智能模型无关的任务,例如数据预处理和存储、用户界面设计和系统管理等。这种架构不仅可以提高系统的性能和可靠性,还可以减少系统的复杂性和成本。

(3)未来的架构。未来人工智能系统的架构可能会朝着两个方向发展。一种是基础模型链+较少的 AI 和非 AI 模块。这种架构将一个或多个基础模型组合在一起,以构建更加复杂和功能更加强大的系统。基础模型链可以包括通用的语言模型、图像模型或其他类型的模型,它们可以从大量的数据中学习到不同的特征和规律,实现多模态交互。另一种是超大型模型+较少的非 AI 模块。这种架构演变为单一的模型来完成多种任务,并使用较少的非 AI 模块辅助系统。

当今人工智能领域正处于火爆的发展时期,加州大学伯克利分校的学者们将人工智能成功的原因归结为大数据、高扩展性的计算机系统和开源软件技术的流行,并从人工智能系统研究的角度提出了四大趋势。

(1)关键性任务的人工智能(mission-critical AI)。无论是无人驾驶、医疗诊断还是灾害预警,人工智能在许多关键性任务中发挥重要作用,这些任务对人类生命、财产或环境有重大影响。由于人工智能将越来越多地应用于动态环境中,因此人工智能系统需要不断适应和学习新的"技能",以应对环境的变化。例如,自动驾驶汽车可以通过实时从已成功应对这些情况的其他汽车中学习,快速适应意外和危险的道路条件。

挑战:设计能够从与动态环境的交互中不断学习,并且做出及时、稳健和安全决策的人工智能系统。

(2) 个性化人工智能(personalized AI)。推荐系统(根据用户的历史行为和兴趣爱好,向其推荐符合其口味的内容)、智慧医疗(根据患者的基因、生理、心理等多种因素,为其提供适合的治疗方案)等人工智能系统更加看重对用户行为和用户偏好的个性化理解和分析,此过程往往需要采集大量的个人数据,会造成隐私泄露、数据滥用、歧视等问题。

挑战:设计支持个性化服务的智能系统,并且保护好用户的隐私安全。

(3) 跨多组织机构的人工智能(AI across organizations)。随着社会进步以及人工智能系统复杂程度的提高,未来人工智能系统设计过程中,将由不同组织机构之间共享数据和算法,协同开发和使用人工智能技术和应用。这种跨界合作可以促进知识和技术的共享,提高效率和创新能力,同时也可以带来更多的商业机会和社会价值。例如疫情期间全球各国共享疫情数据和病例信息,实现更加准确的疫情预测;金融机构相互合作,共享客户信用记录,帮助更好地研发风险评估和预测系统,提高抗防线能力。这一趋势下,必定导致数据生态系统的变革,为人工智能系统提供更加广泛、多样化和高质量的数据资源。

挑战:需要设计合适的数据共享机制,以支持各个组织机构之间的协作和数据共享。同时,这种机制需要考虑数据隐私和保密的问题,保证各组织机构的数据不会被泄露或滥用。即使是共享给竞争对手的数据,也需要进行隐私信息的保护。

(4) 后摩尔定律时期的人工智能(AI demands outpacing the moore's law)。算法、数据和算力是人工智能的三大核心要素,它们相互依存、相互促进,共同推动着人工智能技术的发展。在后摩尔定律时代,数据量呈现爆炸式增长,而传统的 CPU、GPU 等计算性能提升放缓,这也就意味着需要更加高效的计算资源来支持人工智能算法的运行。

挑战:为了应对后摩尔定律时期人工智能应用的需要,需要开发针对特定用途(domain-specific)的架构和软件系统,以提高数据处理效率和性能,如特定人工智能应用的定制芯片、以提高数据处理效率为目的的边缘-云联合计算系统(edge-cloud systems)、数据抽象技术和数据采样技术等。

5.2 人工智能应用的开发工具

5.2.1 Python 集成开发环境——PyCharm

PyCharm 是一款基于 JetBrains 公司 IntelliJ IDEA 平台开发的 Python 集成开发环境(integrated development environment，IDE)，配置有一整套可以帮助提高 Python 编程效率的工具，专门为 Python 开发者设计。

图 5-6 是 PyCharm 的用户界面。左侧的项目工具窗口(project tool window)用于显示项目文件。右侧的编辑器(editor)是实际编写代码的位置，顶部具有选项卡，可在打开的文件之间切换。导航栏(navigation bar)用于快速导航项目文件夹和文件。装订线(gutter，编辑器旁边的垂直条纹)显示设置的断点，并提供一种在代码层次结构中导航的便捷方法，例如转到定义或者声明，此外还显示行号和每行版本控制系统(version control system，VCS)历史记录。滚动条(scrollbar)位于编辑器的右侧。右上角的指示器显示整个文件的代码检查的总体状态。工具窗口(tool windows)是嵌入在工作区底部和侧面的专用窗口，它们提供如项目管理、源代码搜索和导航、与版本控制系统的集成、运行、测试、调试等功能。状态栏(status bar)指示项目和整个 IDE 的状态，并显示各种警告和信息消息，如文件编码、行分隔符、检查配置文件等。它还提供对 Python

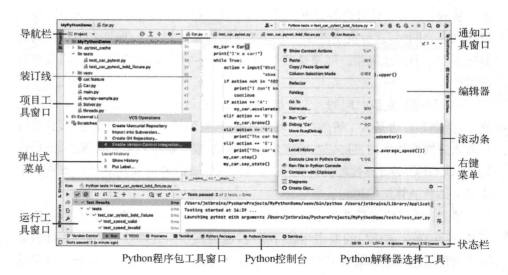

图 5-6 PyCharm 的用户界面

解释器设置的快速访问。

　　PyCharm 是基于 IntelliJ IDEA 平台开发的,它包括编辑器、解释器和调试器三部分。PyCharm 的编辑器是基于 IntelliJ IDEA 的编辑器开发的,具有智能代码补全、语法高亮、自动缩进、代码导航和重构等功能。它支持 Python、HTML、CSS、JavaScript、XML 等多种语言,可以快速定位和解决代码中的问题。PyCharm 与 Anaconda 关联,可以配置多个 Python 解释器,并且支持本地解释器、远程解释器和虚拟环境。在开发过程中,PyCharm 会自动检测 Python 解释器,并根据解释器版本来提供相应的支持。调试器是 PyCharm 最强大的功能之一,可以帮助开发者快速定位和解决代码中的问题。它支持断点调试、单步调试、表达式求值、变量监视等功能,可以在调试过程中实时查看变量的值和程序的执行状态。

　　在 PyCharm 中,代码运行常使用普通模式和调试模式。在普通模式下,PyCharm 会将代码编译成字节码,并使用 Python 解释器来执行字节码。不同于命令行之类的交互运行方式,该模式为典型的脚本运行方式,PyCharm 会实时监测代码的输出,并将输出结果显示在控制台中。在调试模式下,PyCharm 会在代码中插入断点,并使用调试器来执行代码。当遇到断点时,PyCharm 会暂停程序的执行,并允许开发者单步调试、表达式求值和变量监视等功能。

　　PyCharm 之所以成为 Python 开发者常用的 IDE,是因为其丰富的功能方便用户的项目开发,主要功能如下:

　　(1)代码编辑功能。PyCharm 提供丰富的代码编辑功能,包括代码补全、语法高亮、自动缩进、代码导航和重构等。它还支持多种代码风格和自定义代码模板,方便开发者快速编写高质量的代码。

　　(2)代码分析功能。PyCharm 的代码分析功能可以帮助开发者检测代码中的潜在问题,包括代码错误、不规范的代码风格和性能问题等。它提供了代码检查、静态分析、代码重构、代码优化和代码格式化等功能。

　　(3)代码调试功能。PyCharm 的代码调试功能可以帮助开发者快速定位和解决代码中的问题。它支持断点调试、单步调试、表达式求值、变量监视等功能,可以在调试过程中实时查看变量的值和程序的执行状态。

　　(4)版本控制功能。PyCharm 集成 Git、Mercurial 和 Subversion 等多种版本控制工具,并提供了丰富的版本控制功能,包括代码比较、代码合并、版本回滚和冲突解决等。

　　(5)测试功能。PyCharm 的测试功能可以帮助开发者编写和运行测试用例,包括单元测试、集成测试和功能测试等。它还支持测试覆盖率和测试报告等功能,可以帮助开发者评估代码的质量和性能。

(6)自动化功能。PyCharm 支持自动化功能,包括自动化部署、自动化构建和自动化测试等。它可以帮助开发者在持续集成和持续交付的流程中快速构建、测试和部署代码。

(7)插件功能。PyCharm 支持众多的插件扩展,可以满足不同开发者的需求。例如,Python Scientific、Django、Flask 等插件可以帮助开发者更方便地编写科学计算、Web 应用和移动应用等程序。

5.2.2 在线编程工具——Jupyter

Jupyter 是一个开源的 Web 应用程序,主要用于创建交互式计算笔记本,支持超过 40 种编程语言,包括 Python、R、Julia、Scala 和 MATLAB 等。它的名字来源于三个编程语言的开头字母,其中 Ju 表示 Julia、Py 表示 Python、Ter 表示 R。Jupyter 允许用户在一个文档中编写代码、文本和可视化内容,并且能够直接在浏览器中运行代码以及查看结果,这使得它非常适合用于数据分析、数据可视化、机器学习和科学计算等领域。

Jupyter Notebook(此前被称为 IPython Notebook)是 Jupyter 的核心组件,作为一个交互式的 Web 应用程序,可以用来创建和共享文档(.ipynb 文件),这些文档包含代码、Markdown 格式的文本、图表、公式、LaTeX 格式的方程式等。Notebook 允许用户逐步执行代码块,其运行结果会直接显示在代码块下方,并且以富媒体格式展示,包括 HTML、LaTeX、PNG、SVG 等,如图 5-7 所示。

JupyterLab 是 Jupyter Notebook 的下一代用户界面,是一个基于 Web 的交互式开发环境,可以让用户以更加灵活、高效的方式进行交互式计算和数据分析。JupyterLab 与 Jupyter Notebook 类似,但具有更加现代化的用户界面和更丰富的功能。它提供了一个多标签页面,可以在其中同时打开多个 Notebook、代码编辑器、终端、文件浏览器等组件,并支持这些组件的分栏、拖动、最大化和最小化等操作。此外,JupyterLab 还支持将多个 Notebook 合并为一个 Workspace,可以在其中同时编辑和运行多个 Notebook,以便更好地组织和管理代码和数据。JupyterLab 还具有可扩展性,用户可以通过安装插件或编写自己的扩展来增强其功能。例如,用户可以安装 Plotly 插件来添加交互式图表支持,或者编写自己的扩展来实现特定的需求和功能。图 5-8 是 JupyterLab 的界面,由顶部菜单栏、一个包含文档和活动选项卡的主工作区和左右侧边栏组

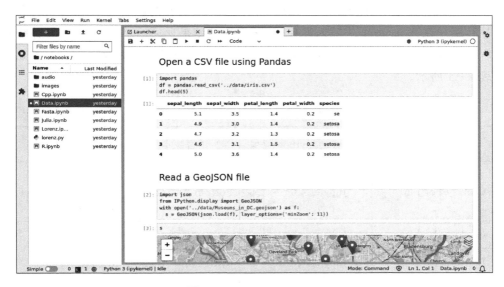

图 5-7　Jupyter Notebook

图 5-8　JupyterLab

成。顶部菜单栏包含 JupyterLab 中可用的操作及其键盘快捷键，默认有文件、
编辑、视图、运行、内核、选项卡、设置和帮助八个选项卡。主工作区用于显示文
档（笔记本、文本文件等）和其他活动（终端、代码控制台等）。左侧边栏包含一个
文件浏览器、正在运行的内核列表和终端、目录、扩展管理器。右侧边栏包含属
性检查器（在笔记本中处于活动状态）和调试器。

　　Jupyter Notebook 之所以能够支持多种编程语言，主要得益于其核（Kernel）机制。在 Jupyter Notebook 中,核是与不同编程语言交互的后端程序,负责解释和执行用户在 Notebook 中输入的代码,并将执行结果返回给 Notebook。每种编程语言都有自己的核,例如 Python 核、R 核、Julia 核等。常用的 Jupyter 核如表 5-1 所示。

表 5-1 常用的 Jupyter 核

名 称	Jupyter/Ipython 版本	语言版本	第三方依赖
Coarray-Fortran	Jupyter 4.0	Fortran 2008/2015	GFortran≥7.1、OpenCoarrays、MPICH≥3.2
sas_kernel	Jupyter 4.0	python≥3.3	SAS 9.4 或更高
IPyKernel	Jupyter 4.0	python 2.7,≥3.3	pyzmq
IJulia		julia≥0.3	
IRuby		ruby≥2.1	
IJavascript		nodejs≥0.10	
ICSharp	Jupyter 4.0	C♯ 4.0+	scriptcs
IRKernel	IPython 3.0	R 3.2	rzmq
lgo	Jupyter≥4,JupyterLab	Go≥1.8	ZeroMQ (4.x)
IOctave	Jupyter	Octave	
MATLAB Kernel	Jupyter	MATLAB	pymatbridge
Redis Kernel	Ipython≥3	redis	

5.2.3 深度学习框架——PyTorch

PyTorch 是一个基于 Python 的开源机器学习库,它提供了丰富的工具和接口来简化深度学习模型的实现和训练。PyTorch 由 Facebook AI Research (FAIR)开发,并于 2017 年首次发布。它的灵活性和易用性使其成为深度学习社区中最受欢迎的框架之一。PyTorch 具有两个重要的特性,分别是动态计算图和自动微分。PyTorch 是一个基于动态计算图的深度学习框架,这意味着计算图是在运行时动态创建的,而不是预先定义好的静态计算图。这使得用户可以更加方便地进行模型构建和修改,同时也使得调试更加容易。相比静态计算图,动态计算图灵活性更高,可以更好地应对一些复杂的场景,如递归网络、变长输入等。自动微分意味着 PyTorch 可以自动计算模型梯度,避免了手动计算梯度的繁琐过程。这使得用户可以更加专注于模型的构建和训练,而不需要考虑梯度的计算过程。同时,PyTorch 的自动微分机制非常灵活,用户可以自由地在模型中使用各种复杂的操作,例如条件分支和循环等。除此之外,PyTorch 支持GPU 加速的张量(tensor)计算,相比在 CPU 上执行相同的计算,其计算速度快50 倍。PyTorch 的 API 设计非常 Python 化,采用了类似于 Numpy 的数组操作和函数式编程的风格,支持模块化设计搭建深度学习模型,对于用户而言使用感受上与其他 Python 库无异,可以快速地将深度学习领域的思想代码化,对学术研究非常友好。PyTorch 同时拥有庞大的社区支持,包括官方文档、GitHub 仓库、Stack Overflow 等,用户可以在这些地方获取支持和解决问题。图 5-9 为代码开源的论文研究中各框架的使用占比,单从框架使用率来看,PyTorch 自2019 年起占比就急剧上升,截至目前已远超 Tensorflow(占比 4%)成为占比最大的深度学习框架。

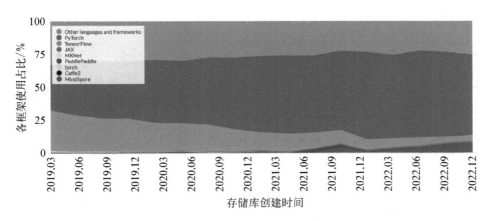

图 5-9　代码开源的论文研究中各框架的使用占比

1) PyTorch 常用模块

PyTorch 常被用于构建、训练和部署深度学习模型,常用的模块及相关类如下所示:

(1) 神经网络模块(torch.nn)。神经网络模块 torch.nn 提供预定义层、损失函数、激活函数等。预定义层包括线性层、卷积层、循环神经网络层、池化层、批量归一化层等,可以用于搭建各种类型的神经网络。损失函数包括均方误差损失、交叉熵损失等,用于衡量模型在训练数据上的效果,并推动模型向更好的方向学习。激活函数包括 ReLU、Tanh、Softmax、Sigmoid 等,常被用来增加网络的非线性能力。

```python
import torch.nn as nn
import torch.nn.functional as F

# 线性层
linear_layer = nn.Linear(in_features = 10, out_features = 5)
# 卷积层
conv_layer = nn.Conv2d(in_channels = 3, out_channels = 16, kernel_size = 3, stride = 1, padding = 1)
# 循环神经网络层
rnn_layer = nn.RNN(input_size = 10, hidden_size = 20, num_layers = 2, batch_first = True)
# 池化层
pool_layer = nn.MaxPool2d(kernel_size = 2, stride = 2)
# 批量归一化层
batchnorm_layer = nn.BatchNorm2d(num_features = 16)
# 均方误差损失
mse_loss = nn.MSELoss()
# 交叉熵损失
cross_entropy_loss = nn.CrossEntropyLoss()
# ReLU 激活函数
relu = F.relu
# Tanh 激活函数
tanh = F.tanh
# Softmax 激活函数
Softmax = F.Softmax
# Sigmoid 激活函数
sigmoid = F.sigmoid
```

(2) 数据处理模块(torch.utils.data)。torch.utils.data 提供一些常用的数据集(如 MNIST、CIFAR 等)和数据加载器,可以方便地进行数据预处理和数据批量加载。其中,最常用的类是 Dataset 和 DataLoader。Dataset 是一个抽象类,可以通过继承该类来自定义数据集。用户需要实现__ len __和__ getitem __方法,分别返回数据集的大小和索引处的数据样本。DataLoader 是用于将数据集加载到内存中的工具类,它可以将数据集划分为多个 batch,并支持多线程和数据打乱等操作。用户可以根据数据集的大小、batch 大小、是否打乱等需求,创建不同的 DataLoader 实例。

以下是用 PyTorch 编写的 MyDataset 类并且实例化读取数据。

```python
from torch.utils.data import Dataset
from torch.utils.data import DataLoader

class MyDataset(Dataset):
    def __init__(self, data):
        self.data = data

    def __len__(self):
        return len(self.data)

    def __getitem__(self, index):
        return self.data[index]

dataset = MyDataset(data)
dataloader = DataLoader(dataset, batch_size = 32, shuffle = True)
```

（3）优化器模块（torch.optim）。在 PyTorch 中，torch.optim 模块提供了多种常用的优化器，如 SGD、Adam、RMSprop 等，可以方便地进行参数优化。torch.optim 模块中最重要的是 Optimizer 类，它是所有优化器的基类，用户可以通过继承该类来实现自定义优化器。Optimizer 类中包含了许多方法和属性，如 step 方法用于更新参数、zero_grad 方法用于清空梯度、add_param_group 方法用于添加参数组等。

以下是用 PyTorch 定义了一个线性模型和均方误差损失函数，并使用 optim.SGD 类定义了一个 SGD 优化器，设置学习率为 0.01，动量为 0.9。在训练过程中，首先进行前向传播和计算损失，然后进行反向传播和更新参数。

```python
import torch
import torch.nn as nn
import torch.optim as optim

# 定义模型和损失函数
model = nn.Linear(10, 1)
mse_loss = nn.MSELoss()

# 定义优化器
optimizer = optim.SGD(model.parameters(), lr = 0.01, momentum = 0.9)
```

```
# 循环训练模型
for inputs, labels in dataloader：
    # 前向传播和计算损失
    outputs = model(inputs)
    loss = mse_loss(outputs, labels)

    # 反向传播和更新参数
    optimizer.zero_grad()
    loss.backward()
    optimizer.step()
```

（4）模型库模块（torchvision. models）。torchvision. models 是 PyTorch 中的一个模型库，提供了多种预训练的深度学习模型，包括经典的 AlexNet、VGG、ResNet、Inception 等，以及一些新型的模型，如 MobileNet、ShuffleNet 和 EfficientNet 等。这些模型可以用于各种计算机视觉任务，如图像分类、目标检测、语义分割等。

以下是使用 torchvision. models. resnet18 加载了一个预训练的 ResNet-18 模型，并设置 pretrained＝True 表示使用 ImageNet 数据集进行预训练。

```
import torchvision.models as models

# 加载预训练模型
model = models.resnet18(pretrained = True)
```

（5）图像变换模块（torchvision. transforms）。torchvision. transforms 提供了多种常用的图像变换方法，如裁剪、缩放、旋转、翻转、归一化等，以及一些数据增强操作，如随机裁剪、随机翻转、随机旋转等。这些变换方法可以应用于图像分类、目标检测、语义分割等各种计算机视觉任务中。

以下是使用 torchvision. Transforms 对读取的图像数据进行变换。transforms. Compose 函数定义了一个变换管道，依次对图像进行缩放、中心裁剪、转换为 tensor 和归一化操作。然后，使用 datasets. ImageFolder 函数加载数据集，并将变换方法传入 transform 参数中。

```
import torch
import torchvision.datasets as datasets
import torchvision.transforms as transforms
```

```
# 定义变换方法
transform = transforms.Compose([
    transforms.Resize(256),
    transforms.CenterCrop(224),
    transforms.ToTensor(),
    transforms.Normalize(mean = [0.485, 0.456, 0.406], std = [0.229, 0.224, 0.225])
])

# 加载数据集
train_dataset = datasets.ImageFolder('train', transform = transform)
test_dataset = datasets.ImageFolder('test', transform = transform)
```

2) PyTorch 编写深度学习项目的一般流程

PyTorch 提供有易于使用的 API,可以帮助开发人员快速编写深度学习项目,其流程如图 5 - 10 所示。

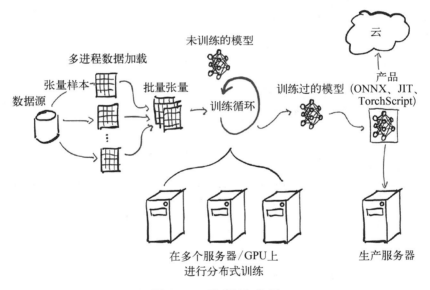

图 5 - 10　流 程 示 意 图

（1）数据集准备。数据集是深度学习项目中的一个关键组成部分,对于模型的训练和性能具有至关重要的作用。如图 5 - 10 所示,在训练模型之前,需要从数据源获取原始数据,并将其转换为 PyTorch 规定的张量类型。在数据预处理过程中,需要进行诸如数据清洗、数据增强和数据归一化等操作,以提高模型的训练效果和泛化能力。由于实际项目中数据量可能非常大,考虑到计算机内存和 I/O 性能等限制,无法一次性将所有数据加载到内存中,因此需要采用多进程和迭代加载等技术,将数据分批次加载到内存中以进行训练。准备好的数据集一般会被细分为训练集、测试集和验证集,需要注意的是,训练集、验证集和测试集的数据应该是互不重叠的,而且应该来自同一分布,常见的划分比例是3∶1∶1。

以下是使用 PyTorch 制作数据集的示例。考虑数据的来源,此处使用了 torchvision.datasets 提供的 MNIST 手写体数据集,并通过 torchvision.transforms 对数据集进行预处理操作,包括张量转换、随机翻转以及归一化。训练集以及测试集的划分可通过对 datasets.MNIST 的 train 参数进行设置。为了提高数据读取速度,通过 multiprocessing 获取 CPU 核心数,使用 torch.utils.data.DataLoader 多进程加载,子进程数 num_workers 通常设置为 CPU 核心数。

```python
import torch
import torchvision.datasets as datasets
import torchvision.transforms as transforms
from torch.utils.data import DataLoader
import multiprocessing

# 定义数据转换
transform = transforms.Compose([
transforms.ToTensor(),
    transforms.RandomHorizontalFlip(),
    transforms.Normalize((0.5, ), (0.5, ))
])

# 定义数据集
train_set = datasets.MNIST(root = './data', train = True, transform = transform,
download = True)
test_set = datasets.MNIST(root = './data', train = False, transform = transform,
download = True)

# 定义数据加载器
num_workers = multiprocessing.cpu_count()
train_loader = DataLoader(train_set, batch_size = batch_size, shuffle = True,
num_workers = num_workers)
test_loader = DataLoader(test_set, batch_size = batch_size, shuffle = False, num_
workers = num_workers)
```

(2) 模型构建、训练与评估。准备好数据集后,我们需要构建深度学习模型,并对其进行训练和评估。在模型构建的过程中,我们需要考虑模型架构、损失函数、优化器、学习率、训练轮数等因素。模型架构的设计通常使用 torch.nn 模块搭建,当然常见的主流模型可以直接使用 torchvision. models 模块调用;损失函数使用 torch. nn. functional 模块定义;优化器和学习率由 torch. nn. functional 模块指定。

　　模型训练过程一般为标准的 Python for 循环,如图 5 - 9 所示。PyTorch 支持 CPU、单 GPU 和多 GPU 训练,对张量数据提供有 GPU 加速功能,可以通过. cuda()方法将张量移动到 GPU 设备上,使用 torch. nn. DataParallel 能够将模型复制到多个 GPU 上训练。模型训练过程应当需要注意调整学习率、批次大小、训练轮数等参数,以获得最佳的训练结果。在训练的每个步骤中,首先是将输入数据和标签数据加载到 GPU 或 CPU 上进行计算。其次,需要将优化器的梯度清零以避免梯度累积。然后,进行前向传播,将输入数据传递给模型,计算模型的输出,并得到损失函数的值。最后,进行反向传播,计算损失函数关于模型参数的梯度,并将其传递给优化器更新模型参数。

　　训练结束后,为了解模型的性能和泛化能力,需要进行模型评估。同样地,首先需要加载测试数据集,以便使用训练好的模型进行预测和评估。然后,使用训练好的模型对测试数据集进行预测,并得到预测结果。最后,利用模型预测结果对比测试数据集的真实标签,计算评估指标(准确率、精确率、召回率、F1 值等),并通过可视化工具(Matplotlib、Tensorboard 等)直观评价模型的性能和泛化能力。

　　以下代码是使用 PyTorch 完成模型构建、训练与评估的示例。首先,定义了一个名为 Net 的神经网络模型,由两个卷积层、一个最大池化层和两个全连接层组成。在 forward 方法中,定义了神经网络的前向传播过程,即将输入数据传递给各层,计算输出结果。其次,实例化神经网络模型、交叉熵损失函数以及 Adam 优化器。神经网络模型是通过调用 Net 类来实现的,交叉熵损失函数是通过 nn.CrossEntropyLoss()函数创建的,Adam 优化器通过 optim. Adam()创建并设置学习率参数 learning_rate。然后,使用训练数据集对神经网络模型进行训练。在每个训练轮次中,遍历训练数据集中的所有数据,并先后进行前向传播、计算损失函数、优化器梯度清除、反向传播、优化器更新模型参数 5 个步骤。最后,使用测试数据集对神经网络模型进行评估。使用.eval()将模型设置为评估模式,以禁用 dropout 和其他正则化方法。按照前向传播、计算评价指标、可视化评估结果的步骤完成模型评估。

```
# 定义神经网络模型
class Net(nn.Module):
```

```python
    def __init__(self):
        super(Net, self).__init__()
        self.conv1 = nn.Conv2d(1, 32, kernel_size = 3, padding = 1)
        self.conv2 = nn.Conv2d(32, 64, kernel_size = 3, padding = 1)
        self.pool = nn.MaxPool2d(kernel_size = 2, stride = 2)
        self.fc1 = nn.Linear(64 * 7 * 7, 128)
        self.fc2 = nn.Linear(128, 10)

    def forward(self, x):
        x = self.conv1(x)
        x = nn.functional.relu(x)
        x = self.pool(x)
        x = self.conv2(x)
        x = nn.functional.relu(x)
        x = self.pool(x)
        x = x.view(-1, 64 * 7 * 7)
        x = self.fc1(x)
        x = nn.functional.relu(x)
        x = self.fc2(x)
        return x

# 实例化模型和损失函数
model = Net()
criterion = nn.CrossEntropyLoss()

# 实例化优化器
optimizer = optim.Adam(model.parameters(), lr = learning_rate)

# 训练模型
for epoch in range(num_epochs):
    for i, (inputs, labels) in enumerate(train_loader):
        # 前向传播
        outputs = model(inputs)
        loss = criterion(outputs, labels)
        # 反向传播和优化
        optimizer.zero_grad()
        loss.backward()
        optimizer.step()
        # 打印状态
        if (i + 1) % 100 == 0:
            print(' Epoch [{}/{}], Loss: {:.4f}'.format(epoch + 1, num_epochs,
loss.item()))

# 评估模型
```

```
model.eval()
with torch.no_grad():
    correct = 0
    total = 0
    for inputs, labels in test_loader:
        # 将数据转换为张量
        inputs = inputs.float()
        labels = labels.long()
        # 前向传播
        outputs = model(inputs)
        _, predicted = torch.max(outputs.data, 1)
        # 更新统计信息
        total += labels.size(0)
        correct += (predicted == labels).sum().item()
    print('Accuracy of the network on the 10000 test images: {} %'.format(100 *
correct / total))
```

（3）模型部署。训练循环可能是深度学习项目中最乏味和耗时的部分。在模型部署之前，需要确保模型已经经过训练并具有足够的性能和准确率。之后，为将模型部署到生产环境中，如图 5 - 10 所示，需要将模型从训练环境中的格式转换为生产环境中的格式，如把 PyTorch 模型转换为 ONNX 格式。ONNX（Open Neural Network Exchange）是一种开放的神经网络交换格式，它可以将模型从一个框架转移到另一个框架，如从 PyTorch 转移到 TensorFlow 或 Caffe2 等。使用 ONNX 能够实现跨平台部署，降低开发和部署成本，同时提高模型的可重用性和可移植性。

图 5 - 10 还展示了即时翻译（just in time compilation，JIT）以及 TorchScript。JIT 是 PyTorch 中的一种即时编译器，可以将 Python 代码实时编译成本地机器代码，创建可以在不依赖 Python 解释器的情况下运行的模型，实现对深度学习模型的优化和加速。TorchScript 是 PyTorch 中的静态图编译器，可以将 PyTorch 模型转换为本机代码，并在运行时进行优化。TorchScript 支持 Python 和 C＋＋两种编程语言，并可以将 PyTorch 代码转换为 TorchScript 模型，以便在生产环境中进行部署。

以下代码为 PyTorch 进行模型部署的示例。此处创建了一个维度为（1，1，28，28）的输入张量 x。使用 torch.onnx.export() 函数将 PyTorch 模型 model 导出为 ONNX 格式，输出文件名为"model.onnx"，opset_version 参数指定要使用的 ONNX 运算符集的版本。类似地，使用 torch.jit.trace() 函数对模型进行跟踪,使用输入张量 x 创建一个跟踪脚本模块。使用 save()方法将此跟踪脚本模块导出为 TorchScript 格式,文件名为"model.pt"。

```
# 定义输入张量
x = torch.randn(1, 1, 28, 28)

# 导出 ONNX 模型
torch.onnx.export(model, x, "model.onnx", opset_version = 11)

# 导出 TorchScript 模型
traced_script_module = torch.jit.trace(model, x)
traced_script_module.save("model.pt")
```

5.2.4 深度学习框架——TensorFlow

TensorFlow 是一个由 Google Brain 团队开发的开源软件库,主要用于构建和训练机器学习模型。它最初于 2015 年发布,前身是谷歌的神经网络算法库 DistBelief。TensorFlow 提供有一个灵活的编程平台,可以让开发人员使用 Python、C++等多种编程语言来构建和训练各种类型的机器学习模型,并且支持 CPU、GPU 和 Google TPU 等硬件,目前已被广泛应用于文本处理、语音识别、图像识别等多项机器学习和深度学习领域。

1) TensorFlow 的基本要素

(1) 张量(tensor)。TensorFlow 中的张量是一种多维数组,可以表示各种数据,如标量、向量、矩阵等。张量的维度被描述为"阶",但是张量的阶和矩阵的阶并不是同一个概念,张量的阶是张量维度的一个数量的描述。TensorFlow 支持三种类型的张量,分别为常量(constant)、变量(variable)和占位符(placeholder)。

常量是指值固定不变的张量,它的值设定后就不可改变,如常数、权重等。在 TensorFlow 中,可以使用 tf.constant(value, dtype=None)函数来创建常量。这个函数的第一个参数是常量的值,第二个参数是数据类型(可选,默认为 tf.float32)。

以下是 TensorFlow 创建常量的示例。

```
import tensorflow as tf

# 创建一个标量常量
a = tf.constant(2)
print(a)    # 输出:Tensor("Const:0", shape = (), dtype = int32)
```

```
# 创建一个向量常量
b = tf.constant([1, 2, 3, 4])
print(b)   # 输出: Tensor("Const_1:0", shape = (4, ), dtype = int32)

# 创建一个矩阵常量
c = tf.constant([[1, 2], [3, 4]])
print(c)   # 输出: Tensor("Const_2:0", shape = (2, 2), dtype = int32)

# 创建一个张量常量
d = tf.constant([[[1, 2], [3, 4]], [[5, 6], [7, 8]]])
print(d)   # 输出: Tensor("Const_3:0", shape = (2, 2, 2), dtype = int32)

# 创建一个常量并指定数据类型
e = tf.constant(3.14, dtype = tf.float64)
print(e)   # 输出: Tensor("Const_4:0", shape = (), dtype = float64)
```

变量是指值可以改变的张量。当一个量在会话中的值需要更新时，使用变量来表示。例如，在神经网络中，权重需要在训练期间更新，可以通过将权重声明为变量来实现。变量在使用前需要被显示初始化。需要注意的是，常量存储在计算图的定义中，每次加载图时都会加载相关变量。换句话说，它们是占用内存的。另外，变量又是分开存储的。它们可以存储在参数服务器上。在 TensorFlow 中，可以使用 tf.Variable(initial_value, name, trainable) 函数来创建变量。这个函数的第一个参数是变量的初始值，第二个参数是变量名，第三个参数是指定变量是否可以被训练，取值为 True 和 False，False 就是不可以被训练，此时变量就变为了常量。以下是 TensorFlow 创建变量的示例。

```
# 创建一个标量变量
a = tf.Variable(2)
print(a)   # 输出: <tf.Variable 'Variable:0' shape = () dtype = int32_ref>

# 创建一个向量变量
b = tf.Variable([1, 2, 3, 4])
print(b)   # 输出: <tf.Variable 'Variable_1:0' shape = (4, ) dtype = int32_ref>

# 创建一个矩阵变量
c = tf.Variable([[1, 2], [3, 4]])
print(c)   # 输出: <tf.Variable 'Variable_2:0' shape = (2, 2) dtype = int32_ref>

# 创建一个张量变量
d = tf.Variable([[[1, 2], [3, 4]], [[5, 6], [7, 8]]])
```

```
print(d)  # 输出：<tf.Variable 'Variable_3:0' shape = (2, 2, 2) dtype = int32_
ref>

# 创建一个变量并指定数据类型
e = tf.Variable(3.14, dtype = tf.float64)
print(e)  # 输出：<tf.Variable 'Variable_4:0' shape = () dtype = float64_ref>
```

占位符是一种特殊的张量，用于表示在计算图中输入的数据。占位符本身没有实际的值，在会话运行时，可以使用 feed_dict 参数将数据传入占位符。以下定义了一个形状为[None，784]的占位符 x，表示输入的数据是一个二维张量，第一维可以是任意长度，第二维固定为 784。然后，使用 tf.Session()创建一个会话，并使用 feed_dict 参数将一个形状为[100，784]的矩阵传入占位符 x。

```
# 定义一个形状为[None, 784]的占位符
x = tf.placeholder(tf.float32, [None, 784])

# 创建会话并传入数据
with tf.Session() as sess:
    # 将一个形状为[100, 784]的矩阵传入占位符 x
    data = np.random.rand(100, 784)
    sess.run(..., feed_dict = {x: data})
```

（2）图（graph）。TensorFlow 是一个通过计算图（computational graph）的形式来表述计算的编程系统，计算图也叫数据流图，用含"节点"（nodes）和"线"（edges）的有向图来描述数学计算。"节点"一般用来表示施加的数学操作，因此也被称为 op（opernation 的缩写），但也可以表示数据输入的起点或者输出的终点。"线"表示"节点"之间的输入/输出关系。TensorFlow 将计算图分为两个阶段，即构建阶段和执行阶段。在构建阶段，通过 TensorFlow 的 API 来定义计算图中的节点和边，如可以定义变量、占位符、常量等。定义完成后，TensorFlow 会自动构建计算图并保存。在执行阶段，可以创建一个会话（session）来执行计算图中的节点。TensorFlow 会自动对节点进行求值，并返回结果。

以图 5-11 的计算图为例，使用 TensorFlow 编写代码。构建阶段，创建一个计算图，并将其设置为默认计算

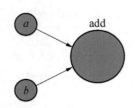

图 5-11 计算图示例 图。使用 tf.placeholder()函数创建两个占位符节点 a 和 b，

它们没有具体的值,只是占据了一定的内存空间,以便在执行阶段时传入具体的值。使用 tf.add() 函数创建一个节点 c,表示 $a+b$ 的计算。到了执行阶段,创建一个会话,并使用 sess.run() 方法运行节点 c,同时通过 feed_dict 参数将 a 赋值为 2,b 赋值为 3。最终,打印结果并输出为 5。

```
# 创建一个计算图
graph = tf.Graph()

# 在计算图上下文中定义操作
with graph.as_default():
    # 创建两个占位符 a 和 b
    a = tf.placeholder(tf.float32)
    b = tf.placeholder(tf.float32)
    # 创建一个节点 c,表示 a + b 的计算
    c = tf.add(a, b)

# 创建一个会话并运行计算图
with tf.Session(graph = graph) as sess:
    # 运行节点 c,并将 a 赋值为 2,b 赋值为 3
    result = sess.run(c, feed_dict = {a: 2, b: 3})
    # 打印结果
    print(result)
```

(3) 会话。会话是执行计算图中节点的环境。会话提供了对 TensorFlow 计算资源的访问和控制,并在执行计算图时自动对节点进行求值。通俗地说,graph 就是"输入-处理-输出"这个流程的处理部分,而一个会话就是建立了一个流程可完成"输入-处理-输出"步骤。不同的 session 都可以使用同一个 graph,只要他们的加工步骤是一样的就行。同样地,一个 graph 可以供多个 session 使用,而一个 session 不一定需要使用 graph 的全部,可以只使用其中的一部分。图 5-12 给出了形象的例子,这是一个完整的制作大盘鸡和红烧肉的 graph(相当于是一个菜谱),图中每一个独立单元都可以看成是一个 op。在 TensorFlow 中只有 graph 是没法得到结果的,这就像只有菜谱不可能得到红烧肉是一个道理。于是就有了 tf.Session(),它根据 graph 制定的步骤,将 graph 变成现实。tf.Session() 就相当于一个厨师长,它下面有很多办事的人(Session() 下的各种方法),其中有一个非常厉害人叫 tf.Session.run(),它不仅会烧菜,还会杀猪、酿酒、制作酱料等一系列工作,比如:

我的酱料 = sess.run(酱料):run 收到制作"酱料"的命令,于是它看了下

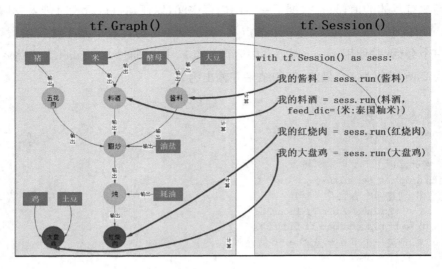

图 5 - 12　会话与图的区别

graph，需要"酵母"和"大豆"来制作酱料，最终它把酱料制作好了

我的料酒 = sess.run(料酒，feed_dic={米:泰国籼米})：run 又收到要制作"料酒"的命令，而且不用 graph 规定的"米"来做，需要用"泰国籼米"，没关系，run 跑去买了泰国籼米，又把料酒给做了。

我的红烧肉 = sess.run(红烧肉)：傍晚，run 又收到了做一份完整红烧肉的命令，这下有得忙了，必需将整个流程走一遍，才能完成个任务。

我的大盘鸡 = sess.run(大盘鸡)：后来，run 又收到做大盘鸡的任务，这是一个独立的任务，跟红烧肉没有半点关系，但不影响，只要按照步骤照做就可以了。

2）静态图与动态图的区别

TensorFlow 与 PyTorch 最大的区别在于，TensorFlow 采用了数据流图模型，将计算表示为一个静态图，并且会在运行前被编译成一个优化的计算图，然后在运行时被执行。这种模型的优点是可以进行静态优化，提高计算效率，但是缺点是不够灵活，需要先定义计算图再运行。相比之下，PyTorch 采用了动态图模型，每次计算都是动态构建的计算图，可以在运行时动态地修改计算图。这种模型的优点是更加灵活，可以方便地进行调试和开发，但是缺点是动态构建计算图会降低计算效率。一般而言，TensorFlow 适合于工业界，而 PyTorch 适合于学术界。两者的对比可参考表 5 - 2。

表 5 - 2　**TensorFlow 与 Pytorch 的对比**

比较项	TensorFlow	PyTorch
开发团队	TensorFlow 是谷歌的开发者创造的一款开源的深度学习框架,于 2015 年发布	PyTorch 由 Facebook 的团队开发,并于 2017 年在 GitHub 上开源
实现方式	符号式编程：TensorFlow 是纯符号式编程,通常是在计算流程完全定义好后才执行,因此效率更高,但是实现比较复杂	命令式编程：PyTorch 是纯命令式编程,实现方便,但是运行效率低
图的定义	静态定义：TensorFlow 遵循"数据即代码,代码即数据"的概念,可以再运行之前静态的定义图,然后调用 session 来执行图	动态定义：PyTorch 中图的定义是动态变化的,可以随时定义、更改和执行节点。因此 PyTorch 更加灵活,方便调试
数据集加载	tf.data.Dataset 提供了许多加载数据时的优化方法。可以减少数据的 IO 时间(interleave 函数),可以实现数据的映射操作(map 函数),可以对数据进行缓存以节省时间(prefetch 函数),再将数据集打包返回迭代器以节省内存(batch 函数)	torch. utils. data 也提供了 Dataset 和 DataLoader 两个类。Dataset 可以实现数据的预处理和加载,而 DataLoader 将数据进行打包,返回迭代器。但是 pytorch 没有类似 prefetch 的缓存函数
部署	TensorFlow 支持移动和嵌入式部署,对于高性能服务器上的部署,还有 TensorFlow Serving 可用,除了性能方面的优势,TensorFlow Serving 的另一个重要特性是无须中断服务,就能实现模型的热插拔	包括 PyTorch 在内的很多深度学习框架都没有这个能力
可视化	TensorFlow 最吸引人的地方之一就是 TensorBoard,可以清晰地看出计算图、网络架构	PyTorch 可以导入 TensorBoardx 或者 matplotlib 之类的工具包用于数据可视化。不过 PyTorch 在 1.1.0 版本后实现了对 tensorboard 的支持,可以用 torch. utils. tensorboard(需在环境中安装 tensorboard)库
优点	① 由于使用静态图,计算效率高; ② API 完善,有许多 PyTorch 不支持的功能; ③ 有较多的文档和社区支持; ④ 部署方便	① 上手容易,图构建方式更容易理解,也更容易调试; ② API 和文档稳定(tf1 与 tf2 的更新迭代、tf 和 keras 的分分合合); ③ 发展迅速,社区活跃

以下是静态图和动态图的对比示例。可以看到，TensorFlow 先是定义了一个计算图，包括两个常量节点 a 和 b 以及一个加法节点 c。然后通过创建 session 对象来运行计算图并输出结果。而 PyTorch 的计算图方法更加符合 Python 的编写习惯，计算图是在运行时构建的，每个操作都会立即在计算图中执行，并返回结果。

```
#### TensorFlow ####
import tensorflow as tf

# 创建计算图
with tf.Graph().as_default():
    # 定义占位符和计算节点
    a = tf.placeholder(tf.float32, shape=[None], name='a')
    b = tf.placeholder(tf.float32, shape=[None], name='b')
    c = tf.add(a, b, name='c')

# 创建 Session 并运行计算图
with tf.Session() as sess:
    # 准备输入数据并运行计算图
    a_data = [1.0, 2.0, 3.0]
    b_data = [4.0, 5.0, 6.0]
    seed_dict = {a: a_data, b: b_data}
    result = sess.run(c, feed_dict=feed_dict)
    print(result)
#### PyTorch ####
import torch

# 定义计算图
a = torch.tensor([1.0, 2.0, 3.0], requires_grad=True)
b = torch.tensor([4.0, 5.0, 6.0], requires_grad=True)
c = a + b
# 运行计算图
print(c)
```

3）TensorFlow 编写深度学习项目的一般流程

与 Pytorch 一致，TensorFlow 编写深度学习项目同样要经历数据集准备，模型搭建、训练与评估，模型部署三个步骤。

以下是使用 TensorFlow 完成手写体数字分类的代码示例。首先，通过 keras.datasets.mnist.load_data()函数加载 MNIST 数据集，并将训练集和测试集分别存储在 x_train、y_train、x_test、y_test 这四个变量中。其次，使用数据预处理技术将像素值进行归一化处理，并对将标签进行独热编码。然后，使用

keras.Sequential 函数构建一个简单的神经网络模型,该模型包含一个输入层,一个隐藏层和一个输出层。对模型进行编译,使用 Adam 优化器和交叉熵损失函数,并将准确率作为评估指标。接着,对模型进行训练和评估。model.fit 函数用于训练模型,并将训练集划分为 10% 的验证集。model.evaluate 函数用于对测试集进行评估,并输出测试准确率。最后,使用 model.save 函数进行保存,便于后续部署。

```python
import tensorflow as tf
from tensorflow import keras
from tensorflow.keras import layers

# 加载 MNIST 数据集
(x_train, y_train), (x_test, y_test) = keras.datasets.mnist.load_data()

# 将像素值缩放到 0 到 1 之间
x_train = x_train.astype("float32") / 255.0
x_test = x_test.astype("float32") / 255.0

# 将标签转换为 one-hot 编码
y_train = keras.utils.to_categorical(y_train, 10)
y_test = keras.utils.to_categorical(y_test, 10)

# 构建模型
model = keras.Sequential([
    layers.Reshape(target_shape = (28 * 28, ), input_shape = (28, 28)),
    layers.Dense(128, activation = "relu"),
    layers.Dense(10, activation = "Softmax")
])

# 编译模型
model.compile(optimizer = "adam", loss = "categorical_crossentropy", metrics = ["
accuracy"])

# 训练模型
model.fit(x_train, y_train, batch_size = 32, epochs = 5, validation_split = 0.1)

# 评估模型
test_loss, test_acc = model.evaluate(x_test, y_test, verbose = 2)
print("Test accuracy:", test_acc)

# 模型保存
model.save('mnist_model')
```

5.3 人工智能的部署方法

5.3.1 NVIDIA Jetson Nano 开发套件

NVIDIA Jetson Nano 是一款体积小巧、功能强大的人工智能嵌入式开发板,于 2019 年 3 月由英伟达推出,如图 5 - 13 所示。它预装了 Ubuntu 18.04LTS 系统,并搭载了英伟达研发的 128 核 Maxwell GPU 和四核 ARM Cortex - A57 CPU,能够提供高性能的计算和深度学习能力。NVIDIA Jetson Nano 支持多种编程语言,包括 Python、C++、CUDA 和 TensorFlow 等,方便开发者编写人工智能应用程序,能够并行运行多个神经网络。它还支持多种图像和视频输入格式,包括 CSI、USB 和 Ethernet 等,这使得开发者可以轻松

图 5 - 13 NVIDIA Jetson Nano 实物图

地连接各种传感器和相机。NVIDIA Jetson Nano 专为支持入门级边缘 AI 应用程序和设备而设计,完善的 NVIDIA JetPack SDK 包含用于深度学习、计算机视觉、图形、多媒体等方面的加速库。相比于 Jetson 之前的几款产品(Jetson TK1、Jetson TX1、Jetson TX2、Jetson Xavier),NVIDIA Jetson Nano 售价较低,这使得 NVIDIA Jetson Nano 可以以低成本快速将 AI 技术落地并应用于各种智能设备。

以下详细列出了 NVIDIA Jetson Nano 的一些优势:

(1) 强大的 AI 性能。NVIDIA Jetson Nano 是专为 AI 而设计的,搭载四核 Cortex - A57 处理器,128 核 Maxwell GPU 及 4 GB LPDDR 内存,可提供 472 GFLOP 的算力,比树莓派等其他开发板性能更强,可为机器人终端、工业视觉终端等应用提供足够的 AI 算力。

(2) 丰富的软件支持。NVIDIA Jetson Nano 支持英伟达的 NVIDIA JetPack 组件包,其中包括用于深度学习、计算机视觉、GPU 计算、多媒体处理等板级支持包,CUDA,cuDNN 和 TensorRT 软件库,这些组件包能够提供丰富的软件支持,简化了软件开发流程。

（3）多样化的 AI 框架支持。NVIDIA Jetson Nano 支持一系列流行的 AI 框架和算法，如 TensorFlow、PyTorch、Caffe / Caffe2、Keras、MXNet 等，使得开发人员能够快速将 AI 模型和框架集成到产品中，轻松实现图像识别、目标检测、姿势估计、语义分割、视频增强和智能分析等强大功能。

（4）硬件设计类似树莓派。NVIDIA Jetson Nano 整体采用类似树莓派的硬件设计，具有丰富的接口，易于使用和扩展。

（5）配套的开发工具。NVIDIA Jetson Nano 配套的 Jetpack SDK 开发包，由英伟达投入大量的研发精力，可以使学习和开发 AI 产品变得更加简单和便捷。

5.3.2　Docker 应用容器引擎

Docker 是一个开源的应用容器引擎，其前身是法国软件工程师 Solomon Hykes 开发的一款名为 dotCloud 的云平台，用于帮助开发人员在云上构建、部署和管理应用程序。这个云平台使用了一种名为 LXC（Linux 容器）的技术，可以将应用程序和其依赖项打包在一个容器中，并在不同的 Linux 主机之间移植。2013 年，Solomon Hykes 将 LXC 的技术与自己公司内部的一些工具结合起来，创造了一个新的容器化平台，取名为 Docker。Docker 自开源后受到广泛的关注和讨论，以至于 dotCloud 公司后来都改名为 Docker Inc。Docker 的目的是简化应用程序的开发、交付和部署过程。在传统的开发流程中，开发人员需要在自己的机器上安装各种依赖项和运行环境，然后将应用程序打包成一个安装包，并在目标机器上进行安装和配置。这个过程往往非常繁琐和耗时，而且容易出现兼容性和环境配置问题。而 Docker 通过容器化技术，将应用程序和其依赖项打包在一个容器中，并在不同的操作系统和云环境中无缝运行。这个容器可以包含所有应用程序所需的库、框架和运行环境，因此可以轻松地在不同的机器上部署和运行，避免了环境配置的问题。

图 5 - 14 展示了程序部署的发展历程。在早期传统部署方式中，应用程序是直接安装在操作系统上的。该种方式的优点是简单直接，但是缺点就是环境配置不方便，且不易扩展或迁移。后来，随着虚拟化技术的发展，出现了将多个虚拟机部署在一台物理机器上的部署方式。虚拟机可以模拟一个完整的操作系统和硬件环境，因此可以在一个物理机器上同时运行多个操作系统和应用程序。图 5 - 14 中，Hypervisor 是一种运行在基础物理服务器和操作系统之间的中间软件层，可允许多个操作系统和应用共享硬件，如 VMware 的 Workstation、ESXi，微软的 Hyper-V 等。该种方式的优点是可以隔离不同的应用程序和环境，易于管理和维护，但是也存在一定的性能开销和资源浪费。为解决这一问

题,容器化部署将应用程序和其依赖项打包在一个容器中,容器与宿主机共享内核、文件系统等资源。图中的 Container Runtime 层就是通过 Linux 内核虚拟化能力管理多个容器,多个容器共享一套操作系统内核。Docker 正是采用了此思想摘掉了内核占用的空间及运行所需要的耗时,使得容器极其轻量与快速。

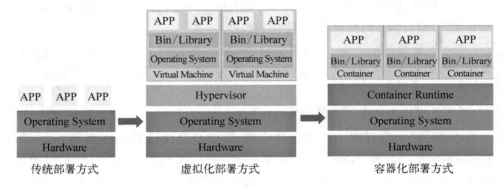

图 5-14　程序部署的发展历程

Docker 的架构如图 5-15 所示。Docker 使用 C/S 架构,Docker 客户端(client)与 Docker 守护进程(daemon)进行通信,守护进程负责构建、运行和分发 Docker 容器(containers)。Docker 容器是 Docker 镜像(images)的运行实例,它提供了一个独立的、可移植的运行环境。当需要运行一个 Docker 容器时,Docker 守护进程可以从 Docker 仓库(registry)中获取指定的镜像,并创建一个

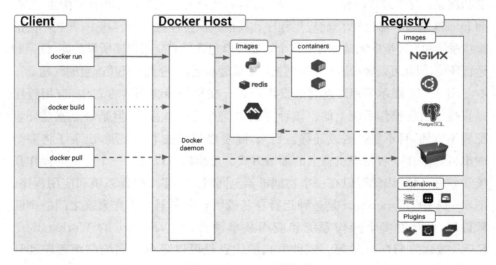

图 5-15　Docker 的架构

新的容器实例。

以下是各组件的具体含义：

（1）Docker Daemon。Docker Daemon 又被叫做 Dockerd，用于监听 Docker API 请求，负责管理 Docker 镜像、容器、网络和卷等 Docker 对象，并响应来自 Docker 客户端的 API 请求。

（2）Docker Client。Docker Client 是 Docker 的一个命令行工具，允许用户从命令行管理 Docker 容器、镜像、网络和卷等对象，是 Docker 用户与 Docker Daemon 进行交互的主要方式。当用户在 Docker Client 中运行命令时，它将这些命令转换为 Docker API 请求，并将它们发送到 Docker Daemon 进行处理。

（3）Docker Images。Docker Image 即所谓"镜像"，是一个只读的模板，包含了应用程序的代码、运行时环境、库、依赖项和任何其他文件或配置，这些文件和配置会在容器运行时被加载。Docker Image 可以通过 Dockerfile 定义，也可以从 Docker Hub 等 Docker 仓库获取。Dockerfile 是一种用于定义 Docker 镜像的脚本语言，它描述了如何从一个基础镜像构建新的镜像，以及如何安装和配置应用程序和运行时环境，每条指令都会创建一个新的镜像层。

（4）Docker Containers。Docker Container 是 Docker 镜像的可运行实例，它是一个独立的、可移植的、轻量级的运行环境，可以在任何支持 Docker 的平台上运行。Docker Container 可以通过 Docker Client 或通过 Docker API 进行管理。用户可以使用 Docker Client 通过运行 docker run 命令来创建和启动容器。用户也可以通过 Docker API 以编程方式管理 Docker 容器，如创建、启动、停止和删除容器，获取容器的状态和日志，以及与容器进行交互。

（5）Docker Registry。Docker Registry 用于存储 Docker 镜像。Docker Hub 是一个公共的仓库，任何人都可以使用，默认情况下，Docker 配置为在 Docker Hub 上查找镜像。除此之外，也可以运行自己的私有仓库。当使用 docker pull 或 docker run 命令时，所需的镜像将从配置的仓库拉取。当您使用 docker push 命令时，您的镜像将推送到配置的仓库中。

Docker 的工作流可以分为构建阶段和部署阶段，如图 5 - 16 所示。在构建阶段，用户编写 Dockerfile 文件，并使用 Docker CLI 命令 docker build 构建 Docker 镜像。在这个阶段，用户可以定义 Docker 镜像的基础镜像、安装依赖、配置环境等步骤，以及应用程序的打包和构建。构建好的镜像可以上传至 Docker Hub 中进行共享和分发。在部署阶段，用户使用 Docker 镜像创建和启动 Docker 容器，并使用 Docker CLI 命令 docker run 来运行 Docker 容器。在这个阶段,用户可以从远程仓库拉取所需的 Docker 镜像,也可以使用本地已有的镜像。之后,用户可以在容器中运行应用程序,进行开发和测试,也可以将容器部署到生产环境中,实现高可用性和负载均衡。

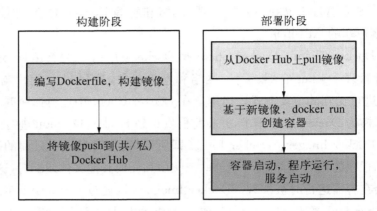

图 5-16   Docker 的标准工作流

5.3.3   Git 分布式版本控制系统

假设你是一个软件开发团队的成员,正在与你的同事合作开发一个新的应用程序。在开发过程中,每个人都在自己的计算机上编写代码并进行修改,最终将所有代码合并到一个共同的代码库中。在这个过程中,可能会出现一些问题。例如,你或你的同事可能会意外地删除一些代码,或者在代码中引入一些错误。此外,有时候你可能需要回溯到之前的版本,以便查看或还原某些更改。这时,版本控制就非常有用了。使用版本控制系统可以让你轻松地跟踪代码的更改,包括谁进行了更改、何时进行的更改以及更改的内容。如果出现问题,你可以轻松地恢复之前的版本,因为所有的代码更改都被记录下来了。Git 作为分布式版本控制系统就起到了上述的作用。

Eric Sink 在书 *Version Control By Example* 中对版本控制进行了分类。如图 5-17 所示,版本控制工具的历史可以分为三代:本地版本控制系统、集中式版本控制系统、分布式版本控制系统。本地版本控制系统(local VCS)是简单的版本控制系统,通常使用备份或复制文件的方式来记录更改。其缺点是不适合多人协作开发。因为它仅限于本地计算机,无法让多个开发者在同一个代码库上协同工作。集中式版本控制系统(centralized VCS)是一个在服务器上管理代码库的版本控制系统,开发者可以从中心服务器上提取代码,并将更改提交回服务器。这个过程需要开发者连接到服务器并与之通信，因此需要一个中心服务器作为协调者。显而易见，如果服务器宕机或数据丢失，开发者将无法访问代码库或丢失所有更改历史。并且，由于所有开发者都必需连接到中央服务器，如果服务器出现故障或网络问题，所有开发工作都将暂停。代表性的集中式版本控制系统是 Subversion(SVN)。相比之下，分布式版本控制系统(distributed VCS)是一种类似于集中式版本控制系统的系统，但是每个开发者都可以拥有完整的代码库。这意味着开发者可以在本地进行修改和提交，而不需要连接到中央服务器。代表性的分布式版本控制系统包括 Git 和 Mercurial。

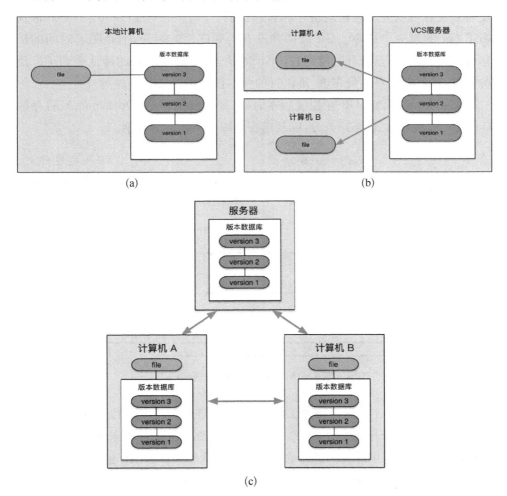

图 5 - 17　版本控制系统的分类

（a）本地版本控制系统；（b）集中式版本控制系统；（c）分布式版本控制系统

Git 是一个分布式版本控制系统,由 Linus Torvalds 在 2005 年为了管理 Linux 内核代码而创建。Git 的设计目标是为了解决其他版本控制系统的不足之处,如 Subversion(SVN)和 CVS 等集中式版本控制系统。在创建 Git 之前,Linux 内核代码由 BitKeeper(另一个商业版本控制系统)管理。然而,BitKeeper 的许可证条款在 2005 年引发了一些争议,导致 Linux 社区寻找一种新的版本控制系统。Linus Torvalds 于是开始自己开发一种新的版本控制系统,这就是 Git。Git 的设计理念是分布式版本控制,这意味着每个开发者都有一个完整的代码库,并且可以在本地进行修改和提交。这个设计使得 Git 更加灵活和高效,使得开发者可以更加轻松地协作和管理代码。2005 年 4 月,Linus Torvalds 发布了 Git 的第一个版本。Git 最初并没有得到广泛的接受,但是随着时间的推移,越来越多的开发者开始使用它。Git 的快速、可靠和高效的特性受到了广泛的赞誉,是目前世界上最先进、最流行的版本控制系统之一。

如图 5-18 所示,Git 在控制版本时,需要了解工作区(workspace)、暂存区(stage)、本地仓库(repository),以及远程仓库(remote)的区别。

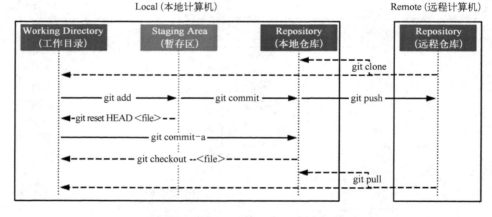

图 5-18 Git 的工作区域划分

(1) 工作区。工作区又称为工作目录,可以理解为正在进行开发的文件夹。它包含了我们进行开发的所有文件,包括被 Git 跟踪的文件和未被跟踪的文件。我们可以在工作区中对文件进行修改、添加、删除等操作。工作区一般是在运行 git init 命令之后的本地文件目录下,也就是我们平时写代码的地方。在 Git 中,工作区是我们对代码进行修改的地方,所有的更改都发生在工作区中。

(2) 暂存区。暂存区也叫索引(index),是 Git 用来暂存已修改文件的地方。

当我们修改了工作区中的文件后,需要使用 git add 命令将修改的文件添加到暂存区。暂存区相当于是一个缓存区,它记录了所有即将提交到仓库区的更改。暂存区可以理解为一个将要提交的版本,我们可以在提交之前将修改的文件添加到暂存区,然后再一次性提交到仓库区。

在使用 Git 进行版本控制时,一般会先对工作区中的文件进行修改,然后使用 git add 命令将修改的文件添加到暂存区。暂存区保存了我们的修改,但是这些修改并没有被提交到仓库区。只有当我们使用 git commit 命令提交暂存区中的更改时,这些更改才会被保存到本地仓库中。

(3)本地仓库。本地仓库也叫版本区,是 Git 用来记录代码历史的地方。当我们使用 git commit 命令提交暂存区中的更改时,这些更改就会被保存到本地仓库中。仓库区是 Git 中重要的部分,它保存了项目的所有历史记录,包括每个版本的更改记录、作者信息、提交时间等。

(4)远程仓库。远程仓库是指 Git 托管代码的远程服务器,它可以是一个独立的 Git 服务器,也可以是使用 Git 托管代码的代码托管平台,如 GitHub、GitLab、Bitbucket 等。通过将本地仓库中的更改推送到远程仓库,可以与其他开发者共享代码,并进行协同开发。在使用 Git 进行协同开发时,通过 git remote 命令,我们可以添加、删除、重命名远程仓库,或者列出当前配置的所有远程仓库。我们可以使用 git push 命令将本地仓库中的更改推送到远程仓库,或者使用 git pull 命令从远程仓库中获取最新的代码。

Git 的工作流程通常包括以下五个步骤:首先,从远程仓库中克隆代码至本地仓库(git clone)。其次,在工作区中对文件进行修改。接着,将修改后的文件添加到暂存区中(git add)。然后,将暂存区中的文件提交到本地仓库中,生成一个新的 commit 对象(git commit)。最后,将本地仓库中的代码推送到远程仓库中进行备份,或者从远程仓库中拉取最新的代码进行合并(git push)。

5.3.4　Neo4j 图数据库

图(graph)是由节点(node)和边(edge)组成的一种数据结构。节点表示一个实体,边表示节点之间的关系或连接。图可以用来表示各种各样的关系,如图 5-19 用图表示人与地、地与房、房与人之间的关系。

图数据库(graph database)是一种专门用于存

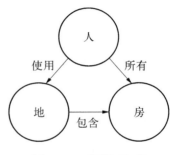

图 5-19　"图"示例

储和管理图数据的数据库系统。与传统的关系型数据库不同,图数据库采用了图的数据模型,能够更好地支持大规模、高度互联的数据以及复杂的查询需求。图数据库的数据存储方式是通过节点和边的方式来描述数据之间的关系,因此图数据库非常适合存储那些关系密切的数据,如社交网络中的用户关系、物流中的运输路径、知识图谱中的概念关系等。图 5-20 展示了图数据库中构建的数据模型:某地块有 6 幢楼栋,每幢楼栋有多套房屋,共 162 套,共 238 个业主。表 5-3 列出了图数据库与传统数据库的差异。

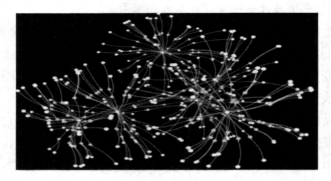

图 5-20　图数据库中的数据模型

表 5-3　图数据库与传统数据库的对比

比较项	图数据库	传统数据库
数据模型	图结构	表结构
实体联系	一对一/一对多	多对多
表示方式	① 一张表; ② 连接两张表的中间表; ③ 一张表通过外键关联另一张表	① 一类顶点; ② 边; ③ 两张表对应图上的两个顶点和一条连接它们的边
查询性能	数据集增大,查询性能变低	数据集增大,查询性能趋于不变(图数据库关联查询的时间只与满足条件的遍历图大小有关,与整体数据量无关)
离群数据处理	适合处理表格化结构(离群数据会造成大量表连接、稀疏行和非空检查逻辑,性能降低)	适合处理离群数据

Neo4j 是由瑞典公司 Neo Technology 于 2007 年发布的一款图数据库,是世界上最先进的图数据库之一,如图 5‐21 所示。相较于传统的关系型数据库,Neo4j 的设计初衷是为了更好地描述以及处理实体之间的关系。在现实生活中,实体之间的关系通常是非常复杂的,传统关系型数据库主要关注实体内部的属性,而使用外键来实现实体之间的关系,这种方式通常需要进行 join 操作,并且非常耗时。Neo4j 图数据库则通过节点和关系的方式来描述实体之间的关系,节点代表实体,关系代表实体之间的关系,这种方式更加自然和直观,能够更好地描述实体之间的关系。

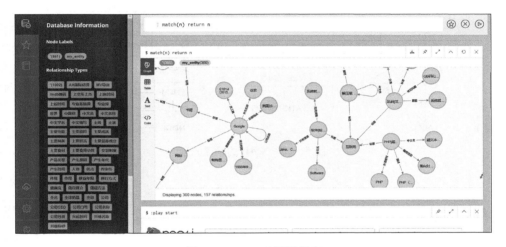

图 5‐21　Neo4j 图数据库

如图 5‐22 所示,Neo4j 主要由节点、属性、关系、标签和数据浏览器构建。

(1) 节点(node)。节点是图数据库中基本的单元,它可以用来表示实体或概念,如人、地点、组织等。在 Neo4j 中,节点具有唯一的标志符(ID),通过关系连接到其他节点,使用 Cypher 查询语言来创建、更新和删除。节点可以包含多个属性(property)和多个标签(label),每个属性都是一个键值对。

(2) 属性(property)。属性是节点或关系上的键值对,用于描述节点或关系的特征。属性的键是一个字符串,值可以是各种数据类型,如字符串、数值、日期等。属性可以用于过滤和排序查询结果,也可以用于创建索引以提高查询性能。

(3) 关系(relationship)。关系用于连接两个节点,因此其起始端和尾端必需是节点。它可以有方向和类型,能够包含多个属性,但只能有一种类型。关系可以使用 Cypher 查询语言来创建、更新和删除,可以使用关系属性来描述关系的特征。

（4）标签（label）。标签是节点的元数据，它用于将节点分组为一组相关的节点。标签可以用于创建索引以提高查询性能，也可以用于过滤和排序查询结果。

（5）数据浏览器（data browser）。Neo4j 提供了一个 Web 界面，称为数据浏览器，它允许用户浏览和查询数据库中的数据。数据浏览器提供了一个交互式的 Cypher 查询编辑器和结果可视化器，使用户能够轻松地执行查询和探索数据，如图 5-20 所示。

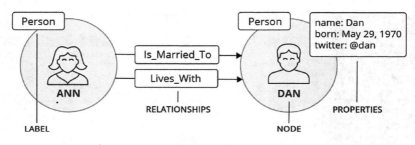

图 5-22　Neo4j 的构建元素

参考文献

[1]　LU Q, ZHU L, XU X, et al. Towards Responsible AI in the Era of ChatGPT: A Reference Architecture for Designing Foundation Model-based AI Systems, Ithaca, 2023[C]. Ithaca: Cornell University Library, 2023.

[2]　STOICA I, SONG D, POPA R A, et al. A Berkeley View of Systems Challenges for AI, Ithaca, 2017[C]. Ithaca: Cornell University Library, 2017.

[3]　SINK E. Version Control by Example [M]. Champaign, IL: Pyrenean Gold Press, 2011.

课后作业

1. 一个人工智能系统的基本特征是什么？　　　　　　　　　　　　（　　）

　　A. 能够与人通过自然语言交流

　　B. 能够通过自我学习来调整自己的行为

  C. 具有一个高性能的计算机系统

  D. 具有视觉系统

2. 简述 PyCharm 的功能特点。

3. Jupyter Notebook 常用功能有哪些？　　　　　　　　　　　　　（　　）

  A. 它支持代码、数学方程的 Web 应用程序

  B. 将说明文字、代码、图表、公式和结论都整合在一个文档中

  C. 可以重现整个分析过程

  D. 它支持可视化和 Markdown 的 Web 应用程序

4. 一个完整的 Docker 服务包括哪些？

5. 简述 Git 的主要特性。

6. 下列哪个不是图数据库（Neo4j）与关系数据库性能差别的影响因素？（　　）

  A. 采用节点、关系等的独立存储　　　B. 采用免索引邻接来实现图模型

  C. 各个元素定长存储　　　　　　　　D. 对元素创建索引

7. 在 TensorFlow 中，可以通过多种方式创建张量，如从 Python 列表对象创建，从 Numpy 数组创建，或者创建采样自某种已知分布的张量等。以下创建方式不正确的是？　　　　　　　　　　　　　　　　　　　（　　）

  A. tf.convert to_tensor([1, 2.])

  B. tf.convert_to_tensor(np.array([[1, 2.], [3, 4]]))

  C. a = tf.constant([-1, 0, 1, 2])

  D. a=np.array([[1], [2], [3], [4]])

8. PyTorch 与很多现有的深度学习框架相比，封装更为复杂，用户不易自己实现功能，但是开发完善，功能强大。　　　　　　　　　　　　　　（　　）

  A. 对　　　　　　　　　　　　　　B. 错

模型与应用篇

第 6 章
▽
机器视觉与图像处理

"黑夜给了我双黑色的眼睛,我却用它去寻找光明"。如果人类给了机器人双眼,那么机器人可以做些什么呢? 你会发现,汽车能够在道路上自主驾驶,只需少许人工干预;生产流水线上,智能机器人取代工人的身影;医院里,机器人辅助医生完成病症诊断。这些奇迹的背后离不开机器视觉和图像处理技术的支持。机器视觉和图像处理的核心目标就是让机器像人类一样"看懂"图像和视频,能够完成处理、分析和理解。随着人工智能技术的进步,机器视觉和图像处理技术也在不断改进,其中深度学习技术的发展使得计算机能够更精确地进行图像识别和分类,同时提高了处理速度和效率。本章详细介绍了机器视觉的基本概念,并通过代码示例对图像处理方法、卷积神经网络以及 YOLO 目标检测算法进行了说明。

6.1 机器视觉概述

6.1.1 模式识别与图像识别

模式识别(pattern recognition)是一种基于数学和计算机技术的学科,旨在通过计算机自动处理和判断各种模式。所谓"模式",就是指可以观察到的存在于时间和空间中的物体,如果将这些物体区分为相同或相似的类别,那么这些可区分的物体就被称为"模式"。例如,在区分图像中的人和车时,"人"和"车"就是两种模式。雅典大学教授西格尔斯·西奥多里蒂斯(Sergios Theodoridis)和康斯坦提诺斯·库特龙巴斯(Konstantinos Koutroumbas)在著作《模式识别》中这样定义,即模式识别是一门科学学科,其目标是将物体分为若干个类别或类。根据应用的不同,这些物体可以是图像、信号波形或需要分类的任何类型的测量数据。我们将使用通用术语'模式'来指代这些物体。

模式识别问题就是用计算的方法根据样本的特征将样本划分到一定的类别

中去。这些样本可以是语音波形、地震波、心电图、脑电图、图片、照片、文字、符号、生物传感器等对象的具体模式。模式识别的应用非常广泛,例如人脸识别、声纹识别、手写体识别等。

图像识别(image identification)是模式识别中的一个重要领域,是指利用计算机技术对图像进行分析和理解,从而自动识别和分类图像中的对象、场景或特征的过程。图像识别的难点在于如何提取图像的特征,并且如何处理图像中的噪声和变形。图像识别的发展可以分为三个阶段,即文字识别、数字图像处理与识别、物体识别。早期的图像识别主要集中在文字识别方面,这是因为文字图像更加规则且易于处理。20 世纪 50 年代,人们开始使用计算机进行文字识别,并随着技术的不断发展,文字识别的准确率不断提高。数字图像处理和识别的研究开始于 1965 年,与模拟图像相比,数字图像可以更方便地存储和传输,具有高度的压缩性和传输可靠性,且易于进行各种处理和分析,很快就成了图像识别领域的新方向。物体识别阶段是图像识别发展的最新阶段,基于深度学习、卷积神经网络等技术的发展,涌现出如 Faster R-CNN、YOLO、SSD 等一批性能卓越的目标检测模型。近年来,图像识别技术在自动驾驶、人脸识别、图像检索、机器视觉等领域得到了广泛应用,已经成为当今计算机视觉技术发展的重要方向。

6.1.2　机器视觉与计算机视觉

机器视觉(machine vision)和计算机视觉(computer vision)都是指利用计算机技术对图像、视频等视觉信息进行处理和分析的领域,但两者有一些区别。机器视觉是指模仿人类视觉系统进行视觉信息处理和分析的领域,它涉及计算机视觉、机器学习、人工智能等多个学科。机器视觉的最终目标是实现自主视觉系统,使机器能够像人类一样感知和理解世界,从而实现自主决策和行动。计算机视觉是指利用计算机技术对图像、视频等视觉信息进行分析和处理的领域,主要涉及数字图像处理、图像识别、计算机图形学等学科。计算机视觉的主要目标是实现计算机对图像、视频等视觉信息的自动处理和分析,以实现更加高效、准确和智能的图像处理和应用。两者的联系在于,机器视觉和计算机视觉都是利用计算机技术对视觉信息进行处理和分析的领域。机器视觉是计算机视觉的一个子集,是计算机视觉向着更加智能化和自主化方向发展的重要组成部分,如图 6-1 所示。而两者的区别在于,机器视觉强调的是模仿人类视觉系统进行视觉信息处理和分析,追求更加智能化和自主化的目标;而计算机视觉则更加注重利用计算机技术对视觉信息进行自动化处理和分析,强调的是实现对视觉信息的高效、准确处理和应用。

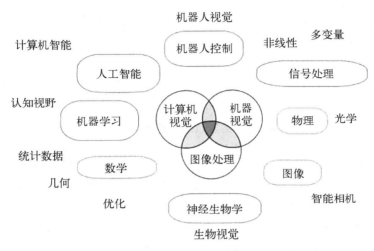

图6-1　计算机视觉、机器视觉、图像处理之间的关系

在计算机视觉领域,主要有图像分类(image classification)、目标检测(object detection)、目标跟踪(visual object tracking)、语义分割(semantic segmentation)、实例分割(instance segmentation)这五大任务。

1)图像分类

图像分类是计算机视觉领域中最基础和最常见的任务之一,其目标是将图像分为不同的类别或标签。图像分类的基本思想是通过对图像的特征提取和分类器的训练来实现自动分类。在图像分类中,特征提取和分类器的选择是至关重要的因素。特征提取是指从图像中提取有用的信息,用于分类器的训练和分类。分类器是指根据所提取的特征对图像进行分类的算法,常见的分类器包括支持向量机、决策树和随机森林等。随着深度学习技术的发展,基于深度学习的图像分类方法成为主流。经典的卷积神经网络模型,如 AlexNet、VGG、GoogLeNet 和 ResNet等,在图像分类领域中分类准确率极高。图6-2为使用 CNN 实现图像的分类。

2)目标检测

目标检测是指在图像或视频中检测出多个目标的位置和类别。与图像分类不同,目标检测不仅要求识别图像中的物体,还需要确定它们的位置。目标检测的任务是在图像中寻找感兴趣的区域,然后对这些区域进行分类和定位。根据检测方法的不同,目标检测主要分为两类:双阶段检测和单阶段检测。双阶段

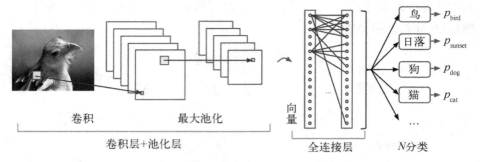

卷积   最大池化   向量   全连接层   N分类

卷积层+池化层

p_{bird} 鸟

p_{sunset} 日落

p_{dog} 狗

p_{cat} 猫

图 6-2   使用 CNN 实现图像的分类

检测(two stage)方法也叫结合候选框＋深度学习分类法,包括 RCNN、Fast R-CNN、Faster R-CNN 等,它们通常先生成候选区域,再对其进行分类和定位。而单阶段检测方法(One-Stage)也叫基于深度学习的回归方法,它们直接对整个图像进行分类和定位,具有速度快、精度高等优点,包括 YOLO、SSD 等。图 6-3 为两类目标检测模型在检测方式上的对比。

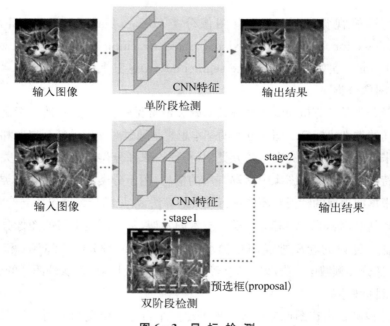

输入图像   CNN特征   输出结果

单阶段检测

输入图像   CNN特征   stage2   输出结果

stage1

预选框(proposal)

双阶段检测

图 6-3   目 标 检 测

3) 目标跟踪

目标跟踪是指在视频序列中跟踪目标的位置和运动状态,即在视频中追踪特定物体的位置、大小、方向和速度等信息。它在视频监控、自动驾驶、机器人导航等领域具有广泛的应用。大家比较公认的目标跟踪分类方法是分成：生成（generative）模型方法和判别（discriminative）模型方法。生成模型方法是指基于目标的运动模型来进行跟踪，通常需要先建立目标运动模型，如卡尔曼滤波器、粒子滤波器等，然后根据模型进行跟踪。这类方法的优点是可以对目标的运动进行建模，并利用模型进行预测，但是由于模型假设可能不准确，因此会产生误差。而判别模型方法是指直接利用图像特征来进行目标跟踪，一般采用图像特征＋机器学习的方式来判别目标的位置。这类方法的优点是可以直接利用图像特征进行跟踪，相对准确，但是由于目标的运动复杂多变，因此对图像特征提取的设计要求较高。图6-4展示了对视频中多个目标的跟踪。

图6-4 目标追踪

4）语义分割

语义分割是指将一张图像划分成多个语义区域的过程，即为图像中的每个像素赋予一个特定的语义标签，以区分不同的物体、区域或者场景。在图像领域中，语义通常指图像的内容与意义，如图6-5的语义就是人骑着自行车；分割的意思是从像素的角度分割出图片中的不同对象，并对原图中的每个像素都进行标注。常见的语义分割算法有U-Net、DeepLab、PSPNet等。

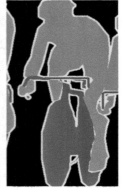

图6-5 语义分割

5）实例分割

实例分割是指将一张图像中的每个物体实例分割出来的过程，即为图像中每个像素分配一个标签，以区分不同的物体实例。与语义分割不同，实例分割不仅要标记出不同的物体，还需要区分同一物体的不同实例。例如，在一张图像中，如果有两个人，实例分割算法需要将它们分别标记为不同的人，而语义分割算法只需标记出"人"这一类就行。常见的实例分割算法有 YOLACT、DetectoRS、SOLOv2、QueryInst 等。图 6-6 展示了不同计算机视觉算法的实现效果。

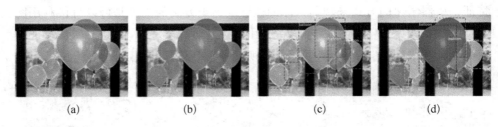

图 6-6 不同视觉算法的对比

（a）分类；（b）语义分割；（c）目标检测；（d）实例分割

6.2 图像处理概述

6.2.1 图像类型

数字图像是由数字化的图像数据组成的图像，其中每个像素都被编码为数字值。数字图像通常是利用矩阵来表示。矩阵中的每个数字代表了图像中该点的灰度值，灰度值的范围通常用 $[0, L]$ 的整数表示，其中 L 表示灰度级的数量，数值越大表示该像素点越亮。数字图像可以是二维的（如照片、绘画、图表等）或三维的（如医学图像、地图等），并且可以在计算机上进行各种操作，如放大、旋转、剪切、滤镜处理等。常见的数字图像包括：

1）灰度图

灰度图是一种仅包含灰度信息的数字图像。在灰度图中，每个像素点的颜色只由黑、白和灰色的不同亮度组成，而不包括彩色信息。灰度图像使用单个通道来表示图像，其中每个像素的灰度值表示该点亮度的强度，通常用一个介于 0 到 255 之间的整数来表示，数值越大表示该像素点越亮。如图 6-7 所示，数字 8 的灰度图只有明暗的区别，图像中每个像素值都介于 0 到 255 之间。

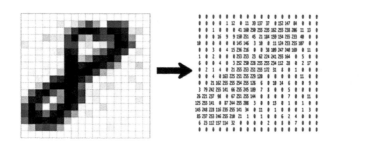

图 6-7　数字 8 的灰度图

2）彩色图

彩色图是一种由红（R）、绿（G）、蓝（B）三种基本颜色叠加后形成的图像，也被称为 RGB 图像。每个像素由三个不同的颜色分量组成，分别对应红色、绿色和蓝色的亮度值。这三个分量的值通常在 0 到 255 之间，表示了每种颜色的强度。在 RGB 颜色空间中，每个像素的颜色可以通过三维坐标系来表示，其中每个轴代表一个颜色分量。红色在 x 轴上，绿色在 y 轴上，蓝色在 z 轴上。这样，每个像素的颜色就可以表示为一个三维向量（R，G，B）。图 6-8 是图像处理标准彩色图像 Lena。当然，除了 RGB 颜色空间之外，还有其他颜色空间，如 HSV、CMYK、Lab 等。这些颜色空间提供了不同的颜色表示方式，如亮度、饱和度、色相等，适用于不同的应用场景。

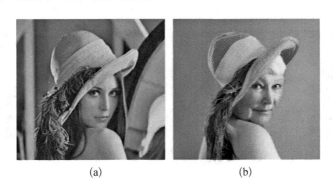

(a)　　　　　　　　　　(b)

图 6-8　图像处理标准彩色图像 Lena

(a) 年轻时的 Lena；(b) 年老时的 Lena

使用 Python 的 OpenCV 库，可以将彩色图像转换为灰度图像。在下面的代码中，cv2.cvtColor() 函数将彩色图像 img 转换为灰度图像 gray_img。第二个参数 cv2.COLOR_BGR2GRAY 指定了转换方式。BGR 是 OpenCV 中彩色图像的默认颜色空间，GRAY 表示灰度空间。

```
import cv2

# 读取彩色图像
img = cv2.imread('color_image.jpg')

# 将彩色图像转换为灰度图像
gray_img = cv2.cvtColor(img, cv2.COLOR_BGR2GRAY)

# 显示灰度图像
cv2.imshow('Gray Image', gray_img)
cv2.waitKey(0)
cv2.destroyAllWindows()
```

3）深度图

深度图包含了关于图像中每个像素距离相机的深度信息。深度图通常使用灰度级别或彩色编码来表示距离信息，其中亮度或颜色的变化表示距离的变化。深度图像通常用于计算机视觉、机器人、虚拟现实等领域中，它可以提供场景中物体的三维信息，从而可以帮助计算机更好地理解场景和做出更准确的决策。深度图可以通过不同的传感器来获取，如激光雷达、结构光、双目摄像头等。其中，双目摄像头是最常用的深度图获取方法之一。通过对左右两个摄像头拍摄到的图像进行匹配，可以计算出每个像素到相机的距离，从而生成深度图。图 6-9(a)显示的是雕塑的彩色图像，图 6-9(b)则是伪彩色化的深度图像。

 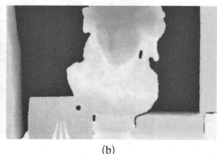

(a)   (b)

图 6-9　雕塑的深度图像

(a) RGB 图像；(b) 伪彩色化的深度像

6.2.2　灰度变换

在图像处理中，灰度变换是一种将图像的灰度级别进行变换的操作。灰度级别是指图像中每个像素的亮度值，通常在 0 到 255 之间，表示了该像素的明暗程度。灰度变换可以通过不同的函数来实现,其中较为简单的是线性灰度变换。线性灰度变换可以将原始的灰度级别进行线性映射,使得图像的对比度、亮度等属性发生变化。例如,可以将原始灰度级别的范围从 [0,255] 映射到 [50,200],则图像的亮度将被压缩到一个较小的范围内。除了线性灰度变换,还有一些非线性灰度变换,如对数变换、幂律变换、伽马校正等。这些变换可以更好地适应图像中复杂的灰度分布和亮度变化,提高图像的对比度、清晰度和视觉效果。

1) 取反变换(inverse transformation)

取反变换是灰度变换中的一种常用技术,其主要作用是将低亮度值的像素转化为高亮度值,将高亮度值的像素转化为低亮度值,从而使图像的对比度更加明显,如图 6-10 所示。取反变换的公式如下:

$$s = L - 1 - r \tag{6-1}$$

式中,r 表示原始图像中的灰度值,s 表示取反变换后的灰度值,L 表示灰度级别的最大值(通常是 256)。这个公式的含义是,将原始灰度值 r 与最大灰度级别 $L-1$ 相减,再使用最大灰度级别 L 减去这个差值,即可得到取反变换后的灰度值 s。

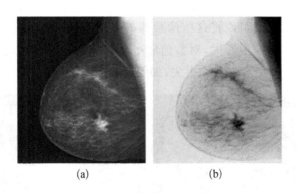

图 6-10 取 反 变 换
(a) 变换前;(b) 变换后

取反变换在图像处理中有广泛的应用,例如在图像增强中,可以使用取反变换来增强图像的对比度,使得图像中细节更加清晰可见。此外,取反变换还可以应用于图像的颜色空间变换中,例如将 RGB 彩色图像转换为灰度图像时,可以使用取反变换来实现。

使用 Python 的 OpenCV 库实现代码如下。通过 neg_img = 255 - img 对灰度图像进行取反变换。这行代码将图像中的每个像素值减去当前值的结果,然后用 255 减去该结果,得到取反后的像素值。这样做的效果是将原始图像中的黑色像素变成白色,白色像素变成黑色。

```
# 读取灰度图像
img = cv2.imread('gray_image.jpg', 0)

# 灰度图像取反变换
neg_img = 255 - img
```

2) 对数变换(logarithmic transformation)

对数变换是一种常用的非线性灰度变换技术,它可以将图像的灰度级别进行压缩,从而增强图像中较暗区域的亮度细节,减少明亮区域的细节丢失。对数变换的公式如下:

$$s = c\log(1+r) \qquad\qquad (6-2)$$

式中,r 表示原始图像中的灰度值,s 表示对数变换后的灰度值,c 是一个常数,用于调整输出灰度级别的范围。

对数变换的本质是对灰度值取对数,对于较暗的像素,其灰度值较小,对数值较大,因此对数变换可以将这些像素的灰度值进行放大,增强亮度细节;对于较明亮的像素,其灰度值较大,对数值较小,因此对数变换可以将这些像素的灰度值进行压缩,减少亮度细节的丢失,如图 6-11 所示。

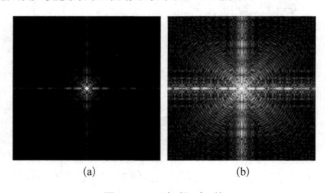

(a)　　　　　　　　　　　(b)

图 6-11　对　数　变　换

(a) 变换前;(b) 变换后

使用 Python 的 OpenCV 库实现代码如下。首先,代码通过公式为 $c = 255/\text{np.log}(1 + \text{np.max(img)})$ 计算出缩放因子 c,用于将对数变换后的像素值映射到 0 到 255 的范围。接下来,代码执行对数变换,将灰度图像 img 的每个像素值加 1 后取对数，并乘以常数 c。最后，代码将对数变换后的图像 log_img 转换为 uint8 类型。这是因为对数变换后的像素值可能是浮点数，而 uint8 类型的像素值范围为 0 到 255，所以需要将其转换为整数类型，并将像素值限制在这个范围内。

```
# 灰度图像对数变换
c = 255 / np.log(1 + np.max(img))
log_img = c * (np.log(img + 1))

# 转换为 uint8 类型
log_img = np.uint8(log_img)
```

3）指数变换（exponential transformation）

指数变换是一种常用的非线性灰度变换技术，它可以将图像中的灰度级别进行扩展，从而增强图像的对比度和亮度差异。指数变换的公式如下：

$$s = cr^{\gamma} \tag{6-3}$$

式中，r 表示原始图像中的灰度值，s 表示指数变换后的灰度值，c 和 γ 是常数，用于调整输出灰度级别的范围和强度。

指数变换的本质是对灰度值进行幂运算，对于较暗的像素，其灰度值较小，经过幂运算后，值会被放大，从而增强图像中的亮度细节；对于较明亮的像素，其灰度值较大，经过幂运算后，值会被压缩，从而增强图像中的对比度。指数变换可以根据不同的 γ 值，实现不同的灰度变换效果。当 γ 值小于 1 时，可以增强图像中较暗区域的亮度细节；当 γ 值大于 1 时，可以增强图像中较明亮区域的对比度和亮度差异。如图 6-12 所示依次为：人体脊椎的核磁共振图像，经过指数变换 $c=1$、$\gamma=0.6$ 之后的图像，经过指数变换 $c=1$、$\gamma=0.4$ 之后的图像，经过指数变换 $c=1$、γ、$\alpha=0.3$ 之后的图像。从中可以看出，低亮度区域展现得越来越明显。如图 6-13 所示从左到右依次为：原图；经过指数变换 $c=1$、$\gamma=3$ 之后的图像；经过指数变换 $c=1$、$\gamma=4$ 之后的图像；经过指数变换 $c=1$、$\gamma=5$ 之后的图像。从中可以看出，高亮度区域展现得越来越明显。

使用 Python 的 OpenCV 库实现代码如下。代码计算了一个常数 c，用于对灰度图像进行缩放。计算公式为 $c = 255 / \{[\text{np.max}(img)] \times \times 0.5\}$，通过这个计算，我们得到一个缩放因子 c，用于将指数变换后的像素值映射到 0 到 255 的范围。接下来，代码执行指数变换，将灰度图像 img 的每个像素值开平方，并乘以常数 c。这行代码的作用是对原始图像的像素值进行指数变换，以增强图像的对比度。

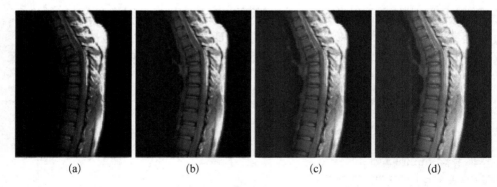

图 6 - 12　人体脊椎的核磁共振图像

(a) 原图；(b) $c = 1$，$\gamma = 0.6$；(c) $c = 1$，$\gamma = 0.4$；(d) $c = 1$，γ，$\alpha = 0.3$

图 6 - 13　风 景 图 像

(a) 原图；(b) $c = 1$，$\gamma = 3$；(c) $c = 1$，$\gamma = 4$；(d) $c = 1$，$\gamma = 5$

```
# 灰度图像指数变换
c = 255 / ((np.max(img)) ** 0.5)
exp_img = c * (img ** 0.5)

# 转换为 uint8 类型
exp_img = np.uint8(exp_img)
```

4）分段线性变换（exponential transformation）

分段线性变换可以将图像的灰度级别进行分段线性变换，从而增强图像的对比度和亮度差异，也可以通过定义一个灰度级别与输出灰度级别之间的映射关系的函数来实现。这个函数通常被分为多个连续的线性段，每个线性段对应一个灰度级别区间。在每个线性段内，图像灰度级别的变化是线性的，即灰度级别越高，输出灰度级别越高，从而增强图像的对比度和亮度差异。图 6 - 14 为主动脉血管造影图像，图 6 - 14(a)为原始图片，图 6 - 14(b)为使用第一个分段线性函数变换后的图像，图 6-14(c)为使用第二个分段线性变换后的图像。

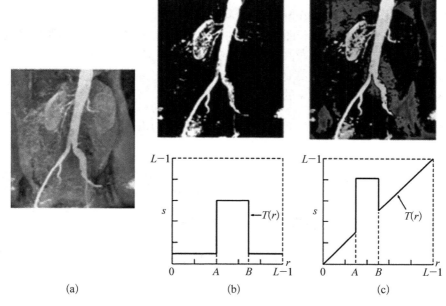

图 6-14　主动脉血管造影图像
(a) 原始图像；(b) 第一种分段线性变换；(c) 第二种分段线性变换

　　使用 Python 的 OpenCV 库实现代码如下。首先，定义三个变量：a、b 和 c，分别表示线性变换的斜率、分段点和另一个斜率。创建一个和 img 具有相同形状的全零数组 piecewise_img，用于存储分段线性变换后的图像。然后，通过逻辑表达式 img $<$ b 和 img $>=$ b 对图像 img 进行分段。对于小于分段点 b 的像素值，使用斜率 a 对其进行线性变换；对于大于等于分段点 b 的像素值，使用斜率 c 对其进行线性变换。最后，将 piecewise_img 转为 uint8 类型。

```
# 灰度图像分段线性变换
a = 0.5
b = 128
c = 1.5
piecewise_img = np.zeros_like(img)
piecewise_img[img < b] = a * img[img < b]
piecewise_img[img >= b] = c * (img[img >= b] - b) + a * b

# 转换为 uint8 类型
piecewise_img = np.uint8(piecewise_img)
```

6.2.3 直方图处理

1) 直方图均衡(histogram equalization)

直方图均衡是一种用于图像处理的技术,用于增强图像的对比和亮度分布。该技术通过对图像像素值的直方图进行变换来实现。

先假设一张图片中所有像素点的灰度值都是连续型随机变量,记 $p_r(r)$、$p_s(s)$ 分别为随机变量 r、s 的概率密度函数。令

$$s = T(r) = (L-1) \int_0^r p_r(t) \mathrm{d}t \qquad (6-4)$$

根据积分上限函数的微分有

$$\frac{\mathrm{d}s}{\mathrm{d}r} = \frac{\mathrm{d}T(r)}{\mathrm{d}r} = (L-1)\frac{\mathrm{d}}{\mathrm{d}r}\left[\int_0^r p_r(w)\mathrm{d}w\right] = (L-1)p_r(r) \qquad (6-5)$$

为了确保变换前后,两个分布在坐标轴上所围成的面积不变,有

$$p_s(s) = p_r(r)\left|\frac{\mathrm{d}r}{\mathrm{d}s}\right| \qquad (6-6)$$

继而有

$$p_s(s) = p_r(r)\left|\frac{\mathrm{d}r}{\mathrm{d}s}\right| = p_r(r)\left|\frac{1}{(L-1)p_r(r)}\right| = \frac{1}{L-1} \qquad (6-7)$$

离散情况下:

$$p_r(r_k) = \frac{n_k}{MN}, \; k = 0, 1, 2, \cdots, L-1 \qquad (6-8)$$

$$s_k = T(r_k) = (L-1)\sum_{j=0}^k p_r(r_j) = \frac{(L-1)}{MN}\sum_{j=0}^k n_j \qquad (6-9)$$

图 6-15 给出了不同亮度的图经过直方图均衡后的效果,可以明显看出,图像的对比度更大了,视觉效果更好了。

使用 Python 的 OpenCV 库实现代码如下:在 OpenCV 中,可以使用 cv2.equalizeHist()函数来实现直方图均衡。该函数的输入是一张灰度图像,输出是均衡后的图像。

```
# 灰度图像分段线性变换
a = 0.5
b = 128
c = 1.5
piecewise_img = np.zeros_like(img)
piecewise_img[img < b] = a * img[img < b]
```

```
piecewise_img[img >= b] = c * (img[img >= b] - b) + a * b

# 转换为 uint8 类型
piecewise_img = np.uint8(piecewise_img)
```

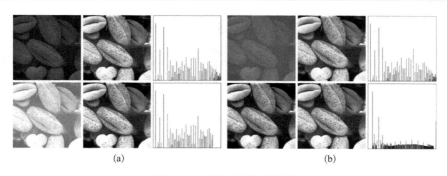

(a)　　　　　　　　　　　　　　　(b)

图 6 - 15　直方图均衡效果

（a）第一种亮度图像直方图均衡化效果；（b）第二种亮度图像直方图均衡化效果

2）直方图匹配（histogram matching）

直方图匹配也称为直方图规定化（histogram specification），是一种用于调整图像的灰度级分布的技术。该技术的目的是将一张图像的灰度级分布转换为另一张图像的灰度级分布，从而使它们具有相似的视觉效果，如图 6 - 16 所示。

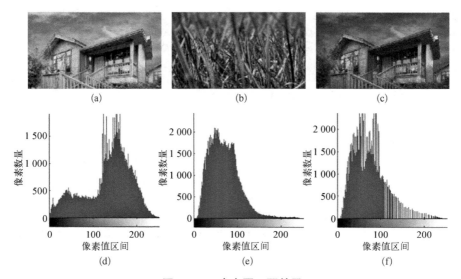

图 6 - 16　直方图匹配效果

（a）原图像；（b）模板图像；（c）规定化后的图像；（d）原图像的直方图；
（e）模板图像的直方图；（f）规定化后的图像的直方图

首先,令原始像素为 r,经过变换后的像素为 z。我们先对原始像素进行均衡处理,有

$$s = T(r) = (L-1) \int_0^r p_r(w) \, \mathrm{d}w \qquad (6-10)$$

其次,定义变换 $G(z)$,它对像素 z 进行均衡变换,有

$$G(z) = (L-1) \int_0^z p_z(t) \, \mathrm{d}t = s \qquad (6-11)$$

于是

$$z = G^{-1}(s) \qquad (6-12)$$

使用 Python 的 OpenCV 库实现代码如下。在 OpenCV 中,可以使用 cv2.createCLAHE() 函数来进行直方图匹配。该函数可以创建一个有限对比度自适应直方图均衡(CLAHE)对象,用于增强图像的对比度。CLAHE 可以用于对整张图像进行直方图均衡,也可以对图像的局部区域进行直方图均衡,从而避免全局均衡化产生的过度增强的问题。

```python
import cv2

# 读取目标图像和参考图像
img_target = cv2.imread("target.jpg", cv2.IMREAD_GRAYSCALE)
img_ref = cv2.imread("reference.jpg", cv2.IMREAD_GRAYSCALE)

# 创建 CLAHE 对象
clahe = cv2.createCLAHE(clipLimit = 2.0, tileGridSize = (8, 8))

# 对目标图像进行直方图均衡
img_target_eq = clahe.apply(img_target)

# 对参考图像进行直方图均衡
img_ref_eq = clahe.apply(img_ref)

# 将目标图像的直方图匹配到参考图像
match = cv2.createMatchTemplate(img_target_eq, img_ref_eq, cv2.TM_CCOEFF_NORMED)
```

6.2.4　空间滤波

空间滤波(spatial filtering)主要用于改变图像中像素的值,以便增强图像的特

定特征或去除图像中的噪声。它是一种基于像素邻域的操作,即基于像素周围的邻域来计算每个像素的新值。在空间滤波中,一个滤波器(filter)是一个包含一组加权系数的小矩阵,通常称为卷积核(convolution kernel)。滤波器在图像上移动,对于每个像素,将其周围的像素值与滤波器内的加权系数进行卷积,产生一个新的像素值。新的像素值取决于滤波器中加权系数的值和像素邻域中的像素值。

1) 平滑空间滤波器(smoothing spatial filter)

使用平滑空间滤波器可以去除图像中的高频噪声和细节,从而使图像变得更加平滑。常见的平滑空间滤波器有均值滤波器(mean filter)、高斯滤波器(gaussian filter)、中值滤波器(median filter)等。图 6 - 17 是经过不同大小的平滑滤波器滤波后的图片。

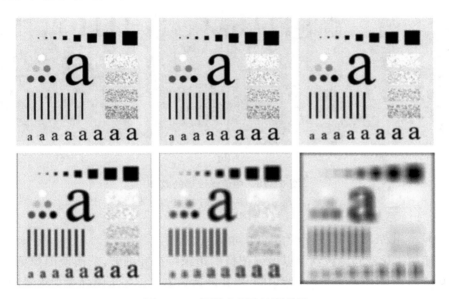

图 6 - 17　平滑空间滤波器效果

使用 Python 的 OpenCV 库实现代码如下。

```python
# 读取图像
img = cv2.imread("image.jpg")

# 均值滤波器
img_mean = cv2.blur(img, (5, 5))

# 高斯滤波器
```

```
img_gaussian = cv2.GaussianBlur(img, (5, 5), 0)

# 中值滤波器
img_median = cv2.medianBlur(img, 5)
```

2) 中值滤波器(median filter)

中值滤波器是一种非线性滤波器,滤波操作为:取模板范围内所有像素灰度值的中间值为输出值,通常用于去除图像中的噪声。图 6-18(a)为一幅电路板的 X 光图像,图 6-18(b)为使用平滑滤波器滤波的效果,图 6-18(c)为使用中值滤波器滤波的效果。可以看出,中值滤波器对于去噪有很好的表现。

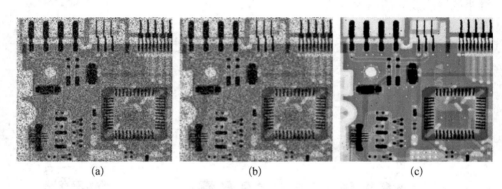

(a)   (b)   (c)

图 6-18 中值滤波器的效果

(a) 原图;(b) 平滑滤波;(c) 中值滤波

3) 锐化空间滤波器(sharpening spatial filter)

使用锐化空间滤波器可以增强图像的边缘特征和细节,从而使图像更加清晰和清晰。与平滑空间滤波器不同,锐化滤波器不是用于去除噪声和平滑图像,而是用于增强图像的高频部分。常见的锐化空间滤波器有拉普拉斯滤波器(laplacian filter)、Sobel 滤波器、Sobel 滤波器等。

通常,使用二阶微分算子——拉普拉斯算子进行图像锐化操作。离散情况下的拉普拉斯算子可以表示为

$$\nabla^2 f(x, y) = f(x+1, y) + f(x-1, y) + \\ f(x, y+1) + f(x, y-1) - 4f(x, y) \tag{6-13}$$

具体地,锐化操作的公式可表达为

$$g(x, y) = f(x, y) + c[\nabla^2 f(x, y)] \tag{6-14}$$

如图 6 - 19 所示,图 6 - 19(a)为原始图像,图 6 - 19(b)为经过拉普拉斯算子得到的图片,图 6 - 19(c)为图 6 - 19(b)乘以某个系数得到的图片,图 6 - 19(d)锐化后的图像。

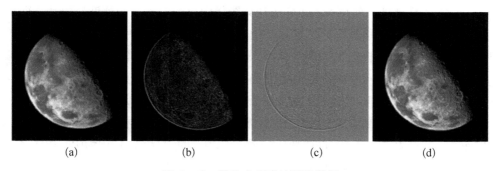

(a)　　　　　　　(b)　　　　　　　(c)　　　　　　　(d)

图 6 - 19　锐化空间滤波器的效果

(a) 原始图像;(b) 拉普拉斯变换;(c) 系数相乘;(d) 锐化图像

使用 Python 的 OpenCV 库实现代码如下:

```python
# 读取图像
img = cv2.imread("image.jpg")

# 拉普拉斯滤波器
kernel_lap = np.array([[0, -1, 0], [-1, 5, -1], [0, -1, 0]])
img_lap = cv2.filter2D(img, -1, kernel_lap)

# Sobel 滤波器
sobelx = cv2.Sobel(img, cv2.CV_64F, 1, 0, ksize = 3)
sobely = cv2.Sobel(img, cv2.CV_64F, 0, 1, ksize = 3)
img_sobel = cv2.addWeighted(sobelx, 0.5, sobely, 0.5, 0)

# Scharr 滤波器
scharrx = cv2.Scharr(img, cv2.CV_64F, 1, 0)
scharry = cv2.Scharr(img, cv2.CV_64F, 0, 1)
img_scharr = cv2.addWeighted(scharrx, 0.5, scharry, 0.5, 0)
```

6.2.5　边缘检测

边缘检测(edge detection)主要是用于检测图像中的边缘或轮廓。边缘通常指图像中亮度或颜色发生突变的区域,边缘检测可以帮助我们识别和提取图像中的重要特征,如物体的轮廓、形状和纹理等。常用的边缘检测算法包括 Canny 算法、Sobel 算法、Prewitt 算法和 Laplacian 算法等。

Canny算法具有高精度、低误检和能够提取连续边缘等优点,因此被广泛应用于计算机视觉、图像处理等领域。图6-20为Canny算法效果。其主要包括以下步骤:

（1）高斯滤波。使用一个高斯滤波器对图像进行平滑处理,以减少噪声的影响。

（2）计算梯度。使用Sobel算法计算图像中每个像素点的梯度幅值和方向,以便找到像素值变化最快的位置。

（3）梯度幅值非极大值抑制。对梯度图像进行非极大值抑制,即对每个像素点的梯度幅值进行比较,保留梯度方向上幅值最大的像素点,以便更准确地提取边缘。

（4）双阈值处理。将非极大值抑制后的梯度图像进行双阈值处理,即设定高阈值和低阈值,将梯度幅值大于高阈值的像素点标记为强边缘,将梯度幅值小于低阈值的像素点标记为弱边缘,将梯度幅值位于高低阈值之间的像素点标记为中间边缘。

（5）边缘连接。在双阈值处理后,将中间边缘与强边缘进行连接,形成连续的边缘。

图6-20(a)为原图,图6-20(b)为经过高斯滤波后再利用梯度算子操作再经过阈值分割得到的图像,图6-20(c)为使用Canny算法所得到的边缘。

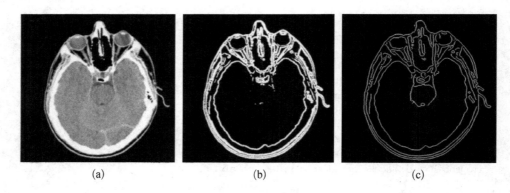

(a)   (b)   (c)

图6-20　Canny算法效果

(a)原图;(b)边缘处理后的图像;(c)Canny算法得到的边缘

使用Python的OpenCV库实现代码如下。其中,cv2.Canny()函数用于对灰度图像进行边缘检测,参数100和200分别表示边缘强度的下限和上限。

```
# 读取图像
img = cv2.imread("image.jpg")

# 灰度化处理
gray = cv2.cvtColor(img, cv2.COLOR_BGR2GRAY)
```

```
# Canny 边缘检测
edges = cv2.Canny(gray, 100, 200)
```

6.2.6　特征提取

图像特征是指在数字图像中可以被提取出来并能够描述图像内容的局部特性或结构。这些特征可以是图像中的自然特征,如亮度、边缘、纹理、色彩等,也可以是通过变换得到的特征,如矩、直方图、主成分等。从图像中提取计算机能够理解的表示或描述,如数值、向量等,即特征提取。

1) 矩特征(moment features)

图像的矩特征是一类基于图像像素灰度值的数学特征,利用图像的重心、面积等信息来描述图像的形状和纹理特征。矩是随机变量的一种数字特征。设 X 为随机变量,c 为常数,k 为正整数。则 $E[(x-c)^k]$ 称为 X 关于 c 点的 k 阶矩:

(1) $c=0$ 时,$a_k=E(X^k)$ 称为 X 的 k 阶原点矩。

(2) $c=E(X)$ 时,$a_k=E[(X-EX)^k]$ 称为 X 的 k 阶中心矩。

针对一幅图像,矩特征的计算是基于图像像素灰度值的加权和,其中权重可以是像素值本身、像素坐标的某个函数等。一般来说,零阶矩为图像的面积或像素点个数。一阶矩为图像的重心位置,表示图像的位置信息。二阶矩为图像的惯性矩阵,用于描述图像的形状信息。

使用 Python 的 OpenCV 库实现代码如下。

```
# 读取图像
img = cv2.imread("image.jpg")

# 灰度化处理
gray = cv2.cvtColor(img, cv2.COLOR_BGR2GRAY)

# 二值化处理
ret, thresh = cv2.threshold(gray, 127, 255, cv2.THRESH_BINARY)

# 计算图像的几何矩和中心矩
M = cv2.moments(thresh)

# 计算图像的面积和重心位置
area = M['m00']
cx = int(M['m10'] / M['m00'])
cy = int(M['m01'] / M['m00'])
```

```
# 计算图像的方向和轴长比
theta = 0.5 * np.arctan2(2 * M['mu11'], M['mu20'] - M['mu02'])
aspect_ratio = np.sqrt((M['mu20'] + M['mu02']) / (M['mu11'] * * 2 + 1e-6))
```

2) 纹理特征(texture features)

纹理是一种反映图像中同质现象的视觉特征,它体现了物体表面的具有缓慢变化或者周期性变化的表面结构组织排列属性。纹理通过像素及其周围空间领域的灰度分布来表现,即局部纹理信息。局部纹理信息不同程度上的重复性,就是全局纹理信息。

局部二值模式(local binary pattern,LBP)是一种用于图像纹理特征提取的方法,能够对图像的局部纹理进行描述,具有较好的旋转不变性和灰度不变性。LBP 的实现方法如图 6-21 所示。将图像转换为灰度图,对于中心像素点,将其周围的像素值与中心像素值进行比较,若周围像素值大于中心像素值,则该像素点的权值为 1,反之为 0,这样便得到了一个二进制编码。将所有像素点的二进制编码串组成的序列作为图像的 LBP 特征描述符,即可用于后续的纹理分析和分类。图 6-22 为 LBP 纹理提取效果。

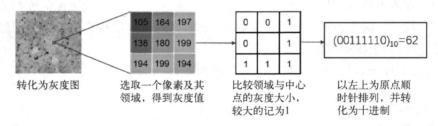

转化为灰度图　　选取一个像素及其　　比较领域与中心　　以左上为原点顺
　　　　　　　　领域,得到灰度值　　点的灰度大小,　　时针排列,并转
　　　　　　　　　　　　　　　　较大的记为1　　　化为十进制

图 6-21 LBP 算法步骤

(a)　　　　　　　　　　(b)

图 6-22 LBP 纹理提取效果

(a) 原始图像;(b) LBP 纹理

使用 Python 的 OpenCV 库实现代码如下。其中，OpenCV 中提供了 cv2.LBP()函数，实现 LBP 纹理特征提取。

```python
# 读取图像
img = cv2.imread("image.jpg")

# 灰度化处理
gray = cv2.cvtColor(img, cv2.COLOR_BGR2GRAY)

# 计算 LBP 纹理特征
radius = 3
n_points = 8 * radius
lbp = cv2.LBP(gray, n_points, radius, cv2.LBP_UNIFORM)
```

3）亮度特征（brightness features）

亮度是指画面的明亮程度，单位是堪德拉每平方米（cd/m²）或称尼特（nits）。图像亮度是从白色表面到黑色表面的感觉连续体，由反射系数决定，亮度侧重物体，重在"反射"。在彩色图像的颜色空间中，YIQ 颜色空间具有能将图像中的亮度分量分离提取出来的优点，且与 RGB 颜色空间之间是线性变换的关系。其中 Y 表示亮度。YIQ 颜色空间与 RGB 颜色空间转换公式如下：

$$Y = (0.299 \times R) + (0.587 \times G) + (0.114 \times B) \tag{6-15}$$

4）区域特征（regional features）

区域可以认为是图像中具有相互连通、一致属性的像素集合。区域特征描述子包括圆度、凸度、欧拉数等。

（1）圆度（图 6-23）。圆度指影响一个区域与圆的相似度的形状系数。计算公式如下：

$$C = \frac{4\pi S}{P^2} \tag{6-16}$$

式中，S 为面积，P 为周长。

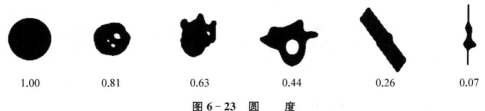

| 1.00 | 0.81 | 0.63 | 0.44 | 0.26 | 0.07 |

图 6-23　圆　　　度

（2）凸度（图 6-24）。凸度指几何形状是凸包还是凹包的度量。计算公式如下：

$$C = \frac{F_\circ}{F_c} \qquad (6-17)$$

式中，$F_\circ$ 为凸包面积，F_c 为原始面积。

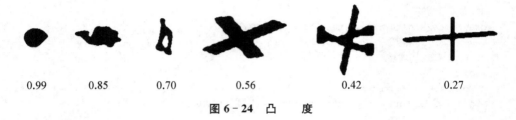

| 0.99 | 0.85 | 0.70 | 0.56 | 0.42 | 0.27 |

图 6-24 凸　度

（3）欧拉数（图 6-25）。欧拉数指目标区域的连通分量的数量 C 与孔洞数量 H 的差。计算公式如下：

$$E = C - H \qquad (6-18)$$

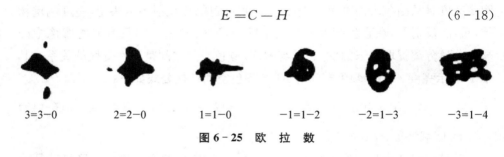

| 3=3−0 | 2=2−0 | 1=1−0 | −1=1−2 | −2=1−3 | −3=1−4 |

图 6-25 欧　拉　数

6.2.7　特征分类

1）逻辑回归（logistic regression）

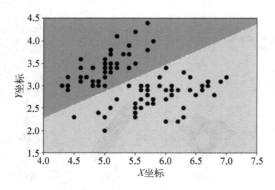

图 6-26　逻辑回顾实现二分类

逻辑回归是一种常用的二分类模型，它可以用于解决分类问题，如图 6-26 所示。逻辑回归的基本思想是通过将输入特征与权重相乘，并加上一个偏置项，得到一个实数值，然后通过一个特定的函数将其映射到一个 [0，1] 范围内的概率值，表示样本属于正例的概率。逻辑回归的训练过程就是通过最大化似然函数来求解模型的参数。逻辑回归用于图像特征分类,其基本思路是将图像特征提取后作为输入,然后通过逻辑回归模型进行分类预测。

　　OpenCV 提供了 cv2.ml.LogisticRegression_create() 函数实现逻辑回归分类图像特征,具体代码如下。首先,读取三张图像:正样本图像、负样本图像和测试样本图像。正样本和负样本图像用于训练逻辑回归模型,测试样本图像用于测试模型的分类效果。接着,使用 cv2.cvtColor() 函数将图像从 BGR 格式转换为灰度图像,并使用 flatten() 函数将灰度图像展平成一维数组,作为图像的特征。然后,使用 np.vstack() 函数将正样本和负样本的特征堆叠在一起,构建训练数据和标签。接着,使用 cv2.ml.LogisticRegression_create() 函数创建逻辑回归模型,并使用 setTrainMethod()、setMiniBatchSize() 和 setIterations() 函数设置训练参数。最后,使用 train() 函数对模型进行训练,并使用 predict() 函数对测试样本进行分类预测,输出分类结果。

```python
import cv2
import numpy as np

# 读取正样本和负样本图像
pos_img = cv2.imread("pos_image.jpg")
neg_img = cv2.imread("neg_image.jpg")

# 提取正样本和负样本图像的特征
pos_feature = np.zeros((1, pos_img.shape[0] * pos_img.shape[1]), dtype = np.float32)
neg_feature = np.zeros((1, neg_img.shape[0] * neg_img.shape[1]), dtype = np.float32)

pos_gray = cv2.cvtColor(pos_img, cv2.COLOR_BGR2GRAY)
neg_gray = cv2.cvtColor(neg_img, cv2.COLOR_BGR2GRAY)

pos_feature[0, :] = pos_gray.flatten()
neg_feature[0, :] = neg_gray.flatten()

# 构建训练数据和标签
train_data = np.vstack((pos_feature, neg_feature))
train_labels = np.array([1, 0], dtype = np.int32)

# 训练逻辑回归模型
lr = cv2.ml.LogisticRegression_create()
lr.setTrainMethod(cv2.ml.LogisticRegression_MINI_BATCH)
lr.setMiniBatchSize(2)
```

```
lr.setIterations(100)
lr.train(train_data, cv2.ml.ROW_SAMPLE, train_labels)

# 预测测试样本的标签
test_img = cv2.imread("test_image.jpg")
test_gray = cv2.cvtColor(test_img, cv2.COLOR_BGR2GRAY)
test_feature = test_gray.flatten().reshape(1, -1)
_, result = lr.predict(test_feature)

if result[0][0] == 1:
    print("The test image is positive.")
else:
    print("The test image is negative.")
```

2) 神经网络(neural network)

神经网络是一种模拟人脑神经元网络的计算模型,它由许多简单的神经元单元组成,每个神经元单元接收一些输入,并产生一个输出作为下一层神经元单元的输入,最终产生输出结果,如图 6-27 所示。在图像特征分类上,可以使用卷积神经网络(convolutional neural network,CNN)来提取图像特征,并使用全连接神经网络(fully connected neural network,FCN)进行分类预测。

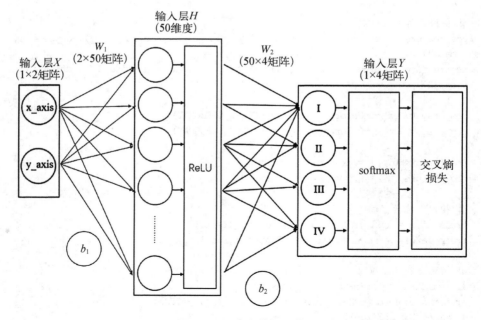

图 6-27 卷积神经网络

使用 Python 的 Pytorch 库实现能够完成图像特征分类任务的神经网络。该神经网络由三层卷积层和两个全连接层构成,代码如下。

```
# 定义卷积神经网络类
class ConvNet(nn.Module):
    def __init__(self):
        super(ConvNet, self).__init__()
        self.conv1 = nn.Conv2d(in_channels = 3, out_channels = 32, kernel_size = 3, stride = 1, padding = 1)
        self.relu1 = nn.ReLU()
        self.pool1 = nn.MaxPool2d(kernel_size = 2, stride = 2)
        self.conv2 = nn.Conv2d(in_channels = 32, out_channels = 64, kernel_size = 3, stride = 1, padding = 1)
        self.relu2 = nn.ReLU()
        self.pool2 = nn.MaxPool2d(kernel_size = 2, stride = 2)
        self.fc1 = nn.Linear(64 * 16 * 16, 128)
        self.relu3 = nn.ReLU()
        self.fc2 = nn.Linear(128, 2)
        self.Softmax = nn.Softmax(dim = 1)

    def forward(self, x):
        x = self.conv1(x)
        x = self.relu1(x)
        x = self.pool1(x)
        x = self.conv2(x)
        x = self.relu2(x)
        x = self.pool2(x)
        x = x.view(-1, 64 * 16 * 16)
        x = self.fc1(x)
        x = self.relu3(x)
        x = self.fc2(x)
        y_hat = self.Softmax(x)
        return y_hat
```

3) 决策树(neural network)

决策树是一种基于树形结构的机器学习算法,它通过一系列的决策来对数据进行分类或回归分析。本质上,它从一层层的 if/else 问题中进行学习,并得出结论,如图 6-28 所示。在决策树中,每个节点表示一个特征,每个分支表示该特征的不同取值,而每个叶子节点表示一个分类结果。

以梯度提升决策树(gradient bossting decision tree,GBDT)在鸢尾花数据集为例,数据集如表 6-1 所示。用三维向量来表示标签:山鸢尾[1,0,0];杂

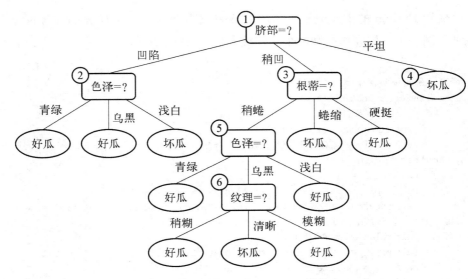

图 6-28　基于决策树判断好瓜坏瓜

色鸢尾 [0，1，0]；韦吉尼亚鸢尾[0，0，1]。针对每个类别训练一个,互独立决策树,其中样本 1 对 CART Tree1 输入[5.1，3.5，1.4，0.2，1],对 CART Tree2输入[5.1，3.5，1.4，0.2，0],对 CART Tree3 输入[5.1，3.5，1.4，0.2，0]。遍历四个特征中取一个作为节点,对每个节点对应的六个样本值取一个作为切分点,最终找到一个最优特征和最优切分点使得特征值的损失值最小。

表 6-1　鸢尾花数据集

样本编号	花萼长度/cm	花萼宽度/cm	花瓣长度/cm	花瓣宽度/cm	花的种类
1	5.1	3.5	1.4	0.2	山鸢尾
2	4.9	3.0	1.4	0.2	山鸢尾
3	7.0	3.2	4.7	1.4	杂色鸢尾
4	6.4	3.2	4.5	1.5	杂色鸢尾
5	6.3	3.3	6.0	2.5	韦吉尼亚鸢尾
6	5.8	2.7	5.1	1.9	韦吉尼亚鸢尾

　　例如,取花萼长度为节点,大于等于 5.1 cm 为 A 类,小于 5.1 cm 为 B 类,如图 6-29 所示。y_1 为 R_1 所有样本标签的均值,y_2 为 R_2 所有样本标签的均值,

则特征值损失值为

$$(1-0.2)^2+(1-1)^2+$$
$$(0-0.2)^2+(0-0.2)^2+$$
$$(0-0.2)^2+(0-0.2)^2=0.84$$
$$(6-19)$$

最终找到损失函数最小时对应的特征与特征值,预测函数为

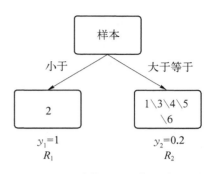

图 6-29　以花萼长度为节点的决策树

$$f(x)=\sum_{x\in R_1}y_1\times I(x\in R_1)+\sum_{x\in R_2}y_2\times I(x\in R_2) \qquad (6-20)$$

本例预测函数为

$$f_1(x)=\sum_{x\in R_1}1\times I(x\in R_1)+\sum_{x\in R_2}0.2\times I(x\in R_2) \qquad (6-21)$$

于是得到样本属于类别 1 的预测值 $f_1(x)=2$,同理可得 $f_2(x)$、$f_3(x)$,样本属于类别 1 的概率为

$$p_1=\exp[f_1(x)]/\sum_{k=1}^{3}\exp[f_k(x)] \qquad (6-22)$$

4)支持向量机(support vector machine,SVM)

支持向量机是一种二分类模型,其核心是将数据映射到高维空间中,寻找一个最优的超平面来将不同类别的数据分开。SVM 可以通过核函数来处理非线性分类问题,在高维空间中找到最优的超平面,以实现更准确的分类。如图 6-30 所

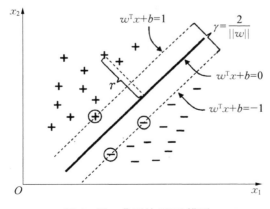

图 6-30　典型的 SVM 模型

示为典型的 SVM 模型,其基本想法就是求解能够正确划分训练数据集集 $D = \{(x_1, y_1), (x_2, y_2), \cdots, (x_n, y_n)\}$,$y_i \in \{-1, 1\}$,并且几何间隔最大的分离超平面 $\omega^T x + b = 0$ 或者高维 $f(x) = \omega^T \phi(x) + b$。

使用 Python 的 sklearn 库实现 SVM 对图像特征的分类,代码如下。

```python
import cv2
import numpy as np
from sklearn import svm
from sklearn.model_selection import train_test_split

# 读取正样本和负样本图像
pos_img = cv2.imread("pos_image.jpg")
neg_img = cv2.imread("neg_image.jpg")

# 提取正样本和负样本图像的特征
pos_feature = cv2.resize(pos_img, (32, 32)).flatten()
neg_feature = cv2.resize(neg_img, (32, 32)).flatten()

# 构建训练数据和标签
train_data = np.vstack((pos_feature, neg_feature))
train_labels = np.array([1, 0], dtype = np.int64)

# 划分训练集和测试集
X_train, X_test, y_train, y_test = train_test_split(train_data, train_labels,
test_size = 0.2, random_state = 42)

# 定义 SVM 分类器
clf = svm.SVC(kernel = 'linear')

# 训练 SVM 分类器
clf.fit(X_train, y_train)

# 在测试集上进行预测
y_pred = clf.predict(X_test)

# 输出分类准确率
accuracy = np.mean(y_pred == y_test)
print("Accuracy:", accuracy)
```

5) 集成模型(ensemble models)

集成模型是一种将多个模型组合在一起来提高预测性能的技术,如图 6-31 所示。它可以通过对多个模型的预测结果进行加权平均或投票来产生最终的预测结果。常见的集成模型有 Bagging、Boosting、Stacking 等。

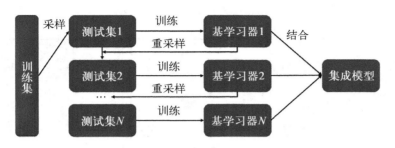

图 6-31 集成学习模型

Boosting 是集成学习方法的一种,用于对训练集进行迭代学习,每次迭代都会调整样本的权重,使得前一次分类错误的样本在下一次迭代中得到更多的关注,提高分类器的准确率。

以 Adaboost 算法为例,设有 10 个样本,蓝色正方形与红色圆形表示两种类别,数字代表序号,面积代表权重,使用水平或垂直的直线作为基分类器进行分类。

首先,初始化的数据权重分布为

$$D_1 = (0.1, \ 0.1, \ 0.1, \ 0.1, \ 0.1, \ 0.1, \ 0.1, \ 0.1, \ 0.1, \ 0.1) \qquad (6-23)$$

其次,根据权重得到基分类器分类 h_1,其中 2、2、4 分类错误,如图 6-32 所示。错误率 $e_1 = 0.3$,h_1 的权重 $\alpha_1 = \frac{1}{2}\log(1 - e_1/e_1) = 0.4236$。于是增加 2、3、4 权重得到 D_2。

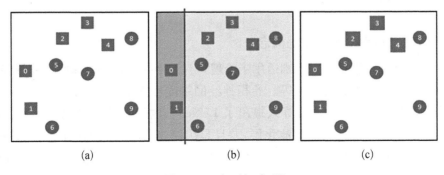

图 6-32 初 始 步 骤

(a) 初始数据;(b) h_1 分类结果;(c) 新权重 D_2 分布

重复这个过程,如图 6-33 所示得到新基分类器 h_2、错误率 e_2、分类器权重 α_2,以及新的样本权重 D_3,根据 D_3 得到基分类器 h_3、错误率 e_3、分类器权重 α_3。最后整合所有的基分类器,完成分类,如图 6-34 所示。

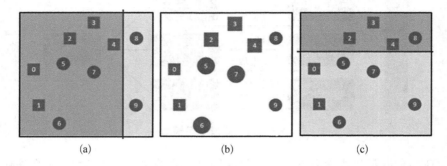

(a)　　　　　　　　　(b)　　　　　　　　　(c)

图 6-33　循环步骤

(a) h_2 分类结果;(b) 新权重 D_3 分布;(c) h_3 分类结果

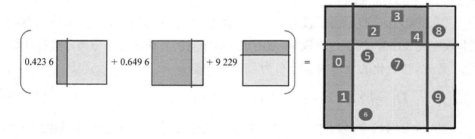

图 6-34　分类结果

6.3　卷积神经网络概述

6.3.1　卷积神经网络的概念

卷积神经网络是一种特别适用于处理具有网格结构数据的深度学习神经网络,如图像、声音和文本数据等。卷积神经网络的出现最早可以追溯到 20 世纪 80 年代,当时 Yann LeCun 等人提出了 LeNet-5 模型,用于手写数字识别任务。该模型使用了卷积层和池化层,并且是第一个将 CNN 应用于计算机视觉任务的模型。随着计算机性能的提高和数据集的扩大,CNN 的性能也在不断提高。2012 年,Alex Krizhevsky 等人使用了深度卷积神经网络(deep convolutional neural network,DCNN)在 ImageNet 数据集上取得了惊人的结果,大幅度超越了传统的计算机视觉算法。这个模型被称为 AlexNet。从此以后,CNN 在计算机视觉领域得到了广泛应用,出现了如 VGG、GoogLeNet、ResNet 等新的卷积神经网络模型。下图为使用卷积神经网络进行图像分类的例子,对卷积神经网络输入一个图像,卷积神经网络会给出一个分类结果。比如,如果你给它一张鸟的图像,它就输出如"鸟""狗""猫"等类别,每一个类别都有一个可信度,即图像有多大的概率是这个类别,一般选取可信度最高的作为最终分类的结果,如图 6-35 所示。

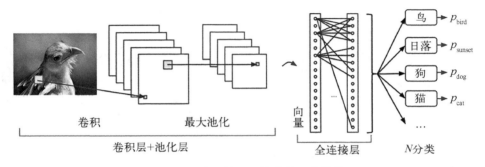

图 6-35　卷积神经网络进行图像分类

卷积神经网络包括卷积层(convolutional layer)、池化层(pooling layer)和全连接层(fully connected layer)等组件,其本质上是一种多层感知机。相较于全连接神经网络,CNN 的优点在于模型参数更少、泛化性能更好、对图像位置信息更敏感。如图 6-36 所示可以看到卷积神经网络中神经元之间的连接要明显少于全连接神经网络。这主要是因为 CNN 采用了局部连接和权值共享的方式。局部连接是指每个神经元只与输入数据的一部分区域进行连接,即每个卷积核只与输入数据的一部分进行卷积运算。这可以减少权值数量,从而使网络更易于优化,降低模型复杂度,减小过拟合的风险。如图 6-37(a)中,对于一个输入图像,卷积神经网络的神经元只截取原图像中大小为 16×16 的局部感兴趣区域作为输入,而全连接神经元是以整幅图像作为输入。权值共享是指,给一张输入图片,用一个卷积核(即滤波器)去扫这张图,卷积核里面的数就叫权重。这张图每个位置都被同样地卷积核扫描,因此权重是一样的,也就是共享的,如图 6-37(b)所示。综合来看,局部连接和权值共享的组合使得 CNN 可以更好地提取输入数据的局部特征,并且具有位置不变性,即无论输入数据的位置如何变化,模型都可以识别相同的物体。对于图像处理和计算机视觉任务,这是非常重要的,因为它们往往需要处理大量的图像数据,这些数据具有高维度和复杂的空间结构。

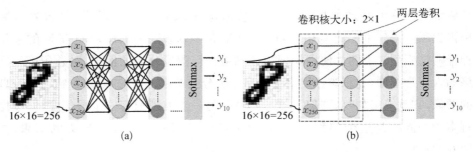

图 6 - 36   全连接神经网络与卷积神经网络的对比

（a）全连接神经网络；（b）卷积神经网络

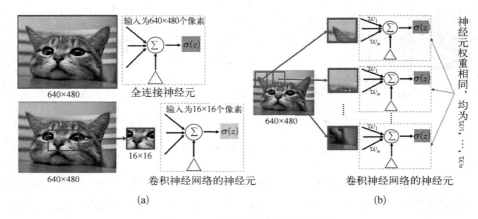

图 6 - 37   局部连接与权值共享

（a）局部连接；（b）权值共享

6.3.2   卷积运算

卷积运算是 CNN 中的核心操作之一，用于从输入数据中提取特征。在 CNN 中，卷积运算通常在卷积层中进行，每个卷积层包含有多个卷积核（filter）和偏移值（bias），如图 6 - 38 所示。卷积核用于提取输入数据中的一个特定特征，而偏置值可以看作是一个常量，它被加到卷积核与输入数据的乘积之后，可以引入一定的非线性因素，从而提高卷积层的表达能力。

卷积运算是将卷积核与输入数据进行逐个元素的乘积，然后将乘积的结果相加，得到一个新的数值。卷积核在输入数据上滑动，每次移动一个固定的步长，计算得到的所有新数值组成了一个特征映射层（feature map）。如图 6 - 39(a) 所示，首先对输入图像左上角大小为 3×3 的区域进行卷积操作，得到特征映射层的第一个值，计算公式为：$F[0, 0] = 10 \times 1 + 10 \times 2 + 10 \times 1 + 10 \times 0 + 10 \times$

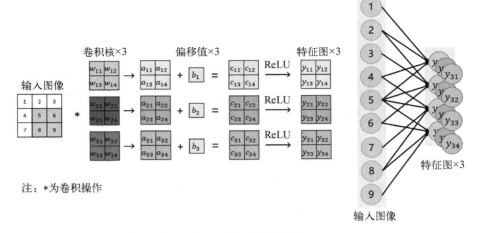

图 6-38　卷积层效果图

$0+10\times0+10\times(-1)+10\times(-2)+10\times(-1)=0$。图 6-39(b)将选取的区域向右移动了一个像素,计算得到了特征映射层的第一个值,计算公式为:$F[0,1]=10\times1+10\times2+10\times1+10\times0+10\times0+10\times0+10\times(-1)+10\times(-2)+10\times(-1)=0$。依次对整幅输入图像进行卷积运算,最终得到如图 6-39(c)所示的特征映射层。

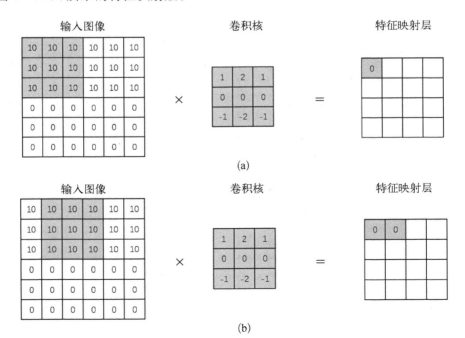

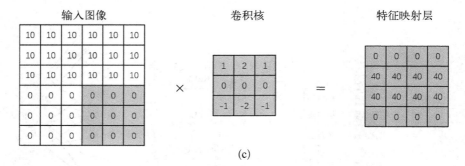

图 6 - 39 卷 积 运 算

(a) 第一次卷积；(b) 第二次卷积；(c) 第十六次卷积

下面给出了 Python 中卷积运算的原理。代码中定义了一个名为 convolve 的函数，用于执行卷积操作。该函数接受图像和卷积核作为输入，并返回卷积结果。首先，函数创建一个全零的输出数组 output，形状为(image.shape[0]－2，image.shape[1]－2)，即比输入图像小 2 个像素的宽度和高度。然后，函数使用两个嵌套的循环遍历输出数组的每个像素位置。对于每个位置，函数通过 np.sum(image[i:i+3, j:j+3] × kernel)计算输入图像和卷积核的元素对应位置的乘积之和，并将结果赋值给输出数组的对应位置。最后，函数返回输出数组。

```python
import numpy as np

# 定义图像和卷积核
image = np.array([[10, 10, 10, 10, 10, 10, ],
                  [10, 10, 10, 10, 10, 10, ],
                  [10, 10, 10, 10, 10, 10, ],
                  [0, 0, 0, 0, 0, 0, ],
                  [0, 0, 0, 0, 0, 0, ],
                  [0, 0, 0, 0, 0, 0, ]])
kernel = np.array([[1, 2, 1], [0, 0, 0], [-1, -2, -1]])

# 定义卷积操作函数
def convolve(image, kernel):
    output = np.zeros((image.shape[0] - 2, image.shape[1] - 2))
    for i in range(output.shape[0]):
        for j in range(output.shape[1]):
            output[i, j] = np.sum(image[i:i + 3, j:j + 3] * kernel)
    return output

# 进行卷积操作
result = convolve(image, kernel)
```

在上面的卷积运算中,我们提到了卷积核每次移动一个步长,最终得到了整个特征映射层。这里步长也就是步幅(stride),指的是卷积核在原始图片的水平方向和垂直方向上每次移动的距离。通过设置步幅,卷积操作可以用来压缩一部分信息。一般我们设置在水平方向和垂直方向的步幅一样,如果步幅设为 s,则输出尺寸为 $\left[\left(\dfrac{m+2p-f}{s}+1\right),\left(\dfrac{n+2p-f}{s}+1\right)\right]$。如图 6-40 所示,考虑步幅下的卷积运算,在高上步幅为 3、在宽上步幅为 2。核第二步与输入区域运算得到输出的右上角深色阴影区域,第三步与输入的浅色阴影区域运算得到输出的左下角区域。

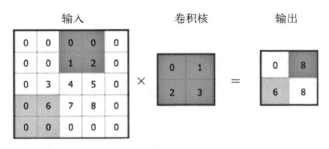

图 6-40　卷　积　步　幅

除此之外,卷积核的大小、填充方式(padding)也是卷积运算的重要参数。卷积核的大小通常是正方形或矩形。卷积填是指在卷积运算中使用一些额外的数据填充输入数据的边界,以控制卷积运算输出特征图的大小。假设输入图片的大小为 (m,n),而卷积核的大小为 (f,f),则卷积后的输出图片大小为 $(m-f+1,n-f+1)$,由此带来两个问题,首先,每次卷积运算后,输出图片的尺寸缩小。其次,原始图片的角落、边缘区像素点在输出中采用较少,输出图片丢失很多边缘位置的信息。因此,可以在进行卷积操作前,对原始图片在边界上进行填充,以增加矩阵的大小,通常将 0 作为填充值。设每个方向扩展像素点数量为 p,则填充后原始图片的大小为 $(m+2p,n+2p)$,卷积核大小保持 (f,f) 不变,则输出图片大小 $(m+2p-f+1,n+2p-f+1)$。如图 6-41 所示,$p=1$ 填充,将 $(3,3)$ 的输入填充为 $(5,5)$,再与核运算得到输出。

一般而言,卷积神经网络处理的是彩色图像,而彩色图片有 RGB 三个通道,为了处理这样的多通道输入数据,CNN 引入了多通道卷积。对于每个卷积核,它会在每个通道上执行卷积运算,并将每个通道的结果相加,得到一个新的特征图。这个新的特征图可以看作是对输入数据在多个通道上提取出的特征的融合

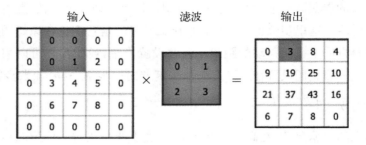

输入　　　　滤波　　　　输出

图 6 - 41　卷 积 填 充

和汇总。在多通道卷积中,卷积核的深度(即通道数)必需与输入数据的深度相同,这样才能保证每个通道都有对应的卷积核进行卷积运算。

6.3.3　卷积神经网络的结构

卷积网络是主要由输入层(input layer)、卷积层(convolutional layer)、激励层(activation layer)、池化层(pooling layer)、全连接层(fully connected layer)、输出层(output layer)组成。图 6 - 42 为卷积网络的一般结构,一个卷积块为连续 M 个卷积层和 b 个汇聚层(M 通常设置为 2～5,b 为 0 或 1)。一个卷积网络中可以堆叠 N 个连续的卷积块,然后连接接 K 个全连接层(N 的取值区间比较大,如 1～100 或者更大;K 一般为 0～2)。

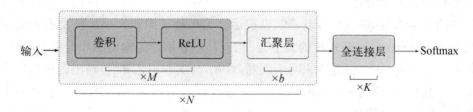

图 6 - 42　卷积网络的一般结构

1) 输入层

卷积神经网络的输入层通常是一个二维或三维的数据张量,其中二维张量表示灰度图像,三维张量表示彩色图像或者是一维时间序列数据。输入层的作用是接收原始输入数据,将其传递给下一层进行处理。

2) 卷积层

卷积层是卷积神经网络的核心组件,它通过卷积运算从输入数据中提取特征。在卷积层中,每个卷积核都可以提取输入数据中的一个特定特征,卷积核的深度决定了每个特征图的数量。卷积层通常包括多个卷积核和偏置值,每个卷积核都会产生一个特征图,对于每个特征图,都有一个对应的偏置值。卷积层还可以通过填充、步幅等方式控制输出特征图的大小和形状。

卷积层可用于特征提取,以识别字母"X"为例。如图 6-43 所示,字母"X"具有两类斜角特征和一个交叉特征。首先设置卷积核的大小,在这里选取了 3×3 大小的卷积核。当设置不同的权重时,通过对输入图像进行卷积运算可以得到不同的特征映射矩阵,如图 6-44~图 6-47 所示。仔细观察,可以发现特征映射矩阵的值,越接近于 1 表示对应位置和相应小矩阵所代表的特征越接近,越是接近−1,表示对应位置和相应小矩阵所代表的反向特征越匹配,而值接近 0 的表示对应位置没有任何匹配或者说没有什么关联。最终可以得到斜角 1 特征出现了 4 次 1,交叉特征出现了 1 次 1,斜角 2 特征出现了 4 次 1。

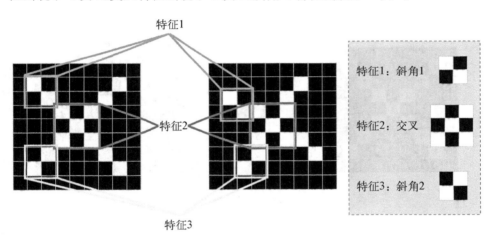

图 6-43　字母"X"的特征

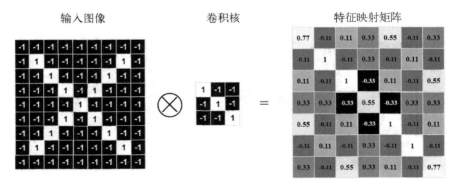

图 6-44　第一种卷积运算

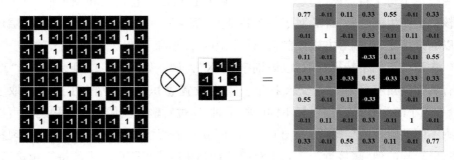

图 6-45   第二种卷积运算

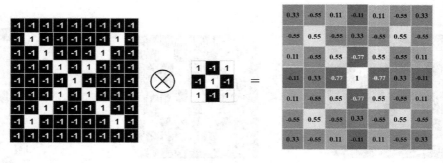

图 6-46   第三种卷积运算

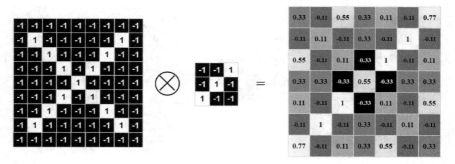

图 6-47   第四种卷积运算

3) 激励层

卷积神经网络中,激励层对卷积层的输出进行非线性变换,以增强卷积层的表达能力和学习能力。一般和卷积层合并在一起称为"卷积层"。常用的激活函数包括 Sigmoid、ReLU、Tanh 等。

如图 6-48 所示,Sigmoid 函数的数学表达式为 $f(x) = \dfrac{1}{1+\mathrm{e}^{-x}}$。其图像是一条 S 形曲线,当输入趋近于无穷大时,Sigmoid 函数的输出趋近于 1;当输入趋近于负无穷大时,输出趋近于 0。ReLU(rectified linear unit)函数的数学表达式为:$f(x) = \max(0, x)$,即当输入 x 大于 0 时,输出等于输入 x,否则输出为 0。ReLU 函数的图像类似于一个斜坡,输入为负数时输出为 0,输入为正数时输出与输入相同。tanh 函数是一种双曲正切函数,它的数学表达式为 $f(x) = \dfrac{\mathrm{e}^x - \mathrm{e}^{-x}}{\mathrm{e}^x + \mathrm{e}^{-x}}$。Tanh 函数的图像类似于 Sigmoid 函数,也是一条 S 形曲线,当输入趋近于无穷大时,Tanh 函数的输出趋近于 1;当输入趋近于负无穷大时,输出趋近于 -1。

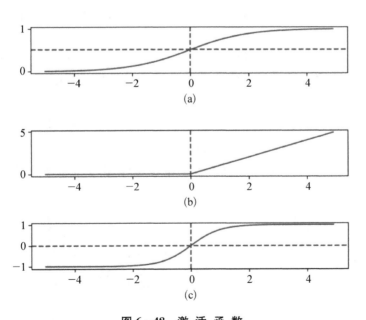

图 6-48　激 活 函 数

(a) Sigmoid 函数;(b) ReLU 函数;(c) Tanh 函数

下面给出了 Python 实现 Sigmoid、ReLU 和 Tanh 激活函数的示例代码。

```
import numpy as np

# Sigmoid 激活函数
def sigmoid(x):
    return 1 / (1 + np.exp(-x))

# ReLU 激活函数
def relu(x):
    return np.maximum(0, x)

# Tanh 激活函数
def tanh(x):
    return np.tanh(x)
```

4) 汇聚层

汇聚层也叫做池化层,一般都是接在卷积层后面,可以用于减小特征图的大小,从而减少参数数量和计算量,并提高模型的鲁棒性。常用的池化方式包括最大池化、平均池化、自适应最大池化、自适应平均池化等。最大池化(max pooling)是将特征图分割成若干个不重叠的区域,对于每个区域,取其最大值作为输出。最大池化可以提取特征图中最显著的特征,同时保留位置信息,具有一定的旋转和平移不变性。不同于最大池化,平均池化(average pooling)是取每个区域的平均值作为输出,具有平滑特征图、减小噪声的作用。自适应最大池化(adaptive max pooling)是对最大池化的改进方法,它不需要指定池化区域的大小和步幅,而是根据输入的特征图大小自动调整池化区域的大小和步幅。相应的,自适应平均池化(adaptive average pooling)是对平均池化的改进方法,同样也不需要指定池化区域的大小和步幅。图 6-49 给出了几种池化操作的示例。

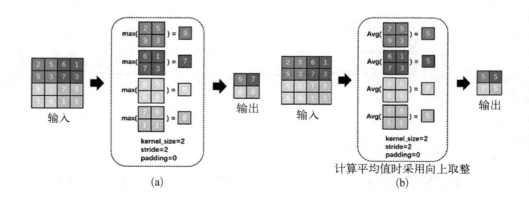

(a)   (b)

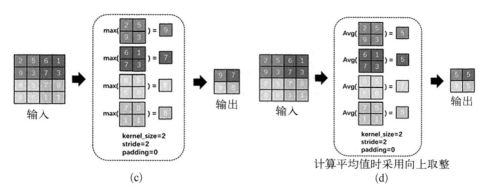

计算平均值时采用向上取整

(c)　　　　　　　　　　　　　　　　　　　　　　　(d)

图 6 - 49　四种池化操作

（a）最大池化；（b）平均池化；（c）自适应最大池化；（d）自适应平均池化

　　下面给出了 Pytorch 实现四种池化操作的示例代码。

```python
import torch.nn as nn
import torch.nn.functional as F

# 最大池化层
class MaxPool(nn.Module):
    def __ init __(self, kernel_size, stride = None, padding = 0):
        super(MaxPool, self).__ init __()
        self.pool = nn.MaxPool2d(kernel_size, stride = stride, padding = padding)

    def forward(self, x):
        return self.pool(x)

# 平均池化层
class AvgPool(nn.Module):
    def __ init __(self, kernel_size, stride = None, padding = 0):
        super(AvgPool, self).__ init __()
        self.pool = nn.AvgPool2d(kernel_size, stride = stride, padding = padding)

    def forward(self, x):
        return self.pool(x)

# 自适应最大池化层
class AdaptiveMaxPool(nn.Module):
    def __ init __(self, output_size):
        super(AdaptiveMaxPool, self).__ init __()
        self.pool = nn.AdaptiveMaxPool2d(output_size)
```

```
    def forward(self, x):
        return self.pool(x)

# 自适应平均池化层
class AdaptiveAvgPool(nn.Module):
    def __init__(self, output_size):
        super(AdaptiveAvgPool, self).__init__()
        self.pool = nn.AdaptiveAvgPool2d(output_size)

    def forward(self, x):
        return self.pool(x)
```

5）全连接层

全连接层是卷积神经网络的最后一层，它将卷积层和池化层的输出展平成一个一维向量，并将其输入到一个全连接神经网络中进行分类或回归等任务。在实际使用中，全连接层可由卷积操作实现。如果前层是全连接的全连接层，可以使用卷积核为 1×1 的卷积；如果前层是卷积层的全连接层，可以使用卷积核为 $h \times w$ 的全局卷积，h 和 w 分别为前层卷积结果的高和宽。图 6-50 给出全连接层的分类过程。

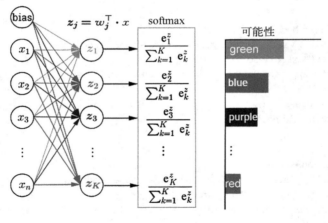

图 6-50 全连接层

6.3.4 经典卷积神经网络

1）LeNet

LeNet 是深度学习领域第一个真正意义上的卷积神经网络，是当前各种深度卷积神经网络的鼻祖，由 Yann LeCun 等人于 1998 年提出，主要用于手写数字识别任务。LeNet 具有轻量化、高效性和可扩展性等特点，奠定了卷积神经网络在计算机视觉领域的基础。

如图 6-51 所示，LeNet 的网络结构包括 7 层，其中包括 2 个卷积层、2 个池化层和 3 个全连接层，具体结构为：① 第一层为输入层。接收大小为 32×32 的图像输入。② 第二层为卷积层。使用 6 个大小为 5×5 的卷积核，步长为 1，得到 6 个特征图。每个特征图的大小为 28×28。③ 第三层为平均池化层。使用 2×2 的池化核，步长为 2，对每个特征图进行降采样，得到 6 个大小为 14×14 的特征图。④ 第四层为卷积层。使用 16 个大小为 5×5 的卷积核，步长为 1，得到 16 个特征图。每个特征图的大小为 10×10。⑤ 第五层为平均池化层。使用 2×2 的池化核，步长为 2，对每个特征图进行降采样，得到 16 个大小为 5×5 的特征图。⑥ 第六层为全连接层。将 16 个 5×5 的特征图展开为一维向量，与 120 个神经元进行全连接，得到 120 个输出。⑦ 第七层为全连接层。将第六层的输出与 84 个神经元进行全连接，得到 84 个输出。输出层为全连接层。将第七层的输出与 10 个神经元进行全连接，得到 10 个输出，表示 10 个数字的概率。

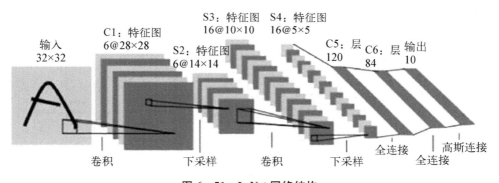

图 6-51　LeNet 网络结构

2）AlexNet

AlexNet 由 Alex Krizhevsky、Ilya Sutskever 和 Geoffrey Hinton 等人于 2012 年提出，是现代意义上的深度卷积神经网络。与之前的卷积网络相比，AlexNet 以很大的深度和宽度为特点，采用了 Dropout、ReLU 和 GPU 加速等技术，以在 ImageNet 图像分类挑战赛中大幅超越了当时的竞争对手而闻名。图 6-52 为 AlexNet 网络结构。

3）ZFNet

ZFNet 是由 Matthew D. Zeiler 和 Rob Fergus 在 2013 年提出，其结构与

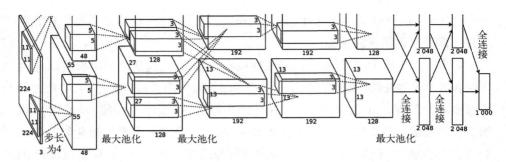

图 6 - 52　AlexNet 网络结构

AlexNet 相似,但对 AlexNet 进行了一些改进和优化,提高了图像分类性能。

ZFNet 的主要改进在于对 AlexNet 中的卷积层进行了调整。具体来说,ZFNet 将 AlexNet 的第一层卷积核大小从 11×11 减小到了 7×7,缩小了卷积核的尺寸。这样做的好处是能够增加每个卷积核的感受野(receptive field),即每个卷积核能够捕捉到更广阔的图像区域信息,从而提高了特征的抽象能力。除了调整卷积核大小之外,ZFNet 还使用了更小的步幅(stride)和更大的零填充(padding),以保持特征图的尺寸与 AlexNet 相同。同时,ZFNet 还使用了更小的权重衰减系数(weight decay)和更小的学习率,以减少模型过拟合和训练时间。图 6 - 53 为 ZFNet 网络结构。

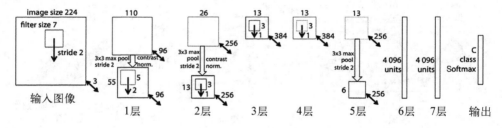

图 6 - 53　ZFNet 网络结构

4) GoogLeNet

GoogLeNet 是由 Google 团队在 2014 年提出的深度卷积神经网络模型,相较于之前的经典模型如 AlexNet 和 VGG,GoogLeNet 具有更深的网络结构和更少的参数量。

GoogLeNet 的主要特点是使用了 Inception 模块(inception module),如图 6 - 54 所示。这是一种由多个不同大小的卷积核组合而成的结构,能够在不增加参数量的情况下提高模型的准确率。Inception 模块采用了并行的卷积层,使模型能够在不同的尺度上提取特征。具体来说,Inception 模块中包含了 $1\times$

1、3×3、5×5 的三种不同大小的卷积核,以及一个最大池化层,然后将这些卷积核的输出在通道维度上拼接起来。这样做的好处是,不同大小的卷积核能够捕捉到不同尺度的特征,同时使用 1×1 的卷积核能够减少特征图的维度,从而降低计算量。如图 6-55 所示,GoogLeNet 的网络结构中,Inception 模块被堆叠在一起形成了一个深度的网络结构,因此被称为 Inception 网络。

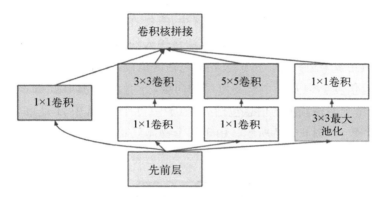

图 6-54　Inception 模块

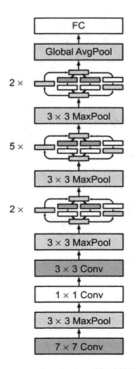

图 6-55　GoogLeNet 的网络结构

6.4 目标检测算法——YOLO

6.4.1 YOLO 的核心思想

YOLO(you only look once)是一种目标检测算法,它的主要思想是将整个物体检测过程作为单一的回归问题来解决,直接在图像上预测物体的边界框和类别信息。如图 6-56 所示,YOLO 算法将输入的图像分成 $S \times S$ 个网格,每个网格负责预测多个边界框。每个边界框包括 5 个量:中心坐标(x, y)、宽度 w、高度 h 和置信度 o,以及一个长度为 C 的向量,分别表示物体属于 C 个类别的概率。因此,每个网格预测的信息包括 $B \times (5+C)$ 个量,其中 B 是每个网格预测的边界框个数,如图 6-57 所示。由于每个物体只需要一个边界框框出,所以后续还会对这多个边界框进行筛选。

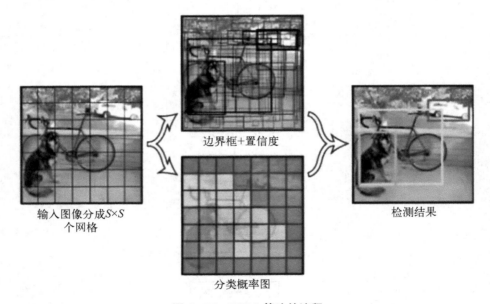

图 6-56 YOLO 算法的流程

图 6-57 每个网格预测的信息

之前提到了边界框（bounding box），它其实是指一个矩形框，用于框定图像中的物体。YOLO 算法是通过预测图像中每个物体的边界框来实现物体检测任务。之前我们也提到每个网格会预测多个边界框，那具体的个数以及大小 YOLO 是如何确定的呢？这里就引出了 YOLO 算法中的先验框（prior box）的概念。先验框是一种预定义的边界框，用于在训练和预测过程中对检测物体的大小和比例进行建模。在 YOLO 算法中，每个网格负责预测多个边界框，由于不同物体的大小和比例可能不同，如果不考虑这些差异，模型可能会产生不准确的预测结果。因此，YOLO 算法使用先验框来解决这个问题。在训练过程中，每个真实边界框都会被分配到与其形状最相似的先验框上，并且只有与该先验框形状最匹配的边界框会负责预测该物体。这样可以减少模型的学习难度，并且可以更好地捕捉不同物体的大小和比例。在 YOLO 算法中，每个网格通常使用多个不同大小和比例的先验框。这些先验框的大小和比例是通过对训练数据集中物体大小和比例的统计分析得到的。与传统的目标检测算法不同，YOLO 算法中的先验框不是根据图像尺寸和物体大小进行手动设置的，而是通过数据驱动的方式自动学习得到。一般是采用聚类法获取良好的先验框。在 YOLOv2 中，作者通过聚类选择了 5 个先验框，此时模型在召回率与复杂性之间具有较好的平衡。在 YOLOv3 中，作者选择了 9 个先验框。图 6-58 展示不同数量的聚类中心在 VOC2007 数据集上的表现性能。

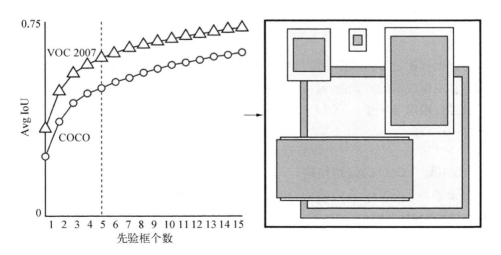

图 6-58　先验框的确定

6.4.2　制作 YOLO 的数据集

如图 6 - 59(a)所示，YOLO 的数据集文件夹共有两个子文件夹，一个是 images，一个是 labels，分别存放图片与标签 txt 文件，并且 images 与 labels 的目录结构需要对应，因为 YOLO 是先读取 images 图片路径，随后直接将 images 替换为 labels 来查找标签文件。标签 txt 文件包含有物体的类别标签、标记框的中心点坐标以及宽度和高度。其中，类别标签为标签名称在标签数组中的索引，下标从 0 开始。中心点坐标为标记框中心的 (x,y) 坐标，数值是原始中心点 (x,y) 坐标分别除以图宽和图高后的结果。同样，标记框的宽度和高度也是原始标记框的宽度和高度分别除以图宽和图高后的结果。如图 6 - 59(b)展示了数据集格式，每个标记框为一行，内容分别是类别索引号、标记框中心点的 x 坐标和 y 坐标、标记框的宽度和高度。

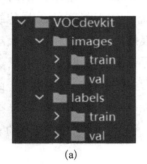

```
0 0.285156 0.909954 0.569792 0.135648
0 0.41849 0.741204 0.596354 0.068519
0 0.237695 0.647801 0.078646 0.027778
0 0.436263 0.607755 0.171094 0.021759
```

(a)　　　　　　　　　　　　　　(b)

图 6 - 59　YOLO 的数据集

(a) 数据集结构；(b) 数据集内容

数据标注是指将数据中的目标物体或感兴趣区域（region of interest，ROI）用标签或标注框的方式进行标记，以便于机器学习算法对这些目标进行识别、分类、检测、跟踪等任务。YOLO 模型的数据标注主要在 Labelimg 或者 Labelme 软件中进行。

6.4.3　YOLO 的网络结构

图 6 - 60 以 YOLOv3 为例，该网络共有 106 层。左上方的是输入层，用于接收原始图像并将其转换为网络可以处理的格式。YOLOv3 支持任意尺寸的输入图像。左下方的是 YOLOv3 的特征提取网络，使用了 Darknet - 53 网络结构。该网络是一个 53 层的卷积神经网络，用于从原始图像中提取特征，其结构

与 ResNet 类似,但是采用了更小的卷积核和更多的卷积层。Darknet‐53 网络可以有效地提取图像中的语义信息,并且具有较高的计算效率。右侧是 YOLOv3 的输出层,共有 3 个检测头,即 3 个检测结果,分别对应是第 82 层、第 94 层、第 106 层,可以实现对每张图像在大、中、小 3 个尺度上检测目标。

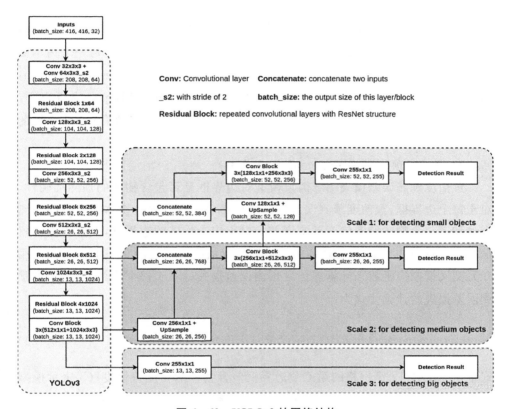

图 6‐60　YOLOv3 的网络结构

6.4.4　YOLO 的损失函数

YOLO 的损失函数主要包含三个部分,分别对应物体检测中的边界框坐标预测误差、置信度预测误差和类别预测误差:

1) 边界框坐标预测误差损失(coordinate loss)

YOLOv3 中使用的边界框表示方式为(x, y, w, h),其中(x, y)表示边界框中心点坐标,w 和 h 表示边界框宽度和高度。模型会预测每个边界框的坐标和尺寸,而实际边界框的坐标和尺寸也已知。因此,可以计算模型预测值与实际值之间的坐标和尺寸误差,并使用平方误差来计算坐标预测误差损失。对于每

个边界框,坐标预测误差损失的计算公式为

$$\lambda_{\text{coord}} \sum_{i=0}^{S^2} \sum_{j=0}^{B} I_{ij}^{\text{obj}} \left[(x_i - \hat{x}_i)^2 + (y_i - \hat{y}_i)^2 + (\sqrt{w_i} - \sqrt{\hat{w}_i})^2 + (\sqrt{h_i} - \sqrt{\hat{h}_i})^2 \right]$$

$$(6 - 24)$$

式中,λ_{coord} 是一个可调的参数,用于控制坐标预测误差损失的权重;S 表示输入图像被分割成的网格数;B 表示每个网格预测的边界框数量;I_{ij}^{obj} 是一个指示函数,当第 i 个网格的第 j 个边界框与实际边界框的交并比(interseetion of union,IoU)大于某个阈值时,值为 1,否则为 0;(x_i, y_i, w_i, h_i) 是第 i 个网格的第 j 个边界框的实际坐标和尺寸;$(\hat{x}_i, \hat{y}_i, \hat{w}_i, \hat{h}_i)$ 是第 i 个网格的第 j 个边界框的模型预测坐标和尺寸。

2) 置信度预测误差损失(confidence loss)

置信度预测误差损失用于衡量模型对边界框是否包含物体的预测准确性。对于每个边界框,置信度预测误差损失由两部分组成:包含物体的置信度预测误差和不包含物体的置信度预测误差。对于包含物体的边界框,模型预测的置信度应该接近 1,而不包含物体的边界框的置信度应该接近 0。因此,可以使用二元交叉熵损失函数来计算置信度预测误差损失。对于每个边界框,置信度预测误差损失的计算公式为

$$\sum_{i=0}^{S^2} \sum_{j=0}^{B} \left[I_{ij}^{\text{obj}} (C_i - \hat{C}_i)^2 + \lambda_{\text{noobj}} I_{ij}^{\text{noobj}} (C_i - \hat{C}_i)^2 \right] \qquad (6 - 25)$$

式中,C_i 表示第 i 个网格的第 j 个边界框包含物体的预测置信度;$\hat{C}_i$ 表示模型对第 i 个网格的第 j 个边界框包含物体的预测置信度;I_{ij}^{noobj} 是一个指示函数,当第 i 个网格的第 j 个边界框与实际边界框的 IoU 小于某个阈值时,值为 1,否则为 0;λ_{noobj} 是一个可调的参数,用于控制不包含物体的置信度预测误差损失的权重。

3) 类别预测误差损失(class loss)

类别预测误差损失用于衡量模型对物体类别的预测准确性。对于每个边界框,模型会对可能的物体类别进行预测,并使用交叉熵损失函数计算类别预测误差损失。对于每个边界框,类别预测误差损失的计算公式为

$$\sum_{i=0}^{S^2} \sum_{j=0}^{B} I_{ij}^{\text{obj}} \sum_{c=1}^{C} \left[p_i(c) - \hat{p}_i(c) \right]^2 \qquad (6 - 26)$$

式中，C 是物体类别的数量；$p_i(c)$ 表示第 i 个网格的第 j 个边界框属于第 c 个类别的预测概率；$\hat{p}_i(c)$ 表示模型对第 i 个网格的第 j 个边界框属于第 c 个类别的预测概率；I_{ij}^{obj} 是一个指示函数，当第 i 个网格的第 j 个边界框与实际边界框的 IoU 大于某个阈值时，值为 1，否则为 0。

6.4.5　YOLO 的预测

1）边界框预测

直接预测边界框的宽高会导致训练时不稳定的梯度问题，因此，现在的很多目标检测方法将 log 空间转换或者简单的偏移（offset）变换应用到先验框以获得预测，如图 6-61 所示。先验框是边界框的先验，是使用 K-means 聚类在数据集 VOC 和 COCO 上计算的。我们将预测框的宽度和高度，以表示距聚类质心的偏移量。

$$
\begin{cases}
b_x = \sigma(t_x) + c_x \\
b_y = \sigma(t_y) + c_y \\
b_w = p_w e^{t_w} \\
b_h = p_h e^{t_h}
\end{cases}
\tag{6-27}
$$

式中，b_x、b_y、b_w、b_h 分别是预测的中心 x、y 坐标，宽度和高度；t_x、t_y、t_w、t_h 是网络的输出；c_x、c_y 是网格从顶左部的坐标；p_w、p_h 是先验框的宽度和高度。

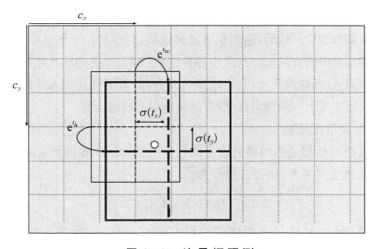

图 6-61　边界框预测

模型的输出并没有直接给出包含目标的包围盒,而是包含所有网格单元对应结果的张量,因此需要一些后处理步骤来获得结果。

首先,需要根据阈值和模型输出的目标置信度来淘汰一大批包围盒,如图 6-62 所示。而剩下的包围盒中很可能有好几个围绕着同一个目标,因此还需要继续淘汰。这时候就要用到非极大值抑制(non-maximum suppression,NMS),顾名思义就是抑制不是极大值的元素,可以认为求局部最优解。用在此处的基本思路就是选择目标置信度最大的包围盒,然后排除掉与之 IoU 大于某个阈值的附近包围盒。

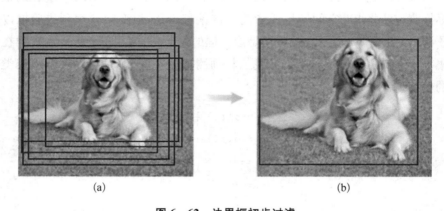

(a) (b)

图 6-62 边界框初步过滤

(a) 非极大值抑制之前的预测;(b) 非极大值抑制之后的预测

NMS 的具体步骤如下:首先对所有候选框按照预测得分(confidence score)进行排序,得分高的候选框排在前面。其次,选取得分最高的候选框,并将其加入最终的检测结果列表中。然后,遍历剩下的候选框,对于每一个候选框,计算它与已选出的检测结果中所有候选框的重叠部分面积(IoU,即交并比),如果重叠部分面积大于某个阈值(通常为 0.5),则将该候选框舍弃,否则将其加入最终的检测结果列表中。最后重复上一步骤,直到所有的候选框都被遍历完。

2) 目标置信度预测

目标置信度预测是指网格的边界框包含一个物体的置信度有多高并且该边界框预测准确度有多大,用公式表示为

$$Pr(Object) \times IoU_{pred}^{truth} \qquad (6-28)$$

在训练阶段,如果一个物体中心没有落在网格之内,那么每个边界框的 $Pr(Object)=0$,因此置信度的直接设置为 0。如果物体的中心落在了这个网格

之内,这个时候 $\Pr(\text{Object})=1$,因此置信度变成了 $1\times\text{IoU}_{\text{pred}}^{\text{truth}}$。 注意这个 IOU 是在训练过程中不断计算出来的,网络在训练过程中预测的边界框每次都不一样,所以和真实值计算出来的 IoU 每次也会不一样。

在预测阶段,网络只输出一个置信度的值,它实际上隐含地包含了 $\text{IoU}_{\text{pred}}^{\text{truth}}$。

3) 类别预测

物体类别是一个条件概率 $\Pr(\text{Class}_i/\text{Object})$。

在训练阶段,对于一个 cell,如果物体的中心落在了这个 cell,那么给它打上这个物体的类别 label,并设置概率为 1。换句话说,这个概率是存在一个条件的,这个条件就是 cell 存在物体。

在测试阶段,网络直接输出 $\Pr(\text{Class}_i/\text{Object})$,就已经可以代表有物体存在的条件下类别概率。但是在测试阶段,还把这个概率乘上 confidence。举个例子,对于某个 cell 来说,在预测阶段,即使这个 cell 不存在物体(即 confidence 的值为 0),也存在一种可能:输出的条件概率 Pr 为 0.9,但将 confidence 和 Pr(0.9)乘起来就变成 0。这个是很合理的,因为得确保 cell 中有物体(即 confidence 大),算类别概率才有意义。

参考文献

[1] THEODORIDIS S, KOUTROUMBAS K. Pattern Recognition [M]. San Diego: Elsevier Science & Technology, 2003.

[2] 张学工.模式识别[M].第 3 版.北京:清华大学出版社,2010.

[3] 史海成,王春艳,张媛媛.浅谈模式识别[J].今日科苑,2007(22):169.

课后作业

1. 简要介绍机器视觉系统的工作过程。

2. 什么是模式识别?　　　　　　　　　　　　　　　　　　　　　(　　)

　　A. 通过计算机用数学的方法来对不同模式进行自动处理和判读

　　B. 通过人工用数学的方法来对不同模式进行自动处理和判读

　　C. 通过计算机用数学的方法来对不同模式进行人工处理和判读

　　D. 通过人工用数学的方法来对不同模式进行人工处理和判读

3. 什么是图形图像处理?

4. 边缘检测的思想是什么?

5. 以下哪些是卷积的实际用途? （　　）

    A. 实现语音数据的特征提取

    B. 音频或视频编码的预处理

    C. 音频数据或视频数据或图片数据的降维

    D. 实现数字水印

    E. 快速锁定音频或图形数据中需要锁定的内容

    F. 实现美颜相机的效果

    G. 恢复被压缩的数据

6. 什么是卷积神经网络的特征提取?

7. 关于卷积神经网络的说法正确的是哪项? （　　）

    A. 从开始的层到后面的层,经过变换得到的特征图的尺寸开始变小,后来变大

    B. 从开始的层到后面的层,经过变换得到的特征图的尺寸逐渐变大

    C. 从开始的层到后面的层,经过变换得到的特征图的尺寸大小不变

    D. 从开始的层到后面的层,经过变换得到的特征图的尺寸逐渐变小

第 7 章

▽

序列模型分析

序列模型是一种强大的机器学习模型,可有效处理按顺序排列的数据,如文本、语音和视频等。近年来,涌现了许多新的序列模型和算法,如递归神经网络(recursive neural network,RNN)、长短期记忆网络(long short term memory,LSTM)和 Transformer 等。这些模型和算法在各个领域都取得了显著成就。在自然语言处理领域,BERT、GPT 等模型已成为当前最先进的自然语言处理模型之一,而 ChatGPT 则是其中应用较为成功的代表。在语音识别领域,序列模型广泛应用于语音识别和语音合成等任务,诸如 Google 的 WaveNet 和百度的 DeepSpeech 等模型已成为语音识别领域的领先模型。此外,序列模型还被用于图像描述生成、视频预测和时间序列预测等任务。本章将简要介绍序列模型的基本概念,并对其中经典的循环神经网络、长短期记忆网络以及 Tansformer 进行分析。

7.1　序列模型概述

序列模型是一种被广泛应用于处理序列数据的机器学习模型。序列数据是按顺序排列的数据,因此在序列数据中,数据之间存在着前后依赖的关系,且数据之间不能互换。序列模型可以用于多种应用场景,如语音识别、音乐生成、情感分类、脱氧核糖核酸(deoxyribonudeic acid,DNA)序列分析、机器翻译、视频行为识别等。在语音识别中,输入是一个音频片段,输出是对应的文字记录。这种情况下,输入和输出都可以视为序列数据,因为它们都按照时间顺序排列。在音乐生成中,输入可能是空集或者一个数字,这种情况下输入并不能被视为序列数据,相反,生成的音乐序列才是序列数据。在 DNA 序列分析中,输入的一段 DNA 序列属于序列数据,输出的匹配某种蛋白质的标记则不是序列数据。由此可见,序列模型的输入与输出可以是一对多,多对一,多对多三种类型。

序列模型的研究最早基于马尔可夫模型,但由于该类模型无法预测更远的状态,因此不适用于处理长序列数据。随着神经网络的发展,人们开始探索使用神经网络来处理序列数据。1986 年,Michael Jordan 借鉴了 Hopfiled 网络的思想,定义了循环的概念,并在神经网络中引入循环连接。1990 年,美国认知科学家 Jeffrey Elman 在 Jordan 的研究基础上进行简化,提出了 RNN 模型。RNN 的出现使得序列模型可以处理任意长度的序列数据,其每个时间步都会接收前一个时间步的输出作为输入,从而可以捕捉序列中的依赖关系。RNN 在语音识别、机器翻译等任务中取得了很好的效果,但是由于梯度消失和梯度爆炸的问题导致难以训练。为解决此问题,Hochreiter 和 Schmidhuber 在 RNN 中引入了门机制,提出 LSTM。标准的循环神经网络结构存储的上下文信息的范围有限,限制了 RNN 的应用。LSTM 型 RNN 用 LSTM 单元替换标准结构中的神经元节点,使用输入门、输出门和遗忘门控制序列信息的传输,从而实现较大范围的上下文信息的保存与传输。2017 年,谷歌团队提出 Transformer,将自注意力机制引入到序列分析中。Transformer 不再使用循环结构,而是通过自注意力机制来对序列进行建模,从而实现并行计算,大幅提高模型的训练和推理速度,很快在自然语言处理等领域流行。

7.2 循环神经网络

RNN 是一类基于神经网络的序列模型,主要用于处理序列数据,如语音、文本、时间序列等。与前馈神经网络不同,RNN 具有循环连接,可以使前面的信息在后面的计算中得到重复利用,从而能够建模序列之间的依赖关系,如图 7-1 所示。

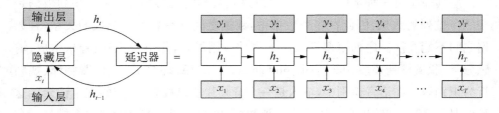

图 7-1　循环神经网络结构

RNN 的基本结构包括 t 时刻的输入 x_t、t 时刻的隐藏状态 h_t 和 t 时刻的输出 y_t。隐藏状态 h_t 的计算包括两部分:一部分是当前输入 x_t 的线性变换,另一部分是前一个时间步的隐藏状态 h_{t-1} 的非线性变换。具体地,设 f 为激活函数,则 RNN 的隐藏状态计算公式为

$$h_t = f(W_{xh}x_t + W_{hh}h_{t-1} + b_h) \tag{7-1}$$

式中，W_{xh} 是 x_t 到 h_t 的权重矩阵，W_{hh} 是 h_{t-1} 到 h_t 的权重矩阵，b_h 是偏置向量。

在上述计算中，h_{t-1} 通过循环连接传递到 t 时刻，从而实现了前面的信息在后面的计算中的重复利用。此外，RNN 的输出 y_t 可以通过隐藏状态 h_t 的非线性变换得到，即

$$y_t = f(W_{hy}h_t + b_y) \qquad (7-2)$$

式中，W_{hy} 是 h_t 到 y_t 的权重矩阵，b_y 是偏置向量。

RNN 的训练通常采用反向传播算法。由于 RNN 具有循环连接，因此在反向传播时需要考虑所有时间步的梯度，即通过时间反向传播（backpropagation through time，BPTT）算法来计算梯度。

使用 Python 的 NumPy 库实现 RNN 的代码如下。

```python
import numpy as np

# 定义 sigmoid 函数
def sigmoid(x):
    return 1 / (1 + np.exp(-x))

# 定义 RNN 模型
class RNN:
    def __init__(self, input_dim, hidden_dim, output_dim):
        self.input_dim = input_dim
        self.hidden_dim = hidden_dim
        self.output_dim = output_dim
        self.Wxh = np.random.randn(input_dim, hidden_dim) * 0.01 # 输入层到隐藏
层的权重
        self.Whh = np.random.randn(hidden_dim, hidden_dim) * 0.01 # 隐藏层到隐
藏层的权重
        self.Why = np.random.randn(hidden_dim, output_dim) * 0.01 # 隐藏层到输
出层的权重
        self.bh = np.zeros((1, hidden_dim)) # 隐藏层偏置
        self.by = np.zeros((1, output_dim)) # 输出层偏置

    def forward(self, x):
        h = np.zeros((1, self.hidden_dim)) # 初始化隐藏层状态
        for t in range(len(x)):
            xt = np.array([x[t]]) # 当前时刻的输入
            ht = sigmoid(np.dot(xt, self.Wxh) + np.dot(h, self.Whh) + self.bh)
# 计算隐藏层状态
            h = ht # 更新隐藏层状态
        output = np.dot(h, self.Why) + self.by # 计算输出
        return output
```

尽管 RNN 能够有效处理序列数据,但从公式中可以看出 RNN 在计算过程中需要反复地乘以相同的权重矩阵,因此当权重矩阵的特征值大于 1 时,梯度会指数增大,导致梯度爆炸;而当权重矩阵的特征值小于 1 时,梯度会指数减小,导致梯度消失。梯度消失与梯度爆炸问题均会导致 RNN 在处理长序列时,难以捕捉到序列中较远的依赖关系,导致模型难以处理长期依赖问题。比如,句子 The cat,which already ate …,was full. 和句子 The cats,which already ate …,were full.,两句话的差别在于主语和谓语动词的单复数,由于句子比较长,RNN 就无法处理这种问题。因此,Hochreiter 和 Schmidhuber 对 RNN 做出改进,提出 LSTM。

7.3 长短期记忆网络

7.3.1 LSTM 概述

LSTM 是一种特殊的循环神经网络,它可以在处理时间序列数据时更好地解决由梯度消失和梯度爆炸引起的短期记忆问题。LSTM 最初在 1997 年由 Hochreiter 和 Schmidhuber 提出,自那以后成了处理时间序列数据的重要工具。

在 LSTM 中,有这样的两个重要结构。首先是门单元,如图 7 - 2(a)所示。LSTM 中的门单元是通过使用 sigmoid 函数将输入值映射到 0 到 1 之间的范围内来实现的。这些门控制着信息的流动,从而使 LSTM 更加灵活和适应性强。具体来说,LSTM 包括输入门、遗忘门和输出门。每个门单元都是由一个

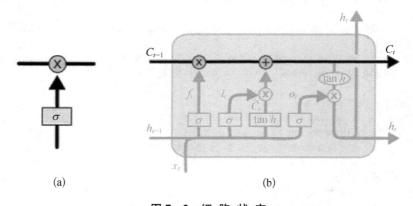

(a)　　　　　　　　　　　　(b)

图 7 - 2　细　胞　状　态

(a) 门单元;(b) 细胞状态

sigmoid 激活函数和一个点乘运算组成的。当门单元处值为 0 时表示"不让任何信息通过",当门单元处值为 1 时表示"让所有信息通过"。LSTM 另一个重要的概念就是细胞状态,如图 7-2(b)所示。在图中细胞状态就是贯穿图顶部的水平线,它存储着网络在处理序列数据时的长期记忆,由输入门、遗忘门和输出门共同控制的。

如图 7-3 所示,对比 RNN、LSTM 的主要特点就是它加入了三个门单元,即输入门(input gate)、遗忘门(forget gate)和输出门(output gate),它们控制着信息的流动。这些门可以学习如何选择性地保留或忘记从前面的时间步传递下来的信息,从而允许 LSTM 在长序列上进行有效的学习。

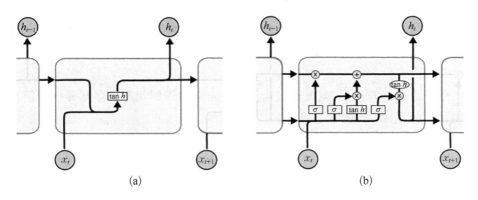

(a)   (b)

图 7-3 RNN 与 LSTM 循环结构的对比

(a) RNN 的循环结构;(b) LSTM 的循环结构

7.3.2 LSTM 的原理

1) 遗忘门

当上一时间步的隐藏状态 h_{t-1} 传递到当前时间步时,LSTM 的第一步工作就是要通过遗忘门控制着哪些信息需要从细胞状态中删除,如图 7-4 所示。

首先,将当前时间步的输入 x_t 和上一个时间步的隐藏状态 h_{t-1} 连接起来,得到一个维度为 d 的向量 $z_t = [x_t, h_{t-1}]$。然后,将 z_t 通过一个全连接层和 sigmoid 函数,得到一个维度为 n 的向量 f_t:

$$f_t = \sigma(\boldsymbol{W}_f[x_t, h_{t-1}] + \boldsymbol{b}_f) \tag{7-3}$$

式中,σ 是 sigmoid 函数,$\boldsymbol{W}_f$ 是遗忘门的权重矩阵,$\boldsymbol{b}_f$ 是偏置向量。f_t 中的每个元素表示哪些信息应该从细胞状态中删除,每个元素的范围是 0 到 1。如果

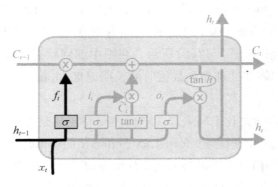

图 7-4 遗 忘 门

某个元素接近 0,则表示该细胞状态中的信息应该被删除;如果某个元素接近 1,
则表示该细胞状态中的信息应该被保留。

2) 输入门

信息经过遗忘门后,就要通过输入门决定要在细胞状态中存储哪些新信息。
它由两部分组成,如图 7-5 所示。

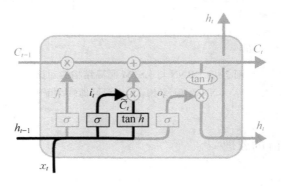

图 7-5 输 入 门

首先一个名为"input gate layer"的 sigmoid 层决定要更新哪些值,计算公式如下:

$$i_t = \sigma(\boldsymbol{W}_i [x_t, h_{t-1}] + \boldsymbol{b}_i) \qquad (7-4)$$

式中,σ 是 sigmoid 函数,$\boldsymbol{W}_i$ 是输入门的权重矩阵,$\boldsymbol{b}_i$ 是偏置向量,x_t 为当前时
间步的输入,h_{t-1} 为上一个时间步的隐藏状态。i_t 中的每个元素表示哪些新的
输入应该被保留,每个元素的范围是 0 到 1。如果某个元素接近 0,则表示该元
素应该被忽略;如果某个元素接近 1,则表示元素应该被保留。

接下来，LSTM 会在 $\tan h$ 层计算候选细胞状态 $\tilde{C}_t$，它表示当前时间步的新输入可以对细胞状态产生多少影响。候选细胞状态的计算公式如下：

$$\tilde{C}_t = \tan h(\boldsymbol{W}_c[x_t, h_{t-1}] + \boldsymbol{b}_c) \qquad (7-5)$$

式中，$\tan h$ 是双曲正切函数，将输入值映射到 -1 到 1 之间的值；$\boldsymbol{W}_c$ 是候选细胞状态的权重矩阵；b_c 是偏置向量；x_t 为当前时间步的输入；h_{t-1} 为上一个时间步的隐藏状态。

3）细胞状态更新

信息经过遗忘门和输入门处理，得到了权重 f_t、i_t，以及候选细胞状态 $\tilde{C}_t$，此时需要将旧的细胞状态 C_{t-1} 更新为新的细胞状态 C_t，如图 7-6 所示。

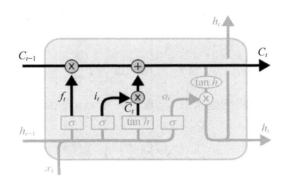

图 7-6　细胞状态更新

细胞状态更新公式为

$$C_t = f_t \cdot C_{t-1} + i_t \cdot \tilde{C}_t \qquad (7-6)$$

式中，f_t 是遗忘门对旧细胞状态 C_{t-1} 进行遗忘的权重；i_t 是输入门对候选细胞状态 $\tilde{C}_t$ 进行保留的权重，即当前时间步的新输入可以对细胞状态产生多少影响。

4）输出门

LSTM 的最后一步就是需要决定将当前时间步的哪些信息传递到下一层或输出层，如图 7-7 所示。

输出门通过一个 sigmoid 函数来决定哪些信息需要被输出。在每个时间步 t，输出门的计算公式如下：

$$O_t = \sigma(\boldsymbol{W}_o[x_t, h_{t-1}] + \boldsymbol{b}_o) \qquad (7-7)$$

式中，σ 是 sigmoid 函数。$\mathbf{W}_o$ 是输出门的权重矩阵。$\mathbf{b}_o$ 是偏置向量。x_t 是当前时间步的输入。h_{t-1} 是上一个时间步的隐藏状态。O_t 是一个 0 到 1 之间的值，表示哪些信息应该被输出。当 O_t 接近 1 时，所有的信息都会被完全保留；当 O_t 接近 0 时，所有的信息都会被完全屏蔽。

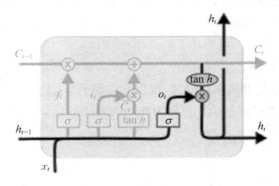

图 7 - 7 输 出 门

接下来，LSTM 会将细胞状态 C_t 通过一个 $\tan h$ 函数进行处理，得到当前时间步的隐藏状态 h_t：

$$h_t = O_t \cdot \tan h(C_t) \tag{7-8}$$

式中，$\tan h$ 是双曲正切函数。

7.3.3 应用——基于 LSTM 的改进遗传算法求解柔性车间调度问题

1）问题描述

相对于传统的作业车间调度，柔性作业车间调度放宽了对加工机器的限制，更贴合实际生产情况。在柔性作业车间中，每个工序可以选择多台加工机器进行加工，而不再限定于单一的加工机器。以一个线缆生产车间为例，如图 7 - 8 所示，该车间可以加工相同种类的产品，但不同的产品需要在不同的车间进行加工，每个车间可以制作多个不同规格型号的产品。因此，该线缆生产车间属于柔

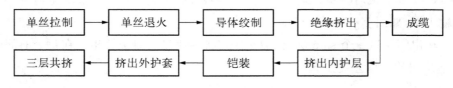

图 7 - 8 线缆的工艺生产流程图

性作业车间,并且每个工序都采用并行加工的机制,所以该车间的调度问题属于复杂的可加工多种产品的柔性车间调度问题。

2) 数学模型建立

在解决这类柔性车间调度问题之前,先对该问题中的变量进行定义,如表 7-1 所示。

表 7-1　变　量　表

变　　量	说　　　　明
$M = \{1, 2, \cdots, m\}$	加工机器集,m 为机器的数量
$N = \{1, 2, \cdots, n\}$	待加工工件集,n 为工件数量
O_{ij}	第 i 个工件的第 j 道工序
k	工序 O_{ij} 选择在第 k 个机器进行加工
p_{ijk}	在机器 k 上加工工序 O_{ij} 的时间
s_{ij}	加工工序 O_{ij} 开始的时间
c_{ij}	加工工序 O_{ij} 完成的时间
d_i	工件 i 的交货期
c_i	工件 i 的完工时间
F_{ijk}	工序 O_{ij} 在机器 k 上的单位时间加工成本
$c_{\max}$	工件的最大完工时间
$T_O = \sum_{i=1}^{n} h_i$	所有工件的总工序数量
$x_{ijk} \in \{0, 1\}$	如果 O_{ij} 选择机器 k 上加工则为 1,否则为 0
L	一个足够大的正数

根据变量,对该线缆生产车间的柔性作业车间调度问题(flexible job-shop scheduling problem,FJSP)进行建模。FJSP 的目标有四个,分别是最大完工时间最小(f_1)、机器最大负载最小(f_2)、总机器负载最小(f_3)以及总加工成本最小(f_4):

$$f_1 = \min[\max_{1 \leqslant j \leqslant n}(c_j)] \tag{7-9}$$

$$f_2 = \min(\max_{1 \leqslant j \leqslant n} \sum_{j=1}^{n} \sum_{k=1}^{k_j} p_{ijk} x_{ijk}) \tag{7-10}$$

$$f_3 = \min(\sum_{i=1}^{m} \sum_{j=1}^{n} \sum_{k=1}^{k_j} p_{ijk} x_{ijk}) \tag{7-11}$$

$$f_4 = \min(\sum_{i=1}^{m} \sum_{j=1}^{n} \sum_{k=1}^{k_j} p_{ijk} x_{ijk} F_{ijk}) \tag{7-12}$$

模型的约束条件如下：

（1）只有按照顺序完成当前时刻的工序，才能开始工件下一步工序的加工：

$$s_{ij} + X_{ijk} \times t_{ijk} \leqslant c_{ij} \tag{7-13}$$

（2）总工件的完工时间最长：

$$c_{ij} \leqslant s_{i(j+1)} \tag{7-14}$$

（3）一台机器在同一时间只能对一个工件进行加工：

$$c_{ij} + t_{ijk} \leqslant s_{kl} + L(1 - a_{ihk}) \tag{7-15}$$

$$c_{ij} \leqslant s_{i(k+l)} + L(1 - a_{ihk}) \tag{7-16}$$

（4）其余约束：

$$s_{ij} \geqslant 0, \ c_{ij} \geqslant 0 \tag{7-17}$$

$$i \in \{1, 2, \cdots, m\}, j \in \{1, 2, \cdots, n\}, k \in \{1, 2, \cdots, k_j\} \tag{7-18}$$

3）标准遗传算法的解模步骤及其不足

使用标准遗传算法求解，步骤如图 7-9 所示。

传统的种群初始化方法在整个解空间中搜索不均匀，缺乏全局性。因此，选择使用基于海明距离的方法来均匀生成初始种群。根据线缆车间的实际生产需求，结合多目标 FJSP 中适应度函数的构建，设计了带权值的多目标适应度函数：

$$f_t = \frac{1}{\omega_1 \delta_1 f_1 + \omega_2 \delta_2 f_2 + \omega_3 \delta_3 f_3 + \omega_4 \delta_4 f_4} \tag{7-19}$$

式中，$\omega_1 + \omega_2 + \omega_3 + \omega_4 = 1$。

种群规模设为 100，最大迭代次数为 200，交叉概率为 0.9，变异概率为 0.1，

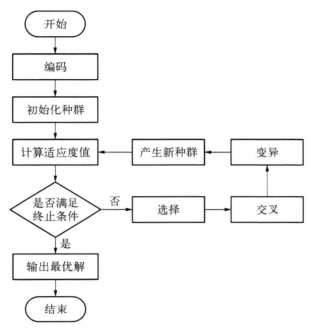

图 7-9　标准遗传算法求解步骤

适应度函数权值根据线缆车间调研设置为 $\omega_1 = 0.6$、$\omega_2 = 0.2$、$\omega_3 = \omega_4 = 0.1$。经 MATLAB 仿真,得到表 7-2 和图 7-10 的结果。

表 7-2　标准 GA 算法计算的安排表

| 工件 | 工序 | 可选机器的加工时间/min | | | | | | | | 加工成本/元 |
		M_1	M_2	M_3	M_4	M_5	M_6	M_7	M_8	100
J_1	O_{11}	6	5	4	—	6	7	—	5	98
	O_{12}	3	5	—	7	4	8	10	4	96
	O_{13}	9	—	5	3	7	3	5	6	95
J_2	O_{21}	6	5	2	10	—	7	—	10	80
	O_{22}	7	—	4	3	5	8	9	7	83
	O_{23}	7	—	6	10	5	5	2	6	79
	O_{24}	9	7	10	5	6		9	1	81

工件	工序	可选机器的加工时间/min								加工成本/元
		M_1	M_2	M_3	M_4	M_5	M_6	M_7	M_8	100
J_3	O_{31}	—	9	6	—	8	3	4	2	110
	O_{32}	9	—	10	5	7	10	—	6	119
	O_{33}	2	—	6	4	10	—	3	5	118
J_4	O_{41}	6	2	1	7	8	6	10	3	1 159
	O_{42}	11	10	5	9	7	3	5	7	166
	O_{43}	5	10	1	7	8	5	4	6	163
J_5	O_{51}	4	7	6	7	—	9	—	7	77
	O_{52}	9	6	—	5	10	7	—	5	72
	O_{53}	7	5	—	—	6	1	10	3	76
	O_{54}	9	—	3	2	9	6	4	8	75
J_6	O_{61}	5	9	7	—	1	8	3	9	40
	O_{62}	9	10	7	5	—	3	5	2	39
	O_{63}	9	—	10	—	11	5	9	7	42
J_7	O_{71}	6	5	—	1	6	3	—	9	72
	O_{72}	8	7	11	6	—	10	7	6	69
	O_{73}	7	—	8	—	4	9	5	7	70
J_8	O_{81}	3	7	—	8	3	—	5	9	108
	O_{82}	6	—	5	7	—	10	8	4	105
	O_{83}	10	—	7	6	7	8	9	1	107
	O_{84}	11	2	—	—	3	6	9	10	110

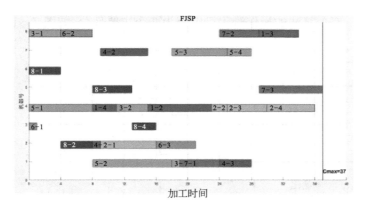

图 7 - 10　标准 GA 算法 FJSP 甘特图

4）基于 LSTM 的改进遗传算法设计思路及解模步骤

在遗传算法中,选择合适的适应度函数对于算法的收敛速度和问题求解的优化程度至关重要。传统方法中的适应度函数是人为设计的。相比之下,经过大量训练和参数调整的 LSTM 模型具有记忆性和克服长时依赖问题的能力。在处理调度问题时,使用 LSTM 模型可以更准确、便捷地寻找适应度函数。

于是对适应度函数做出改进:

$$f_t = \frac{1}{\omega_1\theta_1 f_1(x) + \omega_2\theta_2 f_2(x) + \omega_3\theta_3 f_3(x) + \cdots + \omega_n\theta_n f_n(x)} \quad (7-20)$$

式中,$\sum_1^n \omega = 1$。适应度函数中的 ω_i 从深度 LSTM 网络中提取得到,以此来获取经过大量数据拟合后稳定的输入输出关系的输出数据的权重系数;θ 是用来调整各个目标函数之间数量级差异的参数,根据不同目标函数的单位数量级选择的不同而有所差异。图 7 - 11 展示适应度函数权值获取过程。

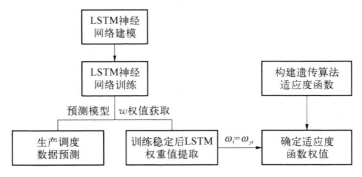

图 7 - 11　适应度函数权值获取过程的流程图

256

LSTM‐GA 算法的操作流程可以分为两个主要部分,如图 7‐12 所示。

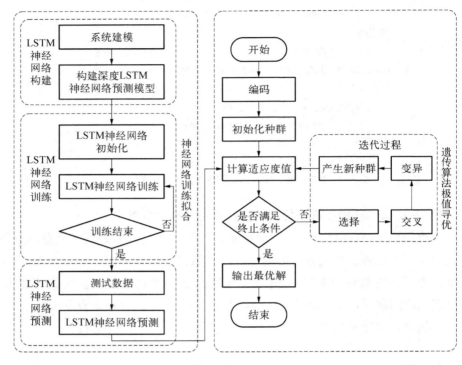

图 7‐12　LSTM‐GA 的操作流程

（1）深度 LSTM 神经网络的建模和训练。神经网络具有 4 个隐藏层,每层包含 15 个节点。激活函数采用 $\tan h$ 函数,目标函数采用均方误差(mean-square error, MSE)函数,优化函数采用 Adam 函数。训练过程中,使用批处理(batch size)大小为 30,训练次数为 10 000 次(可以根据观测到损失函数趋于稳定后主动停止训练)。

（2）改进遗传算法的操作。遗传种群规模设为 100,最大迭代次数为 200。交叉概率为 0.9,变异概率为 0.1。编码方式采用工序机器编码的结合方式。适应度函数通过第一部分操作得到的目标函数权值进行改进,并最终确定适应度函数的形式。

5）标准遗传算法与基于 LSTM 的改进遗传算法的实验对比

经仿真实验结果对比如图 7‐13 和图 7‐14 所示。LSTM‐GA 算法收敛速度低于标准 GA 值,但是适应度函数的值都比标准 GA 高出 10.99%,这证明了 LSTM‐GA 算法对适应度函数的优化效果。LSTM‐GA 算法的加工时间比标准 GA 值减少 36%,加工成本减少 35.28%,机器最大负载减少 43.43%,机器总负载减少 22.91%。

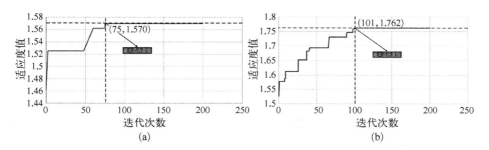

图 7 - 13　最大适应度值与迭代次数的关系图对比

(a) 标准 GA；(b) LSTM - GA

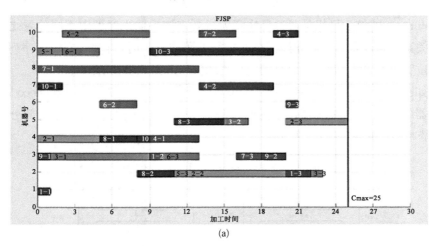

(a)

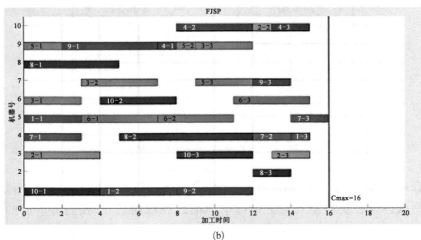

(b)

图 7 - 14　10×10 数据甘特图对比

(a) 标准 GA；(b) LSTM - GA

7.4 Transformer

7.4.1 Transformer 的原理

Transformer 是一种基于自注意力机制的序列到序列模型,由 Google 团队在 2017 年提出,用于处理自然语言处理任务,如机器翻译、语言理解等。相较于传统的循环神经网络和卷积神经网络,Transformer 具有更快的训练速度和更好的并行化能力,并且在一些自然语言处理任务上取得了最先进的结果。Transformer 的核心思想是通过自注意力机制来捕捉输入序列中不同位置之间的依赖关系。自注意力机制允许模型在进行编码或解码时,对输入或输出序列中的所有位置进行考虑,而不仅仅是固定长度的窗口或固定步长的滑动窗口。

如图 7 - 15 所示,Transformer 模型由两个主要部分组成:编码器(encoder)和解码器(decoder)。编码器位于图的左侧,解码器位于图的右侧。每个部分都由 6 个基本组成单元(block)组成。

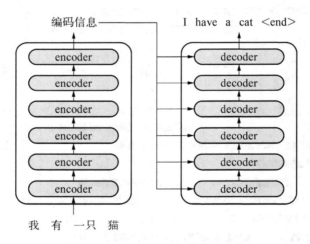

图 7 - 15 Transformer 的整体结构

在处理文本时,首先,Transformer 模型对输入文本进行表示。这一过程称为词嵌入。为了获得输入句子中每个单词的表示向量 x,我们将单词的嵌入(word embedding)和单词位置的嵌入(positional embedding)相加。这样得到的表示向量 x 构成了单词表示矩阵 X,如图 7 - 16 所示。

接下来,Transformer 模型将单词表示矩阵 X 输入编码器(encoder)进行编

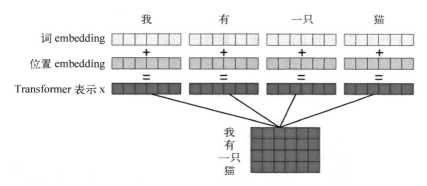

图 7‑16　Transformer 的输入表示

码处理。具体而言,将 $\boldsymbol{X}$ 传递给编码器,通过 6 个编码器块(encoder block)的处理,得到句子中所有单词的编码信息矩阵 $\boldsymbol{C}$,如图 7‑17 所示。每个编码器块的输出矩阵维度与输入完全相同。

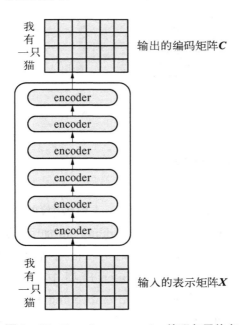

图 7‑17　Transformer encoder 编码句子信息

最后,Transformer 模型将编码信息矩阵 $\boldsymbol{C}$ 传递到解码器(decoder)。解码器基于已翻译的前 1 至 i 个单词翻译第 $i+1$ 个单词,如图 7‑18 所示。在翻译过程中,为了避免解码器访问第 $i+1$ 个单词之后的信息,需要进行掩膜操作(masking)遮盖住第 $i+1$ 之后的单词。解码器接收编码器的编码矩阵

C，并首先输入一个翻译开始符"＜Begin＞"，然后预测第一个单词"I"；接着输入翻译开始符"＜Begin＞"和已翻译的单词"I"，预测单词"have"，以此类推。

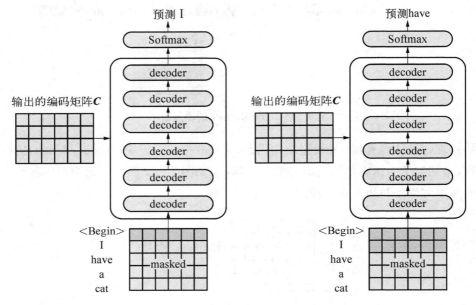

图 7-18　Transofrmer decoder 预测

7.4.2　Transformer 的结构分析

1）输入（input embedding）

根据图 7-16，可以看到在 Transformer 模型中，单词的输入表示 x 是通过将 word embedding 和 position embedding 相加而得到的。对于 word embedding，有多种方法可以获取，例如，可以使用预训练算法（如 Word2Vec、Glove 等）得到，也可以在 Transformer 模型中进行训练得到。position embedding 用 PE 表示，其维度与 word embedding 相同。position embedding 可以通过训练得到，也可以使用某种公式计算得到。Transformer 中采用后者，计算公式如下：

$$PE_{(pos, 2i)} = \sin(pos/10\,000^{2i/d}) \tag{7-21}$$

$$PE_{(pos, 2i+1)} = \cos(pos/10\,000^{2i/d}) \tag{7-22}$$

式中，pos 表示单词在句子中的位置，d 表示 PE 的维度（与词 embedding 一样），

$2i$ 表示偶数的维度，$2i+1$ 表示奇数维度（即 $2i \leqslant d$，$2i+1 \leqslant d$）。

将 word embedding 和 position embedding 相加，就可以得到单词表示向量矩阵 $\boldsymbol{X}$，$\boldsymbol{X}$ 就是 Transformer 的输入，如图 7－19 所示。

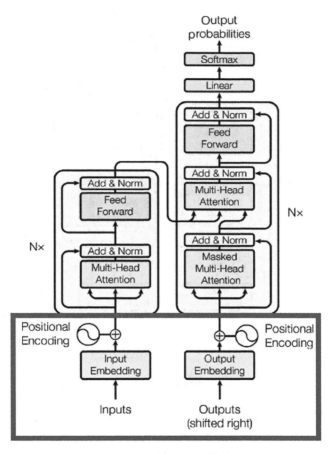

图 7－19　**Transformer 的输入**

2）自注意力机制（self-attention）

图 7－20 展示了 Transformer 模型的内部结构。图的左侧是编码器块（encoder block），图的右侧是解码器块（decoder block）。

方框中的部分代表多头注意力机制（multi-head attention），它由多个自注意力机制（self-attention）组成。可以观察到 Encoder block 包含一个多头注意力机制，而解码器块包含两个多头注意力机制（其中一个应用了掩膜操作）。多头注意力机制能够并行地关注不同的位置和关系，从而提取更全局和准确的特征。

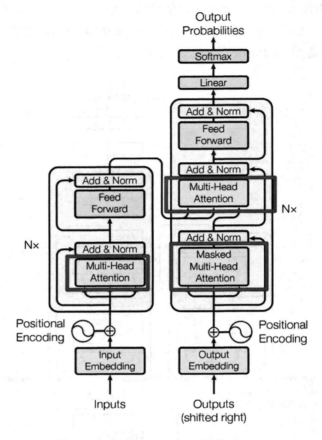

图 7 - 20　**Transformer encoder 和 decoder**

　　在多头注意力机制上方,还有一个 Add & Norm 层。其中,"Add"表示残差连接(residual connection),用于防止网络退化。残差连接通过将输入与输出进行相加,使得网络能够更好地传递梯度和信息。"Norm"表示层归一化(layer normalization),用于对每一层的激活值进行归一化,从而提高模型的训练稳定性和泛化能力。

　　图 7 - 21(a)展示了 self-attention 的结构,它在计算过程中使用了查询矩阵 Q (query)、键值矩阵 K (key)和值矩阵 V (value)。在实际应用中,self-attention 接收的输入可以是单词表示向量矩阵 X 或者上一个编码器块的输出。而查询矩阵 Q、键值矩阵 K 和值矩阵 V 则是通过对 self-attention 的输入应用线性变换矩阵 WQ、WK 和 WV 得到的,如图 7 - 23(b)所示。需要注意的是,X、Q、K 和 V 中的每一行都表示一个单词。

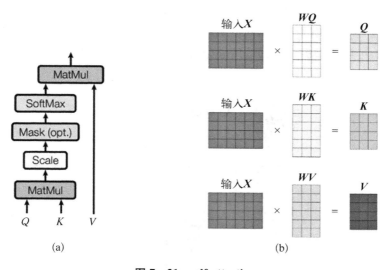

图 7 - 21　self-attention

（a）self-attention 结构；（b）Q、K、V 的计算

在得到矩阵 Q、K、V 之后，计算 self-attention 的输出，计算的公式如下：

$$\text{Attention}(Q,K,V)=\text{Softmax}\left(\frac{QK^{\mathrm{T}}}{\sqrt{d_k}}\right)^v \qquad (7-23)$$

式中，d_k 是 Q、K 矩阵的列数，即向量维度。

在公式中，计算矩阵 Q 和 K 的每一行向量之间的内积。为了控制内积的大小，将其除以 d_k 的平方根。通过计算 QK^{T}，得到一个大小为 $n\times n$ 的矩阵，其中 n 表示句子中的单词数。这个矩阵可以表示单词之间的注意力强度，即每个单词对其他单词的重要性。

图 7 - 22 展示了 QK^{T} 的结果，其中 1234 表示句子中的单词。接下来，使用 Softmax 函数对矩阵的每一行进行计算，以获得每个单词对其他单词的注意力系数。Softmax 函数使得每一行的和为 1，从而表示单词之间的注意力分布，如

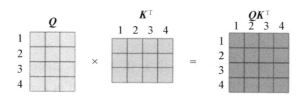

图 7 - 22　Q 乘以 K 的转置的计算

图 7 - 23 所示。在得到 Softmax 矩阵之后，可以将其与值矩阵 $\boldsymbol{V}$ 相乘，得到最终的输出矩阵 $\boldsymbol{Z}$，如图 7 - 24 所示。这个输出矩阵 $\boldsymbol{Z}$ 包含了经过注意力计算后的单词表示，可以用于进一步的处理和分析。

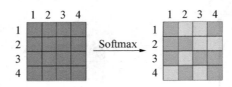

图 7 - 23　对矩阵的每一行进行 Softmax

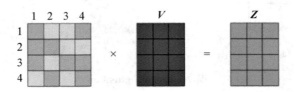

图 7 - 24　self-attention 输出

在图 7 - 24 中，Softmax 矩阵的第一行用于表示单词 1 与其他单词之间的注意力系数。根据注意力系数的比例将所有单词 i 的值 $\boldsymbol{V}_i$ 相加，最终能得到单词 1 的输出 $\boldsymbol{Z}_1$，如图 7 - 25 所示。

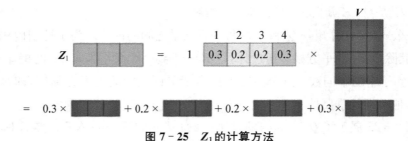

图 7 - 25　$\boldsymbol{Z}_1$ 的计算方法

3) 多头注意力机制(multi-head attention)

multi-head attention 是由多个 self-attention 组合形成的，图 7 - 26 是 multi-head attention 的结构图。可以看到 multi-head attention 包含多个 self-attention 层。

首先，将输入的单词表示向量矩阵 $\boldsymbol{X}$ 传递到 h 个不同的 self-attention 中，从而计算得到 h 个输出矩阵 $\boldsymbol{Z}$。在图 7 - 27 中展示了当 h 等于 8 时的情况，这时将会得到 8 个输出矩阵 $\boldsymbol{Z}$。

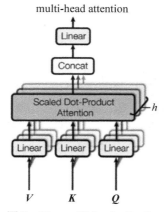

图 7 - 26　**multi-head attention**

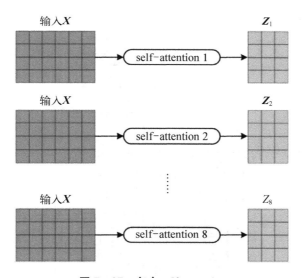

图 7 - 27　多个 self-attention

在获得 8 个输出矩阵 Z_1 到 Z_8 之后，multi-head attention 会将它们拼接在一起（concat），随后通过一个线性层（linear layer）进行处理，从而得到 multi-head attention 的最终输出 Z，如图 7 - 28 所示。值得注意的是，multi-head attention 的输出矩阵 Z 与输入矩阵 X 具有相同的维度。

4）编码块（encoder block）

图 7 - 29 加黑方框中的部分是 Transformer 的 encoder block 结构，可以看到是由 multi-head attention、Add & Norm、Feed Forward、Add & Norm 组成的。

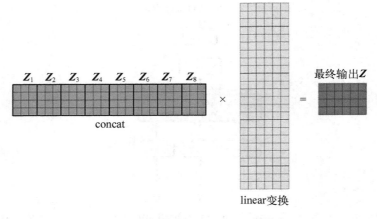

图 7 - 28　multi-head attention 的输出

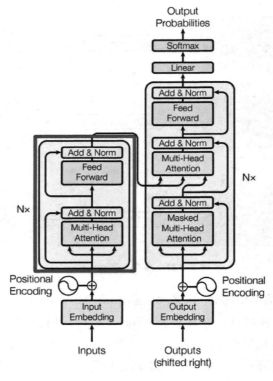

图 7 - 29　Transformer encoder block

Add & Norm 层由 Add 和 Norm 两部分组成,其计算公式如下:

$$\text{LayerNorm}(X + \text{MultiHeadAttention}(X)) \qquad (7-24)$$

$$\text{LayerNorm}(X + \text{FeedForward}(X)) \qquad\qquad (7-25)$$

式中，X 表示 multi-head attention 或者 feedforward 的输入，multi-head attention(X)和 feedforward(X)表示输出。

Add 操作表示 X 与 multi-head attention(X)之间的求和，这是一种残差连接的方式，常用于解决多层网络训练中的问题。这种连接机制使得网络能够更关注当前层之间的差异，在 ResNet 等网络结构中经常被应用。图 7 - 30 展示了这个过程。

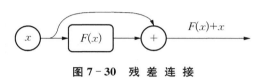

图 7 - 30　残 差 连 接

Norm 操作指的是 layer normalization，主要用于 RNN 结构中。layer normalization 的作用是将每一层神经元的输入转化为具有相同均值和方差的形式，从而加速收敛过程。

feedforward 层比较简单，是一个两层的全连接层：第一层的激活函数为 ReLU，第二层不使用激活函数。对应的公式如下：

$$\max(0,\ XW_1 + b_1)W_2 + b_2 \qquad\qquad (7-26)$$

式中，X 是输入，feedforward 最终得到的输出矩阵的维度与 X 一致。

通过上述描述的 multi-head attention、feedforward、Add 和 Norm 操作，可以构建一个 encoder block。encoder block 接收输入的矩阵 $\boldsymbol{X}_{n\times d}$，并输出一个矩阵 $\boldsymbol{O}_{n\times d}$。通过将多个 encoder block 叠加在一起，可以形成一个 encoder。第一个 encoder block 的输入是单词表示向量矩阵，而后续的 encoder block 的输入是前一个 encoder block 的输出。最后一个 encoder block 的输出矩阵被称为编码信息矩阵 $\boldsymbol{C}$，该矩阵将在 decoder 中使用，如图 7 - 31 所示。

5）解码块（decoder block）

图 7 - 32 中展示了 Transformer 的 decoder block 结构。与 encoder block 相似，但存在一些区别：它包含两个 multi-head attention 层；第一个 multi-head attention 层采用了 masked 操作；第二个 multi-head attention 层的 $\boldsymbol{K}$ 和 $\boldsymbol{V}$ 矩阵是使用 Encoder 的编码信息矩阵 $\boldsymbol{C}$ 计算得到的，而 $\boldsymbol{Q}$ 则是使用前一个 decoder block 的输出进行计算；最后，还有一个 Softmax 层用于计算下一个翻译单词的概率。

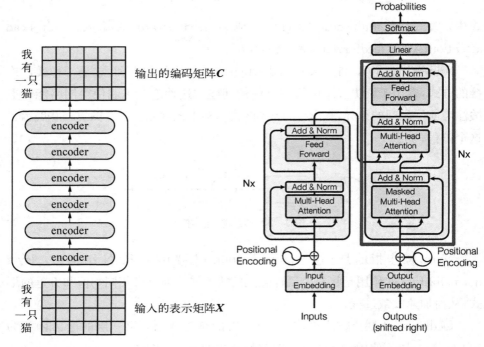

图 7－31　encoder 编码句子信息　　　　图 7－32　Transformer decoder block

在 decoder block 中,第一个 multi-head attention 层采用了 masked 操作。这是因为在翻译过程中,是按顺序逐个翻译单词,即在翻译第 i 个单词时,不应该知道第 $i+1$ 个单词以后的信息。通过应用 masked 操作,可以防止当前位置的单词获取未来位置的信息。下面以将"我有一只猫"翻译成"I have a cat"为例,来进一步了解 masked 操作的作用。

在 decoder 阶段,需要根据之前的翻译结果来推断当前最可能的翻译,如图 7－33所示。首先,根据输入"<Begin>"来预测第一个单词"I",然后根据输入"<Begin> I"来预测下一个单词"have"。

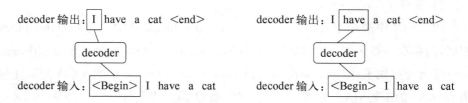

图 7－33　decoder 预测

在 decoder 训练过程中,可以采用 teacher forcing 方法并进行并行化训练,即将正确的单词序列"<Begin> I have a cat"和相应的输出"I have a cat <end>"传递给 decoder。在预测第 i 个输出时,需要将第 $i+1$ 之后的单词进行掩盖,这种掩盖操作通常在 self-attention 的 Softmax 计算之前进行。下面用 0、1、2、3、4、5 分别表示"<Begin> I have a cat <end>"的单词序列。

图 7-34 展示了 decoder 的输入矩阵和 mask 矩阵。输入矩阵包含了表示单词"<Begin> I have a cat"(0、1、2、3、4)的向量,而 Mask 矩阵是一个大小为 5×5 的矩阵。通过 mask 矩阵可以观察到,单词 0 只能使用单词 0 的信息,而单词 1 可以使用单词 0 和 1 的信息,即只能使用之前的信息。

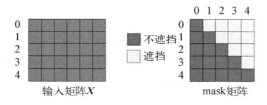

图 7-34　输入矩阵与 mask 矩阵

接下来的操作和之前的 self-attention 一样,通过输入矩阵 $\boldsymbol{X}$ 计算得到 $\boldsymbol{Q}$、$\boldsymbol{K}$、$\boldsymbol{V}$ 矩阵。然后计算 $\boldsymbol{Q}$ 和 $\boldsymbol{K}^{\mathrm{T}}$ 的乘积 $\boldsymbol{Q}\boldsymbol{K}^{\mathrm{T}}$,如图 7-35 所示。

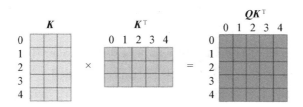

图 7-35　$\boldsymbol{Q}$ 乘以 $\boldsymbol{K}$ 的转置

在得到 $\boldsymbol{Q}\boldsymbol{K}^{\mathrm{T}}$ 之后需要进行 Softmax,计算注意力系数,在 Softmax 之前需要使用 mask 矩阵遮挡住每一个单词之后的信息,遮挡操作如图 7-36 所示。

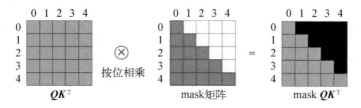

图 7-36　Softmax 之前 mask

得到 mask QK^{T} 之后在 mask QK^{T} 上进行 Softmax，每一行的和都为 1。但是单词 0 在单词 1、2、3、4 上的注意力系数都为 0。使用 mask QK^{T} 与矩阵 V 相乘，得到输出 Z，则单词 1 的输出向量 Z_1 是只包含单词 1 信息的，如图 7 - 37 所示。

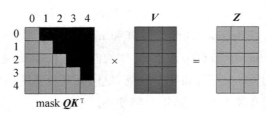

图 7 - 37　mask 之后的输出

通过上述步骤，可以得到一个经过 mask self-attention 处理的输出矩阵 Z_i。然后，类似于 encoder，通过 multi-head attention 将多个 Z_i 拼接在一起，计算得到第一个 multi-head attention 的输出 Z。这个 Z 与输入矩阵 X 具有相同的维度。

decoder block 的第二个 multi-head attention 相对变化较小，主要区别在于其中的 self-attention 的 K 和 V 矩阵不是使用前一个 decoder block 的输出计算得到的，而是使用 encoder 的编码信息矩阵 C 进行计算。根据 encoder 的输出 C 计算 K 和 V，根据前一个 decoder block 的输出 Z 计算 Q（如果是第一个 decoder block，则使用输入矩阵 X 进行计算），后续的计算方法与之前描述的相同。这样做的好处是在 decoder 阶段，每个单词都可以利用 encoder 中所有单词的信息。

decoder block 的最后部分是利用 Softmax 来预测下一个单词。在之前的网络层中，可以得到最终的输出 Z。由于 mask 的存在，使得单词 0 的输出 Z_0 仅包含单词 0 的信息，如图 7 - 38 所示。因此，Softmax 根据输出矩阵的每一行来预测下一个单词，如图 7 - 39 所示。

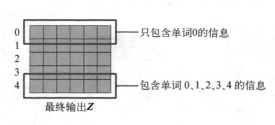

图 7 - 38　decoder Softmax 之前的 Z

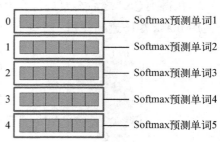

图 7 - 39　decoder Softmax 预测

7.4.3 应用——基于 Transformer 的锐削刀具磨损状态监测

1）研究意义

刀具磨损是指在铣削过程中，由于刀具不断被消耗而导致其外形发生变化。以立铣刀为例，刀具磨损主要包括后部磨损（VB）和前部磨损（KT）。为了充分利用机械加工过程中生成的生产数据，推动制造业的数字化和智能化转型，指导工业生产，提高生产劳动效率，我们需要开发刀具磨损状态监测方法，这具有重要意义。

2）数据采集装置及方法

图 7-40 为实验采集装置。实验是基于 Röders Tech RFM760 型高速数控机床，采用 6 mm 球头碳化钨铣刀，工件材料为 HRC52 不锈钢，加工条件为干式铣削。采用 Kistler 8152 型三向平台测力仪、Kistler 8636C 型压电式加速度传感器和 Kistler 9265B 型声发射传感器分别采集 X、Y、Z 三轴切削力、三轴振动信号和声发射信号，并通过数据采集卡以 50 kHz 的采样率对模拟信号进行采样；利用 IECIA MZ12 型显微镜测量刀具各刃的磨损量。将每把铣刀每次铣削过程中采集到的各传感器信号，截断首尾各 0.2 s（即 1 万个数据点）的信号后，切分为 100 段，分别计算各段中各传感器信号的平均值，代表该次铣削实验的数据点，以此得到不同刀具各传感器信号在刀具的全寿命周期的数据变化，如图 7-41 所示。以数据预处理为基础，结合短时傅立叶变换的信号特征提取方法处理原数据，得到数据集。

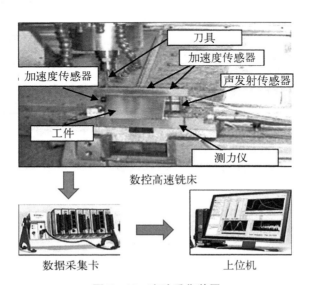

图 7-40 实验采集装置

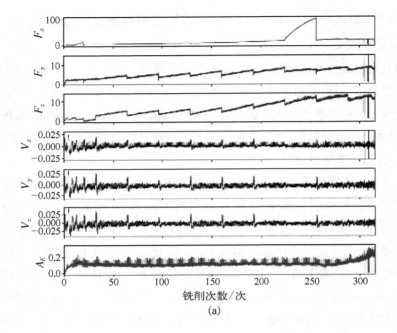

(a)

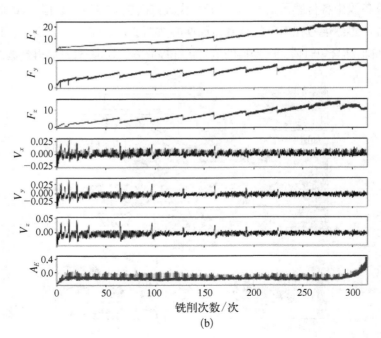

(b)

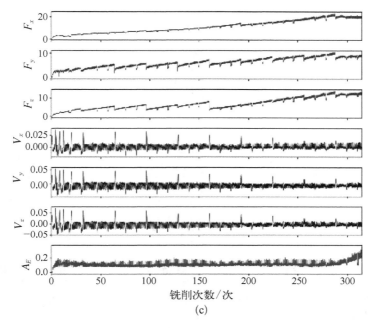

(c)

图 7 - 41　各铣刀全寿命周期数据

(a) C_1 铣刀；(b) C_4 铣刀；(c) C_6 铣刀

3）搭建 Transformer

以编码器-解码器为基本架构,建立基于 Transformer 的刀具磨损状态监测模型,模型结构如图 7 - 42 所示。针对刀具磨损实验中采集到的数据集特点,编码器端采用了三头并联运行的结构,分别处理 X、Y、Z 三轴振动信号对应的时频特征数据。解码器端首先将每头编码器的输出在新的通道维度拼接在一起,接着通过在传感器通道维度上求平均值进行降维,得到的输出经过多层感知机模型做进一步变换,实现对数据的分类。

4）实验确定模型的超参数

根据图 7 - 43 的实验对比结果,综合考虑模型准确率和模型训练时间,发现在小批量大小为 16 h,模型表现最佳。因此,在后续的模型训练中选择了小批量大小为 16。从图 7 - 44 可以观察到,随着模型层数增加,模型参数数量和小批量训练时间也增加,但模型在验证集上的泛化性能总体上变得较差。增加网络层数并不总是带来更好的训练结果,除了增加训练时间外,并不能提供更确定的改进。综合考虑模型准确率、训练时间、模型参数数量以及在不同验证集上的表现,最终选择了 2 层 Transformer 作为网络的最终层数。在确定学习率更新策

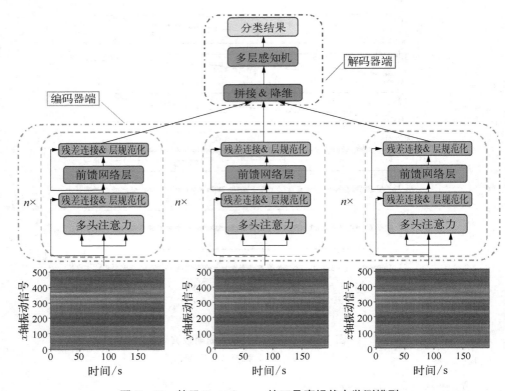

图 7 – 42　基于 Transformer 的刀具磨损状态监测模型

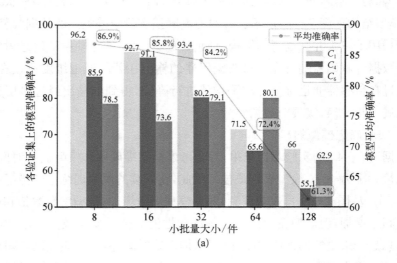

(a)

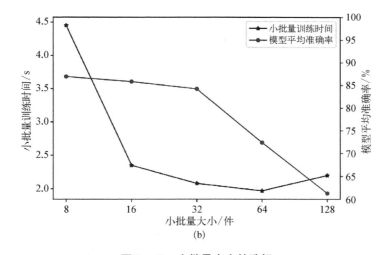

图 7 - 43　小批量大小的选择

（a）小批量大小对模型准确率的影响；（b）小批量大小对训练时间的影响

略时,研究了指数衰减方法和等间隔常数衰减方法,并设计了 5 种不同初始学习率和衰减系数的学习率更新策略(参见表 7 - 3 和图 7 - 45)。根据实验结果,策略 1 在准确率方面表现最佳,而策略 3 和策略 4 由于学习率变化曲线相似,也获得了相似的模型准确率。最终,综合考虑模型准确率、训练波动等因素,选择了策略 4 作为最终的学习率更新策略。此外,还对模型的超参数和各层参数进行了设置,具体设置如表 7 - 4 和表 7 - 5 所示。

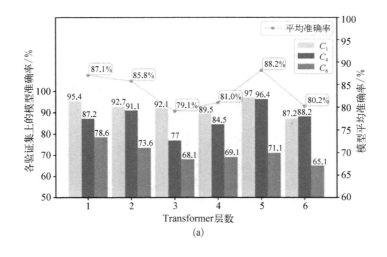

（a）

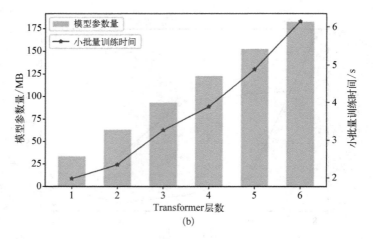

(b)

图 7-44　Transformer 层数的选择

（a）层数对模型准确率的影响；（b）层数对模型参数量、训练时间的影响

表 7-3　五种学习率更新策略

编　　号	学习率更新方式	初始学习率	调整间隔/epoch	衰减系数
策略 1	指数衰减	0.5	1	0.98
策略 2	指数衰减	0.5	1	0.95
策略 3	指数衰减	0.05	1	0.95
策略 4	等间隔常数衰减	0.05	10	0.85
策略 5	等间隔常数衰减	0.5	10	0.85

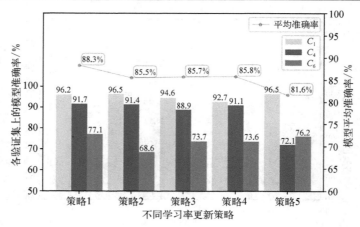

图 7-45　不同学习率更新策略对模型准确率的影响

表 7 - 4 模 型 超 参 数

超参数类别	参数设置	备注
Transformer 层数	2	无
训练迭代次数	200	无
模型参数优化策略	小批量随机梯度下降	无
小批量大小	16	无
学习率更新策略	等间隔常数衰减	lr 为 0.05,steps 为 10,gamma 为 0.85
损失函数	交叉熵损失函数	Weight 为[0.02,0.006,0.01]

表 7 - 5 模型各层参数

类别	参数量	输入尺寸	输出尺寸
X 轴- Transformer 层 1	1 249 190	$[-1, 196, 510]$	$[-1, 196, 510]$
X 轴- Transformer 层 2	1 249 190	$[-1, 196, 510]$	$[-1, 196, 510]$
Y 轴- Transformer 层 1	1 249 190	$[-1, 196, 510]$	$[-1, 196, 510]$
Y 轴- Transformer 层 2	1 249 190	$[-1, 196, 510]$	$[-1, 196, 510]$
Z 轴- Transformer 层 1	1 249 190	$[-1, 196, 510]$	$[-1, 196, 510]$
Z 轴- Transformer 层 2	1 249 190	$[-1, 196, 510]$	$[-1, 196, 510]$
全连接层 1	52 122	$[-1, 510]$	$[-1, 102]$
ReLU 激活函数	0	$[-1, 510]$	$[-1, 102]$
Dropout 层	0	$[-1, 510]$	$[-1, 102]$
全连接层 2	309	$[-1, 102]$	$[-1, 3]$

5) 模型训练及预测

通过对模型进行三折交叉训练验证,在不同验证集上得到的模型准确率与损失函数曲线如图 7 - 46～图 7 - 48 所示。不同磨损阶段的分类指标如表 7 - 6 所示。从不同刀具磨损状态的分类结果上看,模型在严重磨损阶段的分类效果

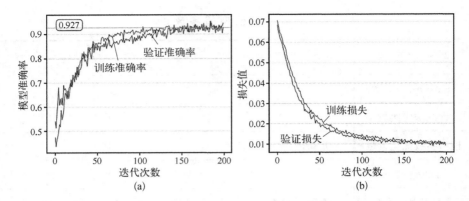

图 7-46 C_1 验证集的模型准确率与损失曲线

（a）模型准确率曲线；（b）损失曲线

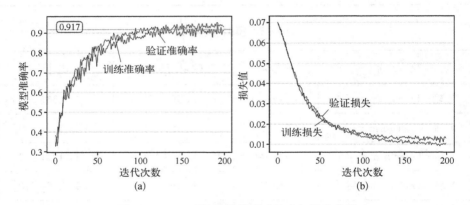

图 7-47 C_4 验证集的模型准确率与损失曲线

（a）模型准确率曲线；（b）损失曲线

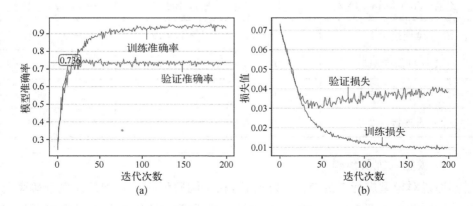

图 7-48 C_6 验证集的模型准确率与损失曲线

（a）模型准确率曲线；（b）损失曲线

最好,查全率均达到了 100%,能够有效辨识处于严重磨损阶段的刀具;由于刀具磨损状态监测模型的主要目的是辨识处于严重磨损阶段的刀具,所以本模型能够出色地完成该任务,但在其他磨损状态的分类上,仍有改进空间。

表7-6 不同验证集上的模型评价指标

指标类型	不同验证集	初期磨损阶段	正常磨损阶段	严重磨损阶段
准确率(Acc)	C_1		92.7%	
	C_4		91.7%	
	C_6		73.7%	
	平均值		86.0%	
查准率(P)	C_1	73.5%	100%	95.2%
	C_4	70.4%	100%	95.2%
	C_6	100%	78.9%	65.4%
	平均值	75.5%	92.9%	82.6%
查全率(R)	C_1	100%	86.1%	100%
	C_4	100%	84.2%	100%
	C_6	40%	67.9%	100%
	平均值	80%	79.4%	100%
F1分数(F_1)	C_1	0.847	0.925	0.976
	C_4	0.826	0.914	0.976
	C_6	0.571	0.730	0.791
	平均值	0.777	0.856	0.905

参考文献

[1] HOPFIELD J J. Neural networks and physical systems with emergent collective computational abilities[J]. Proceedings of the National Academy of Sciences,1982,79 (8):2554-2558.

[2] JORDAN M I. Serial order:a parallel distributed processing approach[J]. ICS-Report

8604 Institute for Cognitive Science University of California，1986(121)：64.

[3] ELMAN J L. Finding structure in time[J]. Cognitive science，1990，14(2)：179-211.

[4] 段世豪.基于神经网络深度学习的智能调度算法研究[D].成都：电子科技大学,2020.

[5] 李茂华.基于 Transformer 的锐削刀具磨损状态监测方法研究[D].济南：山东大学,2022.

课后作业

1. 关于循环神经网络,以下说法正确的是？　　　　　　　　（　　）

   A. 循环神经网络的反向传播过程包括沿时间轴的传播

   B. 双向循环神经网络可以从过去的时间点获取记忆,也可以从未来的时间点获取信息

   C. 循环神经网络的结构不包括一对一的结构

   D. 循环神经网络的隐藏层会接受上个隐藏层的输出作为输入

2. LSTM 可以解决 RNN 哪些问题？　　　　　　　　（　　）

   A. 梯度消失　　　　　　　　B. 梯度爆炸

   C. 未来信息缺失　　　　　　D. 长期依赖

3. 下列哪个状态不是 LSTM 中的？　　　　　　　　（　　）

   A. 忘记阶段　　　　　　　　B. 选择记忆阶段

   C. 输出阶段　　　　　　　　D. 输入阶段

4. Transformer 是在哪一步使用 masked 操作？　　　　　　（　　）

   A. encoder　　　　　　　　B. decoder

   C. Add　　　　　　　　　　D. Norm

5. 训练 RNN 时容易产生哪些问题？　　　　　　　　（　　）

   A. overfitting　　　　　　　B. vanishing gradient

   C. computational resource　　D. exploding gradient

6. 下列关于 LSTM 说法正确的是哪些？　　　　　　　（　　）

   A. LSTM 用三个控制门记忆长期状态

   B. 忘记门控制保存之前的长期状态

   C. 输入门控制更新长期状态

   D. 输出门控制是否把长期状态作为当前的 LSTM 的输出

7. LSTM 中的门控机制包含哪些门？　　　　　　　　（　　）

A. 输入门　　　　　　　　　　　B. 记忆门

C. 遗忘门　　　　　　　　　　　D. 输出门

8. 血氧仪是临床上一种便携性的仪器，主要用来监测患者的脉搏、血氧饱和度以及血流灌注指数等指标。疫情防控政策调整后，血氧仪的需求量急剧增加，产品供应也一时较为紧张。某血氧仪厂家为了扩大产能满足市场，决定在需求高峰期来临之前对其中一生产车间的排程方案重做调整。现厂家通过电商平台的后台系统获取到近期消费者对血氧仪的行为数据，请根据附件消费者行为数据集 Data.csv 和 Predict_LSTM.ipynb，使用 LSTM 时间序列预测模型对未来 5 天下单的血氧仪件数进行预测。具体要求如下：

（1）根据题目内容对 Predict_LSTM.ipynb 中的"项目配置模块"进行调参，运行并提交 ipynb 文件和最新一次训练过程的 out.log 日志。

（2）根据 LSTM 模型的训练过程和预测结果完成表 7 - 7 填写。

表 7 - 7　训练过程和预测结果参数

数据集中用作特征的列的编号	以列表形式填写
数据集中用作标签的列的编号	以列表形式填写
预测天数	
LSTM 隐藏层大小	
LSTM 堆叠层数	
LSTM 的时间步长	
训练集占数据集比例	
验证集占训练集比例	
epoch	
batch size	
学习率	
血氧仪下单件数的预测结果	以列表形式填写

续　表

预测值与真实值的均方根误差	
LSTM 时序模型的预测效果图	参考： 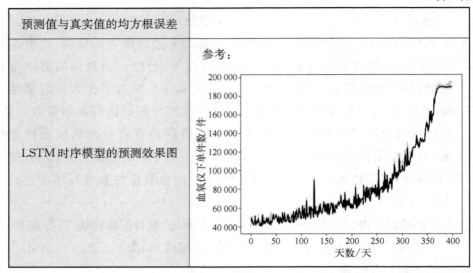

## 第 8 章

仿生优化算法

　　自然界中的生命以其多样性和适应性而令人惊叹。在长时间的进化历程中,生物逐渐发展出各种各样的进化策略和生存技巧,以在激烈的竞争中脱颖而出。仿生优化算法是一种借鉴这些生物进化机制的优化算法,从生命的奥秘中汲取灵感,将生物界的进化、竞争和合作等机制引入算法,以实现问题的优化。仿生优化算法为解决现实生活中复杂问题提供了新的思路和方法,在工业制造、医药研发、金融风险控制等各个领域广泛应用。与传统的优化算法相比,仿生优化算法具有更好的全局搜索能力和鲁棒性,能够更好地应对复杂问题,并有效避免陷入局部最优解的困境。本章将从优化问题入手,重点介绍遗传优化算法和粒子群算法的原理,并结合具体案例分析它们的优势。

8.1　优化问题

8.1.1　优化的概念

　　从数学角度分析,优化问题就是求一个函数或者说方程的极大值或者极小值,通常这种优化问题是有约束条件的,所以也被称为约束优化问题。优化问题是人们实际生活中经常碰到的问题。例如,出门旅行时选择何种交通工具以及路线才能使费用最少或者所花时间最短;又例如企业在生产过程中如何安排生产计划才能使利润最大化……前些章节中讨论的机器学习模型的训练过程也可以视为一个优化问题,其目标就是通过最小化(或最大化)损失函数来找到最优的模型参数。

　　通常情况下,优化问题的数学模型可以设为 $\min\limits_{x \in D} f(x)$。其中 x 为决策变量,D 为一个集合称为可行域,f 为 D 上的一个实值函数称为目标函数。集合 D 中的任一元素称为问题的可行解,如果有一可行解 x^* 满足 $f(x^*) = \min\{f(x) \mid x \in D\}$,则称 x^* 为问题的最优解,而 $f(x^*)$ 称为最优值。在大多数情况下,可行域 D 是由一些称之为约束条件来确定的。求解最优化问题就是寻找问题的最优解。最优化问题也可以是极大化目标函数,此时若将 f 换作 $-f$,那么极大化问题可转化为上述极小化问题。

优化问题可以从不同的角度进行分类,不同的分类方式针对不同的问题类型和求解方法,主要分类方式如下:

1) 根据优化变量的取值分

优化问题根据优化变量的取值可以分为连续优化和离散优化。连续优化指的是优化变量可以取实数值的情况,通常对应的数学模型是连续函数,常用算法包括梯度下降法、牛顿法、拟牛顿法、共轭梯度法等。这些算法通常需要求解目标函数的导数或者梯度,因此需要目标函数具有一定的可导性质。离散优化问题,又称为整数规划,优化变量只能取整数。这些算法通常需要对优化变量进行穷举或者搜索,因此需要对搜索空间进行有效的剪枝或者约束条件的处理。由于目标函数只在整数点上才有定义,所以离散优化问题的解与其附近的点之间没有联系,无法预先知道周围解的情况。一般而言,连续优化易于求解。

2) 根据有无约束分

优化问题根据有无约束可以分为有约束优化和无约束优化。其中,有约束优化问题的解必需满足特定的条件或限制。例如,线性规划问题中,变量的取值必需满足线性等式或不等式的约束条件。对于这种有约束的优化问题,最常用的方法是拉格朗日乘数法。具体地,通过构造拉格朗日函数将约束问题转化为无约束问题,然后使用无约束优化算法来求解。无约束问题的解可以在没有任何限制或约束的情况下取任何值,通常利用微分法进行分析。

3) 根据时代分

优化算法可以分为经典优化算法和现代优化算法,也可以称为局部优化算法和全局优化算法。经典优化算法(局部优化算法)主要是指一类基于梯度、牛顿法、拟牛顿法等的优化算法,这些算法通常只能找到局部最优解,而不能保证找到全局最优解。这些算法的优点是计算速度快,收敛速度较快,对于大规模问题求解效果较好。常见的经典优化算法包括:线型规划、整数规划、非线性规划、图与网络分析、存储论、决策论、博弈论、组合预测等。现代优化算法(全局优化算法)则是指一类能够找到全局最优解的优化算法,如遗传算法、模拟退火算法、禁忌搜索算法、神经网络算法、微分进化算法、群体智能算法等。这些算法的优点是可以找到全局最优解,但相对于经典优化算法,计算速度和收敛速度都较慢,对于大规模问题求解效果较差。

8.1.2　组合优化问题

组合优化问题是指在离散空间中寻找最优解的问题。这些问题通常涉及在给定约束条件下,从最优化问题的可行解集中求出最优解。其中,组合是指在给定的集合中进行选择,而优化是指找到最佳的选择方案。通常组合优化问题可以表示为

$$
\begin{aligned}
& \min \quad f(x) \\
& \text{s.t.} \quad g(x) \geqslant 0, \\
& \qquad x \in \{x_1, x_2, \cdots, x_n\}
\end{aligned}
\tag{8-1}
$$

式中,x 为决策变量;$f(x)$ 为目标函数;$g(x)$ 为约束条件;$\{x_1, x_2, \cdots, x_n\}$ 表示离散的决策空间,为有限个点组成的集合。

现实生活中大量问题是组合优化问题,典型的组合优化问题有旅行商问题(travelling salesman problem)、背包问题(knapsack problem)、生产调度问题(production scheduling problem)等。

1) 旅行商问题

旅行商问题是一种经典的组合优化问题,它的目标是找到一条路径,使得旅行商经过每个城市恰好一次,且总路程最短。具体来说,假设有 n 个城市 $1, 2, \cdots, n$,城市 i 与城市 j 间的距离为 d_{ij}。一旅行商要遍访这些城市,他希望从一城市出发后走遍所有的城市且旅途中每个城市只经过一次,最后会回到起点城市。选择一条路径使得旅行商所走路线总长度最短,如图 8-1 所示。

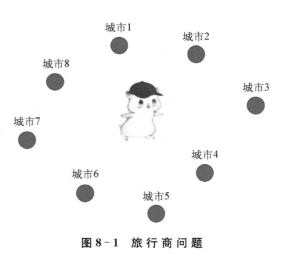

图 8-1　旅行商问题

已知城市集合 $V = \{1, 2, \cdots, n\}$ 以及各城市间的距离 d_{ij}。若引进决策变量 x_{ij},旅行商从城市 i 出来后紧接着到城市 j,则 $x_{ij} = 1$,否则 $x_{ij} = 0$,即

$$
x_{ij} \in \{0, 1\}, \ i, j \in V \text{且} i \neq j
\tag{8-2}
$$

那么旅行商问题的数学模型可以表示为

$$\min \quad \sum_{i=1}^{n} \sum_{j=1}^{n} d_{ij}x_{ij}, \ i \neq j \tag{8-3}$$

约束条件包括：

（1）每个城市只能被访问一次，即

$$\sum_{i=1}^{n} x_{ij} = 1, \ j \in V \text{ 且 } i \neq j \tag{8-4}$$

（2）从每个城市出发必需有一条路径，即

$$\sum_{j=1}^{n} x_{ij} = 1, \ i \in V \text{ 且 } i \neq j \tag{8-5}$$

（3）路径覆盖所有城市，没有任何子回路解产生，即

$$\sum_{i \in S} \sum_{j \in S} x_{ij} \leqslant |S| - 1, \ \forall S \in V \text{ 且 } 2 \leqslant |S| \leqslant n-1 \tag{8-6}$$

2）背包问题

背包问题可描述为：假设有一个最大承受质量为 W 的背包，n 个质量分别为 w_i、价值分别为 c_i 的物品。目标是在不超过背包最大承受质量的前提下，选择一些物品放入背包中，使得背包中物品的总价值最大，如图 8-2 所示。

图 8-2 背包问题

如果限定每种物品只能选择 0 个或者 1 个，则引入决策变量 x_i，若第 i 个物品被放入包中，则 $x_i = 1$，否则 $x_i = 0$。那么背包问题的数学模型为

$$\max \quad \sum_{i=1}^{n} c_i x_i$$

$$\text{s.t.} \quad \sum_{i=1}^{n} w_i x_i \leqslant W, \tag{8-7}$$

$$x_i \in \{0, 1\}, \ i = 1, 2, \cdots, n$$

3）生产调度问题

生产调度问题可描述为：假设有 m 台同型机器 $M_1, M_2, \cdots, M_m$，n 个相互独立的工件 $J_1, J_2, \cdots, J_n$。现安排机器上加工这些工件，设每个工件只需在任意一台机器上加工，工件 J_i 的加工时间为 t_i。寻找最佳加工方案，使得机

器完成所有工作的时间最少,如图 8 - 3 所示。

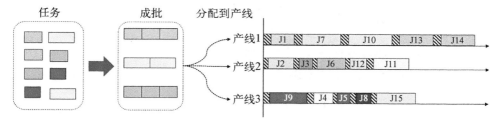

图 8 - 3　生产调度问题

引进决策变量 x_{ij} ,若工件 J_i 在机器 M_j 上加工,则 $x_{ij}=1$,否则 $x_{ij}=0$ 。那么并行机排序问题的数学模型可以表示为

$$\begin{aligned} \min\quad & T \\ \text{s.t.}\quad & \sum_{j=1}^{m} x_{ij}=1,\ i=1,\,2,\,\cdots,\,n \end{aligned} \qquad (8\text{-}8)$$

8.1.3　拉格朗日乘数法

在数学最优问题中,拉格朗日乘数法(lagrange multiplier method)是一种寻找变量受一个或多个条件所限制的多元函数的极值的方法。它通过引入拉格朗日乘子(lagrange multiplier)来将含有 n 个变量和 k 个约束条件的约束优化问题转化为含有 $(n+k)$ 个变量的无约束优化问题,进而求解出最优解。拉格朗日乘数法的核心是引入拉格朗日乘子,它是约束方程的梯度(gradient)的线性组合里每个向量的系数,每个约束条件对应一个拉格朗日乘子。

考虑 n 元函数 $y=f(x_1,\,x_2,\,x_3,\,\cdots,\,x_n)$ 在 k 个等式约束 $g_i(x_1,\,x_2,\,x_3,\,\cdots,\,x_n)=0,1\leqslant i\leqslant k$ 下的极值点求解问题。拉格朗日乘数法从数学意义入手,通过引入拉格朗日乘子建立拉格朗日函数:

$$\begin{aligned} L(x_1,\,x_2,\,x_3,\,\cdots,\,x_n)=&f(x_1,\,x_2,\,x_3,\,\cdots,\,x_n)+ \\ & \sum_{i=1}^{k}\lambda_i g_i(x_1,\,x_2,\,x_3,\,\cdots,\,x_n),1\leqslant i\leqslant k \end{aligned}$$

$$(8\text{-}9)$$

对 n 个变量分别求偏导对应了 n 个方程,然后加上 k 个约束条件(对应 k 个拉格朗日乘子)一起构成包含了 $(n+k)$ 变量的 $(n+k)$ 个方程的方程组问题,这样就能根据求方程组的方法对其进行求解,即

$$\begin{cases} g_i(x_1, x_2, x_3, \cdots, x_n) = 0, & 1 \leqslant i \leqslant k \\ \dfrac{\partial L}{\partial x_j} = \dfrac{\partial f(x_1, x_2, x_3, \cdots, x_n)}{\partial x_j}, & 1 \leqslant j \leqslant m \end{cases} \qquad (8-10)$$

1) 案例——求取双曲线 $xy = 3$ 上离原点最近的点

首先对该问题进行数学建模：

$$\begin{aligned} \min \quad & f(x, y) = x^2 + y^2 \\ \text{s.t.} \quad & xy = 3 \end{aligned} \qquad (8-11)$$

根据上式可以知道这是一个典型的约束优化问题，其实这个问题最简单的解法就是通过约束条件将其中的一个变量用另外一个变量进行替换，然后代入需要优化的函数求出极值后确定最优解，而在本章采用拉格朗日乘数法的思想进行求解。

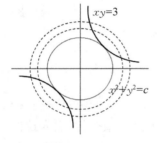

将 $x^2 + y^2 = c$ 的曲线族画出来，如图 8-4 所示，当曲线族中的圆与 $xy = 3$ 曲线进行相切时，切点到原点的距离最短。也就是说，当 $f(x, y) = c$ 的等高线和双曲线 $g(x, y)$ 相切时，可以得到上述优化问题的一个极值。

现在原问题可以转化为求当 $f(x, y)$ 和 $g(x, y)$ 相切时，x，y 的值是多少。如果两个曲线相切，那么它们的切线相同，即法向量是相互平行的，$\nabla f /\!/ \nabla g$。

图 8-4 $x^2 + y^2 = c$ 的曲线族

由 $\nabla f /\!/ \nabla g$ 可以得到，$\nabla f = \lambda \times \nabla g$。这时，我们将原有的约束优化问题转化为了一种对偶的无约束的优化问题，如表 8-1 所示。

表 8-1 约束优化问题转换

原 问 题	对 偶 问 题
$\min f(x, y) = x^2 + y^2$ $\text{s.t.} \quad xy = 3$	$\dfrac{\partial f}{\partial x} = \lambda \dfrac{\partial g}{\partial x}$ $\dfrac{\partial f}{\partial y} = \lambda \dfrac{\partial g}{\partial y}$ $xy = 3$
约束优化问题	无约束方程组问题

通过求解表 8-1 的方程组可以获取原问题的解，即

$$2x = \lambda \times y, 2y = \lambda \times x, xy = 3 \qquad (8-12)$$

通过求解以上方程组可得：$\lambda = 2$ 或者是 -2；当 $\lambda = 2$ 时，$(x, y) = (\sqrt{3}, \sqrt{3})$ 或者 $(-\sqrt{3}, -\sqrt{3})$，而当 $\lambda = -2$ 时，无解。原问题的解为 $(x, y) = (\sqrt{3}, \sqrt{3})$ 或者 $(-\sqrt{3}, -\sqrt{3})$。

2）案例——拉格朗日乘数求大转盘处红绿灯最优周期

为了解决交通拥堵问题，一些城市在车流量大的转盘处设置了红绿灯来辅助稳定车流秩序。然而，在确定红绿灯的最优周期时，可以使用拉格朗日乘数法来进行优化求解。下面将通过案例进一步深入探讨这一过程。

（1）前提假设。在分析大转盘处的交通流时，我们可以将单个车辆看作是一个流动的质点。在转盘处，红绿灯只控制直行和左转弯方向，而右转弯不受红绿灯限制，因此在分析交通流时可以忽略右转弯的情况。左转弯和直行在绿灯亮起后，先同向绕转盘行驶，然后在即将出转盘时分道而行。由于左转弯和直行行驶的路程相同，即半个转盘，因此我们只考虑车辆直行通过转盘的情况，而不考虑其他交通流向。同时，我们可以假设车辆在转盘处以匀速行驶，加速和减速过程可以忽略不计。这样可以简化分析，使得问题更易于求解。另外，需要注意的是，由于新法规下黄灯亮时禁止车辆行驶，与红灯功能类似，因此在分析大转盘处交通流时也不考虑黄灯的情况。

（2）符号声明。表 8-2 列出求解本问题所需的符号。

表 8-2　符　号　说　明

符　　号	含　　义
R	转盘的半径（m）
V	汽车在转盘处行驶的速度（m/s）
T_1	红灯亮起的时间（s）
T_2	绿灯亮起的时间（s）
P_1	南北方向达到率，即每秒有 P 辆车到达路口处
P_2	东西方向达到率，即每秒有 P 辆车到达路口处

（3）数学建模。为了求解转盘处红绿灯的最优周期，即 T_1、T_2 的最优值，我们需要考虑单位时间内所有车辆在路口的总滞留时间来衡量交通路口的串行效率。为了找到最优的 T_1、T_2，我们希望在一个红绿灯周期内，所有车辆在交通路口的总滞留时间最短。

假设在转盘路口的南北方向，到达率为 P_1，而东西方向的到达率为 P_2。在南北方向，红灯亮起的时间为 T_1，绿灯时间为 T_2；而东西方向红灯绿灯的时间与南北相反，红灯时间为 T_2，绿灯时间为 T_1。在南北方向的红灯期间，有 $P_1 T_1$ 辆车到达转盘处。这些等待信号灯变换的车辆中，等待时间最长的为 T_1，而等待时间最短的为 0 s。因此，这些车辆的平均等待时间为 $\frac{T_1}{2}$。我们可以得到在南北方向的所有车辆的滞留时间之和为

$$T = \frac{P_1 T_1^2}{2} + \frac{P_2 T_2^2}{2} \tag{8-13}$$

有时候红灯时间过长，在车流量大的地方很容易导致等待交通信号灯的车队越来越长，后面车辆等了连续几个周期也没有通过转盘。为避免这一种情况，要求在两个相邻的红绿灯周期内到达路口处的车辆的总数之差相对比较小且保持固定：

$$P_1 T_1 - \frac{T_2 V}{\pi R} + P_1 T_2 - a = 0, \ a \text{ 为固定数} \tag{8-14}$$

（4）模型求解。

由 $\begin{cases} T = \dfrac{P_1 T_1^2}{2} + \dfrac{P_2 T_2^2}{2} \\ P_1 T_1 - \dfrac{T_2 V}{\pi R} + P_1 T_2 - a = 0 \end{cases}$

得到拉格朗日函数：$L = \dfrac{P_1 T_1^2}{2} + \dfrac{P_2 T_2^2}{2} + \lambda \left(P_1 T_1 - \dfrac{T_2 V}{\pi R} + P_1 T_2 - a \right)$

求最优解其满足的一阶：$\begin{cases} \dfrac{\partial L}{\partial T_1} = P_1 T_1 + \lambda P_1 = 0 \\ \dfrac{\partial L}{\partial T_2} = P_2 T_2 + \lambda \left(P_1 - \dfrac{V}{\pi R} \right) = 0 \\ \dfrac{\partial L}{\partial \lambda} = P_1 T_1 - \dfrac{T_2 V}{\pi R} + P_1 T_2 - a = 0 \end{cases}$

解得，$T_1 = \dfrac{aP_2}{P_1 P_2 + \left(P_1 - \dfrac{V}{\pi R}\right)}$，$T_2 = \dfrac{a\left(P_1 - \dfrac{V}{\pi R}\right)}{P_1 P_2 + \left(P_1 - \dfrac{V}{\pi R}\right)}$。

经过分析得，当 $a = 0$ 时，$T_1 = 0\,\mathrm{s}$，$T_2 = 0\,\mathrm{s}$，不符合实际，没有意义，所以此模型中 $a \neq 0$。

8.2　遗传算法

8.2.1　遗传算法的概念

遗传算法（genetic algorithm，GA）借鉴了达尔文的进化论和孟德尔的遗传学说，是一种模仿自然界生物进化机制的随机全局搜索和优化方法，由美国的 J. Holland 教授于 1975 年首先提出。遗传算法是直接对结构对象进行操作，不存在求导和函数连续性的限定。通过模拟生物进化的过程，遗传算法不断地从一组随机的解中筛选出更优的解，从而逐步逼近最优解。遗传算法具有自动获取和指导优化的搜索空间、自适应地调整搜索方向和不需要确定规则等特性，被广泛应用于组合优化、机器学习、信号处理、自适应控制和人工生命等领域，是现代智能计算中的关键技术之一。

相比于传统优化方法，遗传算法的优点包括：

（1）能够很好地处理约束问题，在全局搜索过程中能够跳出局部最优解，得到全局最优解，具有强大的全局搜索能力。

（2）作为现代最优化的一种手段，遗传算法在处理大规模、多峰多态函数、含离散变量等全局优化问题时表现出了高效性和优越性，其求解速度和质量远超常规方法，因此是一种高速近似算法。

（3）对于组合最优化问题，遗传算法处于随机方法与启发式方法之间，它在引入随机搜索的同时，还能在解的构造和演算过程中考虑问题的原有构造，提高了算法的效率和精度。

此外，遗传算法的缺点在于收敛较慢，局部搜索能力较弱，运行时间长，且容易受参数的影响。

如图 8-5 所示，遗传算法是一种基于种群集合的优化算法，该种群由经基因编码的个体组成。每个个体均是染色体实体，其内部表现为某种基因组合，它决定了个体的外部表现。为了实现从表现型到基因型的映射，需要进行编码工作,通常采用二进制编码等简化方法。在对问题初始解进行编码产生初代种群后,根据适者生存和优胜劣汰的原理,逐代演化产生出越来越好的近似解。在每一代,根据问题域中个体的适应度大小选择个体,并借助于自然遗传学的遗传算子进行交叉和变异,产生代表新解集的种群。这一过程使种群逐渐进化,后代种群比前代更加适应于环境,末代种群中的最优个体经过解码可以作为问题近似最优解。

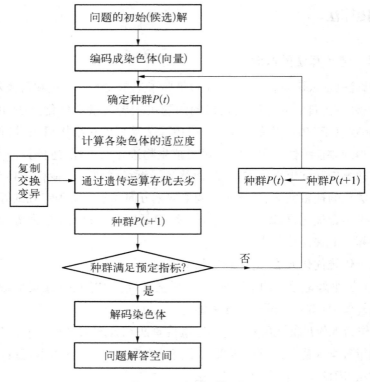

图 8-5　遗 传 算 法

具体而言,遗传算法主要包含如下步骤:

1) 编码与解码

在实现遗传算法时,编码是一个非常关键的问题。编码的主要作用是将问题解空间中的解映射到遗传算法的搜索空间中,从而使遗传算法能够对解空间中的解进行优化搜索。编码的方法有多种,其中最常用的是二进制编码和浮点数编码。一旦个体被编码为染色体,遗传算法就可以通过选择、交叉、变异等对个体进行操作。遗传算法的最后一步是从末代种群中选择最优个体作为近似最优解,这个过程需要对染色体进行解码操作。解码是编码的逆过程,即将染色体转换为问题解空间中的可行解。图8-6展示了整个编码与解码之间的转换。

表现型 ——→ 编码 ——→ 基因型 ——→ 解码 ——→ 表现型

图8-6　编码与解码

(1) 二进制编码与解码。在人类染色体中,基因被编码为一条长链,由四种碱基(A、C、G、T)构成。类似地,遗传算法中的二进制编码将问题的解编码为一条由"0"和"1"构成的长链,每个二进制位可以表示1比特的信息量,因此一个足够长的二进制串就可以代表一个个体的所有特征。

例如,通过遗传算法优化一个函数 $f(x)=x^2$,其中整数 x 的取值范围在 $[0,31]$ 之间,需要对整数 x 进行编码操作。首先,需要确定二进制编码的比特数,由于 x 只能取值32个整数,所以可以用5比特的二进制数来表示任意一个 x 值,即00000到11111。然后,将 x 的取值各分配一个二进制数,这样每个个体均从整数被编码为一条基因。比如,基因"00011"可以表示 $x=3$,而基因"10100"可以表示 $x=20$。

相应地,解码操作就是编码操作的逆过程。对于上面的例子,可以通过以下公式将基因解码为整数 x:

$$x = \sum_{i=0}^{n} b_i \times 2^i \qquad (8-15)$$

式中, b_i 表示二进制数中第 i 位的数字 $(b_i \in \{0,1\})$, 2^i 表示2的 i 次方。该公式将基因中每一位的值与对应的权重相乘,并将它们相加得到原整数。比如,对于基因"00011",可以计算得到 $x=0\times 2^4+0\times 2^3+0\times 2^2+1\times 2^1+1\times 2^0=3$;而对于二进制串"10100",可以计算得到 $x=1\times 2^4+0\times 2^3+1\times 2^2+0\times 2^1+0\times 2^0=20$。

(2) 浮点数编码与解码。二进制编码方式虽然简单直观,但明显地,当个体特征比较复杂的时候,需要大量的编码才能精确地描述,相应的解码过程(类似于生物学中的DNA翻译过程,就是把基因型映射到表现型的过程)将过分繁复,为改善遗传算法的计算复杂性、提高运算效率,提出了浮点数编码。浮点数编码的基本思想是将每个染色体中的基因解释为实数,进而表示一个可能的解。由于实数域的数值范围是连续的,因此浮点数编码的长度往往需要根据具体问题进行调整。

浮点数编码的具体实现方式有多种,其中一种常用的方式是将每个染色体中的基因表示为一个定点数。具体来说,可以将染色体中的每个基因拆分为若干个二进制位,然后将这些二进制位组合成一个定点数表示一个实数。例如,求解函数的最大值/最小值,要求精确到小数点后 5 位:

$$\max \quad x \cdot \sin(10\pi \cdot x) + 5 \tag{8-16}$$
$$\text{s.t.} \quad -2 \leqslant x \leqslant 2$$

那么,x 的取值其结构如图 8-7 所示。将区间 $[-2, 2]$ 划分成 4×10^5 等份,因为 $2^{18} < 4 \times 10^5 < 2^{19}$,所以编码长度应该设置为 19,采用二进制编码法,如图 8-8 所示。

整数位　　　　　　　　小数位

图 8-7 x 的取值结构

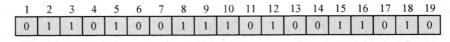

图 8-8 x 的 编 码

解码过程与二进制解码相似,只是需要将二进制数转换为实数。

2) 计算个体适应度

在遗传算法中,适应度函数是一个非常关键的组成部分。它用于评估每个个体的优劣程度,并据此对个体进行选择、交叉和变异操作。适应度函数的选取直接影响了遗传算法的收敛速度以及能否找到最优解。因为遗传算法在进化搜索过程中基本不利用外部信息,仅以适应度函数为依据,利用种群每个个体的适应度来进行搜索。如果适应度函数设计不当,很可能在进化初期导致个别超常个体控制选择过程,而在进化末期,会由于个体差异太小陷入局部极值。在选取适应度函数时,需要考虑以下几个因素:

(1) 问题的性质。适应度函数应该与问题的性质相匹配,反映出问题的优化目标。例如,对于一个求解最大值的问题,适应度函数应该越大越好;对于一个求解最小值的问题,适应度函数应该越小越好。

(2) 评估个体优劣程度的能力。适应度函数应该能够评估个体的优劣程度,以便进行选择、交叉和变异操作。例如,对于一个连续函数优化问题,可以使用函数值作为适应度函数,因为函数值可以反映出个体的优劣程度。

(3) 适应度函数的计算复杂度。适应度函数的计算复杂度应该尽量低,以便在算法中高效地计算。例如,对于一个图像处理问题,可以使用像素值的均方误差作为适应度函数,因为均方误差的计算比较简单,可以高效地计算。

3) 遗传操作

(1) 选择操作。选择操作是指从种群中选择出一些个体用于交叉和变异操作的过程。选择操作的目的是根据适应度函数的值,按照一定的概率选择更优秀的个体,从而逐步将种群中的个体进化到更优秀的方向。

常见的选择操作有轮盘赌选择、竞争选择、排名选择等。其中,轮盘赌选择是最常用的一种选择方法。在轮盘赌选择中,每个个体被选中的概率与其适应度函数值成正比。具体来说,可以将适应度函数值看作一个概率密度函数,在种群中随机选择一个点,然后根据适应度函数值的大小来选择相应的个体。例如,假设某个个体的适应度函数值占种群总体适应度函数值的比例为 p,则该个体被选中的概率为 p。轮盘赌选择的优点是简单易实现,同时可以比较好地保持种群的多样性。除了轮盘赌选择之外,还有一种常用的选择方法是锦标赛选择。在锦标赛选择中,从种群中随机选择 k 个个体,然后选出其中适应度函数值最好的个体作为选择结果。这个过程可以重复进行多次,直到选择出足够数量的个体。需要注意的是,在选择操作中,适应度函数值越大的个体被选中的概率越大,但并不是一定会被选中。因此,即使适应度函数值比较低的个体也有一定的机会被选中,这样可以保持种群的多样性,避免陷入局部最优解。同时,也可以通过调整选择算法的参数,如选择压力等,来平衡种群多样性和收敛速度等因素。

举个轮盘赌选择的例子,假设有 5 条染色体,他们所对应的适应度评分分别为 5、7、10、13、15。累计总适应度为

$$F = \sum_{i=1}^{n} f_i = 5 + 7 + 10 + 13 + 15 = 50 \qquad (8-17)$$

各个个体被选中的概率如图 8-9 所示。

以下使用 Python 编写的轮盘赌选择示例,population 表示种群中的个体,fitness 表示每个个体的适应度函数值。首先,计算种群总适应度 total_fitness。然后,随机选择一个点 selection_point,并计算每个个体被选中的概率 probabilities。最后,依次累加每个个体的概率,直到总概率大于等于选择点,选择相应的个体并返回。

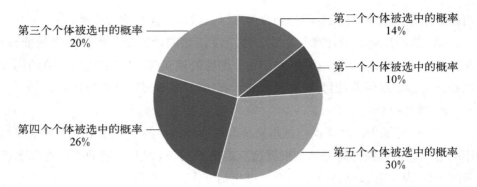

图 8 - 9 各个个体被选中的概率

```
import random

def roulette_wheel_selection(population, fitness):
    # 计算种群总适应度
    total_fitness = sum(fitness)

    # 随机选择一个点
    selection_point = random.uniform(0, total_fitness)
    # 计算每个个体被选中的概率
    probabilities = [f / total_fitness for f in fitness]

    # 依次累加每个个体的概率,直到总概率大于等于选择点
    accumulated_prob = 0
    for i in range(len(population)):
        accumulated_prob += probabilities[i]
        if accumulated_prob >= selection_point:
            return population[i]

    # 如果所有个体的概率之和都小于选择点,则返回最后一个个体
    return population[-1]
```

（2）交叉操作。交叉操作指随机从两个父代个体中选取某些基因,然后将这些基因进行交换或重组,生成新的子代个体。交叉操作的目的是通过基因的重组和交换,产生新的个体,增加种群的多样性,并避免陷入局部最优解。常见的交叉方法有单点交叉、多点交叉、均匀交叉、部分匹配交叉等。

单点交叉是最简单的一种交叉方法。在单点交叉中,随机选择一个交叉点,然后将两个父代个体在交叉点处分成两段,将这两段进行交换,生成新的子代个体,如图 8 - 10 所示。

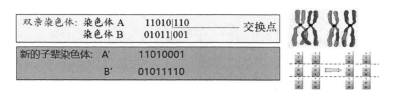

双亲染色体:	染色体 A	11010|110	交换点
	染色体 B	01011|001	
新的子辈染色体:	A'	11010001	
	B'	01011110	

图 8-10 交 叉 运 算

以下是使用 Python 编写的单点交叉示例, parent1 和 parent2 分别表示两个父代个体, crossover_point 表示随机选择的交叉点。交叉操作将父代个体分成两段, 然后将这两段进行交换, 生成新的子代个体 child1 和 child2。

```python
import random

def crossover(parent1, parent2):
    # 生成随机交叉点
    crossover_point = random.randint(0, len(parent1) - 1)

    # 交叉操作
    child1 = parent1[:crossover_point] + parent2[crossover_point:]
    child2 = parent2[:crossover_point] + parent1[crossover_point:]

    # 返回子代个体
    return child1, child2
```

（3）变异操作。基因突变广泛存在于自然界中, 不论是低等生物、高等动植物还是人类, 都有可能发生基因突变。在自然选择的过程中, 有利的基因变异往往能够被保留下来, 并逐步在种群中传播开来, 从而导致新物种或亚种的形成。变异操作是模拟生物因自然环境变化而引起的基因突变。该操作通过在子代个体中随机选择一些基因, 并以一定的概率进行变异, 从而生成新的个体。常见的变异方法包括位变异、非一致性变异和高斯变异等。其中, 位变异是最简单的一种变异方法, 通过随机选择一个基因位并对其进行取反或替换成其他值的方式, 生成新的个体。

以下是使用 Python 编写的位变异示例, bit_mutation 函数接收两个参数, 即需要进行变异的个体和变异概率。在函数内部, 使用 random.random() 函数生成一个 0 到 1 之间的随机数, 如果这个随机数小于变异概率, 就对个体进行位变异操作, 即将当前位置的基因值取反。最后, 返回变异后的个体。

```
import random

def bit_mutation(individual, mutation_probability):
    """
    位变异函数,对个体进行位变异操作
    individual：需要进行变异的个体,为一个二进制编码的序列
    mutation_probability：变异概率
    """
    for i in range(len(individual)):
        if random.random() < mutation_probability:
            individual[i] = 1 - individual[i]   # 将当前位置的基因值取反
    return individual
```

8.2.2 应用——齿轮参数公差优化模型

1) 研究背景及意义

研究微型齿轮的加工公差对齿轮泵性能影响十分必要和重要。通过遗传优化算法,在图 8-11 所示的案例中找出了最优的齿轮公差范围,从而有效地避免了因公差控制过于严格而导致大量产品返工和报废的问题。这不仅为解决企业实际问题提供了理论依据和实验验证,也为今后批量生产和新产品开发提供了重要的指导意义。

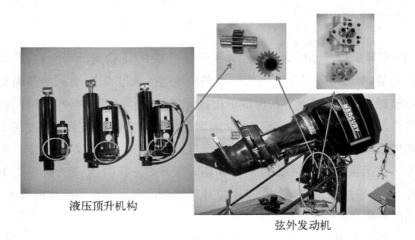

液压顶升机构

弦外发动机

图 8-11 微型齿轮泵

2) 确定优化对象

表 8-3 列出了齿轮泵和齿轮的技术参数。通过正交试验设计,确定了影响

流量指标的因素的主次关系,从而得到了较好的组合方案,为模型建立和仿真计算奠定了基础。具体而言,研究人员确定了影响"顶升机构提升时带负载的流量"指标的三个主要因素:齿顶圆直径、齿根圆直径和齿宽。通过使用遗传算法对这些因素进行优化,得到了齿轮泵参数公差较优的方案。

表 8 - 3　齿轮泵和齿轮的技术参数

参 数 名 称	数　　值
转速	3 700 r/min
瞬时工作压力	35 MPa
齿数	20
压力角	20°
根圆直径	11.303 mm
分度圆直径	12.700 mm
齿顶圆直径	13.940 mm

3）数学建模

考虑到企业的实际生产过程控制,以 B 齿宽,Re 齿顶圆,R_1 柱圆的公差作为设计变量。优化的目标函数为

$$q_{max} = \omega(B+\Delta_1)\left[(R_e+\Delta_2)^2 - R^2 - \frac{tj^2}{12}\right]\left[\frac{(B+\Delta_1)\Delta p \delta_1^3}{12\mu S_a Z_P} + \right.$$
$$\left. \frac{(B+\Delta_1)\omega(R_e+\Delta_2)\delta_1}{2}\right] - $$
$$4\left(\frac{\pi\delta_2^3\Delta p}{6\mu\ln\left(\frac{R_2}{R_1+\Delta_3}\right)} + \frac{\pi\delta_2^3(Z_p-1)\Delta p}{6\mu Z_p \ln\left(\frac{R_2}{R_1+\Delta_3}\right)}\right) \tag{8-18}$$

式中,已知 $\omega=390.97(\text{rad/s})$；$B=5.585\times10^{-3}(\text{m})$；$R_e=6.97\times10^{-3}(\text{m})$；$R=6.35\times10^{-3}(\text{m})$；$tj=1.87\times10^{-3}(\text{m})$；$\mu=3.114\times10^{-2}(\text{N}\cdot\text{s/m}^2)$；$R_1=3.655\times10^{-3}(\text{m})$；$R_2=5.65\times10^{-3}(\text{m})$；$Z_p=14$；$S_a=0.467\,5\times10^{-3}(\text{m})$；$\delta_1=1.46\times10^{-5}(\text{m})$；$\delta_2=1.40\times10^{-5}(\text{m})$。 故取设计向量为 $X=\begin{bmatrix}\Delta_1 & \Delta_2 & \Delta_3\end{bmatrix}^{\text{T}}=$

$[X_1 \quad X_2 \quad X_3]^T$。

齿宽、齿顶圆和轴径(柱圆)的公差要求范围:

$$-0.000\,005 \leqslant X_1 \leqslant 0.000\,005 \qquad (8-19)$$

$$-0.000\,005 \leqslant X_2 \leqslant 0.000\,005 \qquad (8-20)$$

$$-0.000\,005 \leqslant X_3 \leqslant 0.000\,005 \qquad (8-21)$$

齿轮泵的结构优化模型为

$$\begin{cases} \max F(X) \\ g_i(x) \leqslant 0 \end{cases} \qquad (8-22)$$

遗传算法的求解形式是 $\min F(X)$;所以如果想要求出函数 $F(X)$ 的最大值,可以转而求取函数 $-F(X)$ 的最小值。

4) 使用 MATLAB 遗传算法工具箱来进行遗传优化计算

为了使用遗传算法工具箱,首先必需编写一个 M 文件,来确定想要优化的函数,如图 8-12 所示。这个 M 文件应该接受一个行向量,并且返回一个标量。行向量的长度就是目标函数中独立变量的个数。

图 8-12　MATLAB 的 M 文件

　　使用遗传算法工具箱进行优化时,首先需要输入适应度函数(fitness function),即预求目标函数的最小值的编写好的 M 文件,以及变量的个数 (number of variables)。根据设计变量的限制,需要确定边界向量。然后,点击 "Start"按钮来运行遗传算法。相应的运行结果将显示在"status and results(状态与结果)"窗格中。在"Options"窗格中,可以更改遗传算法的选项,如种群类型、初始种群、初始得分以及初始范围参数等。本次优化中,使用了默认值,种群规模为 20。这些操作的界面示例可以参考图 8-13 和图 8-14。

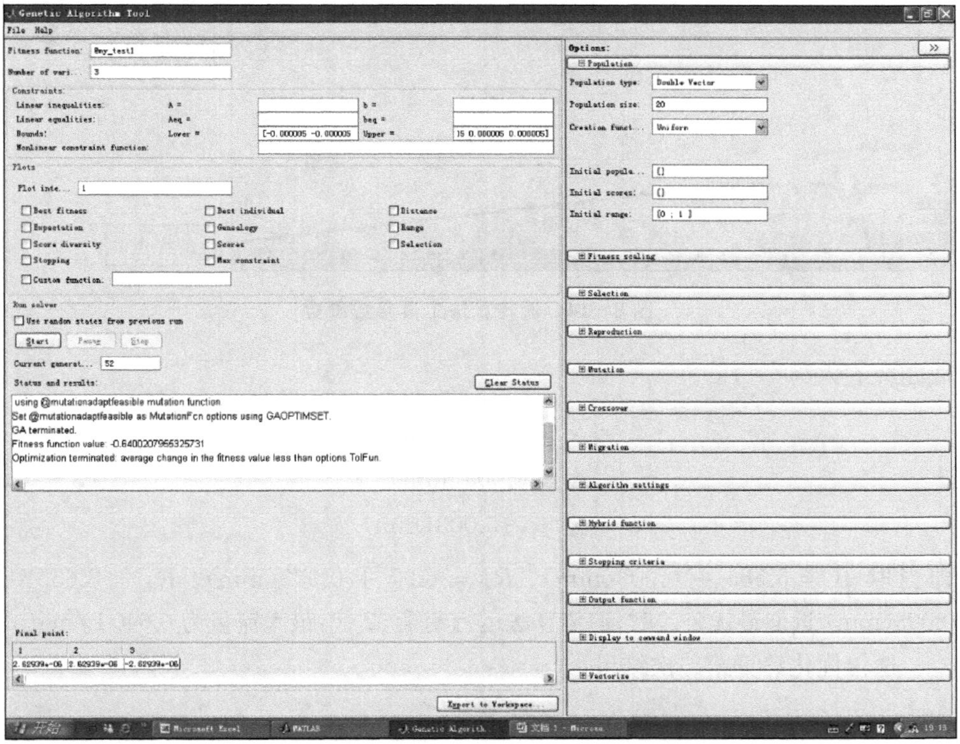

图 8-13　通过图形用户界面调用遗传算法工具

遗传优化计算第一次结果:

$$\begin{cases} X_1 = 2.629\ 6 \times 10^{-6}(\text{m}) \\ X_2 = 2.629\ 6 \times 10^{-6}(\text{m}) \\ X_3 = -2.629\ 6 \times 10^{-6}(\text{m}) \\ q_{\max} = 0.640(\text{L/min}) \end{cases} \qquad (8-23)$$

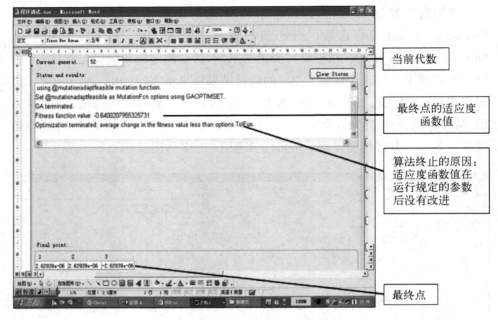
右侧标注（从上到下）：
当前代数
最终点的适应度函数值
算法终止的原因：适应度函数值在运行规定的参数后没有改进
最终点

图 8 - 14 遗传算法工具参数设置

取四舍五入为

$$\begin{cases} \Delta_1 = 0.003 \text{(mm)} \\ \Delta_2 = 0.003 \text{(mm)} \\ \Delta_3 = -0.003 \text{(mm)} \end{cases} \tag{8-24}$$

即当取 $B = 5.585 + 0.003\text{(mm)}$、$R_e = 6.97 + 0.003\text{(mm)}$、$R_1 = 3.655 - 0.003\text{(mm)}$ 近似最优公差时，遗传算法运行到第 52 代，最大流量为 $0.640\,\text{L/min}$。

遗传优化计算第二次结果：

$$\begin{cases} X_1 = 5 \times 10^{-6} \text{(m)} \\ X_2 = 3.583\,1 \times 10^{-6} \text{(m)} \\ X_3 = 1.185\,3 \times 10^{-6} \text{(m)} \\ q_{\max} = 0.640 \text{(L/min)} \end{cases} \tag{8-25}$$

取四舍五入为

$$\begin{cases} \Delta_1 = 0.005 \text{(mm)} \\ \Delta_2 = 0.004 \text{(mm)} \\ \Delta_3 = 0.001 \text{(mm)} \end{cases} \tag{8-26}$$

即当取 $B = 5.585 + 0.005$(mm)；$R_e = 6.97 + 0.004$(mm)；$R_1 = 3.655 + 0.001$(mm) 近似最优公差时,遗传算法运行到第 52 代,最大流量为 0.640 L/min。

遗传算法与正交试验结果对比如表 8-4 所示。

表 8-4　遗传算法与正交试验结果对比

结　　果	齿宽/mm	齿顶圆/mm	柱圆/mm	流量/(L/min)
正交试验一结果	$5.585^{+0.003}$	$13.940^{+0.003}$	7.310	0.571
正交试验二结果	5.585	$13.940^{+0.003}$	$7.310_{-0.001}$	0.681
遗传算法结果 1	$5.585^{+0.003}$	$13.940^{+0.003}$	$7.310_{-0.003}$	0.640
遗传算法结果 2	$5.585^{+0.005}$	$13.940^{+0.004}$	$7.310^{+0.001}$	0.640

经分析,另一次计算结果才是函数的全局最大值。同时可以看出遗传算法的结果和正交试验方案的结果非常接近。

8.2.3　应用——YN4/5 焊接工艺参数优化模型

1) 研究背景及意义

国内工厂使用的 YN4/5 焊接单元存在焊接质量问题,主要有飞溅严重。因此除了在夹具上增加防护盖板外,还增加了除焊渣这一工序(图 8-15),因而造成生产效率低,制造成本增加;此外还存在焊接质量不稳定:包括外观不稳定,熔深不稳定(每个班次都不一样)。为改善这一状况,生产技术人员拟通过遗传

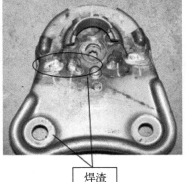

焊渣

图 8-15　YN4/5 焊接工艺存在的问题

算法获得焊接单元的最佳焊接工艺参数。

2) 确定优化对象

分析熔滴的形成机理,主要有焊接电流、焊接速度和电压、干伸长三个因素影响,如图 8 - 16 所示。

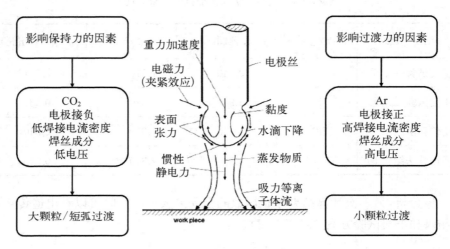

图 8 - 16 熔滴的形成机理

3) 数学建模

假设飞溅物总质量 W_{TT} 与电流、电压、干伸长之间存在函数关系:

$$W_{TT} = \alpha_1 \times W_{T(A)} + \alpha_2 \times W_{T(V)} + a_3 \times W_{T(D)} \qquad (8 - 27)$$

式中,α_1 为电流与飞溅物总质量的关系函数的权,α_2 为电压与飞溅物总质量的关系函数的权,a_3 为干伸长与飞溅物总质量的关系函数的权。$a_1 + a_2 + a_3 = 1$。

由参数正交试验结论可知,电流 $150 \sim 180$ A、电压 $20 \sim 24$ V 时熔深和熔宽在 YN4/5 调角器技术要求范围内,其熔深最小值 1.11 mm,远大于 YN4/5 调角器技术要求的 0.26 mm,同时对比熔滴形成机理,电流小于 185 A 时属于短路过渡。各参数的范围如下:

$$130 \leqslant X_I \leqslant 185 \qquad (8 - 28)$$

$$17 \leqslant X_V \leqslant 28 \qquad (8 - 29)$$

$$12 \leqslant X_D \leqslant 15 \qquad (8 - 30)$$

根据各参数对焊接的影响分析,焊接电流与干伸长有对应的关系。再根据

参数试验结果,确定各关系函数的权重:

$$\begin{cases} a_1 = 0.2 \\ a_2 = 0.6 \\ a_3 = 0.2 \end{cases} \quad (8-31)$$

故取设计向量 $\boldsymbol{X} = \begin{bmatrix} X_I & X_U & X_D \end{bmatrix}^T = \begin{bmatrix} X_1 & X_2 & X_3 \end{bmatrix}^T$。

确定焊接参数的优化模型:

$$\min f(x)$$
$$\text{s.t.} \begin{cases} 130 \leqslant X_I \leqslant 185 \\ 17 \leqslant X_V \leqslant 28 \\ 12 \leqslant X_D \leqslant 15 \end{cases} \quad (8-32)$$

4) 使用遗传算法优化计算

根据实验结果,经验证了焊接飞溅与焊接电流、电压和干伸长之间的函数关系,验证结果如表 8-5 所示。实验表明,在焊接电流为 170.5 A、焊接电压为 18.7 V 以及干伸长为 12 mm 时,可以获得最小的焊接飞溅物总量。实验的平均值为 0.029 695 g,与使用遗传算法进行近似优化所得到的最小飞溅物总量 0.029 695 g 非常接近。这表明之前关于焊接电流、电压、干伸长与飞溅物总质量的理论关系模型基本正确。

表 8-5 遗传算法结果的试验验证

实验编号	电流/A	电压/V	干伸长/mm	飞溅物总质量/g	最大飞溅颗粒直径/mm
1	170.5	18.7	12	0.030 1	0.52
2	170.5	18.7	12	0.026 8	0.48
3	170.5	18.7	12	0.031 3	0.55
4	170.5	18.7	12	0.029 1	0.57
5	170.5	18.7	12	0.031 7	0.64
6	170.5	18.7	12	0.028 9	0.48
7	173	19	12	0.030 2	0.64

实验编号	电流/A	电压/V	干伸长/mm	飞溅物总质量/g	最大飞溅颗粒直径/mm
8	173	20	12	0.038 7	0.78
9	167	19	12	0.032 3	0.67
10	167	20	12	0.039 3	0.66

8.3　粒子群算法

8.3.1　粒子群算法的概念

粒子群优化算法（particle swarm optimization，PSO）最初由 Kennedy 和 Eberhart 博士于 1995 年提出，是一种基于群体智能的演化计算技术。PSO 算法的灵感来源于对鸟群觅食行为的研究。在鸟群觅食时，当一只鸟发现了食物，它会朝着食物的方向飞去，这将导致周围的其他鸟也跟随着它的飞行方向寻找食物，直到整个鸟群都降落在食物所在的位置。这是一种自然状态下的信息共享机制，在认知和搜寻过程中，个体会记住自身的飞行经验，当它发现其他个体飞行更好的时候，就会向其学习并对自身做出适当的调整，以便能够更好地朝着目标方向飞行。数学模型中，PSO 算法通过将待优化问题的解空间看作一个粒子群的状态空间，在整个空间中随机放置一些粒子，并通过模拟粒子在解空间中的移动和交互来搜索最优解。每个粒子都有一个位置和速度向量，表示其在解空间中的位置和移动方向。在算法的每次迭代中，根据当前粒子的历史最优位置和群体最优位置来更新粒子的速度和位置，以便更好地搜索最优解。

用一个例子形象化地描述粒子群优化算法，如图 8-17 所示。想象有一群鸟，共 6 只（即粒子群优化算法中粒子的数量为 6），它们随机分布在一个二维空间区域中。在这个区域内有一个被称作"棒棒糖"的食物，每只鸟都希望找到并吃到这个食物。然而，所有的鸟都不知道食物的具体位置，但它们知道自己当前位置与食物的距离。随着时间的推移，这些鸟开始进行飞行（即执行算法的迭代次数）。在飞行的过程中，每只鸟都能从自己的经验中学习到自己距离食物最近的位置，这被称作个体认知行为。如果每只鸟都朝着自己飞行过的最佳位置前进，并且跟随当前离食物最近的鸟的方向（即群体社会行为），这个群体就能更快地找到食物。如果把食物当作函数的最优点,而把鸟离食物的距离当作函数的适应度,那么这个过程就可以被看作是一个函数寻优的过程。

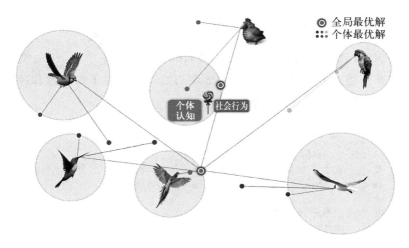

全局最优解
个体最优解

个体认知 社会行为

图 8 - 17　粒子群优化算法示例

图 8 - 18 展示粒子群算法的流程,结合粒子群算法求解函数 $y = x^2 + 3x + 3$ 的最小值,其基本步骤如下:

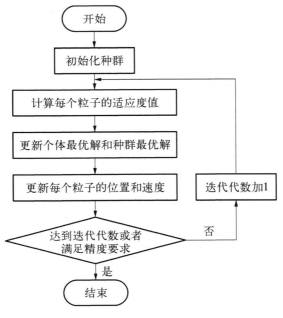

开始

初始化种群

计算每个粒子的适应度值

更新个体最优解和种群最优解

更新每个粒子的位置和速度

迭代代数加1

达到迭代代数或者满足精度要求

否

是

结束

图 8 - 18　粒子群算法流程图

1) 初始化种群

根据实际问题定义一个粒子群,它包含若干个粒子。每个粒子代表一个解,也就是搜索空间中的一个点。每个粒子由位置向量和速度向量组成。位置向量表示粒子的当前位置,速度向量表示粒子的运动方向和速度。

针对求解函数最小值问题,以下是 Python 定义的一个 particle 类,用于表示粒子。在构造方法部分,使用 random 库初始化每个粒子的位置和速度,并且定义个体历史最优位置和最优适应度值。

```python
class Particle:
    def __init__(self, min_pos, max_pos):
        # 初始化粒子的位置,位置范围在 min_pos 和 max_pos 之间
        self.position = [random.uniform(min_pos, max_pos)]

        # 初始化粒子的速度,速度范围在 -1 和 1 之间
        self.velocity = [random.uniform(-1, 1)]

        # 初始化粒子的最佳位置为当前位置的副本
        self.best_position = self.position.copy()

        # 初始化粒子的最佳适应度为正无穷大,表示没有找到更好的适应度
        self.best_fitness = float('inf')
```

2) 计算每个粒子的适应度值

适应度函数值反映了当前解的好坏程度,是优化算法的优化目标。

在 1)中对粒子进行了初始化操作,可以继续在 particle 类中添加 evaluate_fitness 方法,用于计算适应度值。

```python
def evaluate_fitness(self):
    # 计算适应度函数的值
    fitness = self.position[0] ** 2 + 3 * self.position[0] + 3

    # 检查当前适应度是否优于粒子的最佳适应度
    if fitness < self.best_fitness:
        # 如果是,则更新粒子的最佳适应度和最佳位置
        self.best_fitness = fitness
        self.best_position = self.position.copy()
    return fitness
```

3) 更新个体最优解和种群最优解

对于每个粒子,需要判断其当前位置是否比其个体最优解更优,如果是,则

更新个体最优解。同时,需要判断其当前位置是否比群体最优解更优,如果是,则更新种群最优解。

　　以下定义了 particleswarmoptimizer 类并提供了 particle_swarm_optimizer() 方法,其中包含粒子群的初始化和迭代更新过程,以及全局最优解和适应度的更新,最后输出最优位置和适应度。

```python
class ParticleSwarmOptimizer:
    def __init__(self, num_particles, min_pos = - 10, max_pos = 10, w = 0.5, c1 = 1, c2 = 2, max_iter = 100):
        # 初始化粒子群优化器的参数
        self.num_particles = num_particles  # 粒子数量
        self.min_pos = min_pos  # 变量的最小值
        self.max_pos = max_pos  # 变量的最大值
        self.w = w  # 惯性权重
        self.c1 = c1  # 自我认知系数
        self.c2 = c2  # 社会认知系数
        self.max_iter = max_iter  # 最大迭代次数

        # 创建粒子群,并使用指定的最小值和最大值进行初始化
        self.particles = [Particle(min_pos, max_pos) for _ in range(num_particles)]

        # 全局最佳适应度和位置的初始值
        self.global_best_fitness = float('inf')
        self.global_best_pos = [random.uniform(min_pos, max_pos)]

    def optimize(self):
        # 粒子群优化算法的迭代过程
        for i in range(self.max_iter):
            for particle in self.particles:
                # 计算粒子的适应度
                particle.evaluate_fitness()

                # 检查粒子的最佳适应度是否优于全局最佳适应度
                if particle.best_fitness < self.global_best_fitness:
                    # 如果是,则更新全局最佳适应度和位置
                    self.global_best_fitness = particle.best_fitness
                    self.global_best_pos = particle.best_position.copy()

                # 更新粒子的速度
                particle.update_velocity(self.global_best_pos, self.w, self.c1, self.c2)
```

```
            # 更新粒子的位置,限制在指定的最小值和最大值范围内
            particle.update_position(self.min_pos, self.max_pos)

        # 返回全局最佳位置和适应度
        return self.global_best_pos, self.global_best_fitness
```

4）更新粒子的速度和位置

根据粒子当前的位置和速度,以及群体中的最优解和个体历史最优解,更新粒子的速度和位置。速度和位置更新公式如下：

$$V_{i,d}(t+1) = \omega V_{i,d}(t) + c_1 r_1(P_{i,d} - X_{i,d}(t)) + c_2 r_2(P_{g,d} - X_{i,d}(t))$$

$$(8-33)$$

$$X_{i,d}(t+1) = X_{i,d}(t) + V_{i,d}(t+1) \qquad (8-34)$$

式中,$V_{i,d}$ 表示第 i 个粒子(d 个维度)的速度；ω 惯性权重；c_1、c_2 表示学习因子,用来调控算法的局部收敛性；r_1、r_2 表示 0～1 之间均匀分布的随机数,增加种群多样性；$P_{i,d}$ 表示每个粒子到目前为止所出现的最佳位置；$P_{g,d}$ 表示所有粒子到目前为止所出现的最佳位置；$X_{i,d}$ 表示每个粒子目前的所在位置。

惯性权重即为粒子运动速度的系数,控制着粒子飞行速度的变化；同时也具有平衡算法的全局搜索能力和局部搜索能力的作用。目前广泛采用的方法为线型递减惯性权重(linearly decreasing weight, LDW),即

$$\omega = \omega_{max} - \frac{(\omega_{max} - \omega_{min}) \cdot \text{run}}{\text{run}_{max}} \qquad (8-35)$$

式中,ω_{max} 为最大惯性权重,ω_{min} 为最小惯性权重,run 为当前迭代次数,run_{max} 为算法迭代的总次数。

以下是对 1)中的 particle 类进行速度和位置更新。update_velocity()方法基于每个粒子的当前速度、粒子已经发现的最佳位置(self.best_position)和群体发现的全局最佳位置(global_best_pos)来更新每个粒子的速度。update_position()方法基于每个粒子的当前位置和速度来更新其位置。

```
def update_velocity(self, global_best_pos, w, c1, c2):
    # 更新粒子的速度
    for i in range(len(self.position)):
        # 生成随机数 r1 和 r2
        r1 = random.random()
```

```
        r2 = random.random()
        # 计算认知成分和社会成分
        cognitive_component = c1 * r1 * (self.best_position[i] - self.
position[i])
        social_component = c2 * r2 * (global_best_pos[i] - self.position[i])
        # 更新速度
        self.velocity[i] = w * self.velocity[i] + cognitive_component +
social_component

def update_position(self, min_pos, max_pos):
    # 更新粒子的位置
    for i in range(len(self.position)):
        # 根据速度更新位置
        self.position[i] += self.velocity[i]
        # 将位置限制在最小值和最大值之间
        self.position[i] = max(min(self.position[i], max_pos), min_pos)
```

8.3.2 应用——多 AGV 多任务分配调度优化策略

1）研究背景及意义

多 AGV 多任务分配调度是指对多辆 AGV 分配多个任务，并规划合理的车辆行驶路线，以最小化总输运成本。这是一个复杂的非确定性多项式问题，目前大多数解决方案将任务分配调度和路径规划作为两个独立的子问题来处理。

粒子群算法是一种基于群智能理论的优化算法，通过粒子之间的信息交流实现整个群体向更优解空间移动，具备群体智能性。相比其他算法，粒子群算法能够高效地实现并行搜索。在搜索完成后，粒子仍保留个体极值，即粒子群算法可以找到问题的最优解，并且还能搜索到一些次优解，因此用粒子群算法解决 AGV 调度问题具有更多实际意义的解决方案。

2）前提假设

假设工厂中有 1 个生产中心，编号为 0，共有 K 台 AGV 可用于执行任务，编号为 1, 2, …, K。所有 AGV 是同一型号，所以额定载质量可用常数 W 表示。一个时间周期内有 N 个货架点的运输任务，货架编号为 1, 2, …, N，需要将生产的货物从生产中心运输到对应货架上。在实际情况中，由于电量、实际载质量、路面情况等硬件条件使 AGV 速度与预定速度可能存在偏差，并考虑到转弯、启动、停车等原因使 AGV 速度变化，以及装卸货物需要一定时间，这使得 AGV 执行任务时间难以在任务分配前准确预测。因此在建立模型之前，提出以下理想条件：

（1）所有 AGV 以相同速度匀速行驶，不考虑转弯、启动、停车等耗时。

（2）货物的体积规格和装卸方式没有限制，忽略装卸时间，只考虑货物质量的限制。

（3）一辆 AGV 在执行一个任务组时，只能全装货或全卸货，不能交替装货和卸货。

（4）一辆 AGV 的最大负载量能满足一个货架的需求量，即一个货架最多只需要一辆 AGV 执行运输任务，并且每个货架点只停靠一次。

3）数学建模

针对该情景，建立决策变量：

$$x_{ijk} = \begin{cases} 1, & \text{AGV}_K \text{ 从货架 } i \text{ 到 } j \\ 0, & \text{其他} \end{cases} \tag{8-36}$$

$$y_{ik} = \begin{cases} 1, & \text{AGV}_K \text{ 来执行货架 } j \text{ 的任务需求} \\ 0, & \text{其他} \end{cases} \tag{8-37}$$

以多 AGV 路径总成本最小为优化目标，建立目标函数：

$$\text{cost} = \sum_{i=1}^{N} \sum_{j=1}^{N} \sum_{k=1}^{N} c_{ij} x_{ijk} \tag{8-38}$$

式中，c_{ij} 表示从货架 i 到 j 的成本，如距离、时间或费用等；x_{ijk} 表示 AGV_K 是否从货架 i 到 j，若经过才会累计距离成本。

确定约束函数：

$$\sum_{i=1}^{N} g_i y_{ik} \leqslant W, \ \forall k \tag{8-39}$$

$$\sum_{k=1}^{N} y_{ik} = 1, \ \forall i \tag{8-40}$$

$$\sum_{i=1}^{N} x_{ijk} = y_{jk}, \ \forall j, \ \forall k \tag{8-41}$$

$$\sum_{j=1}^{N} x_{ijk} = y_{ik}, \ \forall i, \ \forall k \tag{8-42}$$

4）使用粒子群算法优化计算

对多 AGV 多任务问题的 N 个目标位置添加 N 个虚拟起点，虚拟起点的位置与真实起点（即生产中心）相同，AGV 回到虚拟起点即回到了真实起点，此问题转化为在 $2N+1$ 个位置上把任务分配方案编码为一条路径解，路径解串联所有 $2N+1$ 个位置，以 0 作为分隔不同 AGV 的运输路线，如果出现多个 0 相邻出现说明这些虚拟起点值不需要分配 AGV,多余的 0 可以舍弃,只保留一个 0。在极端情况下,N 个任务由 N 辆 AGV 执行,占用路径解空间最大,共经过 $2N+1$ 个位置,如图 8-19 所示。

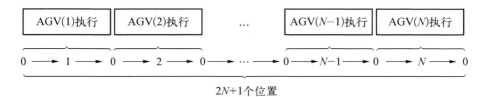

图 8-19 最大解空间

以最大解空间维度作为目标搜索空间维度 D,记 $D=2N+1$。 设有 H 个粒子组成一个粒子群,每个粒子代表了一种可能的解,则任意粒子可以表示为一个 D 维的向量:

$$x_i=(x_{i1}, x_{i2}, \cdots, x_{iD}), i=1, 2, \cdots, H \tag{8-43}$$

第 i 个粒子的"飞行"速度也是一个 D 维向量,记为

$$v_i=(v_{i1}, v_{i2}, \cdots, v_{iD}), i=1, 2, \cdots, H \tag{8-44}$$

第 i 个粒子至今搜索过的最佳位置称为个体极值,记为

$$P_{\text{best}}=(p_{i1}, p_{i2}, \cdots, p_{iD}), i=1, 2, \cdots, H \tag{8-45}$$

整个粒子群至今搜索过的最佳位置为全局极值,记为

$$G_{\text{best}}=(g_1, g_2, \cdots, g_D) \tag{8-46}$$

在找到这两个极值时,粒子根据下式来更新自己的速度和位置:

$$v_{ij}(t+1)=v_{ij}(t)+c_1r_1(t)[p_{ij}(t)-x_{ij}(t)]+c_2r_2[g_{ij}(t)-x_{ij}(t)] \tag{8-47}$$

$$x_{ij}(t+1)=x_{ij}(t)+v_{ij}(t+1) \tag{8-48}$$

式中,c_1 和 c_2 为学习因子;r_1 和 r_2 为 $[0, 1]$ 内的随机数,用于增加粒子飞行的随机性;$v_{ij} \in [-v_{\max}, v_{\max}]$,$v_{\max}$ 是常数,用于限制粒子的速度。

设粒子数量 $H=100$ 个,最大迭代次数 $\text{MAX}_{\text{gen}}=500$ 次,解空间维数 $D=2 \times 40+1=81$,交叉概率 $r_1=r_2=0.9$,变异概率 $r_3=0.2$。 计算效果如图 8-20 所示。

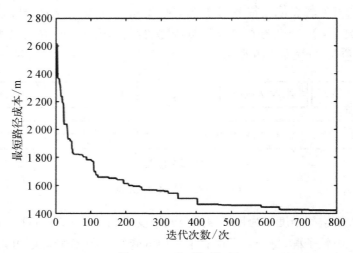

图 8-20 迭代效果

　　根据得到的路径解,在每两步之间进行路径规划,得到等效曼哈顿最短路径。本例中 40 个订单任务被分为 5 个任务组,由 5 辆空闲 AGV 来执行,最终5 个任务组的路径规划如图 8-21 所示,不同任务组的路径以不同颜色区分。

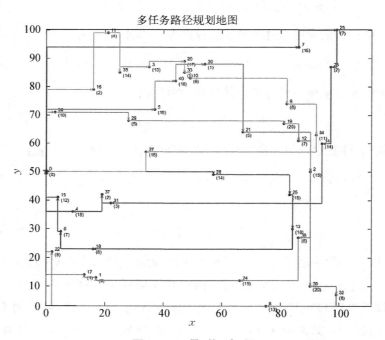

图 8-21 最 佳 路 径

8.3.3 应用——枢纽机场摆渡车动态调度方法

1）研究背景及意义

摆渡车动态调度问题是一个复杂的任务,涉及顾客的不同货物需求量、车辆的行驶路径、服务对象的动态调整以及最小化总路程和成本等多个因素。在这个问题中,与任务相关的航班信息是实时更新和动态变化的。航班可能会取消或延误,每个航班的计划时间与前站起飞(落地)时间有密切关系,只有等到航班开始执行前站任务时才能确定。此外,由于天气突变、航空管制和地服保障不到位等人为因素导致航班计划的改变,使得航班信息更加不确定。因此,在执行任务时,摆渡车无法得到确切的任务信息,只能根据服务对象的实时调整进行任务处理。为了解决这类问题,可以采用优化算法,如粒子群算法、遗传算法、模拟退火算法、禁忌搜索算法等,以寻找最优解或近似最优解。下面是使用粒子群算法解决摆渡车动态调度问题的过程,表8-6展示了粒子群算法与摆渡车调度模型之间的对应关系。

表 8-6 调度问题与粒子群算法的映射

鸟 群 觅 食	粒 子 群 算 法	摆 渡 车 调 度
鸟群	搜索空间的一组有效解	摆渡车的行驶路径
觅食空间	问题的搜索空间	航班到达机位
飞行速度	解的速度向量	摆渡车行驶速度
所在位置	解的位置向量	各机位的坐标
个体认知与群体协作	粒子适应值	目标函数
找到食物	找到全局最优解	摆渡车服务序列

2）变量声明

（1）定义模型基础变量。摆渡车动态调度问题的基础变量如表8-7所示。

表 8-7 摆渡车动态调度问题的基础变量

变 量 名	说 明
F	待匹配摆渡车的航班集合
FA	进港航班集合

变　量　名	说　　　　明
FD	离港航班集合
M	航班总数
T_{iplan}^{ETA}	航班 i 的计划进港时刻
T_{iplan}^{ETD}	航班 i 的计划离港时刻
$T_{A\text{-}bus}^{adv}$	摆渡车服务进港航班提前到位时间
$T_{D\text{-}bus}^{adv}$	摆渡车服务进港航班提前到位时间
T_k^{ava}	车辆 k 空闲开始时刻
e_i	航班 i 开始摆渡服务的时间
f_i	航班 i 结束摆渡服务的时间
x_{ik}	航班 i 由车辆 k 服务
α_i	航班 i 开始摆渡服务的机位编号
β_i	航班 i 结束摆渡服务的机位编号
β_v	摆渡车没有任务时默认停靠位置
ΔT	摆渡车允许提前到达航班开始服务位置的最大时间间隔
(c_i, d_i)	摆渡服务的时间窗,其中 c_i 是摆渡服务要求到达时间段的始点, d_i 是摆渡服务要求到达时间段的终点
λ_{ij}	摆渡车服务航班 i 后,服务航班 j 的可行性。$\lambda_{ij}=1$ 表示可行,仅当航班 j 的摆渡开始服务时间 e_j 晚于航班 i 的摆渡结束服务时间 S_i 加上从航班 i 摆渡结束到航班 j 开始摆渡的移动时间 $T(\beta_i \to \alpha_j)$ 的时间

（2）定义模型过程变量。任意远机位 u 与任意远机位 v 间的移动时间：

$$T(u \to v) = \frac{\text{Dist}(u, v)}{v_{max}} \quad (8-49)$$

式中,$\text{Dist}(u, v)$ 表示任意远机位 u 与 v 的移动距离;v_{max} 表示摆渡车在机位允许行驶的最大速度,一般取 25 km/h。

摆渡车服务完航班 i,继续保障航班 j 的空驶时间:

$$m_{ij} = \begin{cases} T(\beta_i \to \alpha_j), & e_j \leqslant S_i + T(\beta_i \to \alpha_j) + \Delta T \\ T(\beta_i \to \beta_v) + T(\beta_v \to \alpha_j), & \text{其他} \end{cases}$$

$$(8-50)$$

当摆渡车服务航班 i 后,马上服务航班 j 的时间不超过最长允许等待时间 ΔT,才允许从航班 i 的摆渡结束位置 β_i 驶向航班 j 的摆渡开始位置 α_j,否则要停到默认位置 β_v,再从 β_v 出发保障航班 j,如图 8-22 所示。

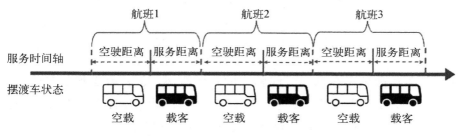

图 8-22　摆渡车服务空驶示意

惩罚函数:

$$P_i(S_i) = \begin{cases} a_i(c_i - S_i), & S_i < c_i \\ 0, & c_i \leqslant S_i \leqslant d_i \\ b_i(S_i - d_i), & S_i > d_i \end{cases}$$

$$(8-51)$$

式中,S_i 为摆渡车的实际到达机位时间,a_i、b_i 为惩罚系数,若摆渡车在 c_i 前到达指定机位,则摆渡车在此等待,发生机会成本损失;若摆渡车在 d_i 之后到达指定机位,则摆渡服务被延误。

3) 数学建模

摆渡车动态调度模型的主要目标是最小化摆渡车的服务时间和最大化地服保障容量。在这个模型中,摆渡车服务时间最小是调度的首要任务。为了实现这个目标,摆渡车需要在规划时间轴内,尽可能地减少为每架航班服务的时间。其次,地服保障容量尽可能大也是一个重要目标。在规划时间轴内,摆渡车需要服务尽可能多的航班架次。两个目标函数如下所示,相邻两个航班间的目标函数示意图如图 8-23 所示。

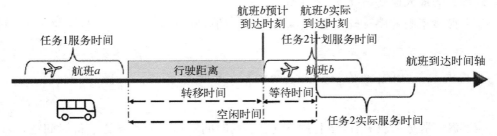

图 8-23　相邻两航班间的目标函数示意

$$Z = \min \sum_{j=1}^{m} \sum_{i=0}^{m-1} \mathrm{Dist}(\alpha_i, \beta_i) + \lambda_{ij} \mathrm{Dist}(\beta_i, \alpha_i) \tag{8-52}$$

$$Q = \min \sum_{i=1}^{m} \sum_{j=1}^{m} w \times m_{ij} \times x_{ik} + \sum_{i=1}^{m} P_i(S_i) \tag{8-53}$$

式中,Z 表示摆渡车在规划时间轴内的行驶距离;Q 表示摆渡车空载时间;$\mathrm{Dist}(u, v)$ 表示任意远机位 u 与 v 的移动距离;$v_{\max}$ 表示摆渡车在机位允许行驶的最大速度,一般取 25 km/h;w 表示摆渡车服务惩罚参数。

每个待服务航班能且仅能分配一辆摆渡车为其服务。约束条件如下:

$$\sum_{i=1}^{m} x_{ik} = 1 \tag{8-54}$$

当摆渡车服务完当前航班后,连续航班任务的服务开始时间要与上一任务的服务结束时间有一定间隔,以保证摆渡车能够抵达任务开始地点。约束条件如下:

$$x_i + x_j \leqslant 1 \tag{8-55}$$

摆渡车状态为使用中时不能再为其分配任务,只有空闲状态才可以分配任务,且需满足时间间隔约束。约束条件如下:

$$T_k^{\mathrm{ava}} + T_k(\beta_v \rightarrow \alpha_i) + \Omega(x_i - 1) < VT_i \tag{8-56}$$

计算航班 i 的摆渡车到位时刻:

$$S_i = \begin{cases} T_{i\mathrm{plan}}^{\mathrm{ETA}} - T_{\mathrm{bus}}^{\mathrm{adv}}, & i \in FA \\ T_{i\mathrm{plan}}^{\mathrm{ETD}} - 40 - T_{\mathrm{bus}}^{\mathrm{adv}}, & i \in FD \end{cases} \tag{8-57}$$

判断摆渡车服务航班 i 后,服务航班 j 的可行性:

$$\lambda_{ij} = \begin{cases} 1, & e_j \geqslant S_i + T(\beta_i \to \alpha_j) \\ 0, & \text{其他} \end{cases} \qquad (8-58)$$

4）使用粒子群算法优化计算

（1）编码与解码。针对一个有 n 个待服务航班的摆渡车动态调度问题,可以构建一个具有 $2n$ 维的状态空间。在规划时间轴内,每辆摆渡车需要对应两个维度的数值,即待服务航班的停机位位置 p 和服务次序 q。因此,每个粒子的位置 X 都可以表示为一个 $2n$ 维向量,其中 X_p 表示车辆编号, X_q 表示待服务航班的服务次序。

在某一时段内,假设机场有 4 辆摆渡车,其中 1、2 机型为 C 类机型,通常需要 2 辆摆渡车为其服务,则多拆分 2 架航班 5、6,分别为航班 1、2 的虚拟航班,待服务航班总数为 6,摆渡车数量为 2,进行编码与解码。

表 8-8 为某粒子位置的编码。以客户点 2 为例,其中 $X_p = 2$, $X_q = 1$,这就表示 2 号摆渡车为编号为 2 的航班服务且是第一个服务。

表 8-8　某粒子位置的编码

客户点	1	2	3	4	5(1)	6(1)
X_p	1	2	1	2	2	1
X_q	1	1	3	3	2	2

表 8-9 为粒子位置的解码。例如,对于车辆编号 X_p 为 1,服务顺序根据 X_q 依次为 1、6(1)、3。

表 8-9　粒　子　解　码

车　辆　编　号	车　辆　路　径
1	1 - 6(1) - 3
2	2 - 5(1) - 4

（2）随机策略选择。为了加速优化过程并避免陷入局部最优解,可以引入轮盘赌算法来选择粒子的移动方向。相比于其他使用粒子速度进行优化的算法,轮盘赌算法具有更快的收敛速度。其基本思想是,根据每个粒子的适应度大

小，将其选中的概率与其适应度成正比。

$$r_s = \text{Random}(0,1)$$
$$\text{if} \quad p_0 + p_1 + \cdots + p_{i-1} < r_s \leqslant p_1 + p_2 + \cdots + p_i (p_0 = 0) \qquad (8-59)$$
$$\text{then} \quad X_i \in P(k+1)$$

式中，r_s 为 $[0,1]$ 区间内产生的一个均匀分布的伪随机数，p_i 为各粒子相对适应值，$P(k+1)$ 表示粒子群全体。

（3）速度与位置更新。在一个空间中，由 n 个粒子组成，每个"粒子"都是一只抽象化的鸟，也是数学上的一个可行解，假设每组可行解的维数是 N 维，x_i 表示种群中第 i 个粒子，同样 v_i 是第 i 个粒子的速度，根据如下粒子速度与位置迭代公式进行更新迭代。

$$v_i^{k+1} = w v_i^k + c_1 r_1 (p_{bi} - x_i^k) + c_2 r_2 (p_g - x_i^k) \qquad (8-60)$$
$$x_i^{k+1} = x_i^k + v_i^{k+1} \qquad (8-61)$$
$$x_i = [x_{i,1}, x_{i,2}, x_{i,3}, \cdots x_{i,N}] \qquad (8-62)$$
$$v_i = [v_{i,1}, v_{i,2}, v_{i,3}, \cdots, v_{i,N}] \qquad (8-63)$$

式中，w 表示惯性权重，其值的大小作用着算法的收敛，值越小局部搜索能力越强，值越大全局搜索能力越强；v_i^k 表示粒子 i 进化到第 k 代时的速度；r_1、r_2 表示 $[0,1]$ 之间的随机数；p_{bi} 表示粒子 i 的个体最优位置；p_g 表示群体最优位置；c_1、c_2 为加速度因子，表示粒子自学能力和社会学习能力，一般取值在 $[0,2]$ 之间。

摆渡车通过第一个公式来不断更新自身飞行的速度和方向决定下一步的运动轨迹，通过第二个公式计算新位置的坐标。图 8-24 描述了摆渡车在拓扑模型中的更新过程。

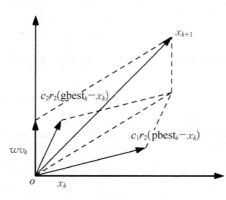

图 8-24　粒子状态更新过程

（4）具体步骤。设待服务航班数量为 k_{max}，惩罚参数为 w，摆渡车数量为 N，最大迭代次数为 N_{max}，则粒子群算法计算摆渡车动态调度步骤如下：

① 阶段 1　预调度方案。

Step 0　初始化，导入相关数据，令 $w = 0.2$；

Step 1 初始化种群中的每个粒子,产生初始种群 $P(k)$,$k=0$ 并在规定范围内随机设定粒子的状态;

Step 2 根据航班属性,划分种群,依据时间窗限制确定服务次序;

Step 3 若如果粒子适应值优于原来个体极值 $p\,\mathrm{best}_k$,则对 $p\,\mathrm{best}_k$ 进行更;

Step 4 根据粒子的个体极值 $p\,\mathrm{best}_k$ 确定群体目前所找到的最优解 $g\,\mathrm{bset}_k$;

Step 5 更新 $P(k)$ 每个粒子的速度和位置;

Step 6 根据目标函数计算每个粒子的适应值及相对适应值 $f(x)$;

Step 7 按照轮盘赌算法选择粒子,更新种群为 $P(k+1)$;

Step 8 $k=k+1$;

Step 9 如未满足终止条件,则转向 Step 3。

② 阶段 2 动态调度方案。

Step 0 初始化,导入数据,输入预调度方案;

Step 1 根据航班计划,利用摆渡车服务惩罚参数感知方法计算 w;若 $w=0.2$,则直接输出预调度方案;若 $w\neq0.2$,则转向 Step 2;

Step 2 更改 w 不为 0.2 后的航班调度方案,重复执行阶段 1 中的 Step 1 至 Step 9,输出新的调度方案。

(5) 实例分析。为了针对不同时段的摆渡车调度问题进行实例验证,对国内某枢纽机场的每日航班数量分布进行分析,确定 7:00～9:00 为机场早高峰时段,19:00～21:00 为晚高峰时段,将 14:00～16:00 看作平峰时段。假设摆渡车服务作业区域的拓扑模型如图 8 - 25 所示,将服务作业区域划分为不同的区块,并进行编号,其中摆渡车的停放点编号为 0。

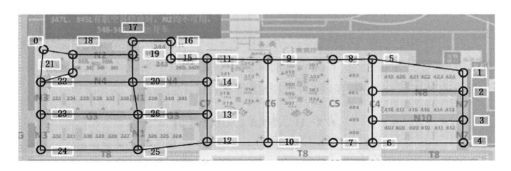

图 8 - 25 机场摆渡车服务作业区域拓扑结构

选取机场 2019 年 10 月 1 日某一航站楼航班信息,包括航班号、机型、进出港、计划到达/起飞时刻、机位和登机口等。部分数据如表 8 - 10 所示。

表 8-10 航班的摆渡车服务需求数据表

航班 ID	机型	服务开始时间	机位编号	摆渡车服务时间/min	摆渡车需求数/辆
1	B738	19:20	338	5	2
2	A319	19:50	334	5	2
3	A320	19:55	341	5	2
4	A320	19:55	344	5	2
5	B738	20:10	339	5	2
6	A320	20:15	348	5	2
7	B737	20:15	332	5	2
8	A320	20:15	326	5	2
9	A320	18:25	348	5	2
10	B737	18:35	332	5	2
11	A320	18:55	344	5	2
12	A319	19:00	334	5	2
13	A320	19:00	326	5	2
14	A319	19:20	345	5	2

在开始调度之前,部分摆渡车初始状态示例如表 8-11 所示,根据实际情况,将摆渡车数量设置为 35 辆。当前摆渡车数量足以满足该机场的摆渡需要,从机场的整体效益出发,在较长时间内摆渡车数量不会增加。

表 8-11 摆渡车初始状态示例

车辆编号	空闲开始时刻	空闲开始地点	最大载客量/人	最小乘客限制/人
1	7:00	0	120	10
2	7:00	0	120	10

续　表

车辆编号	空闲开始时刻	空闲开始地点	最大载客量/人	最小乘客限制/人
3	7:00	0	120	10
4	7:00	0	120	10

在求解前文构建的调度模型之前,需要根据机场实际情况设置模型中相关的参数信息。此外,采用粒子群算法求解调度模型,需要设置相关参数,这部分参数将直接影响到调度方案,需要反复调试才能得出最优结果。模型参数如表 8-12 所示。

表 8-12　模　型　参　数

参　　数	意　　义	值
K	摆渡车数量	21 辆
$T_{A\text{-}bus}^{adv}$	摆渡车服务进港航班提前到位时间	5 min
$T_{D\text{-}bus}^{adv}$	摆渡车服务离港航班提前到位时间	40 min
T_{wait}	乘客上(下)摆渡车所需时间	5 min
T_{gap}	非首辆摆渡车到位时间间隔	0 min
Ω	惯性因子	0.4
c_1	加速因子	0.1
c_2	加速因子	0.5
a_i	时间成本	1
b_i	罚金成本	1

将以上数据作为输入可以得到如下摆渡车调度方案。其中早高峰时段共有 15 个发生变化的航班,此时段摆渡车需要 31 辆摆渡车。晚高峰时段共有 20 个发生变化的航班,此时段摆渡车需要 22 辆摆渡车。平峰时段共有 15 个发生变化的航班,此时段摆渡车需要 22 辆摆渡车。如表 8-13、表 8-14 所示。

表 8-13　早高峰时段摆渡车动态调度方案表

摆渡车编号	预调度方案	摆渡车编号	预调度方案
0	0 - 53	16	46
1	1 - 14 - 18	17	47
2	2 - 16 - 19 - 22	18	48
3	3 - 21 - 31 - 34	19	49
4	4 - 7 - 10 - 43	20	50
5	5	21	51
6	6 - 30 - 33 - 40	22	52
7	8 - 11 - 35	23	54
8	9 - 12 - 13 - 15 - 36	24	55
9	17 - 24 - 44	25	56
10	20 - 26 - 32 - 41	26	57
11	23 - 25 - 29	27	58
12	27 - 28 - 37	28	59
13	38	29	60
14	39 - 42	30	61
15	45		

表 8-14　晚高峰时段摆渡车动态调度方案表

摆渡车编号	预调度方案	摆渡车编号	预调度方案
0	0 - 42	3	3 - 8 - 19 - 22
1	1 - 7 - 11	4	6 - 10 - 30
2	2 - 4 - 5 - 25 - 34	5	9 - 13

续　表

摆渡车编号	预调度方案	摆渡车编号	预调度方案
6	12 - 14 - 32 - 33	14	38
7	15 - 16 - 28	15	39
8	17 - 18 - 20 - 21	16	40
9	23 - 24 - 26 - 31	17	41
10	27 - 29	18	43
11	35	19	44
12	36	20	45
13	37	21	46

参考文献

[1]　王楠,李梦杨.拉格朗日乘数求大转盘处红绿灯最优周期[J].黑龙江科技信息,2013
(23):44.

[2]　赵虹辉.齿轮参数加工公差对微型外啮合齿轮泵性能的影响研究[D].上海:上海交通
大学,2007.

[3]　周林鸣.YN4/5 焊接工艺参数的优化与实验研究[D].上海:上海交通大学,2008.

[4]　李缘.多 AGV 路径规划算法与任务分配调度策略研究[D].杭州:浙江大学,2022.

[5]　蔡畅.枢纽机场摆渡车动态调度方法研究[D].哈尔滨:哈尔滨工业大学,2021.

课后作业

1. 组合优化问题的解集是哪个?　　　　　　　　　　　　　　　　　　　　(　　)

　　A. 任意范围　　　　B. 无穷个　　　　C. 有限的　　　　D. 只有唯一解

2. 旅行商问题的特征是什么?

3. 什么是遗传算法?

4. 遗传算法的特点包括哪些?　　　　　　　　　　　　　　　　　　　　　(　　)

　　A. 可直接对结构对象进行操作

B. 利用随机技术指导对一个被编码的参数空间进行高效率搜索

C. 采用群体搜索策略,易于并行化

D. 仅用适应度函数值来评估个体,并在此基础上进行遗传操作,使种群中个体之间进行信息交换

5. 以下有关遗传算法正确的说法是哪些?　　　　　　　　　　　(　)

A. 种群个体可以采用实数的编码

B. 种群个数太少的情况下,选择与适应度成比例的选择方法容易导致局部最优值

C. 合适的变异率可以调整遗传算法收敛的效果

D. 遗传算法可以解决任意优化问题

6. 粒子群中全局最佳位置会被什么替代?　　　　　　　　　　　(　)

A. 某粒子的初始位置　　　　　　　B. 某粒子的最终位置

C. 某粒子的历史最佳位置　　　　　D. 所有粒子的平均位置

7. 粒子群算法和遗传算法的相同点不包括哪些?　　　　　　　　(　)

A. 都属于仿生算法　　　　　　　　B. 都属于随机搜索算法

C. 都隐含并行性　　　　　　　　　D. 新个体的生成方式相同

8. 已知该车间生产型号分别为 CKS201 和 CKS301 的血氧仪,其中 CKS201 需要经过 5 个工序,CKS301 需要经过 8 个工序,车间内共有 12 种不同类型的加工机器用于不同工序的加工,具体情况如表 8-15 所示。现厂家通过电商平台的后台系统获取到近期消费者对血氧仪的行为数据,打算据此预测未来的订购数量并对生产车间进行重新排程。

表 8-15　各工序与机器对应关系及加工时间

型　号	工序	可选择的加工机器											
		1	2	3	4	5	6	7	8	9	10	11	12
CKS201	1	10	9	*	*	*	*	*	*	*	*	*	*
	2	*	*	14	16	*	*	*	*	*	*	*	*
	3	*	*	*	*	15	25	21	*	*	*	*	*
	4	*	*	*	*	*	*	*	9	13	15	24	*
	5	*	*	*	*	*	*	*	*	*	*	*	10

型　号	工序	可选择的加工机器											
		1	2	3	4	5	6	7	8	9	10	11	12
CKS301	1	12	9	10	*	*	*	*	*	*	*	*	*
	2	*	*	*	16	*	*	*	*	*	*	*	*
	3	*	*	*	*	15	*	*	*	*	*	*	*
	4	*	*	*	*	*	27	22	*	*	*	*	*
	5	*	*	*	*	*	*	*	21	17	*	*	*
	6	*	*	*	*	*	*	*	*	*	19	*	*
	7	*	*	*	*	*	*	*	*	*	*	17	*
	8	*	*	*	*	*	*	*	*	*	*	*	18

注：表格内的数值表示机器在该工序下对一件产品的加工时间（单位：min）；"＊"表示该机器无法加工。

假设厂家通过预测分析后计划该车间每天生产 CKS201 型号血氧仪 3 个，CKS301 型号血氧仪 4 个。请使用 FJSP_GA.ipynb 对车间进行生产排程，使排程方案满足最大完工时间最小的优化目标。具体要求如下：

(1) 仿照 FJSP_GA.ipynb 中"实例化模块"格式重写本题实例。

(2) 根据 FJSP_GA.ipynb 中"主文件"的提示完成相应的代码补全以及注释，提交 FJSP_GA.ipynb 文件。

(3) 修改 FJSP_GA.ipynb 中"遗传算法流程模块"的 6 个初始化参数，多次运行代码直至最优，并完成表 8 - 16 填写。

表 8 - 16　相关参数填写

种群数量	
交叉概率	
变异概率	
迭代次数	

续　表

优化后排程方案的甘特图	参考：	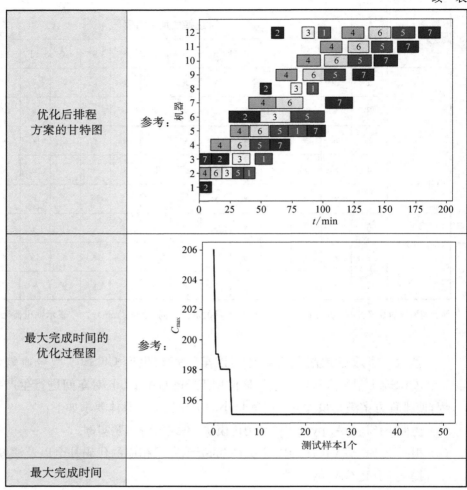
最大完成时间的优化过程图	参考：	
最大完成时间		

第 9 章

▽

知 识 图 谱

信息技术的迅猛发展使得知识呈现爆炸性增长，似乎置身于无边无际的知识海洋中，容易迷失前进的方向。然而，如果拥有一张地图，就能快速定位想要前往的地方，驾驭这波涛汹涌的知识海洋。知识图谱就像一张庞大的世界地图，将不同领域的知识点和概念联系起来，形成完整、结构化的知识体系。通过知识图谱，可以方便地查找相关领域的知识点，快速了解它们之间的关系，并深入了解其内在本质。随着人工智能技术的不断发展，知识图谱作为人工智能领域的支柱，凭借其强大的知识表示和推理能力，受到学术界和产业界的广泛关注。越来越多的企业和组织开始构建自己的知识图谱，以应对信息爆炸的挑战，提高知识管理和利用效率。本章将从相关概念入手，介绍知识图谱的定义、发展和应用。

9.1　知识图谱概述

9.1.1　知识图谱的概念

假设小华现在想要了解新冠病毒的症状，他可以在 Google 搜索引擎中输入"新冠病毒症状"作为关键字进行搜索。在搜索结果页面的右侧，会出现一个包含新冠病毒基本信息的信息框，其中包括了其症状、传播途径、预防措施等信息。此外，搜索结果页面中也会给出包括世界卫生组织、百度百科等多个网站的链接，这些链接提供了更详细的信息和背景。通过这些信息，小华可以快速了解新冠病毒的症状和传播途径，而不需要进行多次搜索和浏览多个网站。如果回到15 年前，小华可能得到的是一整页的网页链接，在尝试打开若干个链接之后才能找到有关新冠病毒的相关信息。这一切的改变得益于 2012 年 Google 发布的知识图谱（knowledge graph）。Google 知识图谱通过从各种来源搜集信息，来增强搜索引擎结果的准确性。同时，这些不同来源的信息会被添加到搜索引擎右侧的信息框（infobox）中，方便用户快速获取基础信息。

知识图谱最早由 Google 公司于 2012 年提出,是一种基于图模型的技术方法,旨在以结构化形式描述客观世界中概念、实体及其之间的关系。从学术的角度出发,可以对知识图谱作出这样的定义:知识图谱本质上是语义网络（semantic network）的知识库。然而,对于一般人来说,这一定义可能有点抽象。因此,从实际应用的角度来看,可以简单地把知识图谱理解成多关系图（multi-relational graph）。那么,什么是多关系图呢?在第三章中已经介绍了"图"这一数据结构,即由顶点(图中的某个节点)和边组成的一种复杂的非线性结构。多关系图也是一种图结构,它相对于传统的单关系图而言,可以包含多种类型的节点(vertex)和边(edge)。如图 9－1 所示,图 9－1(a)表示一个经典的图结构,图 9－1(b)则表示多关系图,因为多关系图里包含了多种类型的节点和边,所以这些类型由不同的颜色来标记。在知识图谱中,用"实体(entity)"表示图中的节点,如人、书、电影等;用"关系(relation)"表示图中的边,如朋友、作者、导演等。通过将多种类型的节点和边组合在一起,就可以更好地表示实体之间的复杂关系,如张三和李四是"朋友"、小明是这本书的"作者"、小天是最新上映电影的"导演"。知识图谱最常见的表示形式是资源描述框架（resource description framwork，RDF）。RDF 的基本单元是三元组（subject-predicate-object，SPO），即"实体×关系×另一实体"或"实体×属性×属性值"集合。

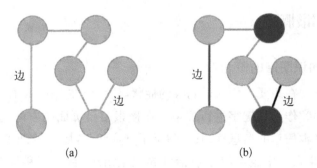

(a)   (b)

图 9－1　图与多关系图的对比

(a) 经典的图结构;(b) 多关系图

知识图谱的作用在于识别、发现和推断事物与概念之间的复杂关系,它是事物关系的可计算模型。通过知识图谱,我们可以将各种知识元素之间的关系进行建模,并在此基础上进行各种计算和推理。例如,一个患者来到医院,主要症状是咳嗽、喉咙痛、发热等。医生可以利用知识图谱来帮助诊断该患者的病情。首先,医生可以利用知识图谱中的医学实体来识别患者的症状,该患者表现出的症状主要是咳嗽、喉咙痛和发热。其次,医生可以利用知识图谱中的医学知识来推断可能的病因。咳嗽、喉咙痛和发热是流感的常见症状,也可能是其他呼吸道感染疾病的表现。医生可以利用知识图谱中的疾病实体和疾病症状关系来推断可能的疾病。最后,医生可以利用知识图谱中的医学治疗实体来推断治疗方案。如果患者被诊断为流感,医生可以利用知识图谱中的治疗实体和治疗关系来制订治疗方案,如口服抗病毒药物、对症治疗等。通过利用知识图谱,医生可以更加准确地诊断疾病,制定治疗方案,提高医疗效率。

相较于传统的知识工程与专家系统,知识图谱具有更强的适应性和普适性。在传统知识表示方法中,通常需要专家定义规则和概念,但这种方法的应用场景有限,而且需要大量人工干预,难以适应大数据时代的应用需求。相比之下,知识图谱通过对万物之间的关系进行建模,可以更加全面、准确地表达知识,同时具有规模大、语义丰富、质量精良和结构友好等特点,因此被认为是知识工程进入新时代的标志。

9.1.2　知识图谱的发展历史

知识图谱是一种用于表示和存储知识的技术,最早可以追溯到 20 世纪 60 年代。但是,知识图谱并非是一项独立的新技术,而是众多技术相互影响和继承发展的结果。这些技术包括语义网络、知识表示、本体论、Semantic Web、自然语言处理等,如图 9-2 所示。

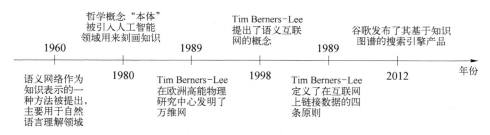

图 9-2　知识图谱的历史

1) 语义网络(semantic network)

在人工智能的发展过程中,由于不同的学术背景、不同的基本理论、不同的研究方法和不同的技术路线,人工智能研究产生了三大学派,其中符号学派关注的是通过符号逻辑和数学规则来实现知识的表示和推理。认知学家 Allan M.

Collins 和 M. Ross Quillian 在 1968 年的论文"Retrieval time from semantic memory"中提出用语义网络来解释人类记忆和推理。他们认为,人类的语义知识可以被组织为一个网络,其中概念(或节点)之间通过关系(或边)相连。这些关系可以是层次关系(如"狗"是"动物"的子类)、联想关系(如"狗"和"猫"是同一类别的动物)、部分-整体关系(如"车轮"是"汽车"的一部分)等等。由普林斯顿大学计算机科学系开发的 WordNet 就是一种语义网络类型的词汇数据库。它是一个大型的英语词汇数据库,用于描述名词、动词、形容词和副词之间的语义关系。WordNet 已经被广泛应用于自然语言处理、信息检索、文本分类、机器翻译、语义相似度计算等领域。目前,除了英语之外,还有许多其他语言的版本,如中文、西班牙语、阿拉伯语等。

2) 本体论(ontology)

本体论是一个哲学概念,它是研究存在的本质的哲学问题,最早可以追溯到古希腊哲学家亚里士多德,而最早使用这个词的是德国哲学家戈科列尼乌斯。在哲学领域,本体论是探究世界的本原或基质的哲学理论。然而,在 20 世纪80 年代,本体论的应用范围已经扩展到了计算机领域,特别是在人工智能、计算机语言以及数据库理论中。对于本体论,目前还没有统一的定义和固定的应用领域,但斯坦福大学的 Gruber 给出的定义得到了许多同行的认可,即本体论是对概念化的精确描述,用于描述事物的本质。在人工智能领域,本体论是研究客观事物之间相互联系的学科。研究人员认为,通过创建新的本体成为计算机模型,可以实现特定类型的自动化推理,获取相关领域的知识并确定共同认可的术语,从而实现知识共享和知识处理的效率和精度的提高。计算机本体论的出现为知识图谱搭建了基本的框架。

3) 万维网(world wide web)

万维网是一种基于互联网的超文本系统,它最初由英国计算机科学家蒂姆·伯纳斯-李(Tim Berners-Lee)于 1989 年发明。万维网的出现可以追溯到20 世纪 80 年代末,当时互联网已经存在,但它只是一个用于计算机之间通信的庞大网络。在这个时代,互联网主要用于传输电子邮件、文件和远程登录等功能,但人们很难通过互联网找到特定的信息。蒂姆·伯纳斯-李的目标是通过互联网建立一种更为便捷的信息交流方式。他认为,如果所有信息都可以通过一个简单的接口来访问,那么人们就可以更方便地查找和共享信息。因此,他发明了万维网,这是一个基于超文本的信息系统,可以用于在互联网上的各种文本之间进行链接。早期阶段的万维网主要是由超文本标记语言(hyper text markup language，HTML)构建的。通过使用 HTML,人们可以创建包含文本、图像、音频和视频等多媒体元素的网页,并将这些元素链接到其他网页上。这种链接形成了一个网状结构,使得用户可以通过点击超链接来跳转到其他网页上,从而在不同的页面之间浏览和交互。这种超链接的实现初步实现了文本间的链接,形成了知识图谱的雏形。

4) 语义网(semantic web)

语义网的概念最初由万维网的发明人蒂姆·伯纳斯-李(Tim Berners-Lee)提出,他在 1999 年的一篇论文中首次提出了这个概念。在这篇论文中,他指出当前的万维网主要是由超文本文档组成的,这些文档虽然可以通过超链接互相连接,但是它们并不包含足够的语义信息,因此难以被计算机理解和利用。为了解决这个问题,蒂姆·伯纳斯-李提出了一种新的网络语言,即语义网络语言,也被称为 RDF。RDF 是一种描述网络资源的语言,它可以将网络资源的属性和关系描述为一组三元组,这种格式可以被计算机更好地理解和处理。蒂姆·伯纳斯-李认为,通过使用 RDF 和其他语义网络技术,可以让万维网上的信息更加丰富、结构化和标准化,从而实现计算机对信息的理解和利用。他提出了一种新的网络架构,即"语义网络",这个网络架构可以让人们更加方便地利用网络上的知识和信息,并且可以让计算机更加智能地处理和分析这些信息。随着时间的推移,W3C(万维网联盟)开始推出一系列的语义网络技术标准,包括 OWL(Web 本体语言)、SPARQL(SPARQL protocol and RDF query language)等。这些标准为语义网的发展奠定了基础,同时也为知识图谱的实现提供了技术支持。

5) 关联数据(linked data)

随着万维网技术的不断发展,互联网上出现了越来越多的数据,但这些数据往往分散在不同的网站和数据库中,缺乏统一的标准和链接方式,难以实现数据的共享和应用。2006 年,万维网的发明者、英国计算机科学家蒂姆·伯纳斯·李在一篇名为"*Linked Data*"的论文中提出了"关联数据"的概念。他希望通过标准化数据格式和链接方式,将分散在互联网上的数据连接起来,建立一个互联互通的知识网络。这个概念的目标是使不同的数据能够被机器读取和理解,从而进一步提高数据的价值和利用效率。关联数据的基本原则是使用统一资源标识符(uniform resource identifier, URI)来标识数据,使用标准化的 RDF 格式来描述数据,并通过超链接的方式将数据连接起来,从而形成一个大规模的、分布式的知识库,使得这些数据可以被计算机更好地理解和处理。这已经很接近现在的知识图谱技术。

6) 知识图谱(knowledge graph)

在过去,谷歌主要通过关键词匹配的方式来呈现搜索结果。但是,这种方式容易导致搜索结果的质量参差不齐,无法准确反映用户的意图和需要。因此,谷歌公司在 2012 年推出了一项大型知识库项目"知识图谱",旨在通过收集和整合各种来源的信息,建立一个庞大的知识图谱,以更好地理解用户的搜索意图,并提供更为精准的搜索结果。谷歌的知识图谱包含了数十亿个实体(如人、地点、机构、事物等),每个实体都有着丰富的属性和关系信息。在用户进行搜索时,谷歌会通过语义分析技术将搜索词与知识图谱中的实体进行匹配,从而更好地理解用户的搜索意图,并提供与搜索词相关的实体、属性和关系信息。知识图谱的推出不仅提高了搜索结果的准确性和质量,也为谷歌推出更多的智能化服务,如语音助手、智能问答等。

9.1.3　知识图谱的应用

知识图谱是一种用于整合、存储和表示知识的技术,类似于人类大脑中的"记忆库"。它可以将各种不同类型的信息关联起来,如人、地点、事物、概念等,形成一个结构化的知识网络。知识图谱的应用主要如下:

1) 语义搜索

所谓语义搜索,就是一种基于语义理解的搜索方式,它旨在帮助用户更准确地找到他们所需的信息。与传统的基于关键词匹配的搜索方式不同,语义搜索试图理解搜索查询的意义、目的和上下文,并提供更具有相关性和精确性的搜索结果。谷歌搜索就是一个很好的例子,它使用知识图谱来提高搜索结果的准确性。例如,当用户输入"姚明身高"时,谷歌搜索会返回一个知识图谱卡片(图 9 - 3),其中包含姚明的身高信息。除此之外,卡片还提供了其他相关信息,如生日和国籍等,以帮助用户更好地理解他们正在寻找的信息。

2) 问答交互

交互问答系统旨在回答用户的自然语言问题,它需要理解用户的意图、提取问题中的实体、关系和属性,并从知识库中找到相关的答案。知识图谱提供了一种结构化的表示方式,可以帮助交互问答系统更好地理解问题和答案之间的关系。IBM 沃森就是一个经典的例子,它是一个基于知识图谱的认知计算系统,可以回答自然语言问题。沃森利用知识图谱整合了海量的知识,包括百科全书、文献、新闻、电影、音乐等各个领域的知识。当用户输入一个问题时,沃森会通过自然语言理解技术将问题转化为机器可理解的形式,然后在知识图谱中检索相

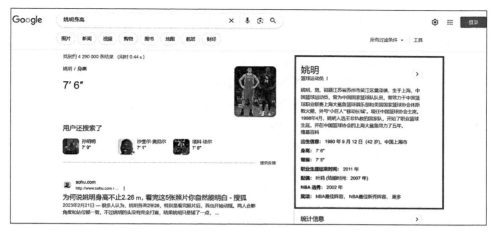

图 9 - 3　谷　歌　搜　索

关的信息,并生成答案。沃森的表现非常出色,它在 2011 年参加了美国电视智
力竞赛 Jeopardy!,并成功击败了两位人类选手,震惊了全世界。

3)商品推荐

推荐系统的目标是为用户提供个性化的推荐,以提高用户的满意度并促进
销售。知识图谱在推荐系统中的应用,可以帮助系统理解用户的需求和商品之
间的关系,从而提供更加准确的推荐结果。例如,阿里巴巴建立的电商领域知识
图谱,可以通过商品属性、品牌、类别等信息,以及用户的搜索、购买、浏览历史等
数据,来分析用户的兴趣和需求,并推荐相应的商品。这种方式可以提高用户的
购买满意度,同时也有助于商家提高销售额和用户忠诚度。除了电商领域之外,
知识图谱在信息流推荐、社交网络推荐、音乐电台推荐等领域中也有广泛的应用。

4)电信、金融反欺诈

电信运营商可以利用通话记录形成的知识图谱来检测电话欺诈行为。通话
记录包含了电话号码、通话时间、通话时长等信息,这些信息可以被用来建立一个
通话关系图,其中电话号码作为节点,通话时间和通话时长作为边。通过分析通话
关系图中节点之间的关系,可以识别出一些异常行为,如恶意拨打电话、诈骗电话
等。例如,如果一个电话号码频繁地向多个陌生号码拨打电话,或者接听陌生号码
的电话,并且通话时长非常短,这些行为可能表明这个电话号码参与了电话欺诈活
动。运营商可以利用这些信息来检测和防范电话欺诈行为,从而保护用户的权益。

5)企业关系分析

企业知识图谱中包含了企业实体、属性和关系等信息,通过对这些信息的分

析和挖掘,可以识别出企业的优势和劣势,评估企业的投资价值和风险,并提供相应的建议和预测。例如,利用企业知识图谱可以分析一个公司的发展历史、市场份额、财务状况等信息,从而评估其未来的发展潜力和风险水平。天眼查和企查查是建立企业知识图谱的典型代表,它们可以通过收集和分析各种企业信息,如公司注册信息、经营状况、信用评级、股东结构、法律诉讼等,来建立企业知识图谱,并提供企业投资和风险分析服务。

6) 科技文献挖掘

在科技领域,学术论文的引用关系反映了学科领域内不同研究成果之间的联系,通过建立学术知识图谱,可以将这些引用关系转化为图结构,从而分析学科的热点和发展规律,以及不同研究成果之间的关系。

9.2 知识图谱的构建步骤

构建一个完整的知识图谱需要经历以下几个步骤:

1) 需求分析

在构建知识图谱之前,首先应该明确知识图谱的应用场景和需求,确定知识图谱的范围和内容。这一步骤需要考虑知识图谱的使用者、使用场景和使用目的等,以便为后续步骤提供指导。

2) 数据收集与预处理

数据是知识图谱的基础,知识图谱的质量和可用性取决于数据的质量、多样性和覆盖范围。在这一步骤中,需要从各种数据源中收集数据,并对数据进行预处理和清洗,以便为知识图谱的构建提供可靠的数据基础。数据收集可以包括结构化数据(表格、数据库等)、非结构化数据(电子邮件、新闻文章、社交媒体帖子、音频文件、视频等)和半结构化数据(XML 文档、HTML 网页、JSON 数据等)。预处理包括去重、归一化、实体识别和关系抽取等。

3) 知识图谱的设计

在设计知识图谱的结构和内容时,需要考虑以下元素: 实体、属性和关系。实体是知识图谱中的基本元素,它们代表现实世界中的事物或概念。属性是实体的特征或属性,描述了实体的某些方面,如颜色、大小、形状等。而关系则描述了实体之间的语义关系,比如父子关系、同义词关系等。此外,需要考虑知识图谱中元素之间的层次结构和语义关系。例如,实体之间可以存在上下位关系,即一个实体可以是另一个实体的子类或子实例。同时,实体之间可以存在语义关系,如同义词、反义词、近义词等。

4) 数据存储

将收集和预处理好的数据存入知识图谱中是知识图谱构建的重要一步。数据存储需要考虑知识图谱的数据模型和存储方式,以及数据的索引和检索等,以确保数据的准确性和完整性,并为后续的上层应用开发提供可靠的数据基础。常见的数据存储工具有 Neo4j、Neptune、Virtuoso 等。

5) 上层应用开发及系统评估:

知识图谱的上层应用包括多种形式,如搜索、推荐、问答和智能对话等,这些应用需要根据具体的应用场景和使用需求来进行设计和开发。系统的评估可以包括多个方面,如性能、准确性、完整性和可用性等,以便为后续的系统优化和改进提供指导。

接下来,将通过搭建金融风控领域的知识图谱系统,以具体介绍上述各个步骤。

9.2.1 需求分析

在对等网络(peer to peer,P2P)网贷环境下,风控是最为重要的问题,因为它关乎出借人的资金安全和借款人的信用评价。在线上贷款的环境下,欺诈风险尤为严重,网络匿名性和虚假身份信息的泛滥给风控工作带来了极大的挑战。欺诈风险往往隐藏在复杂的关系网络之中,使得传统的风险评估手段难以有效应对。知识图谱作为一种高效的图形化表达方式,能够在这种情况下发挥重要作用,帮助风控人员更好地发现和识别潜在的欺诈行为。例如,通过分析借款人在社交媒体上的行为和关系网络,可以发现他们是否存在虚假身份和关系,以及是否存在与其他欺诈行为相关的线索。P2P 网贷平台如图 9 - 4 所示。

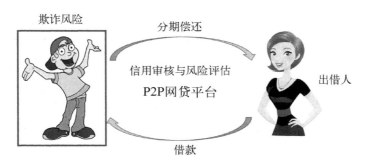

图 9 - 4 P2P 网贷平台

在确定是否需要知识图谱系统的支持时,应该综合考虑自身业务的需求和数据特征,以及知识图谱技术的优势和适用范围。因为在许多实际场景中,即使对关系的分析有一定的需求,实际上也可以利用传统数据库来完成。所以为了避免盲目使用知识图谱,以下给出了几种适合的情况:

(1)需要进行关系的深度搜索和可视化,以更好地理解数据之间的关系和连接。

(2)数据拥有复杂的关系和语义,需要通过关系的深度搜索来发现实体之间的关系。

(3)实时性要求较高,需要快速地查询和检索大量的复杂数据关系。

(4)数据存在孤岛问题,需要集成多个来源的数据,并将它们连接在一个统一的模型中。

(5)数据类型和格式多样化,需要一个能够处理多种数据类型和格式的系统。

(6)需要自适应地学习和推理新的知识,以发现数据中的隐藏模式和关系。

9.2.2　数据收集与预处理

针对数据源,需要考虑以下几点:① 已经有哪些数据;② 虽然现在没有,但有可能拿到哪些数据;③ 其中哪部分数据可以用来降低风险;④ 哪部分数据可以用来构建知识图谱。

在反欺诈方面,可以利用多个数据源来构建模型,包括用户的基本信息、行为数据、运营商数据、网络上的公开信息等。如果已经有了一个数据源的列表,接下来需要考虑进一步处理哪些数据。对于非结构化数据,我们需要使用自然语言处理相关的技术进行处理。对于用户的基本信息,我们可以直接从结构化数据库中提取姓名、年龄、学历等字段并使用。但是,有些字段可能需要进一步处理,比如填写的公司名称。例如,有些用户填写"北京贪心科技有限公司",另一些用户填写"北京望京贪心科技有限公司",实际上它们都指向同一家公司。因此,需要对公司名称进行对齐,这可以使用实体对齐技术来完成。对于行为数据,我们需要进行一些简单的处理,并从中提取有用的信息,如"用户在某个页面停留时长"等。而对于网络上公开的网页数据,则需要使用信息抽取相关的技术来提取有用的信息。通过这些处理和提取,可以将数据添加到知识图谱系统中以进一步分析和应用。

9.2.3　知识图谱的设计

为了设计一个有效的知识图谱,需要考虑多个因素。首先,确定知识图谱中应该包含哪些实体、关系和属性。这直接影响知识图谱的覆盖范围和深度,因为实体、关系和属性的选择会决定知识图谱所能涵盖的领域和知识范围。对于某些领域或问题,可能需要特定的实体、关系和属性来进行建模,因此需要在设计知识图谱之前进行领域分析和需求分析,以确定所需的内容。其次,确定哪些属性可以作为实体,哪些实体可以作为属性。这一步是为了加强知识图谱中实体之间的语义联系,使得知识图谱更加全面、准确、可理解和可用于推理。在知识图谱中,一个实体通常由多个属性来描述,而一个属性则可以被多个实体所共享。例如,在一个人的实体中,可以包含姓名、年龄、性别、出生日期等多个属性。同时,这些属性也可以被其他实体所共享。例如,在一个城市的实体中,也可以包含人口数量、面积、地理位置等属性。确定哪些属性可以作为实体,哪些实体可以作为属性可以更好地描述实体之间的关系,并且方便进行知识推理和查询。最后,确定哪些信息不需要包含在知识图谱中。这是为了保证知识图谱的完整性和准确性,同时避免信息冗余和浪费存储空间。

基于上述要求,知识图谱的设计应该遵循以下原则:

1) 业务原则(business principle)

业务原则的含义是:"一切要从业务逻辑出发,并且通过观察知识图谱的设计也很容易推测其背后业务的逻辑,而且设计时也要想好未来业务可能的变化"。

举个例子,观察图9-5,并试问其背后的业务逻辑是什么。通过一番观察,其实也很难看出到底业务流程是什么样的。做个简单的解释,这里的实体"申请"的意思就是"application",也就是申请贷款。那么"申请"与"电话"实体之间

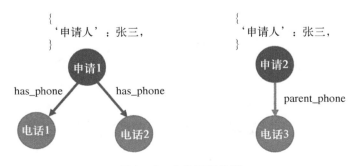

图9-5　业务逻辑分析

的"has_phone""parent_phone"是什么意思呢？

接下来再看一下图 9-6，跟之前的区别在于把申请人从原有的属性中抽取出来并设置成了一个单独的实体。在这种情况下，整个业务逻辑就变得很清晰，很容易看出张三申请了两个贷款，而且张三拥有两个手机号，在申请其中一个贷款的时候他填写了父母的电话号。总而言之，一个好的设计很容易让人看到业务本身的逻辑。

图 9-6　修改后的业务逻辑

2) 效率原则（efficiency principle）

效率原则是为了让知识图谱尽量轻量化，并确定哪些数据应该存放在知识图谱中，哪些数据不需要存放在知识图谱中。如图 9-7 所示，类比于经典的计算机存储系统中的内存和硬盘，知识图谱的设计也需要考虑数据的局部性和访问频率，将常用的信息存放在知识图谱中，将不常用的信息放在传统的关系型数据库中，以提高访问效率和降低存储成本。效率原则的核心是将知识图谱设计

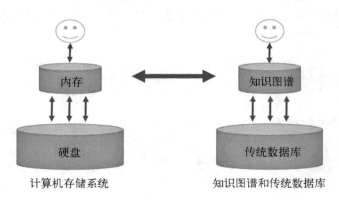

图 9-7　知识图谱与计算机存储系统的类比

成小而轻的存储载体,以便于实现快速的
数据查询和知识推理。

在图 9-8 的知识图谱中,完全可以把
一些信息如"年龄""家乡"放到传统的关
系型数据库当中,因为这些数据对于分析
关系来说没有太多作用,并且访问频率
低,放在知识图谱上反而影响效率。

3)分析原则(analytics principle)和
冗余原则(redundancy principle)

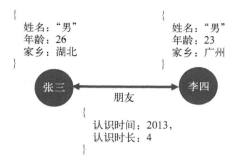

图 9-8　知识图谱的效率原则

从分析原则的角度,不需要把跟关系分析无关的实体放在图谱当中;从冗余
原则的角度,有些重复性信息、高频信息可以放到传统数据库当中。

9.2.4　数据存储

对于知识图谱而言,图模型是最直观的知识表达方式。因此,在存储系统的
选择方面,图数据库是一个首选。但选择哪个图数据库也要考虑数据量和对效
率的要求。对于数据量特别庞大的情况,Neo4j 有可能无法满足,此时可以选择
支持准分布式的系统,如 OrientDB、JanusGraph 等,或者通过效率和冗余原则把
信息存放在传统数据库中,从而减少知识图谱所承载的信息量。通常来讲,对于
10 亿节点以下规模的图谱来说,Neo4j 已经足够了。当然,图数据库是一种常见
的选择,但并不是必需的条件。在很多情况下,传统的关系型数据库,如
MySQL 也可以适用于相当多的应用场景。

9.2.5　上层应用开发及系统评估

构建好知识图谱后,接下来就要利用它来解决实际问题。对于风险控制知
识图谱来说,首要任务是挖掘关系网络中隐藏的欺诈风险。从算法的角度来看,
有两种不同的场景:一种是基于规则的方法,另一种是基于概率的方法。在目
前的 AI 技术现状下,基于规则的方法在垂直领域的应用中仍然占据主导地位。
但是随着数据量的增加以及方法论的提升,基于概率的模型也将会逐步带来更
大的价值。

基于规则的方法在风险控制知识图谱中有多种应用,其中包括不一致性验
证、基于规则的特征提取和基于模式的判断。

不一致性验证是一种简单的方法,通过一些规则来找出关系网络中的潜在

矛盾点。这些规则是以人为方式提前定义好的,因此在设计规则时需要一定的业务知识。例如,在图 9-9 中,李明和李飞两个人都注明了同样地公司电话,但实际上从数据库中判断这两个人实际上在不同的公司工作,这就是一个矛盾点。类似的规则可以有很多,不一一列举。

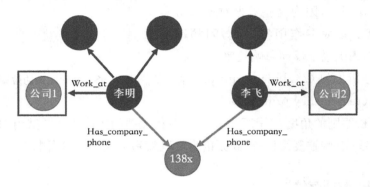

图 9-9 不 一 致 验 证

基于规则的方法也可以从知识图谱中提取特征,这些特征通常基于深度搜索,涉及的维度可能是 2 度、3 度甚至更高维度。例如,问这样一个问题:"在申请人的二度关系中,有多少个实体触碰了黑名单?"从图 9-10 中可以很容易地观察到二度关系中有两个实体触碰了黑名单。提取这些特征后,通常可以将它们作为风险模型的输入。需要注意的是,如果特征不涉及深度关系,传统的关系型数据库通常已足以满足需求。

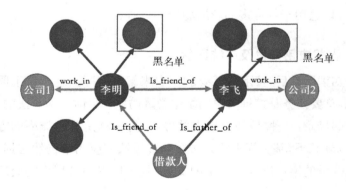

图 9-10 基于规则的特征提取

基于模式的判断比较适用于找出团体欺诈,它的核心在于通过一些模式来找到有可能存在风险的团体或者子图(sub-graph),然后对这部分子图做进一步的分析。这种模式有很多种,比如,在图 9 - 11 中,三个实体共享了很多其他的信息,可以看作是一个团体,并对其做进一步的分析。

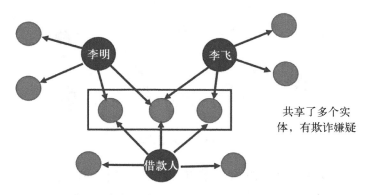

图 9 - 11　基于模式的判断

比如,也可以从知识图谱中找出强连通图,并把它标记出来,然后做进一步风险分析。强连通图(图 9 - 12)意味着每一个节点都可以通过某种路径达到其他的点,也就说明这些节点之间有很强的关系。

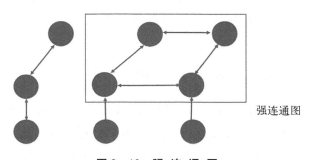

图 9 - 12　强 连 通 图

除了基于规则的方法之外,也可以使用概率统计的方法。比如,社区挖掘、标签传播、聚类等技术都属于这个范畴。

社区挖掘算法的目的在于从图中找出一些社区。对于社区,可以有多种定义,但直观上可以理解为社区内节点之间关系的密度要明显大于社区之间的关系密度。图 9 - 13 中总共标记了三个不同的社区。一旦得到这些社区之后,就可以做进一步的风险分析。由于社区挖掘是基于概率的方法论,好处在于不需要人为地去定义规则,特别是对于一个庞大的关系网络来说,定义规则这事情本身是一件很复杂的事情。

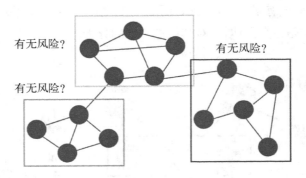

图 9‑13   社区挖掘算法

标签传播算法的核心思想在于节点之间信息的传递。这就类似于,跟优秀的人在一起自己也会逐渐地变优秀是一个道理。因为通过这种关系会不断地吸取高质量的信息,最后使得自己也会不知不觉中变得更加优秀。

相比规则的方法论,基于概率的方法的缺点在于:需要足够多的数据。如果数据量很少,而且整个图谱比较稀疏(sparse),基于规则的方法可以成为首选。尤其是对于金融领域来说,数据标签会比较少,这也是为什么基于规则的方法论还是更普遍地应用在金融领域中的主要原因。

9.3   应用——中文医疗知识图谱的构建

目前市场上缺乏开源的中文医疗知识图谱,而医疗领域的知识数据庞大、大部分是半结构化和非结构化数据,手动构建知识图谱难度较大。随着自然语言处理等人工智能技术的发展,自动构建知识图谱已成为研究的热点。因此,本案例利用医疗百科上的半结构化数据,通过知识抽取技术提取其中的知识,构建了一个中文医疗知识库。同时,采用实体对齐等知识融合技术,将开源的中文医疗知识库与本章从医疗百科获取的知识库合并,使知识图谱更加完整。最后,利用开源知识图谱平台 Neo4j,构建了中文医疗知识图谱,为实现医疗问答系统和医疗导诊系统提供基础支持。

9.3.1   Schema 定义

Schema 是知识图谱一个很重要的概念,用于限定待加入知识图谱数据的格式,相当于某个领域内的数据模型,包含了该领域内有意义的概念类型以及这些

类型的属性。通过从寻医问药网医疗知识网站获取的半结构化数据,定义一个医疗领域的 Schema 图。具体定义步骤如下:

(1) 构建域。在本案例中,主要关注医疗领域,因此将该领域定义为研究范围。

(2) 确定域的类型。在本案例中,涉及的主要是医疗领域的知识,包括疾病、症状、科室、食物、检查、药企和药品等类型的知识。因此,在 Schema 的定义中,主要关注这些类型。如图 9 - 14 所示,以疾病节点类型为核心,周围连接着科室、症状、检查、食物、药品和药企等节点类型,它们与疾病节点直接或间接地建立联系。知识以一系列的<SPO(subject-predication-object)>三元组的形式表示。

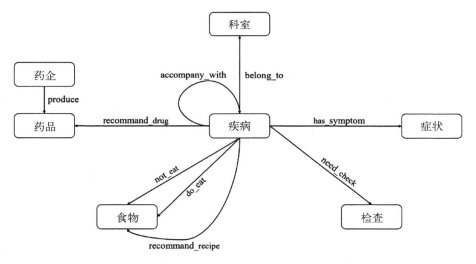

图 9 - 14　Schema 定义

(3) 确定属性。本章为定义的医疗实体类型确定有哪些属性,针对最重要的疾病类型,其属性有病因、介绍、有无医保、患病比例、就诊科室、治疗方式等 11 个属性,如图 9 - 15 所示。

9.3.2　知识抽取

从获取的医疗知识中,总共获得了 36 个科室和 8 000 多种疾病。这些数据以半结构化的形式存在,如表 9 - 1 所示。通过观察,我们发现知识的表现形式呈现一定的规律性,可以通过一定的规则将知识进行抽取,如图 9 - 16 所示。

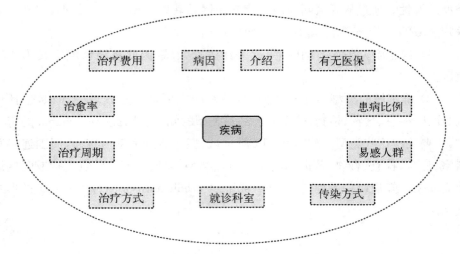

图 9-15 疾病的属性

表 9-1 科 室 统 计

序 号	科 室	疾病数量	序 号	科 室	疾病数量
1	中医科	486	13	感染科	280
2	产科	131	14	整形美容科	3
3	儿科	795	15	普外科	418
4	内分泌科	228	16	泌尿内科	11
5	口腔科	167	17	泌尿外科	155
6	呼吸内科	315	18	消化内科	533
7	妇科	339	19	烧伤外科	19
8	康复科	8	20	男科	92
9	心理科	36	21	皮肤科	648
10	心血管内科	328	22	眼科	482
11	急诊科	205	23	神经内科	386
12	性病科	25	24	神经外科	185

续 表

序 号	科 室	疾病数量	序 号	科 室	疾病数量
25	精神科	121	32	营养科	24
26	耳鼻喉科	267	33	血液科	330
27	肛肠外科	63	34	遗传病科	9
28	肝胆外科	53	35	风湿免疫科	172
29	肾内科	153	36	骨外科	607
30	肿瘤科	533	总计		794
31	胸外科	187			

(1) 处理疾病属性。对于疾病的属性处理,根据图 9 – 16(b)～图 9 – 16(h) 的示意图,可以直接从文本文件中拷贝属性"病因""疾病介绍"和"预防"的文本 内容,无须进行其他处理。对于"基础信息"的处理,文本文件中包含了多个属 性,如"患病比例""易感人群""传染方式"等,每个属性占据一行,属性名与属性 之间使用冒号分隔。因此,可以逐行获取每个属性,并使用冒号作为分隔符,将 属性名和属性值分隔开。

(2) 处理疾病并发症。根据图 9 – 16(a)的示意图,"并发症"文件中的各个 疾病之间使用逗号作为分隔符。因此,在解析时,我们只需要通过逗号将它们分 割开即可。

(3) 处理药品。根据图 9 – 16(g)的示意图,"药物"文件中的每一行代表一 种药物,括号中表示药企。因此,我们需要将药物和药企分割开,并进行去重 处理。

(4) 处理食物。根据图 9 – 16(d)的示意图,"饮食"文件中包含了"宜吃""忌 口""推荐"和"详细"四个部分。通过关键字识别每行属于哪个部分,并使用冒号 分隔属性名和属性值。

(5) 处理疾病检查项目。根据图 9 – 16(e)的示意图,"检查"文件中包含多 个检查项目,需要将它们分离出来。通过关键字"项目"可以识别出项目的名称, 通过关键字"介绍"可以识别出项目的详细介绍,通过关键字"正常范围"可以识 别出检查项目的正常指标范围。

心力衰竭,休克,晕厥,脑栓塞

(a)

心律失常可见于各种器质性心脏病,其中以冠状动脉粥样硬化性心脏病(简称冠心病),心肌病,心肌炎和风湿性心脏病(简称风心病)为多见,尤其在发生心力衰竭或急性心肌梗塞时,发生在基本健康者或植物神经功能失调者中的心律失常也不少见,其它病因尚有电解质或内分泌失调,麻醉,低温,胸腔或心脏手术,药物作用和中枢神经系统疾病等,部分病因不明。

(b)

心律失常(cardiac arrhythmia)是一种常见的疾病,且发病率极高。心律失常的出现,严重危害者患者的身体健康。同时对患者的心理造成一定程度的影响。心律失常是由于窦房结 激动异常或激动产生于窦房结以外,激动的传导缓慢、阻滞或经异常通道传导,即心脏活动的起源和(或)传导障碍导致心脏搏动的频率和(或)节律异常。心律失常是心血管 疾病中重要的一组疾病。它可单独发病亦可与心血管病伴发。可突然发作而致猝死,亦可持续累及心脏而衰竭。根据心律失常发作时的心室率,可将心律失常大致分为快速性心律失常和缓慢性心律失常。

(c)

宜吃:鹿肉,南瓜子仁,莲子,栗子(熟),
忌口:鸡肝,杏仁,白扁豆,银鱼,
推荐:萝卜粳米粥,荷叶粳米粥,莲子茶,荷叶包,荷叶粥,莲子粥,水晶苞子,薏米汤,
详细:
1、应供给富含VitB、VitC及钙、磷的食物,以维持心肌的营养和脂类代谢。应多食用新鲜蔬菜及水果,以供给维生素及无机盐,同时还可防止大便干燥。
2、多食含纤维多的蔬菜水果,如香蕉、甘薯、芹菜等。

(d)

项目:心电图
介绍:心脏在每个心动周期中,由起搏点、心房、心室相继兴奋,伴随着生物电的变化,通过心电描记器从体表引出多种形式的电位变化的图形(简称ECG)。心电图是心脏兴奋的发生、传播及恢复过程的客观指标。心电图是冠心病诊断中最早、最常用和最基本的诊断方法。
正常范围:1、心电图纸上的每个小方格,横格为0.04s,纵格为0.1mV。

介绍:多普勒超声心动图
介绍:多普勒超声心动图血液内有很多红细胞,它能反射和散射超声,可以认为是微小的声源,探头安置于肋间隙可对动面发射超声超声,红细胞在心脏或大血管流动时,红细胞反射的声频主要改变。红细胞朝向探头运动时,反射的声频增加,反之则降低。这种红细胞与探头作相对运动时所产生声频的差值称为多普勒频移。它可以显示血流的

(e)

医保疾病: 否
患病比例: 0.6%
易感人群: 好发于各种器质性心脏病患者
传染方式: 无传染性
并发症: 心力衰竭,休克,晕厥,脑栓塞
就诊科室: 内科 心内科
治疗方式: 药物治疗 手术治疗
治疗周期: 2-4周
治愈率: 95%
常用药品: 天王补心丸 珊瑚七十味丸
治疗费用: 根据不同医院,收费标准不一致,市三甲医院约(3000——5000元)

(f)

九芝堂天王补心丸(天王补心丸)
神水藏药珊瑚七十味丸(珊瑚七十味丸)
天知(二十五味珊瑚丸)(二十五味珊瑚丸)
同仁堂天王补心丸(天王补心丸)
天施康滋心阴胶囊(滋心阴胶囊)
益盛振源胶囊(振源胶囊)
沃华心可舒片(心可舒片)
信谊盐酸胺碘酮片(盐酸胺碘酮片)
陕西功达黄豆苷元胶囊(黄豆苷元胶囊)
寿堂盐酸美西律片(盐酸美西律片)
云丰宁心宝胶囊(宁心宝胶囊)
长春普华宁心宝胶囊(宁心宝胶囊)

(g)

心律失常的预防十分重要,完全预防心律失常发生有时非常困难,但可以采取适当措施,减少其发生,要做到以下几点:
1、预防诱发因素:
一旦确诊后病人往往高度紧张、焦虑、忧郁、严重关注,频频求医,迫切要求用药控制心律失常,而完全忽略病因,诱因的防治,常造成喧宾夺主,本末倒置。常见诱因:吸烟、酗酒、过劳、紧张、激动、暴饮暴食、消化不良、感冒发烧、摄入盐过多、血钾、血镁低等,病人可结合以往发病的实际情况,总结经验,避免可能的诱因,比单纯用药更简便、安全、有效。
2、稳定的情绪:
保持平和稳定的情绪,精神放松,不过度紧张,精神因素中尤其紧张的情绪易诱发心律失常,所以患者要以平和的心态去对待,过悲、过忧、不计较小事,遇事自己能宽怒自己,不看紧张刺激的电视,球赛等。

(h)

图 9-16 获取的医疗知识组成结构
(a) 并发症;(b) 病因;(c) 疾病介绍;(d) 食物;(e) 检查;(f) 基础信息;(g) 药物;(h) 预防

经过对 36 个科室相关文本信息的预处理,得到一系列疾病属性的 JSON 文件,便于后续构建图数据库。此外,通过自动化处理以及后续的人工校正,还得到科室、疾病、药品、药企、食物和检查项目等词典库,根据规则进行构建。

9.3.3 知识融合

为解决不同知识图谱中相同疾病描述不一致以及相同疾病具有不同名称的问题,本案例对开源的中文医疗知识库和从医疗百科获取的知识库进行知识融合。

知识融合的基础是实体对齐,而语义相似度计算是实体对齐的必要操作,通过语义相似度计算,才能知道哪些实体是指向的同一实体。语义相似度计算有多种方式,此处采用的是 BM25 算法。

BM25 算法常用于文档的相关性评分,也可用于文本相似度计算。其主要思想为:假设输入一个句子,为 S,第一步对其分词,得到分词后的列表 $[w_1, w_2, \cdots, w_n]$。然后对于将与 S 进行相似度计算的句子 S',计算每一个词 w_i 与 S' 的相关性评价得分。最后将所有的词与 S' 的相关性得分进行加权求和,得到 S 与 S' 的相关性得分。其计算公式为

$$\text{score}(S, S') = \sum_{i=1}^{n} \text{IDF}(w_i) \cdot \frac{f_i(k_1 + 1)}{f_i + k_i \cdot \left[1 - b + b \cdot \frac{\text{len}_{s'}}{\text{avg(len)}}\right]} \quad (9-1)$$

式中,$\text{IDF}(w_i)$ 为 w_i 这个词的逆文本频率;f_i 是 w_i 在句子 S 中出现的频率;k_1 和 b 为调整因子,通常设置为 2 和 0.75;$\text{len}_{s'}$ 为句子 S' 的长度;avg(len) 是所有句子的平均长度。

为了完成实体对齐,只靠实体之间的词语相似度是不够的,因为通常其词语长度较短,那么判断的错误率较高。因此本案例将引入实体的属性、关系等节点来综合判断实体的相似度,完成实体对齐任务。具体计算方式如下:

(1) 如果实体名相同,那么判断为同一实体,此时合并实体的属性和关系。

(2) 当实体名不相同时,采用以下公式计算:

$$\text{sim}(E_1, E_2) = w_{\text{name}} \cdot S(E_{n1}, E_{n2}) + \sum_{i=1}^{n} w_i^P \cdot S(P_i^1, P_i^2) + \\ \sum_{j=1}^{m} w_j^R \cdot S(R_j^1, R_j^2) \quad (9-2)$$

式中,$S(E_{n1}, E_{n2})$ 为实体 1、实体 2 之间名字的相似度;w_{name} 为 $S(E_{n1}, E_{n2})$ 对应的权重;$S(P_i^1, P_i^2)$ 为实体 1 和实体 2 第 i 个属性的文本相似度,如果某一实体无该属性,则相似度值为 0,w_i^P 为第 i 个属性的相似度的权重;$S(R_j^1, R_j^2)$ 为实体 1 和实体 2 的第 j 个关系的文本相似度,同样当某一实体无该关系时,相似度值为 0;w_j^R 为第 j 个关系的相似度的权重。本案例对权重系数的设置如表 9-2 所示。

表 9-2　实体相似度计算权重系数设置

系数名	实体名	属　　性		关　　系		
		所属科室	疾病介绍	并发症	症状	药物
设置值	0.3	0.05	0.1	0.2	0.25	0.1

最后,基于上述的实体对齐方式,将开源的小型的中文医疗知识库与构建的医疗知识库进行实体映射,当计算出来的实体相似度大于 0.7 时,可视为同一实体,将其信息进行去重和合并,当出现矛盾的信息的时候,可根据信息来源的可信度进行置信度的设置,保留置信度较高的那个实体的信息。

9.3.4　知识存储

知识存储是将已经获取得到的知识进行持久化的操作,目前图数据库(graphdatabase,GD)是知识图谱常见的存储方式。

Neo4j 作为高性能图数据库开源平台,是目前最流行的图数据库之一。不同 MySQL 将结构化数据存于表中,图数据库将数据存储于网络上,其支持名为 Cypher 的查询语句,高效便捷,并且 Neo4j 内置着非常快的搜索算法,支持事务等并发操作。此外,Neo4j 支持构建本地和远程的数据库,数据库的部署十分方便,因此本案例使用 Neo4j 平台来构建医疗知识图谱。在 Neo4j 平台构建知识图谱的步骤如下:

(1) 在 Neo4j 客户端创建数据库项目,并生成链接数据库的 IP 地址、端口、用户名和密码等。

(2) 使用 python 脚本打开保存在本地的 Json 格式的知识库文件,包括科室、疾病、疾病属性、疾病的关系等等。

(3) 使用 python 库 py2neo 可在 python 脚本中链接数据库,使用创建(create)、更新(update)等操作创建或者更新节点、关系和属性等等。由此,通过 python 脚本的方式构建好了 Neo4j 知识图谱数据库。

如图 9-17 所示为 Neo4j 平台下构建的知识图谱的可视化结果,以疾病类型节点为中心节点,与之相连的有科室、疾病、症状、药品和食物等类型的节点,除此之外,图片中并没展示出的还有部分类型的节点,如检查方案等,以及每种类型的节点有自己的属性信息,如疾病有定义、病因、预防、治疗方法、传染性等属性。

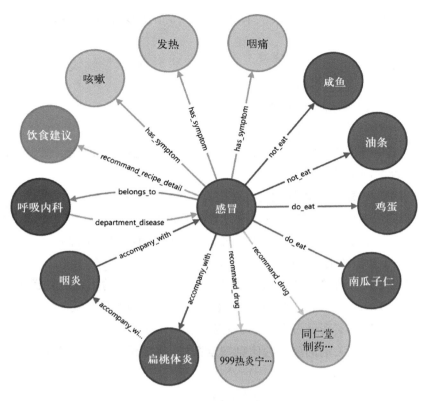

图 9 - 17　医疗知识图谱

参考文献

［1］　王昊奋,漆桂林,陈华钧.知识图谱：方法、实践与应用［M］.北京：电子工业出版社,2019.

［2］　MILLER, GEORGE A. Wordnet：a lexical database for english［J］. Communications of the Acm, 1995, 38(11)：39 - 41.

［3］　GRUBER T R. A translation approach to portable ontology specifications［J］. Knowledge Acquisition, 1993, 5(2)：199 - 220.

［4］　BERNERS-LEE T, HENDLER J, LASSILA O. The Semantic Web：A new form of Web content that is meaningful to computers will unleash a revolution of new possibilities［M］New York：Springer Nature, 2001.

［5］　BIZER C, HEATH T, BERNERS-LEE T. Linked data — the story so far［J］. International Journal on Semantic Web and Information Systems, 2009, 5(3)：1 - 22.

［6］ 谭威.基于知识图谱的智能医疗问答及导诊系统的研究［D］.上海：上海交通大学,2022.

课后作业

1. 简要介绍知识图谱使用的三大好处。

2. 有关知识图谱的说法,错误的是哪个? （　　）

　　A. 知识图谱是知识的一种表示方法,其中通过丰富语义形成了概念、实体和属性的网络关系

　　B. 利用知识图谱,可以推理得到两个实体的语义关系

　　C. 知识图谱中重要的节点可以通过 PageRank 算法确定

　　D. 确定复杂知识图谱两个实体之间的关系可以通过梯度下降法。

3. 下列关于知识图谱应用的说法不正确的是哪项? （　　）

　　A. 问答系统让计算机自动回答用户的提问,返回相关的一系列文档

　　B. Siri、Cortana、小度都是以问答系统为核心技术的产品和服务

　　C. 知识问答的实现分为两步：提问分析和答案推理

　　D. 传统的基于关键词搜索的信息搜索方法,往往无法理解用户的意图,用户需要自己甄选

4. 请列举三个适合存储知识图谱的结构。

5. 从知识图谱模型角度看,知识图谱＝知识本体＋( )。

6. 下列关于知识图谱的说法错误的是哪项? （　　）

　　A. 互联网时代,知识图谱回归"弱语义"的三元组表示形式

　　B. 知识图谱构建技术研究如何根据

　　C. 实体识别通常要解决"实体类型识别"和"实体边界识别"两个问题

　　D. 目前非通用的实体的实体边界也能够轻松识别

7. 下面关于知识图谱的说法正确的有哪些? （　　）

　　A. 知识图谱是结构化的语义知识库

　　B. 知识图谱能够有效、直观地表达实体间的关系

　　C. 知识图谱主要是对知识本身的管理

　　D. 知识图谱是知识管理中数据挖掘和知识发现的一种有效手段

8. 知识图谱中知识抽取包括什么? （　　）

　　A. 实体抽取　　　　　　　　　　B. 语义类抽取

　　C. 属性和属性值抽取　　　　　　D. 关系抽取

案 例 篇

第 10 章

▽

人工智能系统应用案例

随着人工智能技术的不断进步,我们已经目睹了它在图像处理、时序分析、无人驾驶和推荐系统等领域中的广泛应用。在图像处理方面,人工智能能够通过识别和分析图像中的特征,实现图像的自动分类、标注和编辑。在时序分析方面,人工智能能够通过对时间序列数据的分析和预测,帮助我们更好地理解和预测事物的变化趋势。在无人驾驶方面,人工智能能够通过识别和分析周围环境中的信息,实现自动驾驶,从而提高交通安全和效率。在推荐系统方面,人工智能能够通过对用户历史行为和偏好的分析,提供个性化的推荐服务,为用户提供更好的购物和娱乐体验。这些例子充分展示了人工智能在不同领域的应用潜力和价值,为生活带来了更多的便利和创新。

10.1 图像处理——基于深度学习的白粉病斑分割

白粉病是一种广泛存在于植物界的真菌感染疾病,特别是在黄瓜栽培中尤为常见,会直接影响植物叶片的光合作用,从而导致作物产量的显著下降。严重的感染会导致叶片自动脱落,给农业生产带来巨大的经济损失。针对此问题,本案例运用图像处理技术,提出一种基于深度学习的白粉病斑分割方案,用于得到可见光图片中白粉病斑区域,从而获得白粉病的患病程度。

10.1.1 制作数据集

深度学习需要依靠大量数据的训练,才能够提高模型学习能力和准确性。因此,数据采集在深度学习中是至关重要的一步。本案例采用了植物叶片自动化表型平台(图 10-1)来收集叶片图像数据。该平台包括一台工控机和一个工业相机。顶部的光源由常见的日光灯和散光板组成,用于提供均匀的面光源。日光灯管有四根,平台底部还设置了一块散光板,以实现背景亮度的均匀化,从而降低图像处理算法的难度。暗箱采用白色亚克力板拼接而成,尺寸为 0.8 m×0.8 m×1.4 m,提供足够的空间容纳较大尺寸的叶片。暗箱的开口处覆盖着一块黑色布料,方便叶片的放置和取出。此外,为了固定相机,暗箱顶部的亚克力板上还钻有一些安装孔。

图 10 - 1　植物叶片自动化表型平台

使用植物叶片自动化表型平台采集 50 张患有白粉病的黄瓜叶片,其中 30 张作为训练集,20 张作为测试集,如图 10 - 2 所示。

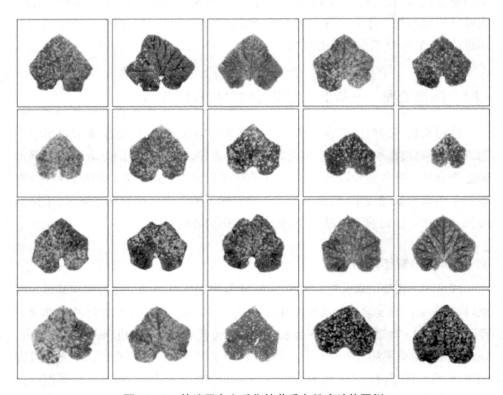

图 10 - 2　基础平台上采集的黄瓜白粉病叶片图例

10.1.2 数据预处理与标注

基础平台的背景为白色并且使用白色光源,因此基础平台采集的图像具有白色背景。此外,所采集的黄瓜叶片在白粉病程度和大小上存在差异。由于白粉病斑在图像中的主要特征是白色区域,在白色背景下会对识别效果产生影响。因此,需要将这些图像中的白色背景转换为黑色背景。然而,白粉病斑与白色背景在 RGB 彩色空间中非常接近,直接在 RGB 空间进行背景颜色转换可能会导致将白粉病斑也转换为黑色。因此,首先将图像从 RGB 空间映射到 HSV 空间,其中 H 表示像素点的颜色,S 表示颜色的饱和度,V 表示亮度。通常可以使用饱和度分量(S 通道)来区分白色背景和白粉病斑。下面是相应的变换函数:

$$S[i, j] = \begin{cases} 0, & l = 0 \ or \ p = q \\ \dfrac{p-q}{2l}, & 0 < l \leqslant \dfrac{1}{2} \\ \dfrac{p-q}{2(2-l)}, & l > \dfrac{1}{2} \end{cases} \tag{10-1}$$

式中 p 为某像素点 RGB 三个值中的最大值,q 为某像素点 RGB 三个值中的最小值,$l = 1/2(p+q)$。通过在 S 通道创建背景模板,可以将其与图像的 RGB 三个通道进行相乘,从而得到具有黑色背景的图像。

此外,根据与白粉病有关的经验知识,每张图片中的白粉病斑区域进行了人工标注。在标注中,白粉病区域被标记为白色,非白粉病区域被标记为黑色。图 10-3 是图像标注的示例,其中第一行为原图,第二行为人工标记的白粉病区域,第三行为图片的分割标签。

由于训练样本数量有限,为了有效地训练神经网络并避免过拟合,必需利用图像扩增方法。通过对图像应用旋转、水平和垂直移动、放大和缩小、水平翻转和垂直翻转等扩增操作,可以生成更多样化的训练数据。基于 30 个训练样本和上述转换方法,共生成 10 000 个训练数据对。图 10-4 显示了四个生成的图像和相应的标签图像,其中第一行为原始图片,第二行为对应的标注,第三行为病斑区域。

10.1.3 模型设计

U-Net 是一种在生物医学图像分割中表现出色的卷积神经网络。它的独特之处在于具有上采样层和与之前激活层的连接,这使得它非常适合进行白粉病

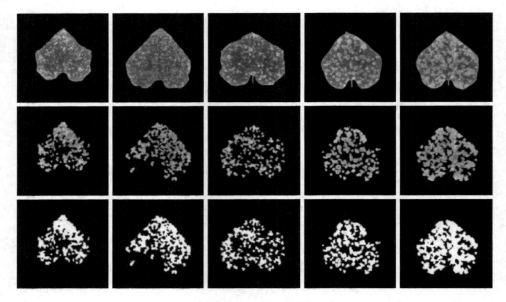

图 10 - 3   图像标注示例

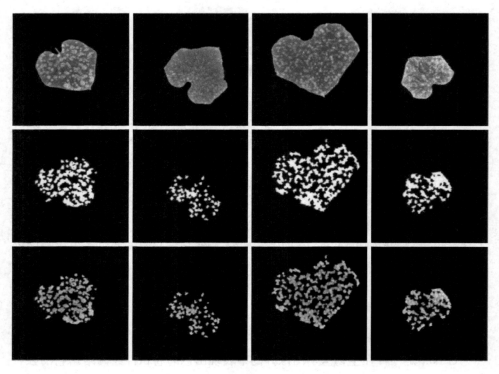

图 10 - 4   图像扩增样本示例

的像素级分割任务。此外,U-Net 在小样本情况下表现出色,可以从少量图像中进行端到端的网络训练。因此,在本案例中使用基于 U-Net 的白粉病斑分割模型,其网络结构如图 10-5 所示。

对于图片中疾病区域的分割任务,本质上是对每个像素进行二分类。然而,在许多图像中,疾病区域的像素数量远远少于非疾病区域。这种正负样本不均衡的情况可能导致神经网络在样本较少的类别上具有较低的准确性,从而降低对疾病区域的识别准确性。为了解决这个问题,基于二元交叉熵损失函数,将正样本的损失值放大了 10 倍。因此,所采用的损失函数如下:

$$\text{loss} = \sum_{i=1}^{m} -(10 \times y_i \times \log y_i' + (1-y_i) \times \log(1-y_i'))$$

$$(10-2)$$

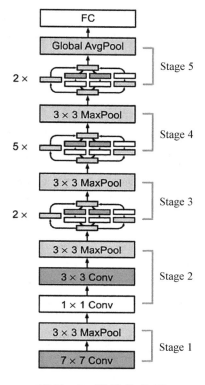

图 10-5　模型结构图

式中,m 代表图片中所有像素点的个数,y_i 表示第 i 个像素点的真实标签,y_i' 表示神经网络的预测值。

10.1.4　模型训练

根据交叉验证结果,在优化过程中,超参数的选择如下:Adam 优化器的学习率为 0.000 1,训练轮次为 16 轮,其他超参数与默认值保持一致。对于权重的初始化,此处使用 Glorot 初始化方法。

硬件方面,用于训练模型的硬件是配备有英特尔 Xeon E5-2620 CPU 和英伟达 P100 GPU 的服务器。软件方面,采用 Keras,一个高级神经网络 API,并且以 Tensorflow 作为后端。操作系统为 Ubuntu 16.04。

10.1.5　评价指标选取

在模型测试实验中,采用 6 个评价指标,用于评估模型的性能。

(1) IoU 指标。IoU 指标的全称为 intersection over union,专门用于评估图像分割方法的性能,其计算公式可以表示为:

$$IoU = \frac{2p_{tf}}{p_t + p_f} \qquad (10-3)$$

式中,p_{tf} 表示一张图片中真实的白粉病区域与被模型预测为白粉病区域的交集的面积;p_t 和 p_f 分别表示为一张图片中真实的白粉病区域面积,以及被模型预测为白粉病区域的面积。

(2) Dice 指标。Dice 指标是另一种评估模型图片分割性能的指标,在相同的分割表现下,它的值通常比 IoU 更大,其计算公式如下:

$$Dice = \frac{p_{tf}}{p_t + p_f - p_{tf}} \qquad (10-4)$$

(3) 像素精度。简单地说,像素精度就是将图片分割看作一个二分类问题,得到每个像素点的分类情况并进行统计,计算公式如下:

$$Pixel = \frac{1}{m}\sum_{i=1}^{m} f_i, \ f_i = \begin{cases} 1, & y_i = y'_i \\ 0, & y_i \neq y'_i \end{cases} \qquad (10-5)$$

考虑到图像分割问题本质上可归类于一个分类问题,可使用准确率(precision)、召回率(recall)以及 F-beta 指数来评估模型的性能,从而可以从不同角度去评估不同模型的优劣。对于 F-beta 指数,beta 的值选取为 2,使召回率具有更大的权重,这对于植物疾病分割是合理的,这是因为对于疾病识别来说不漏掉疾病的重要性更高。

10.1.6 模型测试

在测试集(包含 20 个样本)上进行测试,得到表 10-1 所示的分割结果。图 10-6 显示了白粉病斑分割模型在某个测试集图片上中间层的特征图。

表 10-1 测试集上的分割结果 %

编号	准确率	召回率	F2 分数	IoU acc.	Dice acc.	Pixel acc.
1	70.69	98.48	91.30	69.93	82.31	97.76
2	82.10	99.74	95.63	81.92	90.06	95.65

编号	准确率	召回率	F2 分数	IoU acc.	Dice acc.	Pixel acc.
3	56.90	91.32	81.46	53.98	70.12	99.24
4	83.57	99.77	96.04	83.41	90.95	94.73
5	82.80	99.34	95.52	82.35	90.32	96.88
6	73.86	98.50	92.34	73.04	84.42	96.17
7	83.10	99.39	95.64	82.68	90.52	95.78
8	83.55	99.37	95.74	83.11	90.77	95.60
9	64.47	97.30	88.31	63.33	77.55	96.79
10	72.42	98.66	91.99	71.71	83.53	96.67
11	73.32	99.42	92.81	73.00	84.40	96.43
12	79.50	99.53	94.76	79.20	88.39	96.98
13	66.39	95.35	87.70	64.31	78.28	97.76
14	85.88	99.68	96.58	85.65	92.27	94.42
15	71.35	89.38	85.08	65.78	79.36	93.18
16	68.33	97.63	89.91	67.21	80.39	95.14
17	59.08	86.48	79.14	54.09	70.20	95.34
18	73.13	99.22	92.61	72.71	84.20	93.90
19	65.46	98.89	89.72	64.99	78.78	96.33
20	70.04	99.44	91.74	69.76	82.19	96.80

在对实验结果进行分析时,发现对于某些测试样本(如样本编号 3),模型在像素级精度方面表现较好,但在 IoU 精度和 Dice 精度方面相对较低。通过分析该样本的图像和算法输出,发现疾病区域的面积非常小。由于非疾病区域更容易被正确识别,因此样本编号 3 中的像素精度非常高。此外,在召回率这一度量

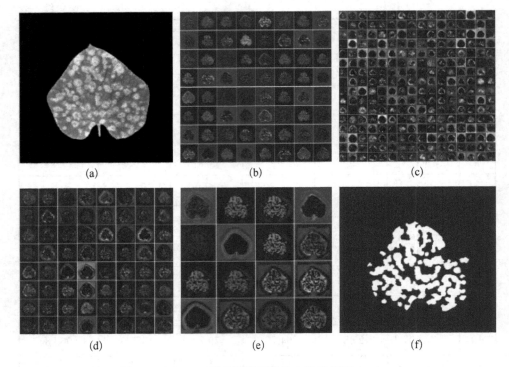

图 10-6 在某测试样本上的特征图

(a) 输入的图像；(b) 第六个卷积层之后的激活层的输出；(c) 第十个卷积层之后的激活层的输出；
(d) 第十四个卷积层之后的激活层的输出；(e) 网络输出图像；(f) 最后一个激活层的输出

标准上,所提出的模型在这 20 个样本上均取得了良好的结果。最后,通过分析和实验结果表明,白粉病斑分割模型能够准确地在像素级别上对黄瓜叶片上的白粉病进行分割,并具有较高的分割精度。这种提高的分割精度有助于更准确地估计叶片上白粉病的严重程度,使该方法能够应用于高通量自动化表型领域。

10.2 时序分析——大飞机试飞时间序列数据预测

航空大数据的时间序列预测研究面临着一些关键问题,包括复杂的试飞数据形式、高维度、大量的样本数量、部分数据变化频率高,以及样本随飞机状态改变而出现的特征变化。针对大型飞机试飞时间序列,本案例提供了基于循环神经网络的实现流程,如图 10-7 所示。

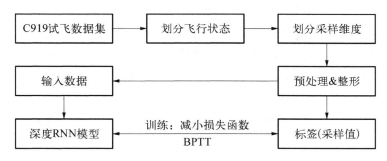

图 10－7　大飞机试飞时间序列预测实现流程

10.2.1　维度分组与划分状态数据集

表 10－2 列出了一些传感器的安装位置和参数指标。从表中可以看出，这些传感器分布在客舱、机身、风扇和起落架等不同位置，它们的运行并没有物理上的联系和相互影响。因此，将它们放在同一个模型中进行训练只会增加模型的复杂度，阻碍有效特征的提取。对这些数据进行分组训练是非常必要的。

表 10－2　部分传感器的安装位置和参数指标

参　数　名　称	参数符号	软件标志符或 RP	测量范围/g	精度/%
客舱前部左侧地板垂向加速度	a_{v1}	VIB1	± 30	<5
客舱后部左侧地板垂向加速度	a_{v2}	VIB2	± 30	<5
客舱后部左侧地板侧向加速度	a_{v3}	VIB3	± 30	<5
驾驶舱主仪表板中部法向加速度	a_{v4}	VIB4	± 20	<5
驾驶舱顶部板中部垂向加速度	a_{v5}	VIB5	± 20	<5
前 E－E 舱前设备架垂向加速度	a_{v6}	VIB6	± 30	<5
前 E－E 舱后设备架垂向加速度	a_{v7}	VIB7	± 30	<5
中 E－E 舱设备架垂向加速度	a_{v8}	VIB8	± 30	<5

通过观察表 10－2，可以找到一些明显相关的维度。例如，部分位置的加速度采样数值被分成了垂向、侧向和航向三个方向，这三个维度的时间序列由同一

个传感器采集得到,它们之间存在明显的影响关系。在本案例中,以物理传感器为单位对所有维度的数据进行分组,并根据数据说明书将来自同一个传感器的数据维度归为一组,为每个组建立相应的模型。相比将所有维度的时间序列作为输入,采取维度分组的策略明显有利于简化模型结构、降低计算复杂度,并便于提取有效特征,最终提高模型的精度。

此外,如果仅仅使用单维数据作为输入,显然无法充分利用不同维度数据之间的相关性,从而丧失了多维时间序列的价值。从数值区间的角度来看,将多维时间序列进行分组也是一个合理的决策。表 10 - 3 列出了部分数据,每一列代表一个采样维度,对应表 10 - 2 中的一个参数,每一行代表一个采集样本。不同维度的时间序列具有不同的数值量级,从小到零点几到大到数百。它们的变化趋势也完全不同,有些维度的数据振动非常频繁,而有些则相对稳定。综合考虑这两个因素,将差异明显的维度放在一起进行训练并不太合适,因为这样只会使神经网络的输入特征变得更加复杂且缺乏意义。

表 10 - 3　大飞机试飞时间序列的部分数据

VIB48	V1B49	V1B50	VIB51	VIB52	VIB53	VIB54	V1B55	V1B56
−0.443 9	−0.798 3	−0.919	−3.008 8	−1.939	2.718 2	0.153 3	1.519 6	0.559 6
−0.5	−0.910 5	−0.589 2	−0.554	−0.857 8	0.220 1	−0.232 8	1.682 8	0.185 2
−0.308 6	−1.035 9	0.322	−0.591 4	0.655 2	1.117 7	−0.015	1.948 4	0.111 6
−0.364 7	−0.804 9	−0.181 2	3.434 2	1.913 2	1.988 9	−0.450 6	1 366	0.246
−0.226 1	−0.771 9	−0.191 4	1.356 8	−0.133 6	0.355 4	−0.087 6	0.985 2	1.154 8
−0.328 4	−0.851 1	−0.806 8	−1.893 6	0.094 2	0.952 7	−0.275 7	1.692 4	0.162 8
−0.447 2	−0.910 5	−0.681	2.057 2	−1.65	−0.136 3	0.262 2	1.913 2	0.383 6
−0.430 7	−0.890 7	−0.439 6	1.197	−2.326 6	2.299 1	−0.279	1.762 8	0.553 2
−0.387 8	−0.798 3	0.325 4	−3.858 8	−0.412 4	1.589 6	0.321 6	1.839 6	0.79
−0.434	−0.682 8	0.036 4	−1.305 4	−2.296	1.635 8	−0.120 6	1.807 6	0.658 8
−0.358 1	−0.973 2	−0.171	0.680 2	2.26	1.259 6	−0.203 1	1.974	0.569 2

机器学习模型的建立需要满足前提：用于学习的训练样本和新的测试样本必需满足独立同分布。结合试飞任务书和记录单，决定以飞机状态切换时间点为数据划分点，区分不同状态下的数据集，处于切换时的数据则将其舍弃。

10.2.2　数据预处理与整形

数据预处理是数据输入任何神经网络模型前都必需的步骤，此处包括数据清洗和标准化，而数据整形则是输入循环神经网络模型必需的。

对于某一维度下长度为 t 的时间序列数据 $A=\{a_0,\ a_1,\ a_2,\ \cdots,\ a_{n-1}\}^{\mathrm{T}}$ 而言，它可以被分割成多个样本。假设我们选定的输入步长为 m，输出步长为 n，那么时间序列 A 可被分割成 $t-m-n$ 个大样本。数据整形的过程如下，其中 A_i 和 LA_i 分别表示该维度下的输入样本和标签。

$$A_0=\{a_0,\ a_1,\ \cdots,\ a_{m-1}\}^{\mathrm{T}},\ LA_0=\{a_m,\ a_{m+1},\ \cdots,\ a_{m+n-1}\}^{\mathrm{T}}$$
$$A_1=\{a_1,\ a_2,\ \cdots,\ a_m\}^{\mathrm{T}},\ LA_1=\{a_{m+1},\ a_{m+2},\ \cdots,\ a_{m+n}\}^{\mathrm{T}}$$
$$\vdots$$
$$A_{t-m-n+1}=\{a_{t-m-n+1},\ \cdots,\ a_{t-n}\}^{\mathrm{T}},\ LA_{t-m-n+1}=\{a_{t-n+1},\ \cdots,\ a_t\}^{\mathrm{T}}$$

由于原始数据经过维度分组和时间分段之后仍然是多维时间序列，模型的输入也变化成了下文所示。其中 X_i 和 Y_i 分别表示多为时间序列的单个样本和标签。在考虑批次大小的情况下，多个 X_i 和 Y_i 将组成一个新的维度作为 RNN 模型的实际输入。也就是说，模型输入是一个三维张量，第一维批次大小，第二维是输入步长，第三维是多维时间序列本身所具备的维度。标签的维度也是如此。

$$X_0=\{A_0,\ B_0,\ C_0,\ \cdots\},\ Y_0=\{LA_0,\ LB_0,\ LC_0,\ \cdots\}$$
$$X_1=\{A_1,\ B_1,\ C_1,\ \cdots\},\ Y_1=\{LA_1,\ LB_1,\ LC_1,\ \cdots\}$$
$$\vdots$$
$$X_{n-t-1}=\{A_{t-m-n+1},\ B_{t-m-n+2},\ \cdots\},\ Y_{n-t-1}=\{LA_{t-m-n+1},\ LB_{t-m-n+2},\ \cdots\}$$

在经过数据预处理阶段的处理之后，无效数据设置为 NAN 值，时间序列样本之间的时序联系将受到影响，NAN 值前后的样本不能视为连续数据。这点将导致在数据整形时需要断开处理。

10.2.3　网络模型结构设计

本案例使用 RNN 作为时间序列预测模型的核心结构,其连接方式如图 10-8所示。尽管单层 RNN 的输入和输出都包含时间维度,但前后层并不能很好地处理这个时间维度。以全连接层为例,RNN 层不同时刻的 n 步输出被视为数据特征维度的一部分,并采取相同的处理措施。然而,这种处理方式并不充分。

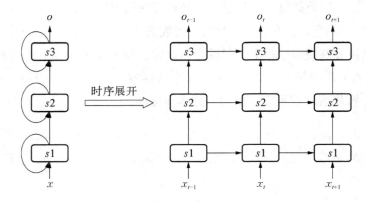

图 10-8　深度 RNN 结构

针对该问题,此处设计了如图 10-9 所示的网络状态的循环输出模式。

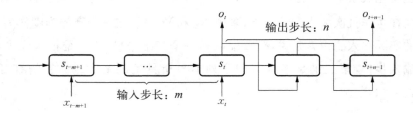

图 10-9　循环输出模式

本案例设计的模型结构如图 10-10 所示,在深度 RNN 结构的前后还分别加了一层全连接层。不同时刻下,数据的前向传播过程不同。

图 10-10　基于网络状态的模型结构简图

10.2.4 模型超参数与运行环境

本案例最终设计的模型共五层。各层神经元个数和输入输出维度如表 10 - 4 所示,其中 b 表示批次大小(batch size),m 和 n 分别代表输入和输出步长。除此之外,学习率为 0.01;训练周期为 1 500;参数更新方法为梯度下降法;损失函数采用均方根误差;各层激活函数均为 tanh 函数。

表 10 - 4 模型各层神经元个数

层	神经元个数	输入维度	输出维度	是否变换维度
FC	32		$[b \times m, 32]$	是
RNN	32	$[b, m, 32]$	$[b, m, 32]$	是
RNN	32	$[b, m, 32]$	$[b, m, 32]$	否
RNN	32	$[b, m, 32]$	$[b, n, 32]$	否
FC	3	$[b \times n, 32]$	$[b, n, 3]$	是

代码运行的硬件环境如表 10 - 5 所示。

表 10 - 5 代码运行的硬件环境

硬 件 名 称	型 号
CPU	Intel i5 - 7300HQ
GPU	NVIDIA GeForce GTX 1050
内存	HMA81GS6AFR8N - UH(8g)

10.2.5 基于深度 RNN 的模型预测

数据集来源于国产大型客机 C919 的试飞采样数据,采样目标是飞机启动后各部件的振动加速度数值,单位为 $9.8 \text{ m}^2/\text{s}$,原始数据是 56 维连续时间序列。经过维度分组和时间分段之后,本案例选取了飞行状态下发动机吊挂的垂向、航向和侧向三个方向的振动加速度作为一组建立模型。部分输入数据如表 10 - 6 所示。

表 10 - 6 部分输入数据

垂　　向	航　　向	侧　　向
1.730 8	−1.078 8	0.820 7
2.291 8	−1.714 6	1.414 7
−2.804 8	−1.024 4	1.810 7
−1.931	−1.799 6	0.305 9
1.469	1.770 4	0.094 7
3.121 4	0.053 4	3.853 4
…	…	…

　　时间序列预测模型将通过一段时间内的历史数据来预测下一时刻或者将来一段时间内的数值。用均方根误差来衡量模型整体的预测精度,用最大绝对误差和平均绝对误差来衡量预测值和真实值的拟合精度。三种误差的计算方式如下:

$$\text{RMSE} = \sqrt{\sum_{i=1}^{n} \frac{(y_i - \hat{y}_i)^2}{n}} \qquad (10-6)$$

$$E_1 = \max_i | y_i - \hat{y}_i | \qquad (10-7)$$

$$E_2 = \sum_{i=1}^{n} \frac{| y_i - \hat{y}_i |}{n} \qquad (10-8)$$

式中,n 表示参与计算的样本个数,y_i 表示真实值,$\hat{y}_i$ 表示预测值。

　　基于深度 RNN 的时间序列预测模型展示了单步预测的均方根误差随训练周期的变化情况,如图 10 - 11 所示。同时,预测值和真实值的拟合曲线也在图 10 - 12 中展示。从图中可以观察到,在训练集和测试集上,预测误差都能保持在 0.04 以下。具体而言,训练集的误差为 0.035 3,测试集的误差为 0.038 5,这意味着在相同状态的数据集下,过拟合现象并不明显。预测值与真实值之间的拟合非常好,特别是在垂向和侧向两个维度上,几乎每次数据跳转都能被准确预测出来。

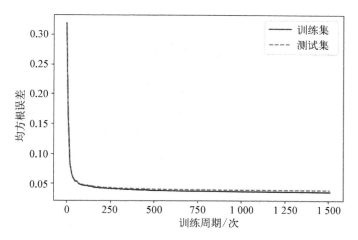

图 10 - 11　模型训练时预测误差随周期变化图

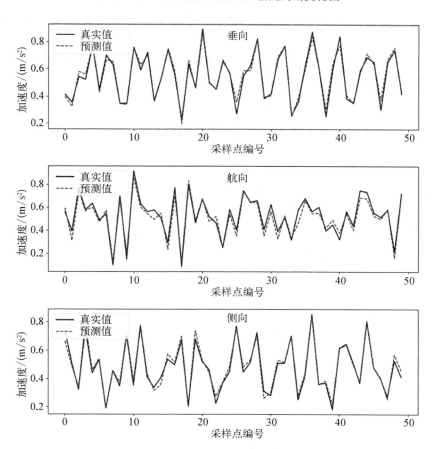

图 10 - 12　模型预测值和真实值拟合曲线

10.3　无人驾驶——无人驾驶车辆导航方法研究

交通拥堵对城市的运转效率有着巨大的影响,对城市经济的发展造成抑制。研究和调查显示,人为因素是导致车辆拥堵的重要原因之一。如果车辆能够实现自主行驶,将极大地提高道路通行的秩序。在这个背景下,本案例主要研究城市综合环境下的无人驾驶车辆的完整的感知导航规划及控制算法。

10.3.1　系统方案设计

系统的功能架构在无人车上起着决定性的作用。作为无人车的核心控制中枢,它不仅负责在不同层级之间传递信息,还要处理来自不同模块的反馈机制,并预防模块失效的情况,提供应急策略。因此需要设计一个鲁棒的无人驾驶车辆的系统架构。

图 10-13 为无人驾驶车辆的软件架构,选用激光雷达和摄像头作为感知传感器,主要的定位方式是靠 GPS、惯导和里程计。另外全局规划主要需要数字地图信息,全局路径规划的结果经过局部路径规划模块最终给出控制信息。人机模块除了基本的紧急制动功能外,还能够实现交互上的全局路径通信。

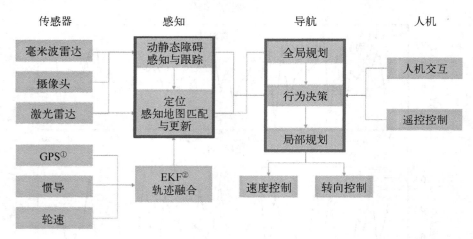

图 10 - 13　软 件 架 构

---

① 全球定位系统,global positioning system。
② 扩展卡尔曼滤波器,extended kalman fliter。

硬件架构方面,采用了奇瑞瑞虎 3 作为整个实验车辆平台的基础,并对其进行了改造。底层控制采用了 Hesmor 公司提供的 16 位控制器,负责车辆信息的采集和控制指令的发送,包括转向电机、油门、刹车电机、车灯和喇叭等。转向机构的控制是通过在方向盘的转向柱上添加蜗轮蜗杆实现的,通过 12 V 直流电机驱动蜗轮蜗杆传动来控制车辆的转向。我们采用了美国 BI 公司的 SX‑4300 转角传感器作为转角编码器,可以测量－720° 到 720° 的角度范围。由于瑞虎车采用的是电子节气门,因此可以通过电压信号来控制油门开度。刹车机构不是电子的,因此仍然需要通过机械方式来拉动刹车踏板。我们使用钢丝通过滑轮与直线电机相连,以实现对刹车的控制。为了测量车辆的速度,采用霍尔传感器作为车速传感器。由于采用了霍尔效应,可以采用非接触式的安装方式,更好地适应车辆的颠簸。通过我们的传感器设置,齿数增加到 100 个,测量精度可达 2 cm,最大速度测量范围为 600 km/h。图 10‑14 展示了实验车辆平台的外观。

图 10‑14　车辆实验平台

在传感器配置方面,我们选择了北斗星通公司生产的 GPS 天线和接收机进行定位。惯性导航部分采用了 MTI 公司的 XSense 设备。雷达传感器采用了 Velodyne 的 VLP‑16 型号的激光雷达,安装在车顶水平位置。摄像头方面,采用了 Pointgrey 的工业摄像头。工控机使用了第一代处理器,CPU 为 i7,其中一台用于雷达数据的处理,另一台用于规划和控制的计算。毫米波雷达采用了 Delphi 公司的 ESR 系列。传感器的布置方式如图 10‑15 所示。

从网络架构的拓扑关系来看,本案例采用了分布式的网络通信架构,其中每个计算单元通过网络连接进行通信。整个计算单元之间的通信通过交换机进行

GPS天线　　　　　　　　　VLP-16：垂直分辨率±15°

SICK LMS 511

Delphi ESR

图 10 - 15　传感器布置方式

连接。在硬件架构方面,通过两个交换机形成了两个局域网。一个是感知局域网,用于采集和传输雷达信号,由 16 线激光雷达、单线激光雷达和感知工控机组成,并将数据传输至一台工控机进行处理。另一个是控制局域网,由不同的计算单元连接而成,各计算单元运算出的结果通过控制局域网传输到一个计算单元内,最终计算出控制命令,并通过 CAN 信号发送到底层控制器。感知局域网的工控机负责生成最终的雷达感知结果,如生成栅格图和其他矢量信息,并将其传输到控制端。车道线检测单元和道路交通标志检测单元也将相应的检测结果通过矢量数据传输到最终的局域网内。图 10 - 16 展示网络架构的关系图。

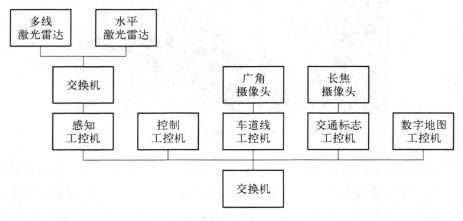

图 10 - 16　网络架构的关系图

10.3.2　基于激光雷达的环境感知

在无人驾驶中,实时感知环境是非常重要的。目前,激光雷达和摄像头是广泛应用于无人驾驶感知设备中的两种技术。摄像头成本较低,技术相对成熟,但在获取三维信息方面存在困难,并且容易受到环境光照的干扰。相比之下,激光雷达可以检测更远的距离,并提供三维测量信息。此外,激光雷达的性能受环境影响较小,相对于摄像头更加稳定。因此,此处选择激光雷达作为环境感知的传感器。

图 10-17 展示了激光雷达传输的数据经过解析程序转换为点云数据。通过获取雷达的点云信息,我们可以获得较为完整的空间信息。在利用这些点云数据之前,首先需要提取路面信息,以便更好地叠加其他感知结果。目前,主流的地面提取方法包括随机抽样一致性算法(random sample consensus,RANSAC)和区域增长算法。由于区域增长算法需要

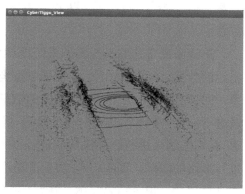

图 10-17　点云数据

先确定平面的一部分,这对于当前来说并不能确定初始平面的选择,因此选择用随机抽样一致性算法。

图 10-18(a)展示了地面检测的结果。为了提高算法的效率,阈值被设置为 300 mm,这样经过 80 次迭代后可以获得良好的效果。然而,这种设置会导致路沿的数据被误判为地面数据而被过滤掉。因此,需要进行单独的路沿检测,以确保车辆能够安全行驶在可通行的道路上。图 10-18(b)展示了去除地面点云后的效果。在去除地面的点云基础上,可以生成栅格图,用于进一步的处理和决策。

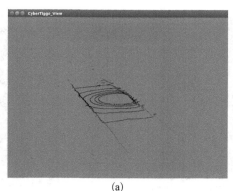
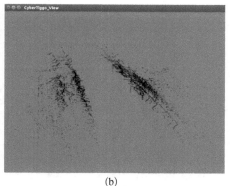

(a)　　　　　　　　　　　　　　　　　(b)

图 10-18　路面提取

(a) 地面检测;(b) 点云数据去除地面

在无人驾驶中,路沿检测也是一项关键功能,它有助于车辆确定道路边缘的位置和形状,确保行驶的安全和稳定性。使用单线激光雷达进行路沿检测时,当激光雷达以一定的夹角倾斜放置在车辆前方时,通过扫描线与地面的交互,可以观察到扫描结果在道路边界处产生跃变。需要在这些跃变处检测到路沿的位置。

单线激光雷达路沿检测的系统框架由三个主要部分组成。首先,获取激光雷达的数据,单线激光雷达的数据以极坐标形式表示,需要将其转换为直角坐标系,并进行进一步处理以填补缺失的信息。然后,在车辆的坐标系下逐段对雷达线进行扫描,在每个段落中进行筛选,并计算该段落点的方差值。通过比较斜率,将筛选结果进行合并操作。最后,利用卡尔曼滤波器根据选定的道路边界点进行最终的跟踪。图 10-19 展示了路沿候选的拟合结果,在高速路段上使用直线进行拟合。拟合结果显示,清晰显示了在激光雷达扫描范围内(25 m 范围内)的道路边界。

激光雷达可以输出三维点云数据,但数据量庞大且不方便提取特征。为了处理效率,通常使用栅格地图表示激光数据。栅格地图可以显著减小点云数据量,并提高处理效率。在实际应用中,首先对点云进行滤波,降低采样密度,并去除车辆高度一倍范围内的点云,以消除树木和高空标志对车辆检测的影响。然后,通过应用最大最小值高度方法来保留车辆的轮廓信息,并利用概率密度方法表示悬空障碍物。最后,根据兴趣区域获取的(80×50) m 范围制作栅格图,每个栅格大小为(0.2×0.2) m,得到分辨率为 400×250 的栅格图像,如图 10-20 所示。

图 10-19　路　沿　拟　合

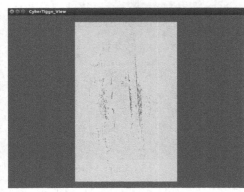

图 10-20　栅　格　图

在复杂拥挤的交通环境中,感知和预测周围车辆的行为对无人驾驶车辆的决策至关重要。图 10 - 21 展示了车辆检测和跟踪的架构和流程。首先,对雷达数据进行处理。通过解析和滤波毫米波雷达数据,可以提取动态车辆的基本信息,如位置和速度。由于激光雷达数据量大,需要对其进行栅格化处理,生成占据栅格图。然后,采用虚拟扫描方法处理栅格图,并对关联的点进行聚类。利用之前的毫米波雷达检测结果对聚类结果进行筛选和融合,得到动态目标的准确几何和位置信息,作为后续跟踪的初始值。对每次激光雷达数据提取的虚拟扫描点进行跟踪,得到更精确的动态几何和运动信息,最终输出跟踪车辆的详细信息。图 10 - 22 展示毫米波雷达检测结果。

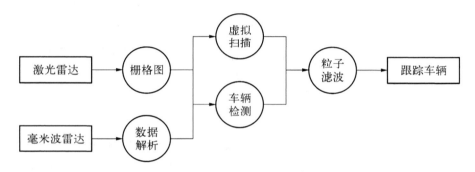

图 10 - 21　动态车辆检测过程

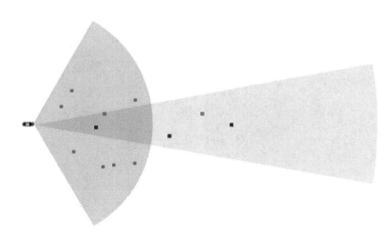

图 10 - 22　毫米波雷达检测结果

对于每辆跟踪的车辆我们估计它的位姿 X_t、速度 V_t 和几何信息 G_t,每一步我们都得到一个新的观测 Z_t。图 10 - 23 为整个跟踪框架。

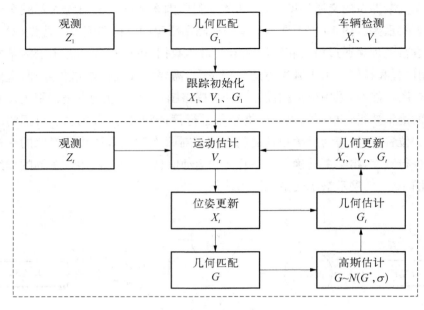

图 10-23 跟 踪 框 架

图 10-24 表示最终的检测与跟踪结果,跟踪后可以获得检测车辆的详细位置信息和运动信息。图 10-24(a)表示跟踪后输出的结果,当前车辆车头朝正右,图 10-24(b)表示当车不在毫米波雷达的检测范围,仍能继续跟踪到车辆信息。

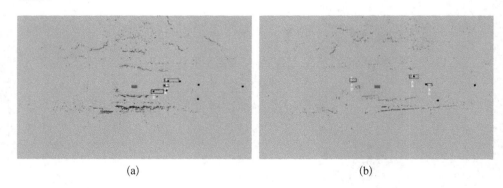

(a)   (b)

图 10-24 车辆跟踪结果

(a) 正常跟踪情况;(b) 超出毫米波检测范围跟踪

完成静态障碍物感知和动态障碍物检测后,需要将各传感器感知结果进行融合。为此,需要定义车辆坐标系和传感器坐标系。根据之前对传感器特点和安装位置的描述,统一了传感器的安装坐标系如下:地面为 $X-Y$ 平面,车头朝向为 Y 方向,垂直车身朝向为 X 方向,垂直地面为 Z 方向。接下来,我们需要对各传感器进行联合标定,将激光雷达、毫米波雷达和摄像头检测的信息进行融合。图 10-25 展示了动态障碍物检测与车辆融合,以同一局部感知地图为基础。

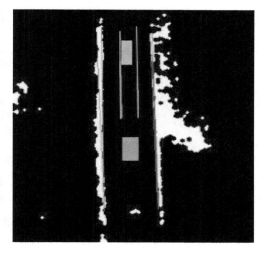

图 10-25　动态静态障碍物融合

10.3.3　全局路径规划

全局路径规划是在地图上规划从起点到终点的路线,并确定路段的信息。为了生成一条全局最优且安全的路径,以应对复杂的交通道路,并为局部路径规划提供详细的路径信息,设计如图 10-26 所示的全局路径规划系统流程,分为四个部分:地图信息的读取和处理,外部信息输入,路径规划和规划路径信息输出。

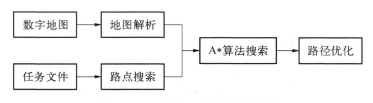

图 10-26　全局路径规划算法流程

10.3.4　局部路径规划

全局路径规划为无人驾驶车辆生成整体的行驶路线,这条路线是通过地图和路线规划算法生成的。在实际行驶中,无人驾驶车辆需要根据这条路线进行行驶。然而,由于环境和道路条件的不断变化,无人驾驶车辆需要进行局部感知来感知周围环境的变化。局部感知利用激光雷达、摄像头、超声波传感器等设备获取周围障碍物信息、行驶速度、交通信号灯等信息。通过全局路径规划和局部感知,无人驾驶车辆可以进行局部路径规划。图 10-27 展示了局部路径规划系统的整体流程。

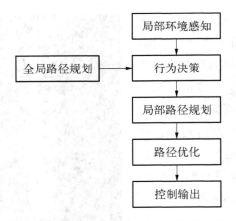

图 10 - 27　局部路径规划系统的整体流程

10.4　推荐系统——农业推荐系统设计

随着农业信息化和现代化进程的推进,农业在线交易系统在市场上迅速增多。消费者在面对模糊需求时,需要花费大量时间和精力在海量物品中筛选目标物品。针对此问题,本案例设计一种农业推荐系统,旨在为农业领域的消费者提供智能推荐。

10.4.1　特征工程设计

数据与特征决定机器学习的上限,算法与模型逼近这一上限,在推荐算法中亦是如此。推荐系统中的特征主要包含低维简单特征和高维图像特征,此处主要关注推荐系统中的低维特征,下面是列举了部分特征设计。

1) 本征特征

本征特征是描述用户、物品本身属性的特征。可以采取询问的方式向用户和物品创建者索取,并由客户端采集信息并上报给服务端,也可以使用内容理解算法在服务端单独提取。

(1) 农机租赁场景。用户特征方面,为了区分每一个用户,为每个用户赋予单独的用户识别码(user ID, UID);除此之外,由于用户浏览农机系统时的时间(event time)、地点(region)以及所浏览农机的报价(price)都是变化的,因此时间、地点和报价被作为上下文特征。另外,用户请求服务端的身份识别信息——会话(session)会定期更新,因此也作为一种上下文特征。

农机特征方面,每一款农机独有的物品识别码(item ID,IID)、描述农机的具体用途的类别编码(category ID)和描述农机作业能力的功率(power)。

(2) 农机交易场景。用户及方面,与农机租赁系统一样使用用户识别码来区分每个用户;使用毫秒时间戳(timestamp_ms)记录用户购买的时间;使用浏览环境编码(environment)描述用户的登录类别(如计算机网页端、手机 APP 或手机网页);使用设备组类型编码(device_group)描述用户购买农产品时使用的设备类型信息;使用操作系统(operating system,OS)编码描述用户购买农产品时使用的操作系统;使用省(province)、市(city)编码描述交易成交时用户所在的地点;使用引用类型编码(referrer_type)描述用户进入购买页面的方式(如由其他商品跳转、主动搜索、由其他 app 跳转等)。

农产品特征方面,使用类别编码(category ID)特征描述农产品的所属类别;使用生产时间戳(prod_timestam)特征描述物品生产的时间;使用价格(price)特征描述物品单价。

2) 时间特征

在后台系统中通常使用时间戳(timestamp)记录事件(event)发生的时间。然而,仅使用时间戳作为时间特征过于单薄,通过对时间戳进行转换能够挖掘如季节、节日等更多特征。

(1) 农机租赁场景。由于不同季节种植、收获的农作物种类有很大差异,因此季节是非常重要的特征。在农产品交易场景下,果蔬的消费情况与四季变更强相关,季节也是重要的特征;除此之外,晨昏特征对于农产品交易场景有额外的意义:一日三餐偏好的果蔬有显著差异,果蔬店主从农产品交易平台进货的时间也有明显的规律,因此提取晨昏特征对农产品交易场景具有很大价值。

(2) 农机交易场景。农户一般在周一至周五期间工作而在周末休息,因此星期类特征能够很好地表征农户的成交意愿;农户播种与收获往往与二十四节气相关,而二十四节气位于一年中的天数相对固定,所以年度类特征十分重要。在农产品交易场景下,批发商常在工作日进行大量采购,而散户更倾向于在如周末等休息日进行采购,因此有必要提取星期特征;一些农产品的购买与节日息息相关(如端午节前箬叶的销量大幅上涨),因此年度特征也有其存在的必要性。

10.4.2　农产品内容理解算法

针对农产品推荐,建立农产品内容理解算法具有重要意义。首先,农产品通常是非标准化物品,需要描述多个参数,而使用内容理解算法可以有效减少所需保存的数据量。其次,在现阶段,许多农户的文化水平有限,难以完整录入农产品的详细参数,因此内容理解算法能够填补缺失的参数,减轻农户录入数据的负担。

Vegfru 数据集是通过爬取电商网站获得的,包含 160 000 张农作物图像,涵盖 256 个品种,详见表 10 - 7。该数据集不仅涵盖了丰富的农作物种类和大量的图片数量,还包括不同背景、容器和光照条件下的图像。农作物的形态、摆放角度和生长阶段各异,部分图像还包含商标和水印,这更好地模拟了真实的农业电商场景,极大提高了内容理解任务的难度。

表 10 - 7　Vegfru 数据集中的部分样本

农作物品种	样本 1	样本 2	样本 3
大蒜			
苹果			
胡萝卜			
柑橘			
薄荷			

续　表

农作物品种	样本 1	样本 2	样本 3
马齿苋			
紫花地丁			
莲雾			

　　为了进一步扩展数据集,以更真实地模拟电商场景下的图像数据,针对农作物图像设计了一种包含多种随机变换的数据集增广算法。具体的参数可参考表 10-8。为了减少磁盘和内存的使用,数据增广算法采用懒加载形式,在训练阶段时进行分批随机变换,取代了传统的"离线图像变换＋数据读取"两阶段的方法。数据读取流程如图 10-28 所示。

表 10-8　数据集增广算法的参数

增 广 方 式	随机概率分布
随机翻转	$x \sim B(1, 0.5)$
随机缩放	$x \sim N(1, 1.1)$
随机亮度	$\text{Max}(-5, \text{Min}(x, 50))$　$x \sim N(0, 50)$
随机色度	$\text{Max}(-1, \text{Min}(x, 1))$　$x \sim N(0, 0.01)$
随机饱和度	$x \sim N(0, 0.01)$
随机对比度	$x \sim N(0, 0.01)$

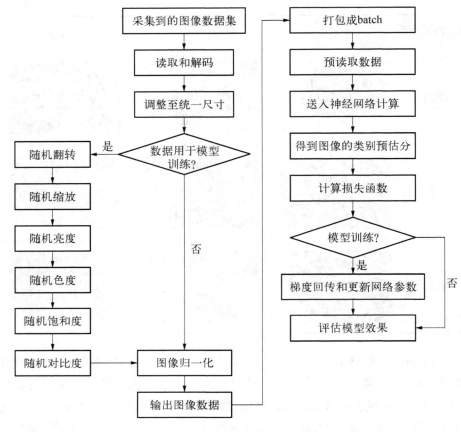

图 10 - 28　数据读取流程图

　　为了理解农产品图像中所包含的信息,需要对农产品图像识别问题进行建模。一种常见的网络模型是主干架构,可以根据具体问题进行改造。在物品内容理解领域,问题的建模通常有两种方式:一种是自监督学习问题,使用深度模型对含噪声的输入进行重构;另一种是多分类问题,使用深度模型预测输入的类别,即图像识别问题。这两种建模方式各有优劣。自监督学习方法侧重于学习输入图像的相似性和差异性,强调学习良好的表示,可以将得到的表示向量应用于推荐系统的深度神经网络模型中。然而,自监督学习方法无法直接得到输入图像的类别信息,导致无法使用物品的类别信息进行进一步的缺失值填充。而图像分类的建模方式学习到的表示向量通常表征能力较弱,在推荐系统的深度模型中表现相对平庸。但图像分类方法能够得到输入图像的显式类别,从而可以利用类别信息进行进一步的信息填充。针对农产品内容理解问题,考虑到农户的知识水平普遍有限,对平台的熟练度也不高,导致大量详细参数缺失严重,因此使用多分类方式进行建模更加合适。

在图像内容理解实验中,选择了 Vanilla CNN、MobileNet V3、SE－ResNext、EfficientNet V2 和 GhostEfficientNet V2 这 5 种模型,共计 13 个模型进行实验。根据图 10－29 所示的测试结果,最终选择准确率和参数精简程度都较为出色的 Ghost－EfficientNetV2－S 作为最佳的农产品图像内容理解模型。

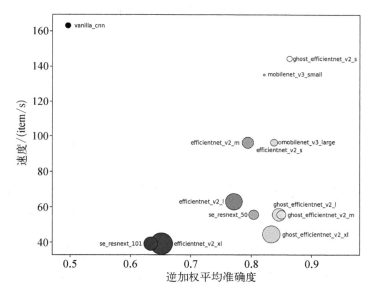

图 10－29　候选模型的测试结果可视化

10.4.3　农业推荐系统的召回算法设计

推荐系统的召回阶段在整个流程中非常重要。由于候选物品集合通常非常庞大,推荐系统的算力和资源无法对所有候选物品进行完整的评分。因此,在召回阶段需要进行初步筛选,迅速排除大量无关物品,筛选出重点候选物品供排序阶段进一步评分。召回阶段的输出是排序阶段的输入,召回的效果直接影响排序模型的性能上限,因此召回模型的质量至关重要。

在召回阶段,打分空间是全库物品,但召回的输出是相对较小的物品集合。召回算法需要同时考虑快速性和多样性。因此,召回问题通常被建模为多标签的二分类问题。召回算法会根据用户的基本特征选择一定数量的候选物品进行评分,每个待打分物品将被分为两类:"进入用户召回列表"和"不进入用户召回列表"。最终,得分最高的 k 个物品将被加入用户的召回列表。在机器学习算法中,为了训练和评估模型,通常会将用户最后一次消费的物品作为召回算法的预测对象,并使用该物品之外的消费记录作为用户的历史行为数据。

在农机租赁场景下,用户的大部分行为类型是"查看详情"与"租赁意向",而类型为"成交"的行为较少,如果仅使用"成交"记录作为正样本,则召回问题的正样本过少,模型预测的难度过大,且召回模型输出样本的多样性也将难以保证,因此使用"查看详情""租赁意向""成交"三者并集的最后一条记录作为召回模型预测的对象,即

$$y_i = \underset{x_{i,j}}{\mathrm{argmax}}\, I(\mathrm{event\_type}_{i,j} = 1 \,||\, \mathrm{event\_type}_{i,j} = 2 \,||\, \mathrm{event\_type}_{i,j} = 3) \times t_{i,j}$$

$$(10 - 9)$$

式中,y_i 表示召回模型对第 i 个用户的预测对象,$x_{i,j}$ 表示第 i 个用户的第 j 条行为记录,$I(\cdot)$ 为指示函数,$\mathrm{event\_type}_{i,j}$ 表示 $x_{i,j}$ 的事件类型;$t_{i,j}$ 表示 $x_{i,j}$ 的时间戳。

在农产品交易场景下,由于只筛选出了交易完成的样本,因此选取用户最后一条交易记录作为召回算法的预测对象,其余记录作为用户历史行为记录,即

$$y_i = \underset{x_{i,j}}{\mathrm{argmax}}\, t_{i,j}$$

$$(10 - 10)$$

式中,y_i 表示召回模型对第 i 个用户的预测对象,$x_{i,j}$ 表示第 i 个用户的第 j 条行为记录,$t_{i,j}$ 表示 $x_{i,j}$ 的时间戳。

在召回问题中,前 k 项击中率(hit rate at k,HR@k)是评价推荐模型的重要特征,它描述推荐列表的前 k 项存在用户真实消费物品的概率,定义式如下:

$$\mathrm{HR}@k = \frac{1}{n_u} \sum_{i=0}^{n_u-1} I(y_i \in R_i@k)$$

$$(10 - 11)$$

式中,n_u 表示所有用户数,$I(\cdot)$ 表示指示函数,y_i 表示用户 i 真实消费的物品,$R_i@k$ 表示用户 i 推荐列表的前 k 项。

前 k 项平均倒数排名(mean reciprocal rank at k,MRR@k)是对推荐系统性能的另一种刻画方式,它描述用户真实消费物品在推荐列表中的位置,定义式如下:

$$\mathrm{MRR}@k = \frac{1}{n_u} \sum_{i=0}^{n_u-1} I(y_i \in R_i@k) \frac{1}{r_i}$$

$$(10 - 12)$$

式中，r_i 表示用户真实消费物品在推荐列表中的位置，取值范围为 $0 \leqslant r_i < k$。

10.4.4　农业推荐系统的排序算法设计

排序是推荐系统最重要的环节之一，它将直接决定呈现给用户的物品间相对顺序，是提升推荐效果的关键。在农机租赁场景下，排序问题的主要特点为

（1）用户行为比较稀疏，可用于训练的样本少之又少。

（2）用户行为存在"浏览详情""租赁意向""解除意向"和"成交"四种反馈，因此问题的标签有四种类别。

农机租赁场景的排序问题可构造成学习排序（learn to rank，LTR）问题：在 LTR 问题中并不关注模型实际的预估分，而是将样本间的相对顺序作为优化目标。LTR 问题通常包括 pair-wise 和 list-wise 两种，而将普通的购买概率预估问题称为 point-wise，三者的对比如表 10-9 所示。

表 10-9　典型的 LTR 方法的对比

名　　称	损 失 函 数	优　　　点	缺　　　点
Point-wise	单点交叉熵	简单快速； 模型输出值可解释性强	没有考虑到元素间的相对位置关系
Pair-wise	元素对交叉熵	相对简单快速； 对于元素间相对序的学习能力优于 point-wise	只考虑到两两元素间的顺序，忽视了全局顺序
List-wise	列表交叉熵、 ListMLE 等	考虑到了元素的全局顺序，对排序的学习能力很强	样本构造极其复杂，导致其应用场景非常有限

通过将农机租赁场景下的排序问题定义为 LTR 问题，解决了问题的两个难点：

（1）使用 pair-wise 方法大幅扩充了模型训练可利用的样本条数：若记原始用户行为有 n 条，则经 pair-wise 方法两两组合后的训练样本条数为

$$C_n^2 = \frac{n!}{2!(n-2)!} = \frac{n(n-1)}{2} \qquad (10-13)$$

（2）使用 pair-wise loss 充分利用了样本中的隐式反馈信息。

在农产品交易场景下，由于训练样本相对充足且不存在隐式反馈，可将排序问题建模为二分类问题。在二分类问题中模型的预测目标为用户对候选物品的

购买概率,优化目标为最大化样本集购买标签的似然函数,故损失函数为二元交叉熵函数:

$$\text{CELoss}(x_i) = -y_i \log p(x_i) - (1-y)\log(1-p(x_i)) \quad (10-14)$$

式中,$\text{CELoss}(x_i)$ 表示样本 x_i 的二元交叉熵函数;$y_i \in \{0,1\}$ 为样本 x_i 的购买标签,0 表示未购买,1 表示购买;$p(x_i)$ 是模型预测样本 x_i 购买的概率,通常使用 sigmoid 函数激活:

$$\text{sigmoid}(z) = \frac{1}{1+e^{-z}} \quad (10-15)$$

式中,z 为模型最后一层的输出,称为 logits;e 是自然常数。

10.5 物流调度——自动化集装箱码头堆场优化方法

集装箱码头在整个集装箱运输流程中扮演着重要角色,是集装箱的中转站和缓冲池。然而,在自动化集装箱码头中,由于其任务及环境规模庞大、业务复杂、现场操作人员少等,码头作业效率仍有很大提升空间,码头的智能化进程还需做出许多努力。此外,受限于码头场地和资本投资规模,码头无法无限制地扩大占地和增加作业设备数量。因此,为提高自动化集装箱码头的作业效率,本案例对自动化集装箱堆场的规划和调度问题进行了问题建模和分解,并基于强化学习方法设计了相应的求解算法。

10.5.1 自动化集装箱堆场概念

图 10-30 展示了典型的自动化集装箱堆场示意图。为了实现自动化区域和人工区域的分离,自动化集装箱堆场将箱区与 AGV 和外部集卡的交互集中在箱区的两侧。同时,自动化集装箱堆场使用场桥(或称轨道吊)进行集装箱操作,场桥沿着预定轨道执行操作,不能跨越或在多个箱区间移动。为了最大化工作效率,一个箱区通常配置两台场桥,分别服务于海侧和陆侧两个交互区。基于上述特点,自动化集装箱堆场的箱区吞吐能力上限较低,单个箱区难以应对短时间内的高密度集装箱运输任务。因此,在这种情况下,为了最小化任务延迟时间并提高工作效率,自动化集装箱堆场采用多箱区协同的方式,将同时段同泊位的集装箱分散到多个箱区中,尽可能使各个箱区的任务负载相当,以发挥箱区数量的优势。此外,由于存在中转箱任务,即集装箱从一艘船进入码头,然后从另一

艘船离开码头,因此集装箱海侧任务较为密集。为满足吞吐能力的需求,自动化集装箱堆场引入了悬臂吊设备,可以与 AGV 在箱区的侧面进行交互,减少场桥的移动距离,提高箱区海侧的交互能力。虽然这些方法具有更高的效率,但也极大地增加了问题的复杂性,对堆场的计划调度提出更大的挑战。

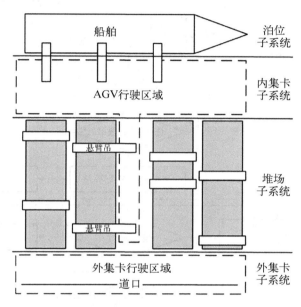

图 10 - 30 自动化集装箱堆场示意图

图 10 - 31 展示了出口集装箱的堆场业务流程。对于进口集装箱,业务流程的形式类似,但方向完全相反。下面是出口集装箱的堆场业务流程的详细描述:

第一阶段是出口集装箱的预处理操作。在这个阶段,外部集卡司机首先预约到达堆场的大致时间段,并将集装箱的相关信息(如目的地、尺寸等)传输到管理系统中。根据这些信息,管理系统会生成该集装箱的堆场操作任务,包括到达时间、存放时间、对应的船舶编号和到港时间等,为后续的具体操作做好准备。在获取下一个时间段内的任务后,管理系统会调用箱位分配算法,为这些集装箱预分配具体的箱位,以实现全局最优的方案。最后,当外部集卡到达码头准备卸货时,管理系统会识别集装箱编号,并根据之前的箱位分配方案,在适当考虑外部集卡到达时间的动态性的基础上,生成最终的分配方案并发布任务指令。

第二阶段是堆场的内部操作。在这个阶段,管理系统根据已有的任务指令实时调用场桥调度算法,为这些指令分配场桥,并规划场桥的作业序列。然后,场桥根据任务指令前往陆侧交互区提取外部集卡上的集装箱,并将其放置于接

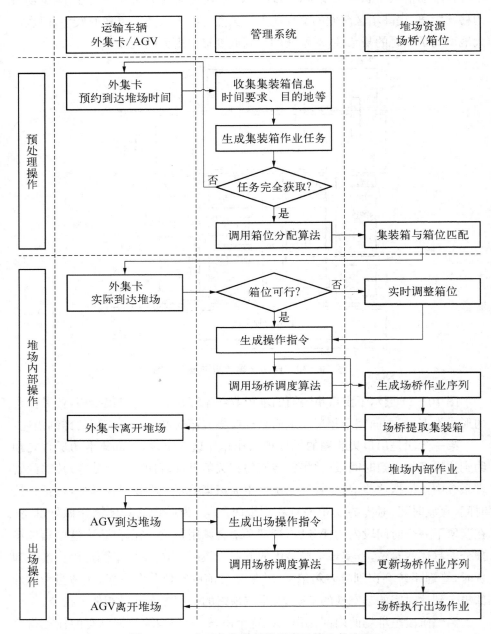

图 10-31 自动化集装箱堆场出口箱业务流程

力区,之后海侧的场桥将它们放置在箱位分配方案指定的具体位置上。此外,考虑到堆场需要进行集装箱的翻箱和归并,场桥会提前进行这些工作,以提高出场时的工作效率。

第三阶段是集装箱的出场操作。当集装箱对应的船舶靠港并准备装船时,堆场内的 AGV 会前往海侧交互区提取集装箱。当 AGV 到达海侧交互区时,管理系统会生成出场指令,并通过场桥调度算法获取并更新具体的场桥操作指令。随后,场桥通过翻箱、提箱等操作将集装箱放置在 AGV 上,完成整个堆场作业流程。

根据上面的分析可知,自动化集装箱堆场优化问题具有大规模、复杂约束和特性、时空耦合特性以及强动态特性等特点。目前常规的求解方法在时间和性能方面难以得到良好的解决方案,因此对求解方法提出了更高的要求,需要深入研究。

10.5.2　自动化集装箱堆场优化问题定义与分解

在自动化集装箱码头中,堆场是集装箱的临时存放区域,需要与外部集卡和 AGV 进行交互,以辅助并最大化码头的工作效率。考虑到这一现状,自动化集装箱堆场优化问题可以定义为自动化集装箱码头智能管控系统的一部分。通过输入外部集卡和 AGV 到达堆场的时间、集装箱的入场和出场时间以及目的地,堆场的当前状态等信息,并经过适当的优化求解,输出集装箱在堆场中的存放位置以及堆场中场桥的实时操作指令。这样可以满足堆场的生产作业要求,以较高的工作效率实现功能。自动化集装箱堆场优化问题定义如图 10-32 所示。

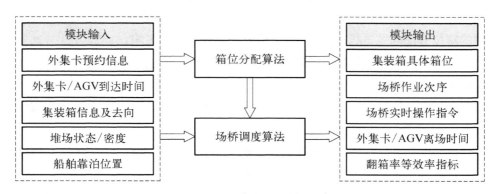

图 10-32　自动化集装箱堆场优化问题定义

基于这一定义,自动化集装箱堆场优化问题按照业务流程可以分解为箱位分配问题以及场桥调度问题两个子问题。两个子问题具备递进的关系,即当集装箱到达堆场时先根据箱位分配问题的求解方案分配存放箱位,之后基于这一结果和当时全部任务信息根据场桥调度问题的场桥指令执行具体作业。

10.5.3　基于强化学习和超启发式算法的箱位分配方法

在箱位分配问题中,需要考虑问题规模较大、堆场空间和场桥的约束较多以及存在多个箱区、悬臂吊、接力和压箱等因素。同时,在优化目标方面,由于集装箱堆叠原则和箱区作业能力的限制,问题包含两个目标:一是平衡箱区和中转区的负载,即尽可能均衡地选择箱位,以减少阻塞情况;二是最小化后续翻箱操作,这是影响堆场作业效率的主要因素。因此,该优化问题的解决方案应对集装箱的箱区、中转箱位和目标箱位进行优化,以实现堆场高效处理任务的目标。问题的具体定义与建模如下所示:

1) 问题假设

(1) 由于出口箱和进口箱的流程相似,并且自动化集装箱堆场根据集装箱的去向进行箱位分配,因此问题只需考虑出口箱的箱位分配,进口箱可以通过相同的步骤求解。

(2) 由于自动化集装箱码头是持续运行的,出口箱任务的入场和出场信息需要通过预测等手段获取,存在一定的误差,并且随着时间的推移逐渐累积,影响最终方案的性能。因此,需要使用实时修正的求解方法。基于这一特点,本案例采用滚动计划,考虑一个时间窗口内的出口箱箱位分配问题。即每次只考虑未来一段时间内的箱位分配问题,并在实际应用之前,针对当前时间窗口内的箱位分配方案进行分析。然后,在获取新的出口箱信息后,重新针对后续时间窗口内的箱位分配问题进行调整,以尽可能减少上述误差的影响。

(3) 考虑到箱区和泊位之间存在多对一的关系,因此需要考虑一个泊位对应多个箱区的箱位分配问题。

(4) 每个箱区中场桥是否为悬臂吊的情况已知,并且不考虑设备故障的情况。

(5) 每个出口箱的陆侧入场时间和海侧出场时间可以通过预约信息和大数据分析等方式进行预测,可以视为已知条件。

(6) 堆场的初始堆存状态以及已经出场的出口箱的出场时间是已知的。

(7) 本案例仅考虑相同规格的集装箱,以 20 ft[①] 集装箱为标准,即每个箱位

---

① 　1 ft=10 mm。

只能堆放一个集装箱。

（8）本案例不涉及冷藏箱、危险箱等特殊类型的箱子，只考虑普通箱子的堆存。

2）声明变量

箱位分配问题的变量如表 10-10 所示。

391

表 10-10　箱位分配问题的变量

变 量 名	含 　 义
$I = \{1, 2, 3, \cdots, N_I\}$	按入场顺序排列的出口箱集合，通过 i、j 索引
$E = \{1, 2, 3, \cdots, N_I\}$	出口箱后续出场时间集合
$A = \{1, 2, 3, \cdots, N_A\}$	泊位对应的箱区集合，通过 a 索引
$W = \{1, 2, 3, \cdots, N_A\}$	泊位对应的箱区的权重集合
$BT = \{1, 2, 3, \cdots, N_{BT}\}$	箱区内中转区的倍位集合，通过 bt 索引
$BG = \{1, 2, 3, \cdots, N_{BG}\}$	箱区内海侧堆存区域的倍位集合，通过 bg 索引
$R = \{1, 2, 3, \cdots, N_R\}$	倍位内列的集合，通过 r 索引
$T = \{1, 2, 3, \cdots, N_T\}$	倍位内层的集合，通过 t、ta、tb 索引，其中 t 代表一个出口箱，ta、tb 代表两个不同的出口箱
$TC = \{1, 2, 3, \cdots, N_{TC}\}$	堆场中中转区已堆存的集装箱集合，通过 tc 索引
$GC = \{1, 2, 3, \cdots, N_{GC}\}$	堆场中海侧堆存区域已堆存的集装箱集合，通过 gc 索引
$EC = \{1, 2, 3, \cdots, N_{GC}\}$	堆场中海侧堆存区域已堆存的集装箱出场时间集合
$PTC_{tc,a,bt,r,t} = \begin{cases} 0: & 第\ tc\ 个集装箱未放在(a,bt,r,t)箱位中 \\ 1: & 第\ tc\ 个集装箱堆存在(a,bt,r,t)箱位中 \end{cases}$	
$PGC_{gc,a,bg,r,t} = \begin{cases} 0: & 第\ gc\ 个集装箱未放在(a,bt,r,t)箱位中 \\ 1: & 第\ gc\ 个集装箱堆存在(a,bt,r,t)箱位中 \end{cases}$	
$yb_{i,j,bg,r,ta,tb} = \begin{cases} 0: & 第\ i,j\ 个出口箱未分配到(a,bg,r,ta)和(a,bg,r,tb)箱位 \\ 1: & 第\ i,j\ 个出口箱已分配到(a,bg,r,ta)和(a,bg,r,tb)箱位, \\ & ta > tb \end{cases}$	
$yc_{i,gc,a,bg,r} = \begin{cases} 0: & 第\ i\ 个出口箱和第\ gc\ 个已堆存箱未分配到(a,bg,r)列 \\ 1: & 第\ i\ 个出口箱和第\ gc\ 个已堆存箱已分配到(a,bg,r)列 \end{cases}$	

变　量　名	含　　义
$zb_{i,j,a,bg,r,ta,tb} = \begin{cases} 0: \text{第 } i \text{、} j \text{ 个出口箱不需要翻箱} \\ 1: \text{第 } i \text{、} j \text{ 个出口箱需要翻箱} \end{cases}, ta > tb$	
$zc_{i,gc,a,bg,r} = \begin{cases} 0: \text{第 } i \text{ 个出口箱和第 } gc \text{ 个已堆存箱不需要翻箱} \\ 1: \text{第 } i \text{ 个出口箱和第 } gc \text{ 个已堆存箱需要翻箱} \end{cases}$	
$xa_{i,a,bt,r,t} = \begin{cases} 0: \text{第 } i \text{ 个出口箱未分配至}(a,bt,r,t)\text{中转箱位} \\ 1: \text{第 } i \text{ 个出口箱分配至}(a,bt,r,t)\text{中转箱位} \end{cases}$	
$xb_{i,a,bg,r,t} = \begin{cases} 0: \text{第 } i \text{ 个出口箱未分配至}(a,bg,r,t)\text{目标箱位} \\ 1: \text{第 } i \text{ 个出口箱分配至}(a,bg,r,t)\text{目标箱位} \end{cases}$	

3）模型构建

（1）目标函数。最小化箱区负载不均衡度、中转区负载不均衡度和后续翻箱数量的总和：

$$\min f = f_1 + f_2 + f_3 \tag{10-16}$$

通过箱区任务数量带权重的标准差表示箱区负载不均衡度：

$$f_1 = \sqrt{\sum_a W_a \left(\sum_{i,bt,r,t} xa_{i,a,bt,r,t} - \frac{N_I}{N_A} \right)^2} \tag{10-17}$$

通过各个箱区中转区各列任务数量的标准差表示中转区负载不均衡度：

$$f_2 = \sqrt{\sum_a \sum_{bt,r,t} \left[\sum_i xa_{i,a,bt,r,t} - \frac{\sum_{i,bt,r,t} xa_{i,a,bt,r,t}}{N_{BT} N_R N_T} \right]^2} \tag{10-18}$$

需要翻箱的集装箱数量：

$$f_3 = \sum_i \left(\max\{ zb_{i,j,a,bg,r,ta,tb}, zc_{i,gc,a,bg,r} \mid \forall j, gc, a, bg, r, ta > tb \} \right) \tag{10-19}$$

（2）约束条件。每个出口箱对应一个箱区、一个中转区箱位和一个目标区域箱位：

$$\sum_{a,bt,r,t} xa_{i,a,bt,r,t} = 1, \ \forall i \tag{10-20}$$

$$\sum_{a,bg,r,t} xb_{i,a,bg,r,t} = 1, \ \forall i \tag{10-21}$$

$$\sum_{bt,r,t} xa_{i,a,bt,r,t} - \sum_{a,bg,r,t} xb_{i,a,bg,r,t} = 0, \ \forall i, a \tag{10-22}$$

每个箱位对应了一个集装箱：

$$\sum_i xa_{i,a,bt,r,t} + \sum_{tc} PTC_{tc,a,bt,r,t} \leqslant 1, \ \forall a, bt, r, t \tag{10-23}$$

$$\sum_i xb_{i,a,bg,r,t} + \sum_{gc} PGC_{gc,a,bg,r,t} \leqslant 1, \ \forall a, bg, r, t \tag{10-24}$$

集装箱不能悬空堆存：

$$\sum_i xa_{i,a,bt,r,t} + \sum_{tc} PTC_{tc,a,bt,r,t} - \sum_i xa_{i,a,bt,r,t+1} - \tag{10-25}$$

$$\sum_{tc} PTC_{tc,a,bt,r,t+1} \geqslant 0, \ \forall a, bt, r, t$$

$$\sum_i xb_{i,a,bg,r,t} + \sum_{gc} PGC_{gc,a,bg,r,t} - \sum_i xb_{i,a,bg,r,t+1} - \tag{10-26}$$

$$\sum_{gc} PGC_{gc,a,bg,r,t+1} \geqslant 0, \ \forall a, bg, r, t$$

判断出口箱之间以及出口箱与已堆存集装箱是否在同一列：

$$yb_{i,j,bg,r,ta,tb} \geqslant xb_{i,a,bg,r,ta} + xb_{j,a,bg,r,tb} - 1, \ \forall i, j, a, bg, r, ta > tb \tag{10-27}$$

$$yb_{i,j,bg,r,ta,tb} \leqslant \frac{1}{2} xb_{i,a,bg,r,ta} + \frac{1}{2} xb_{j,a,bg,r,tb}, \ \forall i, j, a, bg, r, ta > tb \tag{10-28}$$

$$yc_{i,gc,a,bg,r} \geqslant \sum_t xb_{i,a,bg,r,t} + \sum_t PGC_{gc,a,bg,r,t} - 1, \ \forall i, gc, a, bg, r \tag{10-29}$$

$$yc_{i,gc,a,bg,r} \leqslant \sum_t \frac{1}{2} xb_{i,a,bg,r,t} + \sum_t \frac{1}{2} PGC_{gc,a,bg,r,t}, \ \forall i, gc, a, bg, r \tag{10-30}$$

先入场的集装箱不能摆放在后入场的集装箱上方：

$$\sum_{a,bg,r} yb_{i,j,bg,r,ta,tb} \leqslant 0, \ \forall i < j, ta > tb \tag{10-31}$$

判断出口箱是否摆放在更早出场的集装箱上方,即该出口箱是否需要被翻箱:

$$zb_{i,j,a,bg,r,ta,tb} \geqslant \frac{1}{2}\left(\frac{E_i - E_j}{abs(E_i - E_j)} + 1\right) + yb_{i,j,bg,r,ta,tb} - 1,$$

$$\forall i,j,a,bg,r,ta > tb$$

$$(10-32)$$

$$zb_{i,j,a,bg,r,ta,tb} \leqslant \frac{1}{2}\left(\frac{E_i - E_j}{abs(E_i - E_j)} + 1\right) yb_{i,j,bg,r,ta,tb}, \quad (10-33)$$

$$\forall i,j,a,bg,r,ta > tb$$

$$zc_{i,gc,a,bg,r} \geqslant \frac{1}{2}\left(\frac{E_i - EC_{gc}}{abs(E_i - EC_{gc})} + 1\right) + yc_{i,gc,a,bg,r} - 1, \quad (10-34)$$

$$\forall i,gc,a,bg,r$$

$$zc_{i,gc,a,bg,r} \leqslant \frac{1}{2}\left(\frac{E_i - EC_{gc}}{abs(E_i - EC_{gc})} + 1\right) yc_{i,gc,a,bg,r}, \quad (10-35)$$

$$\forall i,gc,a,bg,r$$

4) 算法设计

如图 10-33 所示,算法首先对当前问题的输入进行处理,得到当前问题矩阵化的表征。其次,算法初始化了不同的启发式算法以及相应的种群。然后,算法根据得到的种群以及当前问题的特点对强化学习的状态参数进行计算,并应用 DPPO 算法得到当前的策略梯度,从而确定下一步采取的启发式算法。之后,算法应用选定的启发式算法开展迭代,不断优化问题的解决方案,并生成优化后的种群。最后,不断重复上述两步,直到满足终止条件。

10.5.4　基于深度强化学习的场桥调度方法

在场桥调度问题中,类似的问题需要考虑较大的问题规模、较多的堆场空间及场桥的约束、任务动态到达、场桥接力、场桥冲突和压箱等特点。在优化目标方面,由于堆场需要服务于外集卡与 AGV,因此目标为最小化外集卡与 AGV 在堆场交互区的等待时间。问题的具体定义与建模如下所示:

1) 问题假设

(1) 由于自动化集装箱码头不断运行,因此采用滚动计划考虑一个时间窗口内的场桥调度问题。

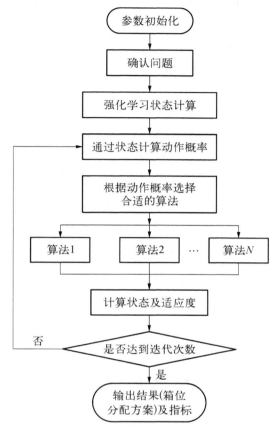

图 10 - 33　箱位分配优化算法流程图

（2）由于自动化集装箱堆场中场桥无法跨箱区作业，且每个箱区内均包含两台场桥，因此考虑一个箱区的场桥调度问题。

（3）每个箱区中场桥设备的移动速度、作业速度已知，不考虑加速度以及设备的故障。

（4）每个入场集装箱任务的中转、目标箱位，出场集装箱的起始、中转箱位均已知。

（5）每个集装箱任务的任务会根据外集卡和 AGV 到达时间实时发布。

（6）堆场初始堆存状态和场桥初始位置已知。

（7）本课题考虑相同规格的集装箱（20 尺标准集装箱），即 1 个箱位堆存 1 个集装箱。

（8）本课题不涉及冷藏箱、危险箱等特种箱，仅考虑普通箱的堆存。

（9）考虑到建模的难度，集装箱任务操作的分解在建模部分为已知条件。

2）声明变量

场桥调度问题的变量如表 10 - 11 所示。

表 10 - 11　箱位分配问题的变量表

变 量 名	含 义
$I = \{1, 2, 3, \cdots, N_I\}$	集装箱任务操作集合，其中每个任务分解为提取和放下两个连续的操作，通过 j、k 索引，其中奇数任务为提取，偶数为放下
$C = \{1, 2\}$	场桥集合，通过 i 索引
$r_b = \{1, 2, 3, \cdots, N_B\}$	任务所在倍位的集合，通过 j、k 索引
$r_r = \{1, 2, 3, \cdots, N_R\}$	任务所在列的集合，通过 j、k 索引
$d = \{1, 2, 3, \cdots, N_I\}$	任务发布时间即车辆到达堆场时间，通过 j、k 索引
$b = \{1, 2, 3, \cdots, N_I\}$	任务需要的操作时间，通过 j、k 索引
$n_s = \{1, 2\}$	场桥起始占位操作，用于保持连续执行任务变量的完整性，通过 i 索引
$n_e = \{1, 2\}$	场桥终止占位操作，用于保持连续执行任务变量的完整性，通过 i 索引
t_b	场桥跨越一个倍位需要的时间
t_r	场桥跨越一列需要的时间
m_b	最大倍位序号
b_s	场桥之间的安全距离
M	一个大数
$x = \{1, 2, 3, \cdots, N_I\}$	每个任务的实际执行时间，通过 j 索引
$z_{j,k} = \begin{cases} 0: 第\ j、k\ 个任务未被分配到同一台场桥 \\ 1: 第\ j、k\ 个任务被分配到同一台场桥 \end{cases}$	

续　表

变　量　名	含　　义
$u_{j,k} = \begin{cases} 0: 第 j、k 个任务不连续执行 \\ 1: 第 j、k 个任务连续执行 \end{cases}$	
$w_{j,k} = \begin{cases} 0: 第 j 个任务的执行时间不早于第 k 个任务 \\ 1: 第 j 个任务的执行时间早于第 k 个任务 \end{cases}$	
$y_{j,i} = \begin{cases} 0: 第 j 个任务未被分配到第 i 台场桥 \\ 1: 第 j 个任务未被分配到第 i 台场桥 \end{cases}$	

3）模型构建

（1）目标函数。最小化每个任务的实际执行时间与生成时间的差值，由于生成时间为车辆到达堆场的时间，因此这一差值就是车辆等待时间。同时由于每个任务均被分为了提取和放下两个部分，因此需要将目标函数值减半，从而得到实际的评价指标。

$$\min f = \frac{1}{2} \sum_j (x_j - d_j) \qquad (10-36)$$

（2）约束条件。人工添加的占位操作在对应的场桥上执行：

$$y_{ns_i,i} = y_{ne_i,i} = 1, \ \forall i \qquad (10-37)$$

由于场桥无法跨越，陆侧和海侧交互去的任务需要对应的场桥执行：

$$y_{j,0} = 1, \ \forall j, \ rb_j = 0 \qquad (10-38)$$

$$y_{j,1} = 1, \ \forall j, \ rb_j = 0 \qquad (10-39)$$

每一个操作对应一台场桥：

$$\sum_i y_{j,i} = 1, \ \forall j \qquad (10-40)$$

一个任务的两个操作在同一台场桥上连续执行：

$$u_{j,j+1} = 1, \ \forall j, \ j \text{ 是奇数} \qquad (10-41)$$

一个操作有且仅有一个前序操作和一个后续操作：

$$\sum_k u_{j,k} = 1, \ \forall j \qquad (10-42)$$

$$\sum_k u_{k,j} = 1, \ \forall j \qquad (10-43)$$

操作的开始执行时间要大于操作发布时间：

$$x_j \geqslant d_j, \ \forall j \qquad (10-44)$$

放下操作的开始时间要大于提取操作的开始时间与操作执行时间之和，即场桥需要先提取再放下：

$$x_{j+1} \geqslant x_j + b_j, \ \forall j, \ j \ 是奇数 \qquad (10-45)$$

场桥在执行两个不同任务时需要预先移动至下一任务的起始位置：

$$x_j \geqslant x_k + b_k + tr \, | \, rr_j - rr_k | - M(1 - z_{j,k} + w_{j,k}), \ \forall j, k$$
$$(10-46)$$

$$x_j \geqslant x_k + b_k + tb \, | \, rb_j - rb_k | - M(1 - z_{j,k} + w_{j,k}), \ \forall j, k$$
$$(10-47)$$

场桥之间的冲突处理，即场桥需要等待另一台场桥离开冲突倍位：

$$x_k \geqslant x_j + b_j + tb(rb_j - rb_k + bs) - M(y_{k,0} + y_{j,1} + w_{k,j}),$$
$$\forall j, k, \ rb_j \geqslant rb_k$$
$$(10-48)$$

$$x_j \geqslant x_k + b_k + tb(rb_j - rb_k + bs) - M(y_{k,0} + y_{j,1} + w_{k,j}),$$
$$\forall j, k, \ rb_j \geqslant rb_k$$
$$(10-49)$$

保证中间变量 $z_{j,k}$ 的正确性：

$$z_{j,k} + y_{j,i-1} + y_{ki} \leqslant 2, \ \forall j, k, i \qquad (10-50)$$

$$z_{j,k} + y_{j,i} + y_{ki} \geqslant 1, \ \forall j, k, i \qquad (10-51)$$

保证中间变量 $u_{j,k}$ 的准确性：

$$u_{j,k} \leqslant z_{j,k}, \ \forall j, k \qquad (10-52)$$

$$u_{j,k} \leqslant w_{j,k}, \ \forall j, k \qquad (10-53)$$

$$u_{j,k} + w_{l,k} + w_{j,l} + z_{l,k} \leqslant 3, \ \forall j, k, l, \ j \neq k \neq l \qquad (10-54)$$

计算正确的中间变量 $w_{j,k}$：

$$Mw_{j,k} - (x_k - x_j) \geqslant 0, \ \forall j, k \quad\quad (10-55)$$

$$w_{j,k} + w_{k,j} \leqslant 1, \ \forall j, k \quad\quad (10-56)$$

4）算法设计

在求解过程中，首先，算法初始化神经网络的结构以及各项参数。其次，算法会对当前问题进行预处理，得到堆场现状、场桥位置以及各项任务矩阵化的表征。然后，算法根据输入问题的各项属性计算当前的状态，并计算得到各项任务的略梯度。之后，算法会选择当前无任务的场桥，获取该场桥目前能够执行的任务，并选取下一步执行的任务。在此以后，场桥可以实际执行这一任务，算法通过模拟的方式更新问题环境、场桥位置以及各项任务。最后，不断重复上述三步直至任务均得到执行。整个算法的伪代码如表 10-12 所示。

表 10-12　基于强化学习的场桥调度优化算法伪代码

算法：RL()
输入：堆场中已有的集装箱 yard，时间窗口内的各项任务及其操作 task 输出：算法模型 a_para，c_para 及场桥调度方案 route
begin 1：　初始化演员网络 actor()，a_para；初始化评论家网络 c_para 2：　初始化算法参数，包括最大回合数 $episode_{max}$，回合中的最大步数 $step_{max}$ 3：　**for** num←1 **to** $episode_{max}$ **do** 4：　　　生成新的问题环境 status，operation←yard，task 5：　　　生成初始的状态 s←UpdateState(status，operation，empty) 6：　　　初始化场桥调度方案 route←empty，评价指标 reward←0，状态缓存 s_b←s 7：　　　**for** step←1 **to** $step_{max}$ **do** 8：　　　　　策略梯度 w←actor(s) 9：　　　　　a，r，status←ApplyAction(w，s，status，operation) 10：　　　　更新的状态 s_{new}←UpdateState(status，operation，s，a) 11：　　　　s←s_{new} 12：　　　　s_b←s_b+s 13：　　　　route←route+a 14：　　　　reward←reward+r 15：　　　**end** 16：　　　a_para，c_para←TrainNetwork(a_para，c_para) 17：　**end** 18：　**return** a_para，c_para，route end

10.5.5 自动化集装箱堆场仿真验证

由于 FlexTerm 仿真软件是基于整个码头作业流程进行仿真的,因此无法仅仅以堆场作为仿真模型,需要添加集装箱的进场和出场流向。为了满足这一需求,本案例在仿真模型中添加了必要的道口、外部集卡、AGV 和船舶。为了降低系统负载,仿真模型仅包含了这些组件的最小数量,即 1 艘船舶、1 个道口、3 辆外部集卡和 3 辆 AGV。最终的仿真模型如图 10-34 所示。

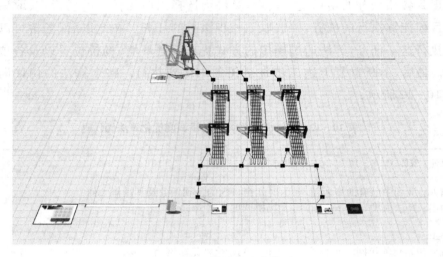

图 10-34 最终的仿真模型

首先,在数据输入过程中,用户可以采用随机数据或特定的历史数据对算法进行仿真验证。在随机数据方面,用户可以通过 FlexTerm 提供的随机数据生成窗口输入数据的分布情况,并设置整个仿真过程中的数据量大小,即集装箱任务数量以及种类,一个实际操作的示例如图 10-35 所示。

其次,在算法验证过程中,图 10-36 表示了本章提出的仿真验证系统在一个随机生成的场景中运行的实际过程,用户可以简单通过系统提供的运行、停止、复位等按钮进行实际的仿真验证,同时用户能通过倍率的调整快速观察整个仿真过程,更快地找到问题所在。

最后,系统会在完成整个仿真过程之后输出算法相应的性能指标,并绘制图像,用户可以直观地了解到指标的变化情况,即场桥工作状态和车辆等待时间随仿真验证过程变化的情况,与上述运行过程对应的算法结果如图 10-37 所示。

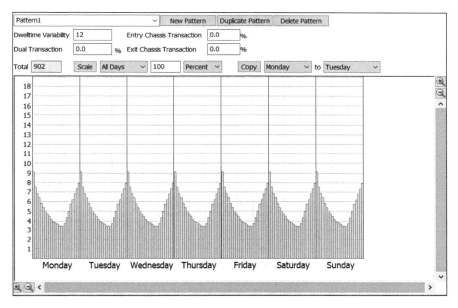

图 10 – 35　装箱任务数量以及种类设置界面

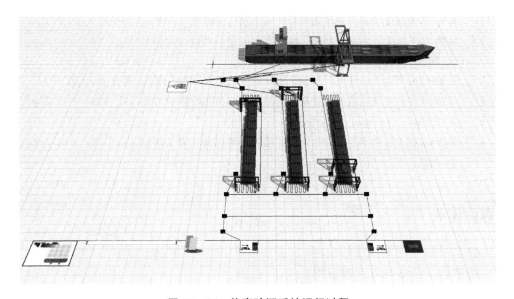

图 10 – 36　仿真验证系统运行过程

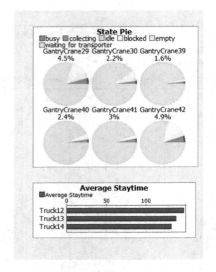

图 10‑37　算法性能指标展示

参考文献

［1］　林可.基于深度学习的农作物叶片病害识别与分级［D］.上海：上海交通大学,2020.

［2］　熊鹏.基于深度迁移学习的大飞机试飞时间序列数据预测研究［D］.上海：上海交通大学,2020.

［3］　蔡雄风.城市综合环境无人驾驶车辆导航方法研究［D］.上海：上海交通大学,2017.

［4］　范圣哲.多品类农业机械租赁及农产品售卖业务精准推荐方法［D］.上海：上海交通大学,2023.

［5］　黄子钊.基于强化学习的自动化集装箱码头堆场优化方法研究［D］.上海：上海交通大学,2021.

课后作业

1. 什么是图像识别与理解？

2. 图像识别有哪些方面的应用？

3. 什么是时间序列？

4. 时间序列的种类有哪些？

5. 以下关于无人驾驶说法错误的是哪项？ （　　）

A. 无人驾驶技术是集人工智能、传感技术和机器学习等的一门技术

B. 无人驾驶汽车突破了为驾驶员核心的模式,发展前景广阔

C. 目前无人驾驶技术已经很成熟,有效提高行车的安全和舒适性

D. 环境感知是无人驾驶必不可少的一个环节

6. 在无人驾驶系统中,车载摄像头不是无人驾驶传感器。　　　　　　(　　)

7. 智能推荐系统有哪些特点?　　　　　　　　　　　　　　　　　(　　)

A. 根据用户的喜好进行相关推荐

B. 实现在线支付

C. 推荐用户消费过的相关产品

D. 根据用户的购买记录记忆用户的偏好

8. 亚马逊精准推荐系统实质是什么?　　　　　　　　　　　　　　(　　)

A. 基于客户消费行为数据的人工智能技术的应用

B. 基于客户市场

C. 基于公司产品推荐

D. 基于公司专家经验的推荐

第 11 章

▽

人工智能的未来

　　人工智能之父,也是计算机科学之父图灵曾乐观的预测,21 世纪初,人类实现可思考的机器人,也就是与人类一样具有极强思维的机器人。这个预测被普遍认为过于乐观,因为即使是当前,人工智能虽然能够高效准确的识别语音,识别手写文本,辨识场景,但即使最新的 ChatGPT,达到与人齐平的思维水平还任重道远。人工智能先贤们的梦想,创造一个与人类类似,具有超强的感知能力,超强的思维能力,还甚至具有丰富情感的类人机器人短时间内很难达到。不过可喜的是,近几年随着计算能力的提升以及计算与信息通信成本的极大降低,加上机器学习算法的快速提升与改进,人工智能已走出实验室,到了令人鼓舞的实际应用领域。当前,无论是科研工作者,还是科技强国的政府和政客,都将人工智能提到了国家战略高度,人工智能将迎来高速发展。本章略述人工智能的发展未来,对人工智能涉及的技术领域、未来的应用领域、涉及的伦理、法律法规做一些简单的概述。

11.1　机器智能的未来

　　条条大道通罗马,实现人工智能的途径并不仅一条,如第 1 章所述,人工智能迄今为止已有三大学派,即逻辑主义、连接主义、进化主义,当前研究人工智能主要集中在连接主义。虽然利用人造器件模拟人类大脑是一个直观和比较容易理解的途径,但遗憾的是,当今人类对大脑如何思维还未有足够的认知,模拟人脑思维的人工智能也因此不尽人意,仿生方向的人工智能还依赖未来生物医学的进展。当前,人工智能的发展主要在机器智能,而且之后也极大可能依然在机器智能方向。

　　总体来说,未来机器智能方面的人工智能将在深度和广度的双维度发展。深度方面,计算机算法对信息的挖掘的能力将会越来越强,甚至达到完美。例如,银行欺诈,只要入侵者动机不纯,人工智能就能正确识别;只要机器存在故障,系统就能立刻发现。广度方面,人工智能的应用领域会越来越广,涉及金融安全,农业生产,工业控制,日常生活,医疗诊断,甚至辅助科学研究。

11.1.1　机器学习的未来

人工智能的发展极大依赖于机器学习的进步。当前机器学习技术存在多方面不足,一些简单但非常有效的算法。例如,穷举算法在数据规模较大的情况下,需要占用超出计算机本身的内存空间,以及需要长时间,数小时甚至数天的计算时间。出现这类问题客观上是因为当前的计算机算力不足,主观上因为算法复杂度高。机器学习算法拥有指数级别的复杂度,如 $o(2^n)$ 的情况并不少见,神经网络内超级参数的优化更需要强大的算力。不过未来随着计算机的升级,即使不改变算法,利用新计算机寻找这些超级参数会更快速和更有效。另一方面,同样得益于计算机算力的提高,一些当前不能实现的算法变得可能。机器学习的进展一直与计算机硬件的发展紧密相关,而机器学习算法本身也在快速更新迭代,未来机器学习算法会有这些改进:

(1)神经网络的中间隐藏层越来越多,输入维度越来越高,反馈信息随同输入输出将形成越来越复杂的网状结构。

(2)数据输入越来越简单化,未来机器学习的算法可能不需要进行任何数据预处理,例如不需要去噪,不需要预先提取特征信息,不需要去除冗余数据。原始的裸数据既可作为机器学习算法的输入。

(3)输入数据越来越异构化。当前大部分机器学习算法只能接受离散的特征化数据,而且很多算法需要将输入数据正则化(normalization)以获得最大的性能。未来机器学不需要特征化数据,原始数据不论是文本,语音,还是图片,视频均可以不加处理作为模型输入。

(4)高可靠的输出结果。当前机器学习的一大弱点是输出结果的可信度不能度量。虽然有输出结果,但结果的可信度不确定。未来相信这个弱点会随着概率统计的引入会逐渐改善。

机器学习的算法已成为一门典型的交叉学科,从学科角度看,概率统计,几何分析,泛函分析,张量分析,矩阵理论,多目标优化算法,信号处理方法,甚至量子信息等都已融入机器学习的研究里来,总的来说,未来机器学习的算法会更高效,算法更复杂,而操作会更简单。

11.1.2　强大的人工智能芯片

如前所述,机器学习算法正不断更新,人工智能的硬件同样发展迅速。除了将现有的机器学习算法通过设计专门的硬件提高计算速度外,当前科学家正研究完全颠覆传统计算体系的新型芯片。英特尔公司正在研发类脑计算 (neuromorphic computing)芯片,该类芯片的计算构架基于仿生学的神经元,这类芯片比传统芯片更接近人脑。图 11-1 比较传统芯片与类脑计算芯片的区别。类脑芯片比传统芯片处理速度快,功耗更低。当前一块类脑芯片已能集成 100 万个可编程的神经元,未来将能集成更多的神经元,如果再融入超导与光子通信技术,深度学习的计算将会变得更加高效。

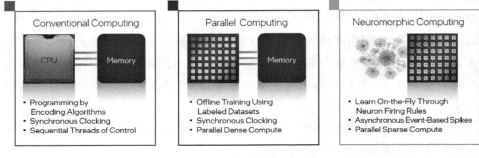

图 11-1　Intel 神经形态计算芯片

11.2　人工智能的未来应用

ChatGPT 的出现极大鼓舞了广大人工智能研究者的信心,人们发现人工智能很多方面不仅能达到人类的智力水平,某些方面甚至还能超越人类。人工智能未来的应用将涉及各行各业,以下章节列出了一些未来应用。

11.2.1　完全自动驾驶

自动驾驶是人工智能一个重要应用方向。据世界卫生组织统计,全世界每年机动车引起近 130 万人死亡,2 千万至 5 千万人口受伤,道路交通事故造成的经济损失多达各国 GDP[①] 的 3%。而以世界上军费最高的美国为例,美国 2021 年的军费仅占其 GDP 的 3.5%,欧盟军费仅占其 GDP 的 1.5%,交通事故经济损失巨大。据学者统计分析,道路交通事故主要由人为失误引起。如果使用安全可靠的自动驾驶系统,毫无疑问能减少人为引起的交通事故,从而减少经

———————————

　① 　国内生产总值,gross domestic produet。

济损失。人工智能，类似司机的大脑，能够识别驾驶的周边环境，实时评估风险，选择最佳的驾驶操作等等。根据机车自动化水平，自动驾驶邻域定义了 6 个自动驾驶水平级别：从最低 0 级的无任何自动驾驶功能，到最高 5 级的完全自动驾驶，详细定义如表 11-1 所示。

表 11-1　自动驾驶等级定义

等　　级	定　　义	例　　子
0 级	手动执行所有驾驶操作，没有任何自动驾驶	
1 级（辅助驾驶）	最低级别的自动驾驶，机车只能自动控制一项驾驶功能，例如只自动控制加减速，其他必需司机操作完成	能自动控制与前后机车安全距离的汽车
2 级（部分自动驾驶）	机车能同时自动控制转向以及加减速。司机需坐在驾驶座上，且任何时候都能干预驾驶	特斯拉的 Autopilot 系统，以及通用 Cadillac 超级巡航系统
3 级（受限制的自动驾驶）	本级要求机车能自动辨别周边环境，例如前行车辆车速较慢时自动超车，而且必要时依然需要司机介入驾驶	
4 级（高度自动驾驶）	机车能自动执行所有驾驶操作，并能自动识别驾驶环境，不过自动驾驶只能在指定的驾驶环境下。本级自动驾驶系统可无司机干预	
5 级（完全自动驾驶）	完全自动驾驶，任何情况下都不需要司机干预	

　　未来的自动驾驶将达到最高级别的 5 级。最高级别 5 级的达到，不仅要依赖快速的视频/图像处理方法，还需要精确，计算高效的机器学习算法，部分算法必需依赖专门的硬件实现计算。车载的导航系统、距离传感器、激光雷达、多方位的高速摄像机都必需高度的安全可靠。当前，汽车制造商如德国的宝马奥迪、美国的特斯拉、瑞典的沃尔沃，IT 巨头如美国苹果、谷歌，国内的百度都在开发无人驾驶系统，人工智能在自动驾驶领域的应用将大高速发展。

11.2.2　其他应用

自动驾驶只是人工智能应用一个典型案例，更多的人工智能应用领域有：

（1）智能医疗诊断。ChatGPT 测试者发现该系统对某些疾病的诊断准确性不亚于人类。未来如果有足够的信息输入，例如更多的诊断数据，病人身体更多信息，以人工智能当前的强大的学习能力，完全依赖人工智能进行医疗诊断只是时间问题。

（2）高度智能机器人。美国 Boston Dynamics 公司的类人机器人已能像人类一样灵活跳跃奔跑。将人工智能，类似于机器人的大脑融入此类机器人，将会是高度智能的类人机器人。此类机器人将会在很多领域，尤其是依赖手工操作的领域，例如快递拆分、工厂做工、打扫家务等方面完全替代人类。

（3）完美的语音识别。语音识别是人工智能应用比较早的领域，当前语音识别应用只能抓取语音中的关键字，除关键字外的更深入的语义理解还有待提高。未来随着这部分问题的解决，人工智能将完全理解人的语音，未来的呼叫中心以及客服将无人值守。

（4）无人比拟的棋艺。美国 DeepMind 公司开发的 AlphaGo 打败围棋世界冠军李世石。此事件证明当前的机器智能方法，如果设计得当，能够产生超越人的智能。这个事件当时掀起了人工智能的新高潮。以现在人工智能的发展速度，如果未来还有人机大战，人类能够打败机器才是奇迹。

11.3　法规、社会与伦理

人工智能会给人们生活带来便利，提高了社会生产力，以及帮助人类进入更深更广的未知邻域。但机会与危机并存，有如西方的机器革命引导的工业革命一样，传统生活生产模式的改变，虽然能将文明更进一步，但必将带来一些意想不到的经济社会影响。就如美国未来技术安全研究中心指出：人工智能将带来巨大的前景，但同样也带来巨大的危机。以当前人工智能使用比较广泛的自动驾驶邻域为例，仅 2021 年，同一家公司汽车就报道有多达 273 例的相撞事故；自动翻译领域，已有因为翻译错误而引起误解，甚至外交事故的案例；机器视觉邻域，已有误将人脸识别成动物的种族歧视事件。总之，人工智能带来的负面影响不容小视，而随着类似 ChapGPT 等大型人工智能软件的出现，类似问题会越来越突出。

11.3.1　人工智能事故

人工智能作为一个应用前景广阔的技术是当前人类的前沿学科,因为新,所以有一些前所未有的问题,从俗话所说的"大数据杀熟",到特斯拉自驾系统失误导致人员死亡的事件,人工智能产生的问题越来越引起人们的关注。表 11 - 2 列举了几个 AI 事故案例。

表 11 - 2　AI 事 故 案 例

事　　故	时间/地点	详　细　描　述
Tesla AutoPilot 自动驾驶系统故障	2016,美国	处于自动驾驶的特斯拉汽车与大卡车高速公路上相撞,特斯拉司机死亡。事故原因,司机高度依赖自动驾驶而长时间未控制方向盘,而特斯拉自驾系统未能识别白色卡车导致相撞
Tesla AutoPilot 自动驾驶系统故障	2021,美国	处于自动驾驶状态的特斯拉汽车与停靠在路边的警车相撞,无人伤亡
谷歌自动驾驶汽车故障	2016,美国	谷歌自动驾驶汽车与公交车相撞,无人伤亡。事后发现系软件设计失误,因为自驾软件没有预设该场景
使用 OpenAI ChatGPT 开发黑客软件	2022	ChatGPT 被举报可用来开发恶意软件,黑客不需要很高的编程水平就能完成一些恶意软件的开发
Meta 即 Facebook,科技论文写作软件 Galactica 下架	2023	Meta 的自动科技论文写作软件被发现能更轻易书写有关种族歧视的文章

人工智能是一个复杂的软硬件系统,依赖于计算机硬件软件以及众多的传感器。复杂系统的可靠性是当前的一个学科难题,因此人工智能系统当前,包括今后很长一段时间或多或少会与传统的工程系统一样达不到完美。美国未来技术安全研究中心将人工智能的故障分类为以下三个方面:健壮性失效(failures of robustness),规范性失效(failures of specification),保证性失效(failures of assurance)。健壮性失效指人工智能系统在设计规定内但仍出现的故障,如输入的数值过大导致系统不能处理。规范性失效指人工智能系统执行了未曾设想的任务而导致的故障。例如,只能处理文本的系统输入了图像数据而导致人工

智能系统崩溃。保证性失效指系统不能有效监视和控制系统运行而引起的故障。保证性失效是从传统自动控制系统衍生出来的概念。系统的安全运行需要保障,传统系统通过状态监测或实时跟踪运行等手段确保正常运行。但这对人工智能系统是个挑战,当前的人工智能主要居于数学模型,数学模型内部含有可能多达几万个的内部参数。这些参数根据输入的大量数据而实时更新参数值,而参数本身的物理意义并不清楚,这类人工智能模型本质上是黑盒子,所以跟踪监测是个挑战。另一个不利因素是黑盒子决策,人们很难控制决策风险。

人工模型需要设计软件代码在计算机上实现计算,软件不完美是另一类风险。设计缺陷例如特殊情况被忽略,某一个逻辑分支没有预想到,或者某时的数据量过大系统不能处理导致延迟,或者输入的数值过大或过小导致数据溢出,软件的边界条件被突破。正常这些软件缺陷会在使用过程中被发现,但糟糕的是代码运行虽然出了例外,但没有提示出错,使用者也没能及时发现,尤其在数学模型非常复杂的情况下,结果导致错误的输出,但决策者未能知觉,最终决策错误。这些问题都容易导致事故,甚至重大事故。

11.3.2　伦理的问题

伦理(ethics)汉语指人与人之间相处的道德准则,英语 Ethics 本意指道德上的好与坏,现在多指性别平等、人性的考量、动物的保护等。伦理的问题体现在:

(1) 人工智能的本质还是机器智能。虽然在有些方面人工智能能远远超过人类大脑,例如人工智能有强大的存储能力与高效的计算,但如伯克利大学政治评论所言,当前的人工智能只是机器,它没有情感,也不懂文化以及后面的价值,人工智能更不懂伦理与道德。如果人工智能用于法官判案,人工智能只会认冰冷的法律规则,而不会关注弱势者的眼泪。

(2) 人工智能被不当利用。举例来说,ChatGPT 有强大的写作功能,可以帮助文书工作者减轻工作压力,但部分学生也可能利用 ChatGPT 代写作业甚至毕业论文,对这类写作,抄袭识别软件很难辨别出来。不法分子甚至可能利用人工智能编写黑客软件或者寻找致命武器的方案。

(3) 产生种族歧视与文化冲突,导致更大的社会不公。2014 年,美国亚马逊公司曾使用智能招聘软件,结果发现系统明显歧视女性。2016 年,美国曾用人工智能分析犯罪,结果发现人工智能系统歧视黑人。人工智能因为不理解文化背景,导致只居于显规则的决策会引起一些社会问题。

（4）挑战隐私保护。人工智能需要大量的数据进行训练，如果保护不当，一些数据可能会被非法读取，并在违背当事者意愿的情况下被公布于众。例如，当前的购物系统定向广告实际是居于消费者的历史记录进行的推送。这类定向推送可能会间接暴露消费者的隐私。今后随着人工智能数据抓取功能的日益强大，人工智能系统对个人隐私的挖掘可能会更深入与隐蔽，从而导致更大的隐私被泄露。

（5）产生法律空白。2018 年，美国亚利桑那州汽车自驾系统失误导致路人死亡引起人们法律层面的思考。谁为这起事故负责，汽车司机还是自驾系统，还是受害者，自驾系统只是机器而不是人，这类事件法律很难界定。

（6）有些行业消失。随着自驾系统的可靠性的提高，今后完全不依赖司机的自驾系统会出现，卡车与出租车不再需要司机，普通人们也可能将驾驶权让与更加安全可靠的自动驾驶系统，从此司机行业的消失。其他行业，有人预测，如会计、法律顾问、写作、客服服务、军人等也会被人工智能代替。

11.3.3　人工智能的法规

人工智能的法规目的是规范人工智能的运行，确保公民权利与隐私受到保护，同时促进人工智能健康发展。我国对人工智能立法较早，2023 年 4 月，国家互联网信息办公室起草了《生成式人工智能服务管理暂行办法》，该规范针对生成式人工智能订立了一个纲领性规范。生成式人工智能是指基于算法、模型、规则生成文本、图片、声音、视频、代码等内容的技术。该规范要求生成式人工智能：

（1）在算法设计、训练数据选择、模型生成和优化、提供服务等过程中，采取措施防止出现种族、民族、信仰、国别、地域、性别、年龄、职业等歧视。

（2）尊重知识产权、商业道德，不得利用算法、数据、平台等优势实施不公平竞争。

（3）利用生成式人工智能生成的内容应当真实准确，采取措施防止生成虚假信息。

（4）尊重他人合法利益，防止伤害他人身心健康，损害肖像权、名誉权、个人隐私，侵犯知识产权。禁止非法获取、披露、利用个人信息和隐私、商业秘密。

针对数据隐私问题，本规范对数据提出：

（1）不含有侵犯知识产权的内容。

（2）数据包含个人信息的，应当征得个人信息主体同意或者符合法律、行政法规规定的其他情形。

（3）能够保证数据的真实性、准确性、客观性、多样性。

在我国对人工智能发布规范之前，欧盟在 2021 年 4 月提出人工智能草案（harmonised rules on artificial intelligence），指出人工智能商业应用的规则。该草案较为具体，可操作性强，详列了人工智能风险类别，被禁止的人工智能类别，以及如何实施等。该草案将人工智能风险等级分为四类：最小风险（minimal risk），有限风险（limited risk），高风险（high risk），不可接受风险（unacceptable risk），如图 11 - 2 所示。

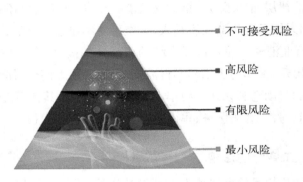

图 11 - 2　人工智能风险等级

（1）不可接受风险（unacceptable risk）。明显能威胁到安全、日常生活以及公民权利的人工智能。

（2）高风险（high risk）。会影响生命与健康的关键基础设施；对升学构成影响的教育领域；重要安全组件，如手术机器人；招聘领域，如自动简历筛选；重要私人或公共服务领域，例如贷款的自动信用评分；影响到公民基本权力的执法领域，如证据的可信性评估；移民领域，如旅行证件的真实性自动评估；司法领域。

（3）有限风险（limited risk）。只需知会当事人的人工智能，如自动聊天机器人，系统只需知会这是机器人在聊天即可。

（4）最小风险（minimal risk）。低风险或无风险的人工智能，例如内嵌人工智能的电子游戏，垃圾邮件自动过滤等。

欧盟人工智能草案主要针对高风险级别，要求归类于高风险级别的人工智能投放市场之前必需服从以下规定：

（1）有充分的风险评估以及明确如何降低风险。

（2）确保高质量的数据输入以减小风险以及避免歧视发生。

（3）使用日志保证结果可追踪。

（4）为方便评估是否符合规范,商家需提供智能系统的详细文档,并说明系统目的。

（5）提供给用户清晰而且充分的信息。

（6）人工应该能适当地监督智能系统。

（7）系统应该拥有高的健壮,安全以及准确性水准。

参考文献

［1］　TURING A M. Computing Machinery and Intelligence［M］. Dordrecht：Springer Netherlands,2009.

［2］　WALSH T. Machines That Think：The Future of Artificial Intelligence［M］. Blue Ridge Summit：Prometheus,2018.

［3］　BUCSUHÁZY K, MATUCHOVÁ E, ZUVALA R, et al. Human factors contributing to the road traffic accident occurrence［J］. Transportation Research Procedia,2020 (45)：555－561.

［4］　SAOUDI O, SINGH I, MAHYAR H. Autonomous vehicles：open-source technologies, considerations, and development［J］. Advances in Artificial Intelligence and Machine Learning,2023,3(1)：669－692.

［5］　COMMISION. E. Harmonised Rules on Artificial Intelligence［M］. Brussels：European Commision,2021.

课后作业

1. 请列举并解释三个可能塑造人工智能未来的关键趋势。

2. 探讨一下人工智能在教育领域的潜力和挑战。

3. 下列哪项是人工智能未来发展的重要挑战? 　　　　　　　　　　　（　　）

　　A. 数据安全和隐私保护　　　　　　　B. 硬件性能的提升

　　C. 算法优化　　　　　　　　　　　　D. 多模态智能

4. 人工智能技术与隐私问题之间存在什么关系? 请解释并提供至少一种解决方案。

5. 下列哪个领域可能在未来人工智能应用中面临伦理问题? 　　　　　　（　　）

　　A. 娱乐　　　　　　B. 社交媒体　　　　C. 医疗保健　　　　D. 汽车制造

6. 人工智能是否会取代人类创造力? 请说明你的观点。

7. 到 2030 年,人工智能具备的功能最有可能超越人类的领域是哪个?　　(　　)

　　A. 交谈和交流　　　　　　　　　　B. 视觉识别和智能控制

　　C. 智能分析和决策

8. 以下哪项不是人工智能在交通领域的未来应用之一?　　　　　　(　　)

　　A. 自动驾驶汽车　　　　　　　　　B. 实时交通优化

　　C. 智能交通信号灯控制　　　　　　D. 智能机器人导游

附　　录

附录 A

编程环境配置

A.1　PyCharm 的安装

PyCharm 是一款专门用于 Python 开发的集成开发环境，它提供了丰富的功能和工具，可以帮助开发人员更高效地编写、调试和测试 Python 代码。以下是 PyCharm 的具体安装步骤：

（1）在浏览器中输入网址 https://www.jetbrains.com/pycharm/，回车确认，进入 PyCharm 官网，点击【Download】跳转到软件下载页面，如图 A - 1 所示。

图 A - 1　PyCharm 官网

（2）向下移动页面，选择"PyCharm Community Edition"社区版，点击【Download】下载 EXE 可执行文件，如图 A - 2 所示。

（3）下载完后，以【管理员身份运行】可执行文件，此时会弹出 PyCharm 社区版的欢迎界面，点击【Next】跳转到下一步，如图 A - 3 所示。

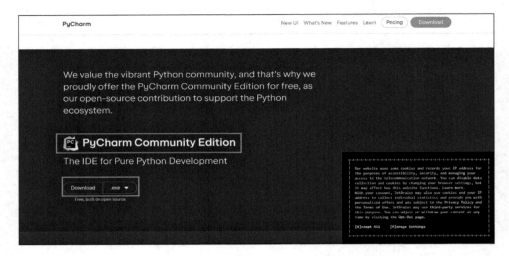

图 A‑2　PyCharm 社区版的下载界面

图 A‑3　PyCharm 社区版的欢迎界面

（4）点击【Browse】修改安装路径，否则默认将 PyCharm 安装到 C 盘。安装路径修改完成后，点击【Next】跳转到下一步，如图 A‑4 所示。

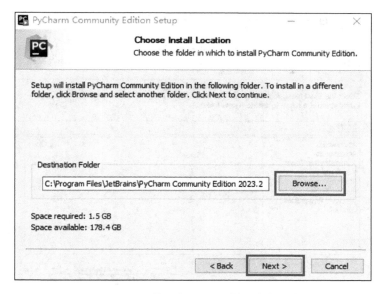

图 A - 4 修改 PyCharm 的安装路径

（5）根据安装需求进行勾选，点击【Next】跳转到下一步，如图 A - 5 所示。

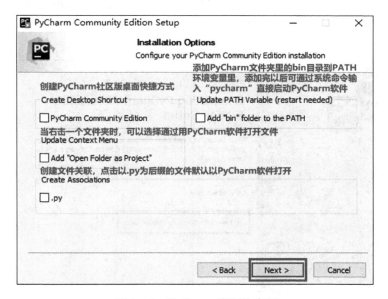

图 A - 5 PyCharm 的安装选项

（6）选择开始菜单文件夹，默认文件夹名为 JetBrains，点击【Install】进行安装，如图 A - 6 所示。

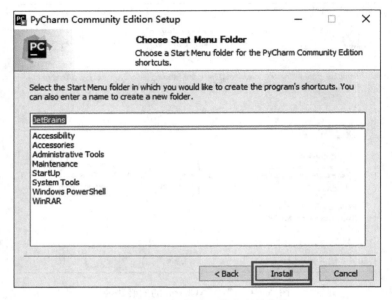

图 A - 6　开始菜单文件夹名的安装

（7）等待安装程序结束，选择【I want to manually reboot later】，点击【Finish】完成安装，如图 A - 7 所示。

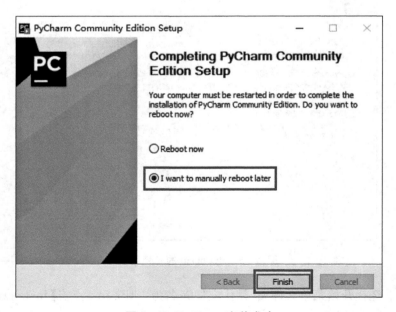

图 A - 7　PyCharm 安装成功

A.2 Jupyter Notebook 的安装

Jupyter Notebook 是一个基于 Web 的交互式计算环境,可以让用户在浏览器中创建和共享文档,其中包含实时代码、方程式、可视化图表和文本说明等元素。Jupyter Notebook 最初是用于 Python 编程语言的,但现在已经支持超过40 种编程语言,包括 R、Julia、Scala 和 MATLAB 等。以下是 Jupyter Notebook 的安装步骤:

（1）在安装 Jupyter Notebook 之前必需确保已经安装了 Python(3.3 版本及以上,或 2.7 版本),可根据附录 A.1 的内容完成 Python 安装。

（2）在键盘上按下【Windows 键＋R】组合键,打开"运行"对话框,输入"cmd",按下【Enter】键,打开"命令提示符"窗口,如图 A‑8 所示。

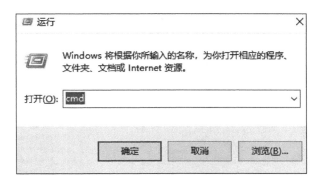

图 A‑8 "运行"对话框

（3）在"命令提示符"窗口中输入"python.exe -m pip install —upgrade pip"并回车,把 pip 升级到最新版本,如图 A‑9 所示。

图 A‑9 pip 升级

（4）继续输入"pip3 install jupyter"并回车，安装 Jupyter Notebook，如图 A－10 所示。

图 A－10　Jupyter Notebook 安装

（5）安装成功后，输入"jupyter-notebook"并回车，即可打开 Jupyter Notebook，如图 A－11 所示。

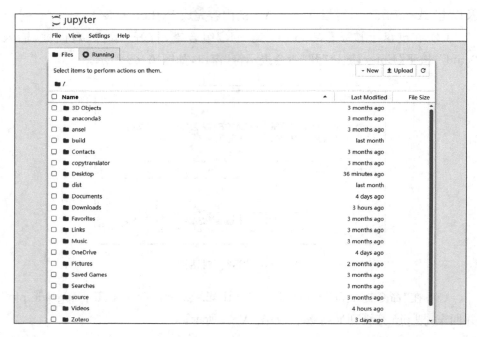

图 A－11　Jupyter Notebook 页面

A.3　Kaggle 的使用

Kaggle 是一个面向数据科学家、机器学习工程师和数据分析师的在线社区和平台，它基于 Jupyter Notebook 提供了一个名为 Kaggle Kernels 的在线集成开发环境，允许用户在云端进行数据分析、机器学习和深度学习的开发工作。以下为 Kaggle 在线编程的简单教程：

（1）在浏览器中输入网址 https://www.kaggle.com，回车确认，进入
Kaggle 官网。初次登录的用户需要先进行注册，点击【Register】，按照提示完成
注册。已注册的用户点击【Sign In】登录自己的账号，如图 A - 12 所示。

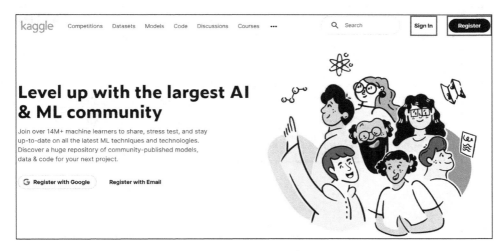

图 A - 12　Kaggle 官网

（2）进入 Kaggle 的界面，点击左上角【＋Create】，在下拉菜单中点击【New
Notebook】，创建一个新的 Notebook，如图 A - 13 所示。

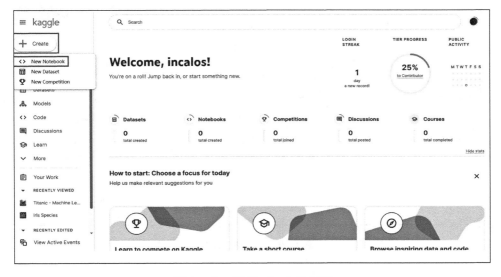

图 A - 13　新 Notebook 的创建

（3）在新的 Notebook 中可以进行 Python 的在线编程。编程结束后，可在点击代码块前的【▷】允许代码，也可以点击左上角的【＋】添加代码块，如图 A-14 所示。

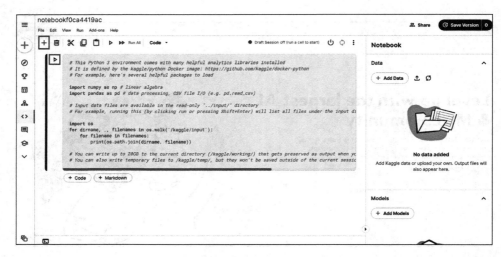

图 A-14 代 码 编 辑

（4）点击菜单栏的【File】→【Import Notebook】，可以导入计算机中的代码文件，如图 A-15 所示。

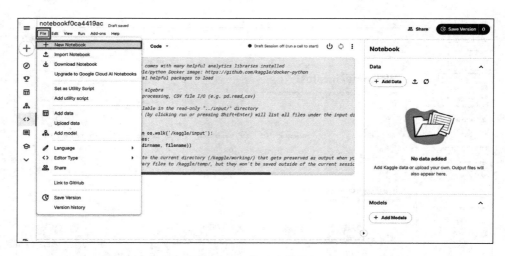

图 A-15 代码文件导入

附录 B

▽

开发框架配置

B.1　PyTorch 的安装

PyTorch 是一个基于 Python 的深度学习框架,能够使用 GPU 和 CPU 优化的张量库,同时也是一个自动微分系统。PyTorch 由 Facebook 人工智能研究团队开发,具有灵活、易用的特点。它的设计使得用户可以轻松地创建、训练和部署深度学习模型。以下是 PyTorch 的安装步骤:

（1）在安装 PyTorch 之前,首先需要安装 NVIDIA 驱动程序。在浏览器中输入网址 http://www.nvidia.cn/Download/index.aspx? lang＝cn,根据自己计算机的显卡型号以及操作系统进行选择。点击【搜索】,搜索 NVIDIA 驱动程序"Game Ready 驱动程序",如图 B-1 所示。

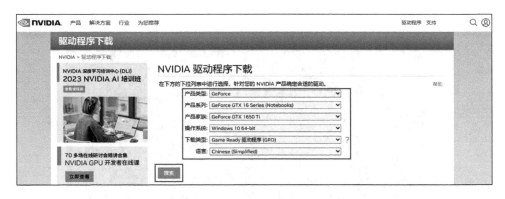

图 B-1　NVIDIA 驱动程序的搜索

（2）搜索完成后,点击【下载】,如图 B-2 所示。

（3）右击下载完成的可执行文件,并选择【以管理员身份】运行,建议此处不要修改文件解压路径,点击【OK】,如图 B-3 所示。

（4）等待系统检查结束后,点击【同意并继续】,如图 B-4 所示。

图 B-2 NVIDIA 驱动程序的下载

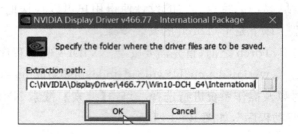

图 B-3 Game Ready 驱动程序的解压

图 B-4 Game Ready 驱动程序的系统检查

（5）"许可协议"选择【NVIDIA 显卡驱动和 GeForce Experience】，点击【同意并继续】，如图 B-5 所示。

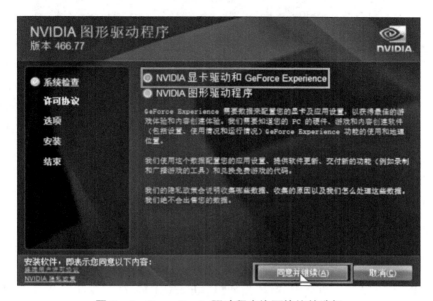

图 B-5　Game Ready 驱动程序许可协议的选择

（6）"选项"选择【自定义】，点击【下一步】，如图 B-6 所示。

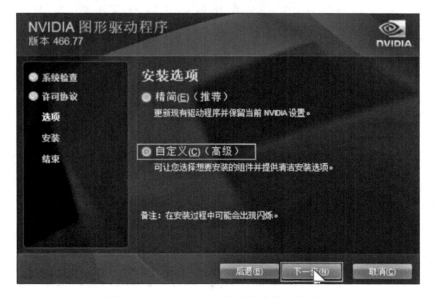

图 B-6　Game Ready 驱动程序的安装选项

（7）勾选【执行清洁安装】，点击【下一步】，如图 B-7 所示。

图 B-7　Game Ready 驱动程序自定义安装选项

（8）等待程序安装完成，取消勾选【启动 NVIDIA GeForce Experience】，点击【关闭】，完成安装，如图 B-8 所示。

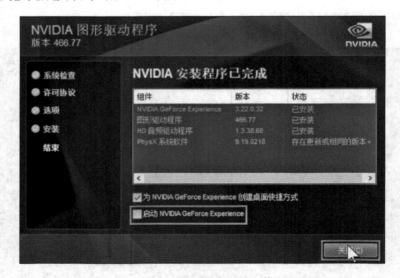

图 B-8　Game Ready 驱动程序安装完成界面

（9）打开 NVIDIA 控制面板，点击【帮助】→【系统信息】→【组件】，查看 NVCUDA.DLL 后的参数，如图 B-9 所示。

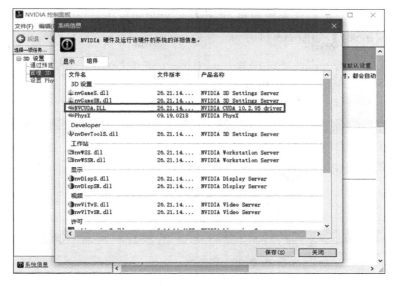

图 B‑9　NVCUDA.DLL 版本查询

（10）在浏览器中输入网址 https://developer.nvidia.com/cuda-downloads，进入 CUDA 下载官网，选择和计算机版本相一致的 CUDA Toolkit 点击进入，如图 B‑10 所示。

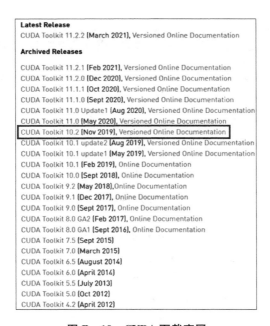

图 B‑10　CUDA 下载官网

(11) 选择对应操作系统版本,点击【Download】,注意"Installer Type"一定要选【exe(local)】,如图 B-11 所示。

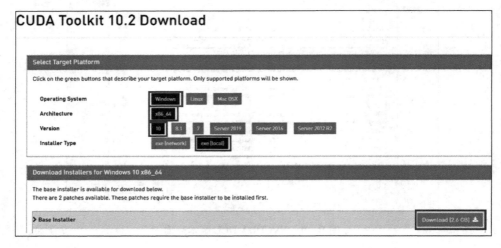

图 B-11　CUDA　下　载

(12) 右键点击下载好的 CUDA 安装程序并【以管理员身份】运行,建议对 CUDA 解压缩路径不做修改,点击【OK】,如图 B-12 所示。

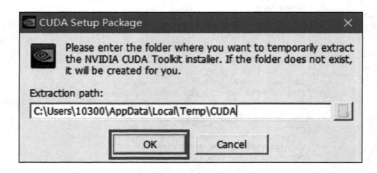

图 B-12　CUDA 安装程序的解压

(13) 等待系统检查结束后,点击【同意并继续】,如图 B-13 所示。

(14) "安装选项"选择【自定义】,点击【下一步】,如图 B-14 所示。

(15) "自定义安装选项"默认是全选,但实际我们只要勾选 CUDA 下面这几项就可以了,GeForce Experience 不勾选。点击【下一步】,如图 B-15 所示。

(16) 建议不要修改"安装位置",点击【下一步】,如图 B-16 所示。

图 B-13 CUDA 安装程序的系统检查

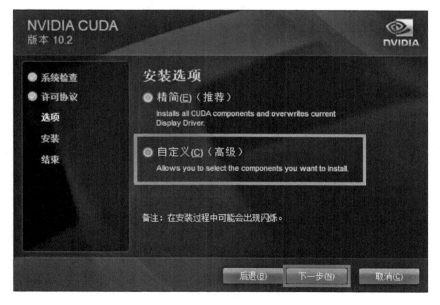

图 B-14 CUDA 安装程序的安装选项

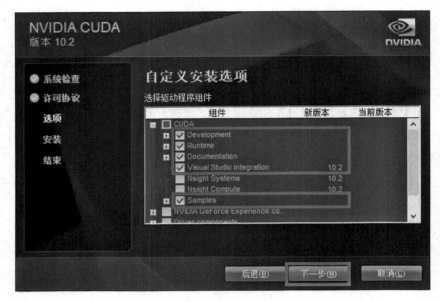

图 B-15　驱动程序组件的选择

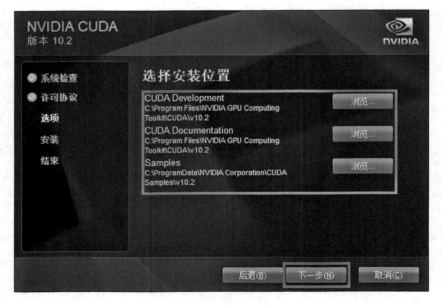

图 B-16　CUDA 选择安装位置

（17）"选项"勾选【I understand ……】，点击【Next】进行安装，如图 B-17 所示。

图 B-17　CUDA 安装程序的安装须知

（18）安装完成后点击【下一步】，如图 B-18 所示。

图 B-18　CUDA 安装完成界面

434

(19) 取消两个复选框中的勾选,点击【关闭】,结束 CUDA 的安装,如图 B-19 所示。

图 B-19   CUDA 安装完成界面

(20) 键盘上按下【Windows 键+R】组合键可以打开"运行"对话框,输入"cmd",按下【Enter】键,打开"命令提示符"窗口。输入"nvcc-V",若出现类似于如下字样,则证明 CUDA 安装成功,如图 B-20 所示。

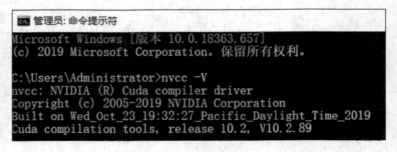

图 B-20   CUDA 安装是否成功的验证

(21) 在浏览器中输入网址 https://developer.nvidia.com/rdp/cudnn-archive,进入 cuDNN 下载官网。选择和操作系统以及 CUDA 相匹配的 cuDNN 版本。例如,刚才安装了 CUDA10.2,这里选择【Download cuDNN v8.1.0 (January 26th, 2021), for CUDA 10.2】,如图 B-21 所示。

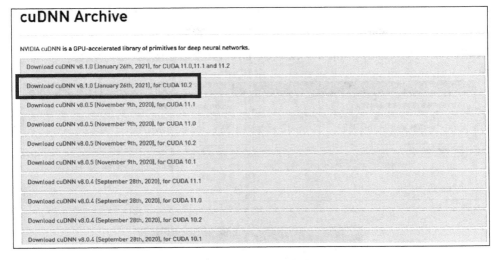

图 B - 21　cuDNN 下载官网

（22）点击【cuDNN Library for Windows10（x86）】，下载 cuDNN 压缩包，如图 B - 22 所示。

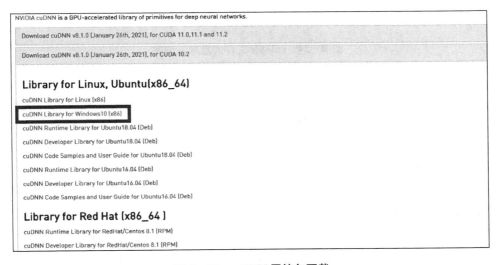

图 B - 22　cuDNN 压缩包下载

（23）解压下载成功的压缩包，如图 B - 23 所示。

cudnn-10.2-windows10-x64-v8.1.0.77.zip

图 B - 23　cuDNN 压缩包的解压

（24）把解压得到的文件夹内的 bin、include、lib 目录下的 dll 文件与 h 文件分别复制到相应的 CUDA 的安装目录下，默认安装目录为"C：\Program Files\NVIDIA GPU Computing Toolkit\CUDA\v10.2"，如图 B-24 所示。

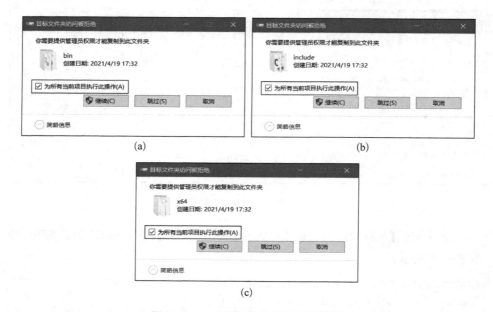

图 B-24 cuDNN 文件的复制及粘贴

(a) bin 目录；(b) include 目录；(c) lib 目录

（25）在浏览器中输入网址 https://pytorch.org/get-started/previous-versions/，进入查看相应安装命令。例如，安装 CUDA10.2 版本的 torch1.12.1 对应的 conda 命令是"conda install pytorch==1.12.1 torchvision==0.13.1 torchaudio==0.12.1 cudatoolkit=10.2 -c pytorch"，如图 B-25 所示。

（26）键盘上按下【Windows 键＋R】组合键可以打开"运行"对话框，输入"cmd"，按下【Enter】键，打开"命令提示符"窗口。将上述 conda 命令输入，按下【Enter】键进行 PyTorch 的安装。安装结束后，在"命令提示符"窗口输入"python"进入 python 编辑器，依次输入"import torch""torch.cuda.is_available()"，如果返回 True，则说明 PyTorch 安装成功，如图 B-26 所示。

B.2 PaddlePaddle 的安装

PaddlePaddle 是百度深度学习平台的英文名，中文叫飞桨，是百度开源的深

437

```
v1.12.1

Conda

OSX

# conda
conda install pytorch==1.12.1 torchvision==0.13.1 torchaudio==0.12.1 -c pytorch

Linux and Windows

# CUDA 10.2
conda install pytorch==1.12.1 torchvision==0.13.1 torchaudio==0.12.1 cudatoolkit=10.2 -c pytorch
# CUDA 11.3
conda install pytorch==1.12.1 torchvision==0.13.1 torchaudio==0.12.1 cudatoolkit=11.3 -c pytorch
# CUDA 11.6
conda install pytorch==1.12.1 torchvision==0.13.1 torchaudio==0.12.1 cudatoolkit=11.6 -c pytorch -c conda-f
# CPU Only
conda install pytorch==1.12.1 torchvision==0.13.1 torchaudio==0.12.1 cpuonly -c pytorch
```

图 B - 25 PyTorch 安装

```
(rose) C:\Users\incal>python
Python 3.9.6 (default, Aug 18 2021, 15:44:49) [MSC v.1916 64 bit (AMD64)] :: Anaconda, Inc. on win32
Type "help", "copyright", "credits" or "license" for more information.
>>> import torch
>>> torch.cuda.is_available()
True
>>> _
```

图 B - 26 PyTorch 是否安装成功的验证

度学习框架。它是百度深度学习技术研究的一个集合体,以百度多年的深度学习技术研究和业务应用为基础,集深度学习核心框架、基础模型库、端到端开发套件、工具组件和服务平台于一体,2016 年正式开源,是全面开源开放、技术领先、功能完备的产业级深度学习平台。以下是 PaddlePaddle 的安装步骤:

(1) 与 PyTorch 类似,在安装 PaddlePaddle 之前需确保计算机中已经安装有 CUDA 和 cuDNN。若没有,请参考附录 B.1 的步骤(1)~步骤(24)。

(2) 在浏览器中输入网址 https://www.paddlepaddle.org.cn,进入百度飞桨官网。根据计算机的操作系统、CUDA 版本等信息进行选择,建议安装方式选择"pip",复制安装命令。此处需要安装的计算机为 Windows 操作系统,CUDA 版本为 10.2,如图 B - 27 所示。

(3) 键盘上按下【Windows 键＋R】组合键可以打开"运行"对话框,输入"cmd",按下【Enter】键,打开"命令提示符"窗口。将上述 PaddlePaddle 安装命令输入,按下【Enter】键进行 PaddlePaddle 的安装。安装结束后,在"命令提示符"窗口输入"python"进入 python 编辑器,依次输入"import paddle""paddle.

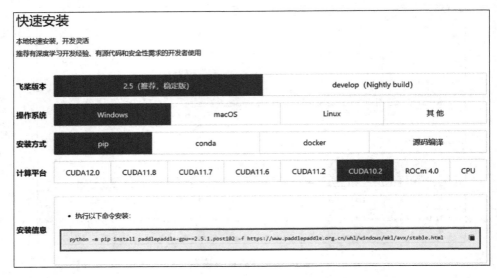

图 B‑27 PaddlePaddle 的安装命令

utils.run_check()",若出现图 B‑28 的输出,则证明 PaddlePaddle 的 GPU 版本安装成功。

图 B‑28 PaddlePaddle 是否安装成功的验证

B.3 MATLAB 工具箱的安装

B.3.1 Neural Network Toolbox

MATLAB 是一种流行的科学计算和数据分析工具,在 MATLAB 2010b 以后的版本中,MATLAB 自带有功能强大的 Neural Network Toolbox(神经网络工具箱),可以使用来构建、训练和可视化神经网络模型,如图 B‑29 所示。

B.3.2 Deep Learning Toolbox

Deep Learning Toolbox 提供了一个用于通过算法、预训练模型和 APP 来

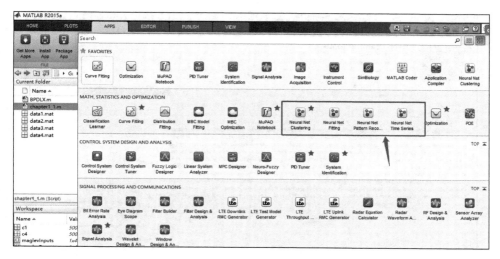

图 B‑29　Neural Network Toolbox

设计和实现深度神经网络的框架,支持使用卷积神经网络(ConvNet、CNN)和长短期记忆(LSTM)网络对图像、时间序列和文本数据执行分类和回归,同时也可以使用自动微分、自定义训练循环和共享权重来构建网络架构,如生成对抗网络(GAN)和孪生网络。使用深度网络设计器,开发者能够以图形方式设计、分析和训练网络。试验管理器可帮助开发者管理多个深度学习试验,跟踪训练参数,分析结果,并比较不同试验的代码。以下是 Deep Learning Toolbox 安装步骤:

(1) 打开 MATLAB 软件,点击【Home】标签页,点击【Add-Ons】、【Get Add-Ons】,搜索 Deep Learning Toolbox,如图 B‑30 所示。

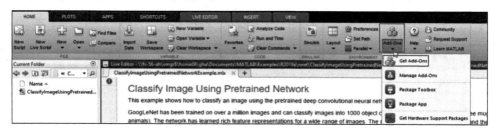

图 B‑30　Deep Learning Toolbox 搜索

(2) 在附加资源管理器中安装 Deep Learning Toolbox,如图 B‑31 所示。

图 B‑31　Deep Learning Toolbox 的安装

B.3.3　MatConvNet

MatConvNet 是一个用于深度学习的开源神经网络库，它主要用于处理计算机视觉相关的任务。不同于各类深度学习框架广泛使用 Python 语言，MatConvNet 是基于 MATLAB 编程语言开发的，其底层语言是 CUDA。MatConvNet 安装步骤如下：

（1）在浏览器中输入网址 https://www.vlfeat.org/matconvnet，进入 MatConvNet 下载界面。点击【Download】下载，如图 B‑32 所示。

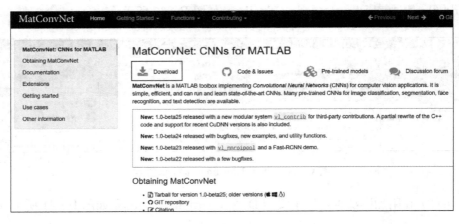

图 B‑32　MatConvNet 下载官网

（2）将下载并解压后的 matconvnet-1.0-beta25 放入 MATLAB 安装路径中的工具箱（toolbox）中，如图 B-33 所示。

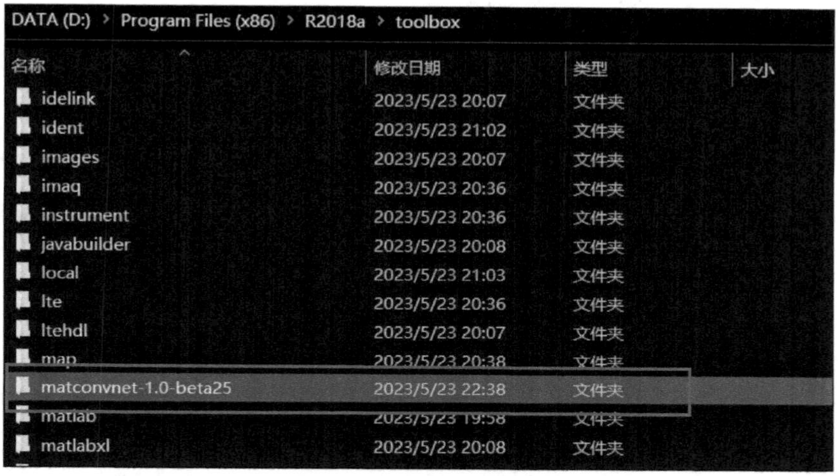

图 B-33　MatConvNet 文件的移动

（3）打开 MATLAB，将 matconvnet-1.0-beta25 文件夹添加到 MATLAB 的路径中，并且把文件夹下的子文件夹也添加进去，如图 B-34 所示。

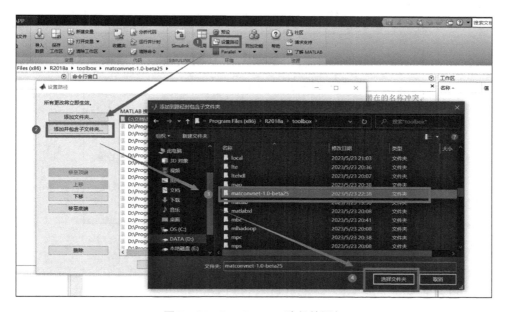

图 B-34　MatConvNet 路径的添加

（4）在 MATLAB 的命令行窗口输入"mex -setup"。若出现下图所显示内容，则单机红框处并等待系统响应；若报错，则查看 Visual Studio 2017 是否安装成功，如图 B-35 所示。

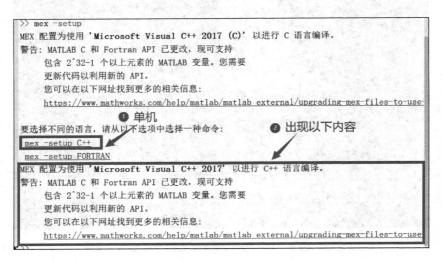

图 B-35 MatConvNet 的配置

（5）在 MATLAB 的命令行窗口输入"vl_compilenn"，出现下图中信息说明安装成功，如图 B-36 所示。

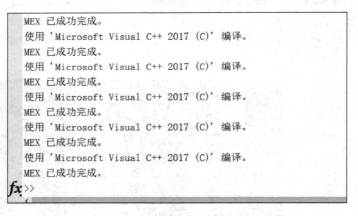

图 B-36 MatConvNet 的安装验证

附录 C
软件环境配置

C.1　Docker 的安装

Docker 是一个开源的容器化平台，可以帮助开发者将应用程序及其依赖项打包成一个可移植的容器，从而实现应用程序在不同的环境中快速、可靠地部署和运行。

（1）由于 Windows 容器可以在两种不同模式下运行，因此需要在计算机上激活 Hyper-V。右键单击 Windows 开始按钮并选择【应用和功能】页面，点击【程序和功能】→【启用或关闭 Windows 功能】，确认【Hyper-V】和【容器】复选框已经被勾选，并单击确定按钮，重启机器，如图 C-1 所示。

图 C-1　Hyper-V 和容器的激活

（2）在浏览器输入网址 https://www.docker.com/products/docker-desktop，进入 Docker 的下载界面，根据操作系统点击【Download for Windows】按钮下载，

如图 C - 2 所示。

图 C - 2　Docker Desktop 的下载

(3)【以管理员身份】运行下载的 Docker for Windows Installer 安装文件，勾选【Add shortcut to desktop】，点击【Ok】开始安装，如图 C - 3 所示。

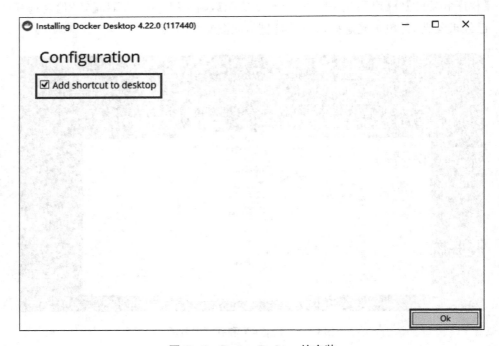

图 C - 3　Docker Desktop 的安装

(4) 安装结束后，点击【Close and restart】，重启计算机，如图 C - 4 所示。

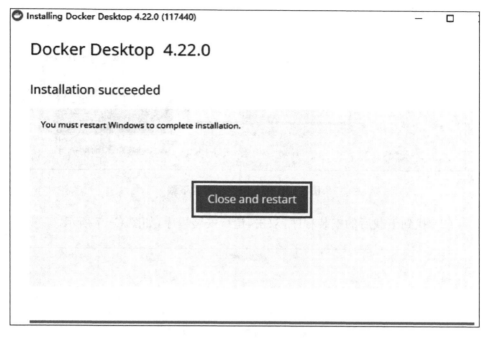

图 C-4 Docker Desktop 安装完成和重启

（5）Docker 安装成功后，双击桌面上的【Docker Desktop】快捷方式，此时通知栏上会出现 1 个小鲸鱼的图标，这表示 Docker 正在运行，如图 C-5 所示。

图 C-5 Docker 的正在运行状态

C.2 Git 的安装

Git 是一个分布式版本控制系统，用于跟踪和管理软件开发项目的变化。它的核心概念是仓库，用于存储项目代码和历史记录。每个开发人员都可以克隆仓库到本地计算机上进行开发。克隆后，开发人员可以创建新的分支，在分支上进行修改和实验，而不会影响主分支的稳定性。Git 的安装步骤如下：

（1）在浏览器中输入网址 https://Git-scm.com/，进入 Git 官网。网页会自动识别计算机系统，点击【Download for windows】下载安装程序，如图 C-6 所示。

图 C-6　Git 安装程序的下载

（2）找到下载后的安装程序，双击，运行安装程序，如图 C-7 所示。

图 C-7　Git 安装程序的运行

（3）显示 Git 开始安装的界面，点击【Next】，如图 C-8 所示。

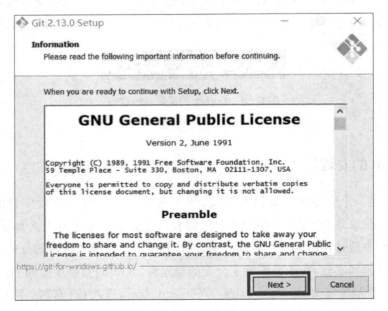

图 C-8　Git 安装程序的开始界面

（4）点击【Browse】，选择需要安装的目录，默认安装目录为"C：\Program Files\Git"。点击【Next】，进入下一步，如图 C-9 所示。

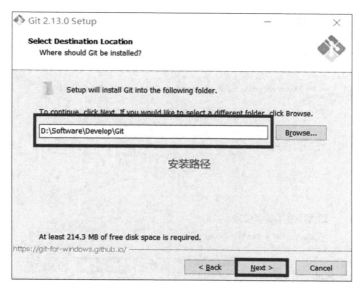

图 C-9　Git 安装路径的修改

（5）根据需求选择 Git 组件，点击【Next】进入下一步，如图 C-10 所示。

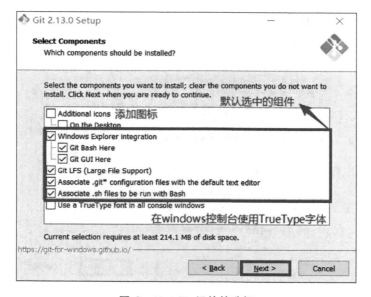

图 C-10　Git 组件的选择

(6) 创建在开始菜单中的名称,直接点击【Next】进入下一步,如图 C‑11 所示。

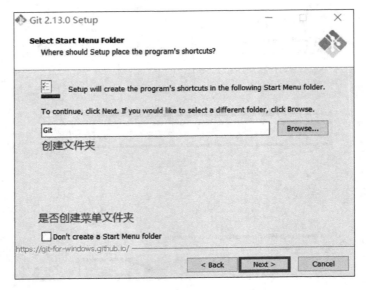

图 C‑11　在开始菜单中的名称创建

(7) 修改系统的环境变量,默认即可,点击【Next】进入下一步,如图 C‑12 所示。

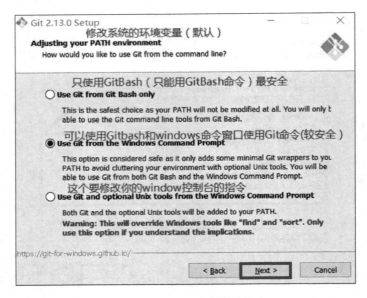

图 C‑12　Git 环境变量的修改

（8）SSL 证书的选择，默认即可，点击【Next】进入下一步，如图 C‐13 所示。

图 C‐13　SSL 证书的选择

（9）配置行尾结束符，默认即可，点击【Next】进入下一步，如图 C‐14 所示。

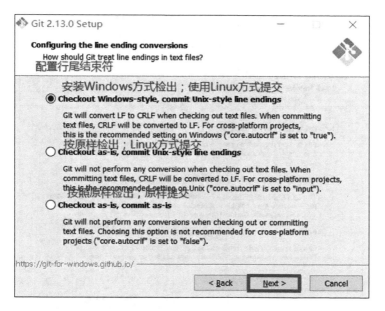

图 C‐14　行尾结束符的配置

（10）配置终端仿真，选择第一个【Use MinTTY（the default terminal of MSYS2）】，点击【Next】进入下一步，如图 C-15 所示。

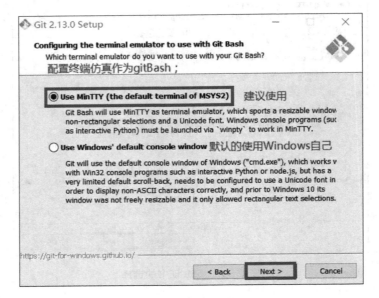

图 C-15　终端仿真的配置

（11）其他配置默认即可，点击【Install】开始安装，如图 C-16 所示。

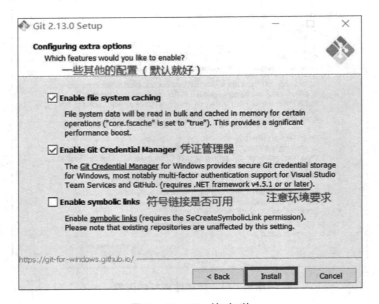

图 C-16　Git 的安装

（12）正在安装 Git，如图 C-17 所示。

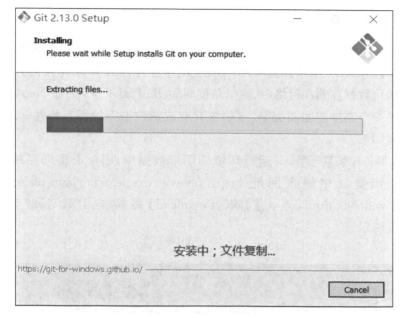

图 C-17　Git 正在安装的状态

（13）点击桌面上 Git 的快捷方式，在弹出的窗口中输入"git --version"，若出现如下内容，则 Git 安装成功，如图 C-18 所示。

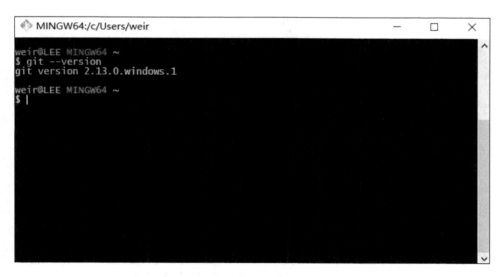

图 C-18　Git 是否安装成功的验证

C.3　Neo4j 的安装

　　Neo4j 是一个图形数据库管理系统,它专注于存储、管理和查询图形数据。它是一个嵌入式的、基于磁盘的、具备完全的事务特性的 Java 持久化引擎,但是它将结构化数据存储在网络(从数学角度叫做图)上而不是表中。Neo4j 也可以被看作是一个高性能的图引擎,该引擎具有成熟数据库的所有特性。Neo4j 的安装步骤如下:

　　(1) Neo4j 是基于 Java 运行环境的图形数据库,因此必需向系统中安装 JDK。在浏览器中输入网址 https://www.oracle.com/java/technologies/javase-downloads.html,点击【JDK Download】跳转至 JDK 下载界面,如图 C-19 所示。

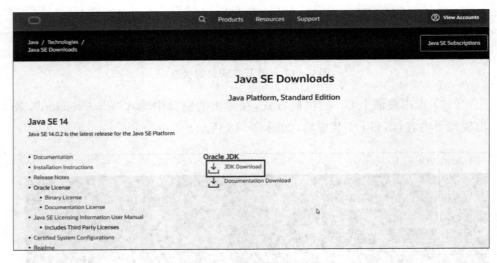

图 C-19　JDK 的下载界面

　　(2) 根据计算机系统要求,选择对应的版本下载。此处选择【Windows x64 Installer】,下载 JDK 安装程序。【以管理员身份】运行安装程序,一路默认安装,如图 C-20 所示。

　　(3) 配置 Java 的环境变量,Windows 系统有系统环境变量和用户环境变量,都需要配置。在"此计算机"右击点击【属性】→【高级系统设置】→【环境变量】,添加一个系统变量"JAVA_HOME=java 安装的根目录",如图 C-21 所示。

Product / File Description	File Size	Download
Linux Debian Package	157.93 MB	⬇ jdk-14.0.2_linux-x64_bin.deb
Linux RPM Package	165.06 MB	⬇ jdk-14.0.2_linux-x64_bin.rpm
Linux Compressed Archive	182.06 MB	⬇ jdk-14.0.2_linux-x64_bin.tar.gz
macOS Installer	176.37 MB	⬇ jdk-14.0.2_osx-x64_bin.dmg
macOS Compressed Archive	176.79 MB	⬇ jdk-14.0.2_osx-x64_bin.tar.gz
Windows x64 Installer	162.11 MB	⬇ jdk-14.0.2_windows-x64_bin.exe
Windows x64 Compressed Archive	181.56 MB	⬇ jdk-14.0.2_windows-x64_bin.zip

图 C-20 JDK 版本的选择

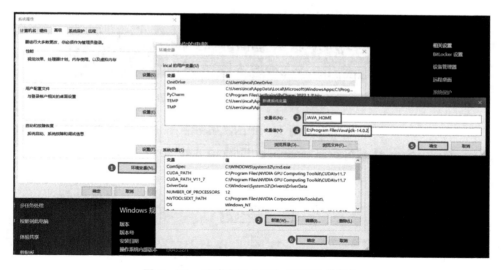

图 C-21 系统变量 JAVA_HOME 的添加

（4）编辑 Path 变量，在 Path 变量值的最后输入"%JAVA_HOME%\bin"和"%JAVA_HOME%\jre\bin"，如图 C-22 所示。

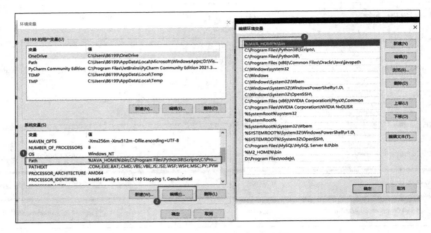

图 C-22　Path 变量的编辑

（5）检查配置是否成功，运行 cmd，输入"java -version"，如果显示 Java 的版本信息，说明 Java 的安装和配置成功，如图 C-23 所示。

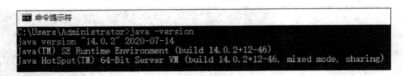

图 C-23　Java 是否安装成功的检验

（6）在浏览器中输入网址 https://neo4j.com/download-center/，选择【Community Server】→【Neo4j Community Edition】下载 Neo4J，如图 C-24 所示。

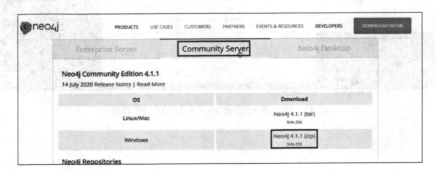

图 C-24　Neo4J 的下载界面

（7）下载完成后，直接解压到合适的路径，无须安装。在系统变量区域，新建环境变量，命名为 NEO4J_HOME，变量值设置为刚才 Neo4J 的安装路径，此处是"D:\software\neo4j\neo4j-community-4.1.1"。编辑系统变量区的 Path，点击新建，然后输入"%NEO4J_HOME%\bin"，最后，点击【确定】进行保存。

（8）以管理员身份运行 cmd，在命令行处输入"neo4j.bat console"，如果出现以下内容则安装成功，如图 C-25 所示。

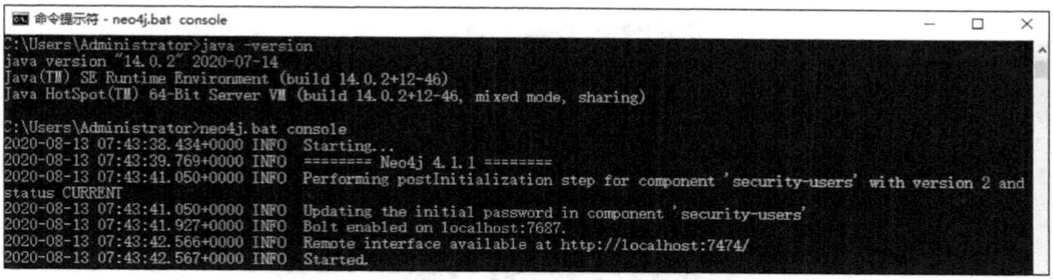

图 C-25 Neo4J 的启动

（9）此时，在浏览器中输入界面中给出的网址 http://localhost:7474/，则会显示如下界面，如图 C-26 所示。

图 C-26 Neo4J 界面

C.4 Jetson Nano 的系统镜像烧写

Jetson Nano 是一款形状和接口类似于树莓派的嵌入式主板，搭载了四核

Cortex - A57 处理器,GPU 则是拥有 128 个 NVIDIA CUDA 核心的 NVIDIA Maxwell 架构显卡,内存为 4 GB 的 LPDDR4,60 Hz 视频解码。以下是 Jetson Nano 的系统镜像烧写:

(1) Jetson Nano 如果使用 5V4A DC 供电,需要注意 J48 用跳线帽短接,如图 C-27 所示。如果使用 5 V —— 2 A 的 MicroUSB 电源线,则不需要短接,如图 C-27 所示。

图 C-27　DC 供电需要短接 J48

(2) Jetson Nano 要求最低配置 16 G 的 SD 卡,但后期还要安装 TensorFlow 等一些机器学习框架,还有可能要安装样本数据,所以 16 G 的卡是不够用的,建议使用 64 G,如图 C-28 所示。

图 C-28　SD 卡的安装位置

（3）在浏览器中输入网址 https://developer.nvidia.com/embedded/learn/
get-started-jetson-nano-devkit♯write，下载英伟达官方镜像，如图 C‐29 所示。

图 C‐29　官方镜像下载

（4）把 microSD 卡插到读卡器上之后，再插到计算机上，使用软件
SDFormatter 进行格式化，这里得注意格式化的盘符，如图 C‐30 所示。

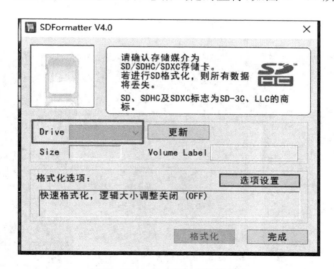

图 C‐30　microSD 卡的格式化

（5）把下载下来的镜像解压成.img 格式的文件，之后使用 Win32DiskImager
软件进行烧录，这里也是需要注意烧录的 microSD 卡盘符。具体而言，首先添加
刚刚解压的.img 格式镜像，然后选择好 microSD 卡盘符，最后点击【写入】。烧录完
成后系统可能会因为无法识别分区而提示格式化分区，此时一定不要格式化！点
击【取消】，然后弹出内存卡，插到 Jetson Nano 上即可开机，如图 C‐31 所示。

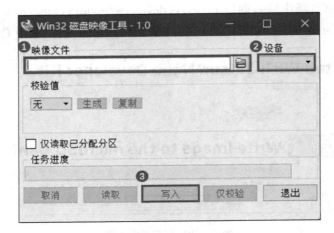

图 C-31　系统镜像的烧录

　　(6) 烧写完成后,将 microSD 卡插入 Jetson Nano,开机,注意使用 DC 电源需要短接 J48 跳线帽,使用 microUSb 需要拔掉 J48 跳线帽,按提示完成设置后出现如下界面则系统烧录成功,如图 C-32 所示。

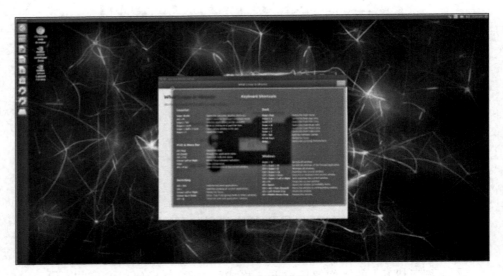

图 C-32　系统烧录成功

参 考 答 案

第 1 章　人工智能概述

1. 人工智能又称为智能模拟,用计算机模拟人脑的智能行为,包括感知、学习、推理、对策、决策、预测、直觉、联想。其根本目标是要求计算机不仅能模拟而且可以延伸、扩展人的智能,达到甚至超过人类智能的水平。

2. 物质载体不同。

（1）人类智能依靠人脑的活动,是按照高等生物的高级神经活动规律进行的;而计算机则是按照机械的、物理的和电子的活动规律进行的。

（2）人类认识世界和改造世界的活动是有目的、能动的;人工智能是无意识、无目的的,没有主观能动性和适应性,只能按照人为制订的程序运行,机械地模拟人的智力活动。

3. 强人工智能观点认为有可能制造出真正能推理和解决问题的智能机器,有知觉,有自主意识,机器可以像人一样独立思考和决策。弱人工智能观点是对比强人工智能出现的,希望借鉴人类的智能行为,研制出更好的工具以减轻人类的劳动,只专注于完成某个特定的任务。

4. C

5. 区块链是一种分布式账本技术,基于去中心化的共识机制,将数据以区块的形式链接在一起,形成一个不可篡改的链式数据结构。它的应用领域包括加密货币、供应链管理、智能合约、身份验证等。

6. ABCD

7. ABCD

8. 通俗地来说,GPU 的工作就是完成 3D 图形的生成,将图形映射到相应的像素点上,对每个像素进行计算确定最终颜色并完成输出,具体如下:

（1）顶点处理:这阶段 GPU 读取描述 3D 图形外观的顶点数据并根据顶点数据确定 3D 图形的形状及位置关系,建立起 3D 图形的骨架。在支持 DX8 和

DX9 规格的 GPU 中,这些工作由硬件实现的 Vertex Shader(定点着色器)完成。

(2) 光栅化计算:显示器实际显示的图像是由像素组成的,需要将上面生成的图形上的点和线通过一定的算法转换到相应的像素点。把一个矢量图形转换为一系列像素点的过程就称为光栅化。例如,一条数学表示的斜线段,最终被转化成阶梯状的连续像素点。

(3) 纹理贴图:顶点单元生成的多边形只构成了 3D 物体的轮廓,而纹理映射(texture mapping)工作完成对多变形表面的贴图,通俗地说,就是将多边形的表面贴上相应的图片,从而生成"真实"的图形。TMU(texture mapping unit)即用来完成此项工作。

(4) 像素处理:这阶段(在对每个像素进行光栅化处理期间)GPU 完成对像素的计算和处理,从而确定每个像素的最终属性。在支持 DX8 和 DX9 规格的 GPU 中,这些工作由硬件实现的 Pixel Shader(像素着色器)完成。

(5) 最终输出:由光栅化引擎最终完成像素的输出,1 帧渲染完毕后,被送到显存帧缓冲区。

第 2 章　机器学习

1. 机器学习是一种实现人工智能的方法。机器学习最基本的做法,是使用算法来解析数据、从中学习,然后对真实世界中的事件做出决策和预测。与传统的为解决特定任务、硬编码的软件程序不同,机器学习是用大量的数据来"训练",通过各种算法从数据中学习如何完成任务。器学习直接来源于早期的人工智能领域,传统的算法包括决策树、聚类、贝叶斯分类、支持向量机、EM、Adaboost 等。从学习方法上来分,机器学习算法可以分为监督学习(如分类问题)、无监督学习(如聚类问题)、半监督学习、集成学习、深度学习和强化学习。传统的机器学习算法在指纹识别、基于 Haar 的人脸检测、基于 HoG 特征的物体检测等领域的应用基本达到了商业化的要求或者特定场景的商业化水平,但每前进一步都异常艰难,直到深度学习算法的出现。

2. ABCD

3. 主体与环境不断地进行交互,产生多次尝试的经验,再利用这些经验去修改自身策略。经过大量迭代学习,最终获得最佳策略。

4. B

5. 深度学习强调了模型结构的深度,通常在多层,甚至高达数十层;深度学习强调了自动学习特征的重要性,它通过逐层特征变换,将原空间的特征表示变换到一个新的特征表示,从而使分类或预测更加容易。

6. ABCD

7. 一般步骤如下:

(1) 抽象成数学问题:明确问题是进行机器学习的第一步。机器学习的训练过程通常都是一件非常耗时的事情,胡乱尝试时间成本是非常高的。这里的抽象成数学问题,明确可以获得什么样的数据,目标是分类还是回归或者是聚类,如果都不是的话,如果划归为其中的某类问题。

(2) 获取数据:数据决定了机器学习结果的上限,而算法只是尽可能逼近这个上限。数据要有代表性,否则必然会过拟合。对于分类问题,数据偏斜不能过于严重,不同类别的数据不要有数个数量级的差距,还要对数据的量级有一个评估,多少个样本,多少个特征,估算出其对内存的消耗程度,判断训练过程中内存是否能够放得下。如果放不下就得考虑改进算法或者使用一些降维的技巧。如果数据量实在太大,那就要考虑分布式。

(3) 特征预处理与特征选择:良好的数据要能够提取出良好的特征才能真正发挥效力。特征预处理、数据清洗是很关键的步骤,往往能够使得算法的效果和性能得到显著提高。归一化、离散化、因子化、缺失值处理、去除共线性等,数据挖掘过程中很多时间就花在它们上面。这些工作简单可复制、收益稳定可预期,是机器学习的基础必备步骤。筛选出显著特征、摒弃非显著特征,需要机器学习工程师反复理解业务。这对很多结果有决定性的影响。特征选择好了,非常简单的算法也能得出良好、稳定的结果。这需要运用特征有效性分析的相关技术,如相关系数、卡方检验、平均互信息、条件熵、后验概率、逻辑回归权重等方法。

(4) 训练模型与调优:直到这一步才用到上面说的算法进行训练。现在很多算法都能够封装成黑盒供人使用。但是真正考验水平的是调整这些算法的(超)参数,使得结果变得更加优良。这需要对算法的原理有深入的理解。理解越深入,就越能发现问题的症结,提出良好的调优方案。

(5) 模型诊断:如何确定模型调优的方向与思路呢?这就需要对模型进行诊断的技术。过拟合、欠拟合判断是模型诊断中至关重要的一步。常见的方法有交叉验证,绘制学习曲线等。过拟合的基本调优思路是增加数据量,降低模型复杂度。欠拟合的基本调优思路是提高特征数量和质量,增加模型复杂度。误差分析也是机器学习至关重要的步骤。通过观察误差样本,全面分析误差产生误差的原因:是参数的问题还是算法选择的问题,是特征的问题还是数据本身的问题……诊断后的模型需要进行调优,调优后的新模型需要重新进行诊断,这是一个反复迭代不断逼近的过程,需要不断尝试,进而达到最优状态。

(6)模型融合:一般来说,模型融合后都能使得效果有一定提升,而且效果很好。工程上,主要提升算法准确度的方法是分别在模型的前端(特征清洗和预处理,不同的采样模式)与后端(模型融合)上下功夫。因为比较标准可复制,效果比较稳定。直接调参的工作不会很多,毕竟大量数据训练起来太慢了,而且效果难以保证。

(7)上线运行:这一部分内容主要跟工程实现的相关性比较大。工程上是结果导向,模型在线上运行的效果直接决定模型的成败,不单纯包括其准确程度、误差等情况,还包括其运行的速度(时间复杂度)、资源消耗程度(空间复杂度)、稳定性是否可接受。这些工作流程主要是工程实践上总结的一些经验。并不是每个项目都包含完整的流程。这里的部分只是一个指导性的说明,只有大家自己多实践、多积累项目经验,才会有更深刻的认识。

第3章 数据与特征

1. A

2. 队列是允许在一端插入而在另一端删除的线性表。允许插入的一端叫队尾,允许删除的一端叫队头。最先插入队的元素最先离开(删除),故队列也常称先进先出(FIFO)表。

3. B

4. 数据清洗的目的在于删除重复信息、纠正存在的错误,并使得数据保持精确性、完整性、一致性、有效性及唯一性,还可能涉及数据的分解和重组,最终将原始数据转换为满足数据质量或者应用要求的数据。

5. B

6. ABCD

7. 主成分分析是把原来多个变量划为少数几个综合指标的一种统计分析方法。从数学角度看,这是一种降维处理技术,即用较少的几个综合指标代替原来较多的变量指标,而且使这些较少的综合指标既能尽量多地反映原来较多变量指标所反映的信息,同时他们之间又是彼此独立的。

8. 代码如下:

```
import numpy as np

class LinearDiscriminantAnalysis:
    def __init__(self, n_components):
        self.n_components = n_components  # 降维后的维度
        self.linear_discriminants = []   # 存储线性判别向量

    def fit(self, X, y):
        # 计算类别数量和类别标签
        self.classes = np.unique(y)
        self.n_classes = len(self.classes)

        # 计算每个类别的均值向量
        class_means = np.mean(X, axis = 0)

        # 计算类内散度矩阵 Sw 和类间散度矩阵 Sb
        Sw = np.zeros((X.shape[1], X.shape[1]))
        Sb = np.zeros((X.shape[1], X.shape[1]))
        for c in self.classes:
            X_c = X[y == c]   # 属于类别 c 的样本
            class_mean = np.mean(X_c, axis = 0)   # 类别 c 的均值向量
            # 计算类内散度矩阵 Sw
            Sw += (X_c - class_mean).T.dot(X_c - class_mean)
            # 计算类间散度矩阵 Sb
            Sb += X_c.shape[0] * (class_mean - class_means).reshape(-1, 1).
dot((class_mean - class_means).reshape(1, -1))

        # 计算 Sw 的逆矩阵乘以 Sb 的特征向量
        eigvals, eigvecs = np.linalg.eig(np.linalg.inv(Sw).dot(Sb))
        # 根据特征值从大到小排序特征向量
        eigvecs = eigvecs[:, np.argsort(eigvals)[::-1]]

        # 选择前 n_components 个特征向量
        self.linear_discriminants = eigvecs[:, :self.n_components]

    def transform(self, X):
        # 使用线性判别向量将输入数据 X 降维
        return np.dot(X, self.linear_discriminants)
```

第 4 章　神经网络模型与训练

1. 神经网络是基于人类大脑的结构和功能而建立的新学科。尽管目前它只是大脑的低级近似,但它的很多特点和人类的智能特点近似。神经网络具有

以下几个特征：以分布式方式存储信息；以并行协同方法处理信息；具有较强的自学习、自适应能力；具有较强的容错能力；具有较强的非线性映射能力。

2. B

3. ABCD

4. （1）有一个隐藏层，每层有 10 个神经元；（2）relu 线性整流函数；（3）优化器为随机梯度下降；损失函数为均方差损失函数；（4）optimizer. zero_grad( ) 表示清空上次更新的参数值；loss. backward( )表示误差反向传播，计算更新参数值；optimizer. step( )表示更新参数值。

5. C

6. C

7. A

8. A

第 5 章　人工智能系统的架构、开发工具与部署方法

1. B

2. PyCharm 除了具有一般 IDE 具备的功能之外，如调试、语法高亮、智能提示等，还提供了一些功能用于 Django 开发，同时支持 Google App Engine、IronPython。

3. ABCD

4. Docker Daemon 服务器、Docker Client 客户端、Docker Image 镜像、Docker Registry 库和 Docker Contrainer 容器。

5. Git 的主要特性包括：

（1）分支与合并机制：Git 提供一套基于分支的版本控制机制。

（2）精致而高效：Git 是用 C 语言实现的，这降低了很多其他更高级语言的运行时消耗。

（3）分布式特性：与其他分布式软件配置管理工具一样，Git 在执行版本控制时，客户端会将整个版本库下载至本地。

（4）数据保障：Git 通过校验和保障每次文件提交的合法性和有效性。

（5）提供暂存区：与其他版本控制系统不同，Git 提供了被称为"暂存区"（staging area)的文件存储区。

（6）开源：Git 是基于 GNU 2.0 协议的开源项目。

6. D

7. D

8. B

第6章　机器视觉与图像处理

1. 机器视觉系统的工作过程包括:

（1）图像采集:光学系统采集图像,图像转换成数字格式并传入计算机存储器。

（2）图像处理:处理器运用不同的算法来提高对检测有重要影响的图像像素。

（3）特征提取:处理器识别并量化图像的关键特征,如位置、数量、面积等。然后这些数据传送到控制程序。

（4）判决和控制:处理器的控制程序根据接收到的数据做出结论。如位置是否合乎规格,或者执行机构如何移动去拾取某个部件。

2. A

3. 计算机图形图像处理,也称为数字图形图像处理,是指将图形或图像信号转换成计算机可处理的数字信息,并利用计算机对其进行处理的过程。

4. 边缘检测的基本思想是通过检测每个像素和其领域的状态,以决定该像素是否位于一个目标的边界上。如果一个像素位于一个目标的边界上,则其邻域像素灰度值的变化就比较大。假如可以应用某种算法检测出这种变化并进行量化表示,那么就可以确定目标的边界。边缘检测算子可以通过检查每个像素的邻域并对其灰度变化进行量化达到边界提取的目的,而且大部分的检测算子还可以确定变化（边界）的方向。

5. ABCDEF

6. 提取特征就是使用卷积核对图像进行卷积运算,通过这种卷积运算,可以抽取图像的边缘。使用各种不同的卷积核,可以抽取更一般的图像特征。

7. D

第7章　序列模型分析

1. ABC

2. ABD

3. D

4. B

5. BD

6. ABCD

7. ACD

8. 详见附件

第8章　仿生优化算法

1. C

2. 从 N 个城市中的某个城市出发,到其他 $N-1$ 个城市去,每个城市去一次且仅一次,最后回到出发城市。

3. 遗传算法(genetic algorithm)是模拟达尔文生物进化论的自然选择和遗传学机理的生物进化过程的计算模型,是一种通过模拟自然进化过程搜索最优解的方法。遗传算法是从代表问题可能潜在的解集的一个种群(population)开始的,而一个种群则由经过基因(gene)编码的一定数目的个体(individual)组成。每个个体实际上是染色体(chromosome)带有特征的实体。染色体作为遗传物质的主要载体,即多个基因的集合,其内部表现(即基因型)是某种基因组合,它决定了个体的形状的外部表现,如黑头发的特征是由染色体中控制这一特征的某种基因组合决定的。因此,在一开始需要实现从表现型到基因型的映射即编码工作。由于仿照基因编码的工作很复杂,我们往往进行简化,如二进制编码,初代种群产生之后,按照适者生存和优胜劣汰的原理,逐代(generation)演化产生出越来越好的近似解,在每一代,根据问题域中个体的适应度(fitness)大小选择(selection)个体,并借助于自然遗传学的遗传算子(genetic operators)进行组合交叉(crossover)和变异(mutation),产生出代表新的解集的种群。这个过程将导致种群像自然进化一样的后生代种群比前代更加适应于环境,末代种群中的最优个体经过解码(decoding),可以作为问题近似最优解。

4. ABCD

5. ABC

6. C

7. D

8. 略

第9章　知识图谱

1. (1) 更准确地找到用户需要的内容;(2) 将用户最可能感兴趣的内容以摘要的形式展示出来;(3) 可以为用户提供更广泛、更深入的与搜索内容相关的信息。

2. D

3. A

4. 三元组表格、类型表、图结构

5. 知识实例

6. D

7. ABD

8. ABCD

第 10 章　人工智能系统应用案例

1. 图像识别与理解是指通过对图像中各种不同的物体特征进行定量化描述后,将其所期望获得的目标物进行提取,并且对所提取的目标物进行一定的定量分析。比如,要从一幅照片上确定是否包含某个犯罪分子的人脸信息,就需要先将照片上的人脸检测出来,进而将检测出来的人脸区域进行分析,确定其是否是该犯罪分子。

2. 图像搜索、照片分类、面部识别、自动美颜、安防监控。

3. 时间序列是按一定的时间间隔和时间发生的先后顺序排列起来的数据构成的序列。

4. 绝对时间序列、相对时间序列、平均数时间序列。

5. C

6. 错

7. CD

8. A

第 11 章　人工智能的未来

1. 人工智能发展趋势大致有以下几个方面:

(1) 强化学习和自我学习的增强:强化学习是一种 AI 学习范式,它通过尝试和错误来学习,并根据反馈进行调整和改进。未来的 AI 系统将更加注重强化学习和自我学习的能力,能够通过与环境的交互来积累经验,并根据这些经验自主地改善自己的性能。

(2) 高度自适应的 AI 系统:传统的 AI 系统通常是针对特定任务进行训练的,而未来的趋势是开发具有更高度自适应性的 AI 系统。这类 AI 系统能够在不同的任务和环境中学习和适应,而无须进行大量人工干预。

（3）为 AI 制定道德准则：随着 AI 在各个领域的广泛应用,对于 AI 的道德和透明度问题的关注也在不断增加。AI 的决策过程需要透明,并且能够向用户和相关利益相关者解释。这种可解释性有助于建立用户对 AI 的信任,并使其更容易接受和采用。此外,保障 AI 的道德性和社会责任感也将成为重要的关注点,以确保 AI 的应用不会导致不公平、不正当或有害的后果。

2. 潜力：能够根据学生的学习风格、兴趣和能力,提供个性化的学习内容和指导；通过智能算法快速准确地评估学生的知识和技能水平；改变传统课堂教学模式,提供智能教学工具。

挑战：不同地区和学校之间的数字鸿沟可能会导致教育资源的不平等分配；学生个人信息和学习数据的安全性；不具备独特的人际交流和情感引导能力。

3. A

4. 人工智能系统通常需要大量的数据来进行训练和学习,这些数据可能包含个人身份、行为习惯、偏好和其他敏感信息。因此,隐私问题成为人工智能应用中的重要关注点。针对隐私问题,可以建立严格的访问权限和使用政策,限制对敏感数据的访问和使用。只有经过授权的人员才能访问和处理数据。

5. C

6. 人工智能不会取代人类创造力。尽管人工智能在某些领域展示出了惊人的能力,但它仍然是基于人类设计和训练的工具。人类创造力涉及的独特思维、情感和直觉等方面是目前的人工智能无法完全模拟的。

7. C

8. D